Herbert Kindler
Klaus-Dieter Haim

Grundzusammenhänge der Elektrotechnik

Herbert Kindler
Klaus-Dieter Haim

Grundzusammenhänge der Elektrotechnik

Ladungen – Felder – Netzwerke

Mit 238 Abbildungen, 6 Tabellen
und zahlreichen Beispielen

Viewegs Fachbücher der Technik

Bibliografische Information Der Deutschen Nationalbibliothek
Die Deutsche Nationalbibliothek verzeichnet diese Publikation in der
Deutschen Nationalbibliografie; detaillierte bibliografische Daten sind im Internet über
<http://dnb.d-nb.de> abrufbar.

1. Auflage Oktober 2006

Lektorat: Reinhard Dapper

Der Vieweg Verlag ist ein Unternehmen von Springer Science+Business Media.
www.vieweg.de

Umschlaggestaltung: Ulrike Weigel, www.CorporateDesignGroup.de
Druck und buchbinderische Verarbeitung: Wilhelm & Adam, Heusenstamm
Gedruckt auf säurefreiem und chlorfrei gebleichtem Papier.
Printed in Germany

ISBN-10 3-8348-0158-5
ISBN-13 978-3-8348-0158-6

Vorwort

Mit einem Vorwort geben die Autoren gewöhnlich ihre Überlegungen bzw. Anregungen bekannt, die sie zum Schreiben eines Buches nach Umfang und Art der Darstellung veranlasst haben. Für das hier vorliegende Buch sind es vorwiegend die über viele Jahre gesammelten Erfahrungen, dass gerade bei dieser für die Studenten technisch orientierter Studiengänge (Ingenieure und Wirtschaftsingenieure) am Beginn ihres Studiums stehenden Problematik insbesondere auch die Frage nach dem "Warum" bestmöglich beantwortet werden muss. Daraus resultiert für dieses als eine Einführung in die Elektrotechnik gedachte Lehrbuch ein vor allem auf das Verstehen der Zusammenhänge abzielendes methodisches Konzept. Auf diese Weise wird erstens der Anschluss an die dem Studium vorgelagerte Ausbildung erleichtert und es wird zweitens ein weit über die Anwendung gleichungsmäßiger Zusammenhänge hinausgehendes Fundament gelegt. Die besondere Schwierigkeit besteht hier bekanntermaßen in folgendem Tatbestand:

- Die Elektrizität ist eine von Ladungen verursachte Erscheinung in Raum und Zeit, die nur an den von ihr ausgehenden Wirkungen erkennbar ist.

Daraus ist folgende grundsätzliche Vorgehensweise abgeleitet:

- Beobachtung der Erscheinung durch einen experimentellen Befund und daraus abgeleitete Beschreibung des Ursache-Wirkungs-Zusammenhangs mittels zweckmäßig vereinbarter Größen.

- Exemplarische Darstellung praktischer Anwendungen der herausgearbeiteten Gesetzmäßigkeiten in Form von Rechenbeispielen sowie technischen Lösungen. Der Spezialisierung der Autoren geschuldet dominiert dabei ein wenig die Elektroenergietechnik.

Die von ruhenden bzw. bewegten Ladungen, die massebehaftete Ladungsträger (z.B. Elektronen) voraussetzen, in dem diese umgebenden Raum aufgebauten Felder werden als Kraftwirkungen auf andere Ladungen in diesen Feldern beobachtet. Das bedeutet, dass die aus der Mechanik bekannten und der Vorstellung gut zugänglichen Kategorien wie Körper, Bewegung, Kraft u. dgl. prinzipiell zur Herausarbeitung der hier bestehenden Ursache-Wirkungs-Zusammenhänge geeignet sind. Bewegungen und Kräfte haben im Raum stets eine bestimmte Richtung. Es erfolgt daher insbesondere bei der Vereinbarung der Feldgrößen zunächst eine vektorielle Beschreibung. Dieser scheinbar schwierigere Weg hat jedoch folgende Vorteile:

- Es erfolgt eine nach Betrag und Richtung vollständige und damit allgemeingültige Beschreibung der im Experiment beobachteten Wirkung.

- Der Übergang von der vektoriellen zu der für viele praktische Fragestellungen zweckmäßigen skalaren Beschreibung ist im Gegensatz zu einer umgekehrten Vorgehensweise eindeutig. Ferner entstehen dabei die für eine skalare Beschreibung unverzichtbaren Vorzeichen oftmals quasi von selbst.

- Der Zugang zu anspruchsvolleren Betrachtungen in der theoretischen Elektrotechnik wird besser erschlossen.

Gemäß ihrer praktischen Bedeutung erfolgt anschließend die skalare Beschreibung, die aus der dem Studium vorgelagerten Ausbildung zumindest in ihren Grundzügen bereits vertraut ist. Als Grundorientierung für das gesamte Buch wurde eine feldorientierte Betrachtung gewählt. Das erlaubt es vor allem folgende Effekte zu erzielen:

- Begreifen der Elektrotechnik als eine Gesamtproblematik, die nach einheitlichen Prinzipien beschrieben werden kann.

- Orientierung der Gliederung an der Bewegungsart der Ladungen und damit am Zeitverhalten der Feldgrößen im Sinne eines schrittweisen Vorangehens vom Einfacheren zum Komplizierteren.

Inhaltlich werden ausgehend von grundsätzlichen Betrachtungen zu Größen und Gleichungen, zu Feldern und zur elektrischen Ladung im Detail statische, stationäre und quasistationäre Felder einschließlich der Wechselstromtechnik behandelt. Nichtstationäre bzw. Wellenfelder werden nur als Kategorie eingeführt, aber explizit nicht behandelt. Entsprechend dem generellen Anliegen des Buches erschien es ferner nicht angemessen alle Problemfelder zu behandeln, die man gemeinhin den Grundlagen der Elektrotechnik zuordnet. Das betrifft neben verschiedenen Zusammenhängen aus der Elektrophysik und der Elektrochemie die Methoden der Feldberechnung sowie insbesondere die vielfältigen und in der Regel mathematisch recht anspruchsvollen Gebiete der Leitungs- und Netzwerkstheorie einschließlich der Ausgleichsvorgänge. Angepasst an diese bewusst auferlegte Beschränkung wurde als Titel für das Buch auch "Grundzusammenhänge der Elektrotechnik" gewählt. Mit dem Untertitel "Ladungen – Felder – Netzwerke" wird wie folgt auf die der Vorgehensweise innewohnende Logik hingewiesen:

- Ladungen als Ursache; Felder als Mittel zur Beschreibung der gerichteten (vektoriellen) Wirkungen im Raum; Netzwerke als Instrument zur Problembeschreibung und -lösung mit skalaren Größen.

Die Darstellung ist so gewählt, dass lediglich zur Hochschulreife gehörendes Wissen vorausgesetzt wird. Das betrifft physikalische Grundkenntnisse insbesondere zur Mechanik sowie zum atomaren Aufbau der Materie. Aus mathematischer Sicht werden neben der Beherrschung der Elementarmathematik Grundkenntnisse der Infinitesimalrechnung, der Vektoralgebra und der komplexen Rechnung vorausgesetzt. Hiermit ist es möglich, der Entwicklung der jeweiligen Zusammenhänge prinzipiell zu folgen. Darüber hinausgehende Gebiete der Mathematik (z.B. Differenzialgleichungen) werden im Bedarfsfall als solche aufgezeigt. Im konkreten Fall benötigte Lösungen werden mit einem expliziten Verweis auf die Literatur angegeben. Es genügt, diese zunächst zu akzeptieren und sich ggf. später mit deren Herleitung zu befassen. Auch im Zusammenhang mit spezifischen elektrotechnischen Problemen erfolgen solche expliziten Literaturverweise. Das betrifft sowohl über den abgesteckten Rahmen hinausgehende Ergebnisse als auch bewusst ausgesparte Zusammenhänge. Implizit sind diese Literaturhinweise aber auch als Anregung für ein weiterführendes Studium zu gegebener Zeit zu verstehen.

Auch wenn ein solches Buch naturgemäß durch die Intentionen und Sichtweisen der Autoren geprägt ist, so sind diese aber durch viele Gespräche mit Fachkollegen, Mitarbeitern und Studenten gewachsen. All denen gilt dafür ein großes Dankeschön. Ein ganz besonderer Dank aber gilt Frau Karola Sperlich, die mit viel Geduld und eigenen Ideen das Schreiben des Manuskriptes für den Druck besorgt hat.

Zittau, im Sommer 2006

Herbert Kindler   Klaus-Dieter Haim

Inhaltsverzeichnis

Hinweise zum Gebrauch

- Gleichungen, Bilder und Tabellen sind kapitelweise fortlaufend wie folgt nummeriert:

(4.38)	bedeutet	Gleichung 38 im Kapitel 4
Bild 5.11:	bedeutet	Bild 11 im Kapitel 5
Tabelle 6.2:	bedeutet	Tabelle 2 im Kapitel 6

- Verweise auf Gleichungen, Bilder, Tabellen und Literaturstellen sind wie folgt angegeben:

G 4.38	verweist auf	Gleichung 38 im Kapitel 4
B 5.11	verweist auf	Bild 11 im Kapitel 5
T 6.2	verweist auf	Tabelle 2 im Kapitel 6
[1, S. 33, G 78]	verweist auf	Literatur [1], Seite 33, Gleichung 78
[2, S. 48 ff.]	verweist auf	Literatur [2], Seite 48 und folgende

- Verwendete Abkürzungen:

S.	-	Seite
s.	-	siehe
s.S.	-	siehe Seite
s.a.	-	siehe auch
EES	-	Elektroenergiesystem

1 Physikalische Größen und Gleichungen

Die Ausführungen in diesem Kapitel, die über die Elektrotechnik im engeren Sinne weit hinausreichen, sind mit folgenden Zielstellungen an den Anfang gestellt:

- Wiederholung und damit Festigung von prinzipiell als bekannt vorausgesetzten Zusammenhängen, deren Beherrschung im Weiteren unverzichtbar ist.

- Vereinbarung von Schreibweisen und Darstellungsformen in Übereinstimmung mit der in der Physik allgemein üblichen Praxis.
  (entspricht auch den Festlegungen in :
  DIN 1313   Physikalische Größen und Gleichungen, Begriffe, Schreibweisen)

Bezüglich der physikalischen Größen sind hier folgende Arten von Bedeutung:

Skalare: Hierzu gehören die Zeit sowie ungerichtete Größen im Raum, die eine Aussage über den Zustand in einem Punkt (z.B. Temperatur, Energiedichte) oder in einem Bereich (z.B. Masse, Energie, Strom) desselben machen.

Vektoren: Das sind gerichtete Größen im Raum, die eine Aussage über den Zustand in einem Punkt desselben machen (z.B. Kraft, Geschwindigkeit, Feldstärke).

Eine skalare Größe wird durch ein geeignetes Symbol angegeben, das im mathematischen Sinne wie folgt als Produkt verstanden werden muss:

$$\text{Skalar} = \text{Zahlenwert} \cdot \text{Einheit}$$

bzw.

$$G = \{G\} \cdot [G] \tag{1.1}$$

$$G \quad - \quad \text{Symbol für die skalare Größe}$$

$$\{G\} \quad - \quad \text{Zahlenwert von } G$$

$$[G] \quad - \quad \text{Einheit von } G$$

Beispiel:
$$U = 10\,\text{V}$$

$$U \quad - \quad \text{Symbol für Spannung}$$

$$\{U\} = 10$$

$$[U] = \text{V}$$

Für die Symbole gelten folgende Vereinbarungen:

- Als Symbol dient prinzipiell ein beliebiger Buchstabe.
  Für den praktischen Gebrauch gibt es in den meisten Fällen allgemein übliche bzw. auch festgelegte Buchstaben (z.B. U für Spannung).

- Insbesondere für Strom und Spannung werden in der Regel kleine Buchstaben (i; u) verwendet, wenn es sich um zeitlich veränderliche Größen bzw. Augenblickswerte (Momentanwerte) handelt. Hingegen werden hierfür in der Regel große Buchstaben (I; U) verwendet, wenn es sich um zeitliche Mittelwerte (z.B. Effektivwert) bzw. zeitlich konstante Größen handelt.

Eine vektorielle Größe wird ebenfalls durch ein geeignetes Symbol angegeben. Dieses muss in Ergänzung zu dem für eine skalare Größe noch deutlich machen, dass es sich um eine gerichtete Größe im Raum handelt. Es wird daher folgende, im mathematischen Sinne als Produkt anzusehende, Darstellung vereinbart:

$$\text{Vektor} \;=\; \text{Betrag} \;\cdot\; \text{Richtung}$$

bzw.

$$\vec{G} = \left|\vec{G}\right| \cdot \vec{e}_G = G \cdot \vec{e}_G \tag{1.2}$$

$\vec{G}$ -   Symbol für die vektorielle Größe (Pfeil über dem Buchstaben verdeutlicht die Richtung im Raum)

$\left.\begin{array}{c}\left|\vec{G}\right| \\[1em] G\end{array}\right\}$ -   Betrag von $\vec{G}$

$\vec{e}_G$ -   Richtung von $\vec{G}$;

              auch Einheitsvektor G genannt mit

$$\left|\vec{e}_G\right| = e_G = 1 \tag{1.3}$$

Der Betrag einer vektoriellen Größe ist grundsätzlich wie eine skalare Größe zu betrachten. Er ist damit auch entsprechend G 1.1 anzugeben. Die dort getroffenen Vereinbarungen zur Wahl der Buchstaben gelten hier in gleicher Weise. Eine vektorielle Größe ist somit im mathematischen Sinne als ein Produkt aus 3 Faktoren wie folgt zu betrachten:

$$\vec{G} = \{G\} \cdot [G] \cdot \vec{e}_G \tag{1.4}$$

Physikalische Zusammenhänge zwischen den einzelnen Größen werden in allgemeiner Form als so genannte <u>Größengleichungen</u> angegeben.

Beispiele:

- Ohmsches Gesetz

$$U = R\,I \tag{1.5}$$

- Mechanische Arbeit

$$W = \vec{F} \cdot \vec{\ell} \tag{1.6}$$

Diese Darstellung hat den Vorteil, dass man bezüglich der Einheiten keinerlei Einschränkungen unterliegt. Man muss sich nur darüber im Klaren sein, dass für die jeweiligen Größen bei der Quantifizierung im konkreten Fall die Zusammenhänge G 1.1 bzw. G 1.4 gelten. Für den praktischen Gebrauch ist es jedoch ausgehend von der jeweils konkreten Situation häufig zweckmäßig, für die Einheiten bestimmte Festlegungen zu treffen. Man erreicht damit von vornherein sinnvolle, der praktischen Erfahrung bzw. Gewohnheit angepasste Zahlenwerte für eine skalare Größe bzw. den Betrag einer vektoriellen Größe.

Wenn man aber die Einheiten schon festgelegt hat, dann ist es auch sinnvoll, die Auswertung der jeweiligen Gleichung auf eine reine Zahlenwertrechnung zu reduzieren. Das gelingt durch Einführung einer <u>zugeschnittenen Größengleichung</u>. Diese entsteht aus der Größengleichung dadurch, indem man zunächst alle Größen mit der jeweils für diese festgelegten Einheit erweitert. Am Beispiel des Ohmschen Gesetzes bedeutet das:

$$U \frac{[U]}{[U]} = R \frac{[R]}{[R]} \cdot I \frac{[I]}{[I]} \qquad (1.7)$$

Anschließend wird folgende Umformung vorgenommen:

$$\frac{U}{[U]} = \frac{R}{[R]} \cdot \frac{I}{[I]} \cdot \frac{[R][I]}{[U]} = \frac{R}{[R]} \cdot \frac{I}{[I]} \cdot K \qquad (1.8)$$

Wählt man z.B.

$$[U] = kV; \quad [R] = \Omega; \quad [I] = mA \,,$$

dann erhält man für die Konstante K

$$K = \frac{[R] \cdot [I]}{[U]} = \frac{\Omega \cdot mA}{kV} = \frac{V \cdot 10^{-3} A}{A \cdot 10^{3} V} = 10^{-6}$$

bzw.

$$U/kV = R/\Omega \cdot I/mA \cdot 10^{-6} \qquad (1.9)$$

Der Schrägstrich in G 1.9 ist in Übereinstimmung mit G 1.8 mathematisch ein Bruchstrich. Er wird verbal aber wie folgt ausgedrückt:

U/kV -   U in kV

R/Ω -   R in Ω

I/mA -   I in mA

Der Umgang mit physikalischen Gleichungen, in denen vektorielle Größen auftreten (siehe z.B. G 1.6), ist durch die hier grundsätzlich als bekannt vorausgesetzte Vektoralgebra im Prinzip geklärt. Trotzdem sollen wegen der fundamentalen Bedeutung für die nachfolgenden Kapitel insbesondere die zwei verschiedenen Vektorprodukte neben den mathematischen Aspekten auch aus der Sicht der physikalischen Hintergründe näher beleuchtet werden. Je nach dem zu beschreibenden physikalischen Sachverhalt entsteht bei der Produktbildung von zwei vektoriellen Größen im Ergebnis entweder eine skalare Größe (z.B. Arbeit = Kraft · Weg) oder eine vektorielle Größe (z.B. Drehmoment = Hebelarm · Kraft). Davon ausgehend unterscheidet man:

skalares Produkt   -   ergibt eine skalare Größe

vektorielles Produkt   -   ergibt eine vektorielle Größe

Die dafür in der Mathematik gültigen Darstellungen und Rechenregeln sollen nachfolgend exemplarisch aus physikalischen Beispielen heraus entwickelt werden. Als Beispiel für ein skalares Produkt wird der Zusammenhang

Arbeit   =   Kraft   ·   Weg

↓   ↓   ↓

Skalar   =   Vektor   ·   Vektor

verwendet. Aus der Mechanik ist bekannt, dass nur eine solche Kraft entlang eines Weges auch eine Arbeit verrichten kann, deren Richtung mit der dieses Weges übereinstimmt. Wenn also Kraft- und Wegrichtung einen von Null verschiedenen Winkel einschließen, kann nur die in

der Wegrichtung wirksame Kraftkomponente eine Arbeit verrichten. Ausgehend von B 1.1 gilt
für den Betrag derselben:

$$F_\ell = F \cos \alpha \qquad (1.10)$$

bzw. für die Arbeit

$$W = F \, \ell \cos \alpha \qquad (1.11)$$

W -   Arbeit, die die Kraft $\vec{F}$ entlang des Weges ℓ verrichtet

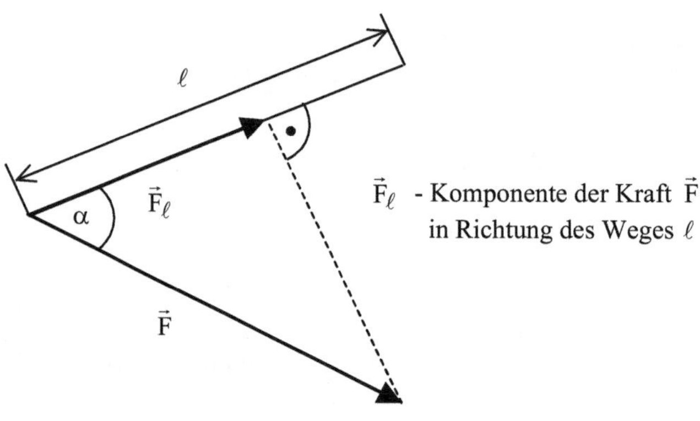

Bild 1.1:   Kraft $\vec{F}$ entlang des Weges ℓ

Wenn man neben der Kraft auch den Weg als einen Vektor auffasst (B 1.2), dann kann G 1.11
wie folgt als skalares Produkt (s.a. G 1.6) aufgeschrieben werden:

$$W = \vec{F} \cdot \vec{\ell} = F \, \ell \cos \alpha \qquad (1.12)$$

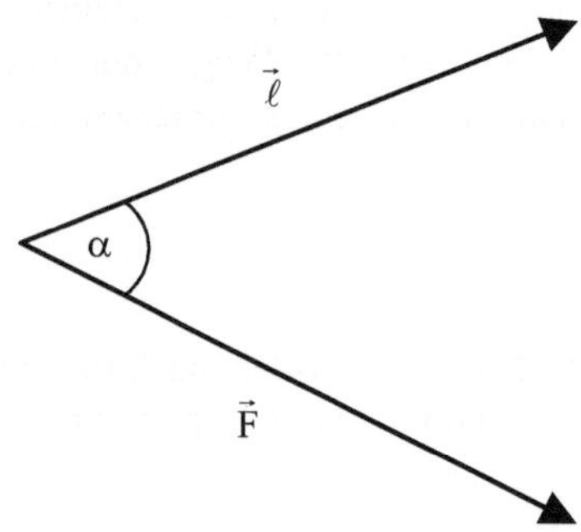

Bild 1.2:   Vektoren $\vec{F}$ und $\vec{\ell}$

Dieses Resultat entspricht der aus der Mathematik bekannten allgemeinen Regel:

$$C = \vec{A} \cdot \vec{B} = AB \cos \alpha \qquad (1.13)$$

Wegen des Punktes als Produktsymbol wird das skalare Produkt auch als Punktprodukt bezeichnet (dieses Produktsymbol wird oftmals sogar weggelassen). Für die praktische Anwendung ist noch Folgendes wichtig:

- α ist der zwischen $\vec{A}$ und $\vec{B}$ eingeschlossene Winkel.

- Aus G 1.13 folgt unmittelbar (Kommutativität):

$$\vec{A} \cdot \vec{B} = \vec{B} \cdot \vec{A} \tag{1.14}$$

- Eine Umstellung von G 1.13 in der Form

$$\vec{A} = \frac{C}{\vec{B}} \quad \text{bzw.} \quad \vec{B} = \frac{C}{\vec{A}}$$

ist <u>nicht</u> zulässig, da ein reziproker Vektor nicht definiert ist.

Als Beispiel für ein vektorielles Produkt wird der Zusammenhang

$$\text{Drehmoment} \quad = \quad \text{Hebelarm} \quad \text{x} \quad \text{Kraft}$$
$$\downarrow \qquad\qquad\qquad \downarrow \qquad\qquad\qquad \downarrow$$
$$\text{Vektor} \quad = \quad \text{Vektor} \quad \text{x} \quad \text{Vektor}$$

verwendet. Hier wird zur sichtbaren Unterscheidung von dem skalaren Produkt als Produktsymbol das Kreuz verwendet. Es wird daher auch als Kreuzprodukt bezeichnet.

Aus der Mechanik ist bekannt, dass eine senkrecht an einem Hebelarm angreifende Kraft ein Drehmoment entwickelt. Wenn eine Kraft unter einem anderen Winkel als 90° an dem Hebelarm angreift, dann entwickelt nur deren senkrecht zum Hebelarm stehende Kraftkomponente ein Drehmoment. Ausgehend von B 1.3 gilt für den Betrag derselben:

$$F_\perp = F \sin \alpha \tag{1.15}$$

bzw. für das Drehmoment

$$M = \ell\, F \sin \alpha \tag{1.16}$$

M - Betrag des Drehmomentes, das die Kraft $\vec{F}$ am Hebelarm ℓ entwickelt

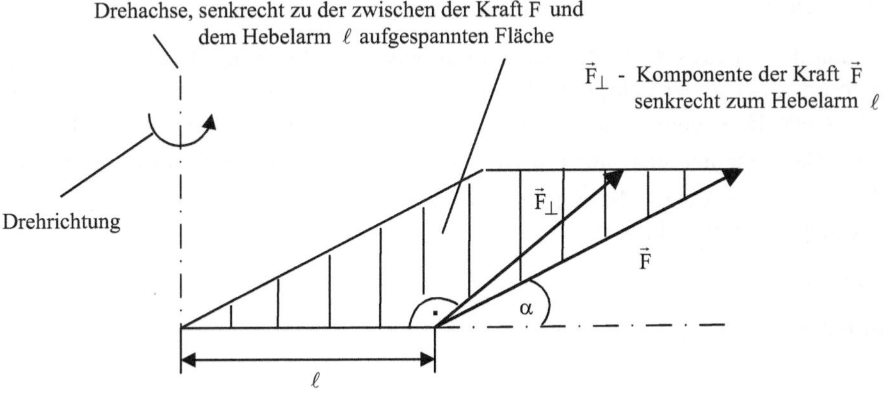

Bild 1.3:   Am Hebelarm ℓ angreifende Kraft $\vec{F}$

Wenn man neben der Kraft auch den Hebelarm und das Drehmoment als Vektoren auffasst (s. B 1.4), dann kann ausgehend von G 1.16 folgendes vektorielle Produkt aufgeschrieben werden:

$$\vec{M} = \vec{\ell} \times \vec{F} \tag{1.17}$$

mit

$$\left|\vec{M}\right| = M = \ell\, F \sin\alpha$$

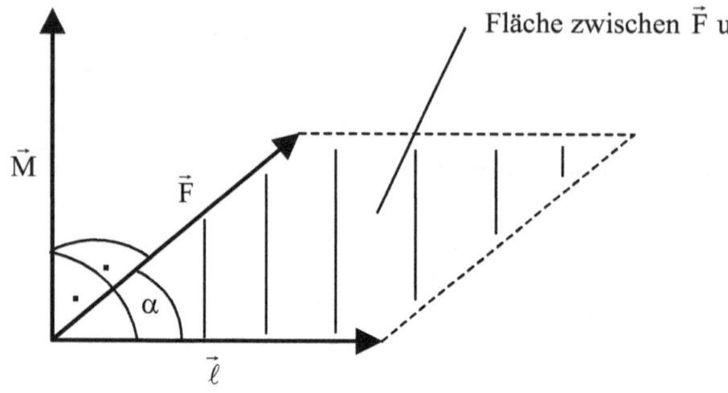

Bild 1.4:   Vektoren $\vec{\ell}$, $\vec{F}$ und $\vec{M}$

Ausgehend von B 1.3 ist hierbei der Vektor $\vec{M}$ als in der Drehachse liegend vereinbart. Seine Richtung ergibt sich aus der Bewegungsrichtung einer mit der dort eingetragenen Drehrichtung gedrehten Rechtsschraube. Diese ändert also ihr Vorzeichen, wenn man gedanklich in B 1.3 die Kraftrichtung umkehrt.

Die Beziehung G 1.17 ist in Übereinstimmung mit den aus der Mathematik bekannten allgemeinen Regeln:

$$\vec{C} = \vec{A} \times \vec{B}$$
$$C = A\, B \sin\alpha \tag{1.18}$$

Für die praktische Anwendung ist noch Folgendes wichtig:

- α ist der zwischen $\vec{A}$ und $\vec{B}$ eingeschlossene Winkel.

- Die Richtung des Vektors $\vec{C}$ findet man, wenn man gedanklich den Vektor $\vec{A}$ (1. Faktor des Kreuzproduktes) so verdreht, dass der Winkel α kleiner wird. Die bei dieser Drehrichtung vorliegende Bewegungsrichtung einer Rechtsschraube ist zugleich die Richtung des Vektors $\vec{C}$. Das bedeutet aber (auch in Übereinstimmung mit der oben erwähnten Vorzeichenänderung für den Vektor $\vec{M}$ bei Umkehr der Kraftrichtung), dass hier keine Kommutativität vorliegt. Es gilt vielmehr:

$$\vec{A} \times \vec{B} = -\vec{B} \times \vec{A} \tag{1.19}$$

- Eine Umstellung von G 1.17 in der Form

$$\vec{A} = \frac{\vec{C}}{\vec{B}} \quad \text{bzw.} \quad \vec{B} = \frac{\vec{C}}{\vec{A}}$$

ist <u>nicht</u> zulässig.

Es sei noch einmal ausdrücklich vermerkt, dass die Art des jeweiligen Produktes aus zwei Vektoren im konkreten Fall nicht durch die Mathematik, sondern durch das zu beschreibende physikalische Problem bestimmt wird.

Nachfolgend spielen Flächen und Volumina stets eine besondere Rolle. Zur Bestimmung der Inhalte derselben können diese beiden Vektorproduktformen in geeigneter Weise verwendet werden.

Den Flächeninhalt eines Parallelogramms erhält man über das Produkt

Grundlinie · Höhe.

Ausgehend von B 1.5 a) entsteht damit:

$$A = a\,h = a\,b\,\sin\alpha \tag{1.20}$$

Betrachtet man die von einer Ecke des Parallelogramms ausgehenden Seiten gemäß B 1.5 b) als Vektoren, dann erhält man entsprechend G 1.18 wie folgt das gleiche Ergebnis:

$$A = \left|\vec{a}\times\vec{b}\right| = a\,b\,\sin\alpha \tag{1.21}$$

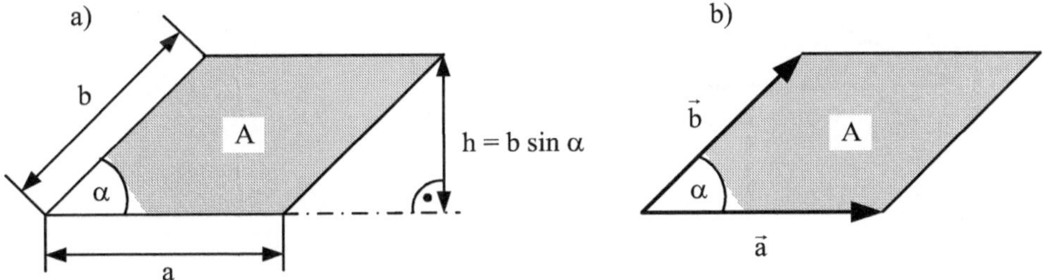

Bild 1.5:   Flächeninhalt eines Parallelogramms

Das Volumen (Rauminhalt) eines Parallelepipeds (Prisma, dessen Grundflächen Parallelogramme sind) erhält man über das Produkt

Grundfläche · Höhe.

Ausgehend von B 1.6 a) entsteht damit:

$$V = A\,H = A\,c\,\cos\beta \tag{1.22}$$

bzw. mit G 1.21:

$$V = a\,b\,c\,\sin\alpha\,\cos\beta \tag{1.23}$$

Betrachtet man die von einer Ecke des Parallelepipeds ausgehenden Seiten gemäß B 1.6 b) als Vektoren, dann erhält man entsprechend G 1.13 und G 1.18 wie folgt das gleiche Ergebnis:

$$V = \vec{A}\cdot\vec{c} = \left(\vec{a}\times\vec{b}\right)\cdot\vec{c} = a\,b\,c\,\sin\alpha\,\cos\beta \tag{1.24}$$

$\vec{A}$ -   Vektor der Fläche A

$\left(\vec{a}\times\vec{b}\right)\cdot\vec{c}$ -   Gemischtes Produkt bzw. Spatprodukt

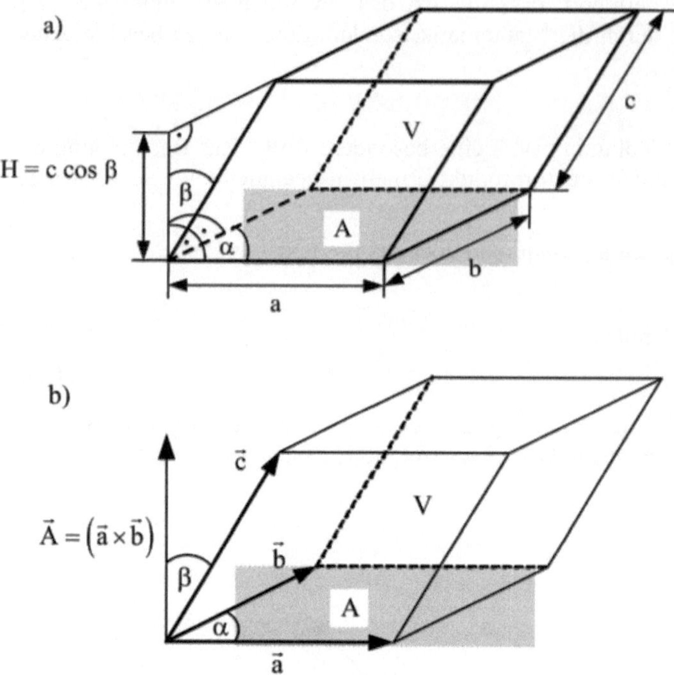

Bild 1.6:   Rauminhalt eines Parallelepipeds

Die Inhalte von Flächen und Volumina sind skalare Größen. Für den praktischen Gebrauch hat
jedoch der mit G 1.24 prinzipiell eingeführte Flächenvektor noch eine besondere Bedeutung.
Dabei ist dessen Richtung für eine Parallelogrammfläche über das Kreuzprodukt (a x b) eindeutig bestimmt. In der Regel liegen aber Flächen vor, die nicht von einem Parallelogramm
umrandet werden. Es bedarf daher für die Bestimmung der Richtung des Flächenvektors noch
einer allgemeinen Regel, die sich an dem Umlauf entlang der Randkurve um eine ebene Fläche
orientiert. Ausgehend von B 1.6 b) kann diese wie folgt formuliert werden:

- Der Umlauf entlang der Randkurve um eine ebene Fläche ist bezogen auf die Richtung des
  senkrecht auf dieser stehenden Flächenvektors wie nachfolgend dargestellt ein Rechtsumlauf.

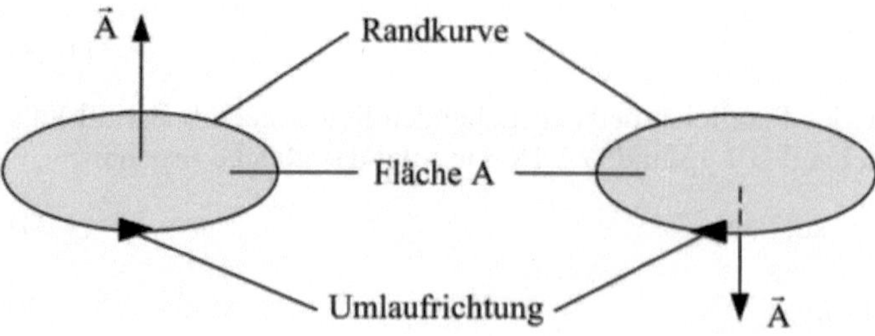

Bild 1.7:   Vektor einer ebenen Fläche

2 Felder

2.1 Wesen und Arten

Ein Feld ist ganz allgemein ein physikalischer Zustand des Raumes. Dieser wird prinzipiell durch die Gesamtheit der zu einem bestimmten Zeitpunkt in allen Punkten des Raumes vorliegenden physikalischen Größen (Feldgrößen) beschrieben. Mit der Bezugnahme auf alle Punkte des Raumes ist letztlich Folgendes festgelegt:

- Der Raum wird von dem Feld lückenlos ausgefüllt (Kontinuum).

- Feldgrößen können nur punktuell zuordenbare physikalische Größen sein (z.B. Kraft, Geschwindigkeit, Feldstärke). Integrale physikalische Größen über einen Weg (z.B. mechanische Arbeit), über eine Fläche (z.B. Strom) oder einen Raum (z.B. Masse) sind keine Feldgrößen.

Für die praktische Arbeit mit Feldern ist es nützlich, diese nach den verschiedensten Gesichtspunkten einzuteilen. Nach dem Charakter der im konkreten Fall betrachteten physikalischen Größen unterscheidet man z.B. zwischen:

- Elektrisches Feld

- Magnetisches Feld

- Gravitationsfeld

Nach der Art der physikalischen Größen unterscheidet man in

- Skalarfeld (z.B. Temperaturfeld, Potenzialfeld)

- Vektorfeld (z.B. Kraftfeld, Geschwindigkeitsfeld)

Diese Unterscheidung hat vor allem aus der Sicht einer räumlichen Vorstellung auf der Grundlage von Feldbildern eine besondere Bedeutung. Ein solches erhält man im Falle eines Skalarfeldes durch die Darstellung von Niveauflächen. Innerhalb einer Niveaufläche ist die betreffende physikalische Größe an allen Punkten derselben gleich. Bei einem Temperaturfeld nennt man diese Niveauflächen auch Äquitemperaturflächen (s. B 2.1).

Eine Berührung bzw. ein Schnitt unterschiedlicher Niveauflächen ist nicht möglich, da die physikalische Größe in einem Punkt nur eine Realisierung (nach Zahlenwert und Einheit) annehmen kann.

Für den Fall eines Vektorfeldes ist die Darstellung solcher Niveauflächen prinzipiell für den Betrag der jeweiligen vektoriellen Feldgröße ebenfalls möglich. Da dadurch jedoch keine Vorstellung über die Richtung der Feldgröße im Raum vermittelt werden kann, wird für Vektorfelder folgende Art der Feldbilddarstellung vereinbart:

Darstellung von Feldlinien als Kurvenzüge im Raum, die durch die Verbindung von solchen Punkten im Raum entstehen, die nacheinander in Richtung der Feldgröße erreicht werden. Die Tangente an eine Feldlinie gibt damit die Richtung der vektoriellen Feldgröße in dem jeweiligen Raumpunkt an. Der Betrag der Feldgröße wird dann durch die Menge der durch eine Fläche im Raum hindurchtretenden Feldlinien (Dichte) charakterisiert.

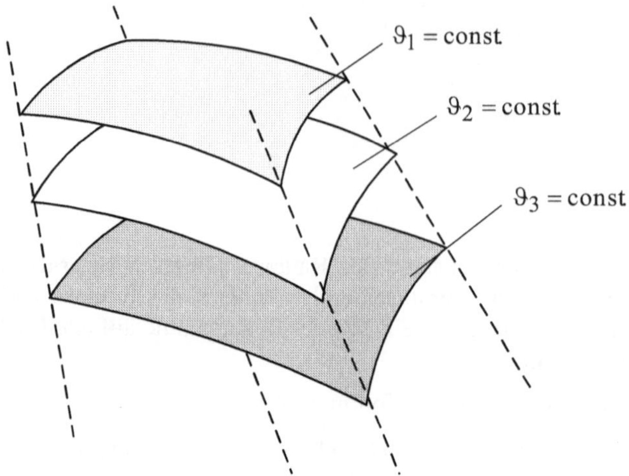

Bild 2.1:   Äquitemperaturflächen in einem Temperaturfeld

Für den Fall einer laminaren Strömung durch ein Rohr mit veränderlichem Durchmesser ist ein entsprechendes Feldbild für das Geschwindigkeitsfeld in B 2.2 qualitativ dargestellt.

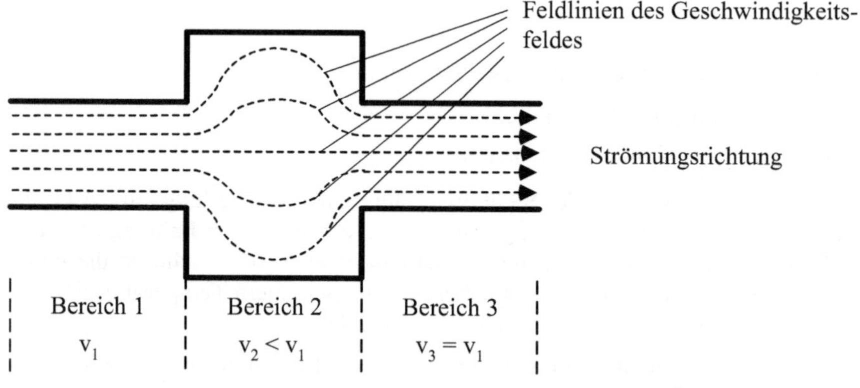

Bild 2.2:   Feldbild für die Geschwindigkeit der Strömung in einem Rohr

Da auch eine vektorielle Größe in einem Raumpunkt nur eine Realisierung (nach Betrag und Richtung) annehmen kann, ist das Berühren bzw. Schneiden von Feldlinien nicht möglich. Nach der Lage der einzelnen Feldlinien zueinander unterscheidet man wie folgt:

- Homogenes Feld

- Inhomogenes Feld

Ein homogenes Feld in einem Raumbereich liegt dann vor, wenn die vektorielle Feldgröße in allen Punkten dieses Bereiches gleich ist. Aus der Sicht des Feldbildes ist dies nur bei äquidistanten, parallelen Feldlinien möglich (s. B 2.3).

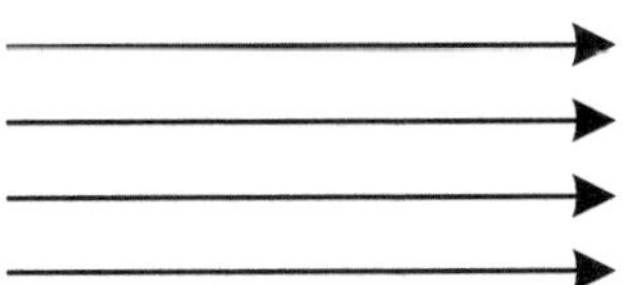

Bild 2.3:   Feldbild für ein homogenes Vektorfeld in einem Raumbereich

Ein inhomogenes Feld in einem Raumbereich liegt dann vor, wenn die vektorielle Feldgröße in den Punkten dieses Bereiches verschieden ist. Die Feldlinien verlaufen dann nicht äquidistant oder nicht parallel (s. B 2.4).

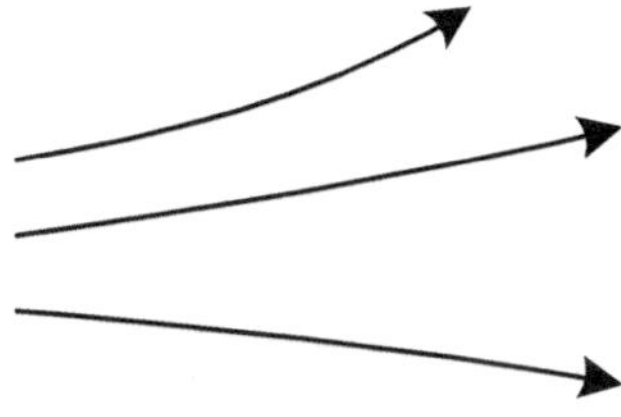

Bild 2.4:   Feldbild für ein inhomogenes Vektorfeld in einem Raumbereich

Das inhomogene Feld stellt damit den allgemeinen Fall dar. Das homogene Feld ist ein Sonderfall, der in der praktischen Realisierung in größeren Raumbereichen nur annähernd erreichbar ist. Es besitzt aber aus methodischer Sicht eine große Bedeutung in folgender Weise:

- Die mathematische Behandlung ist durch die Konstanz der Feldgröße sehr einfach.

- Wenn man den Bereich hinreichend klein wählt (z.B. auch differenziell klein), dann kann man in diesem immer ein homogenes Feld erreichen. Durch die Zusammensetzung eines größeren Bereiches aus solchen hinreichend kleinen Teilbereichen ist dann auch jedes beliebige inhomogene Feld mathematisch behandelbar (nach dem Motto *„divide et impera"* - teile und herrsche).

Bei Vektorfeldern unterscheidet man aus der Sicht der Anfangs- und Endpunkte der Feldlinien noch wie folgt:

- Quellenfeld
- Wirbelfeld

Bei einem Quellenfeld haben die Feldlinien, bedingt durch die physikalische Ursache, einen definierten Anfang (Quelle, Source) und ein definiertes Ende (Senke, Drain) im Raum. Ein typischer Vertreter hierfür ist das elektrostatische Feld (s. B 2.5).

Bei einem Wirbelfeld haben die Feldlinien, ebenfalls bedingt durch die physikalische Ursache, keinen Anfang und kein Ende im Raum. Es sind in sich geschlossene Kurvenzüge im Raum, die ihre physikalische Ursache umfassen (umwirbeln). Ein typischer Vertreter hierfür ist das magnetische Feld um einen stromdurchflossenen Leiter (s. B 2.6).

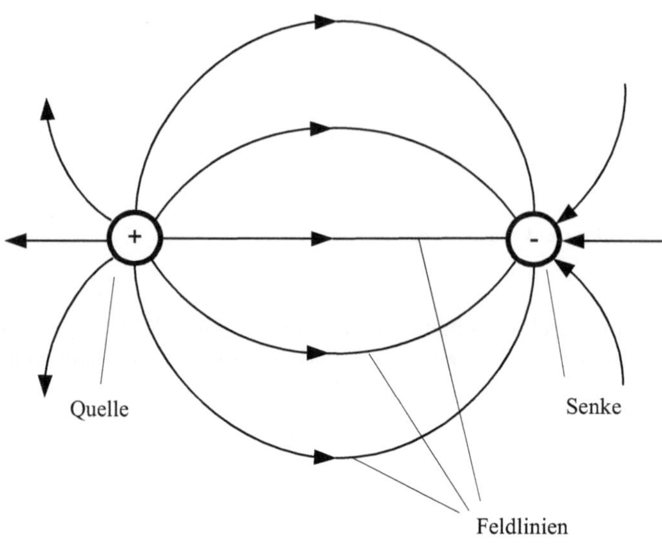

Bild 2.5:   Elektrostatisches Feld als Quellenfeld

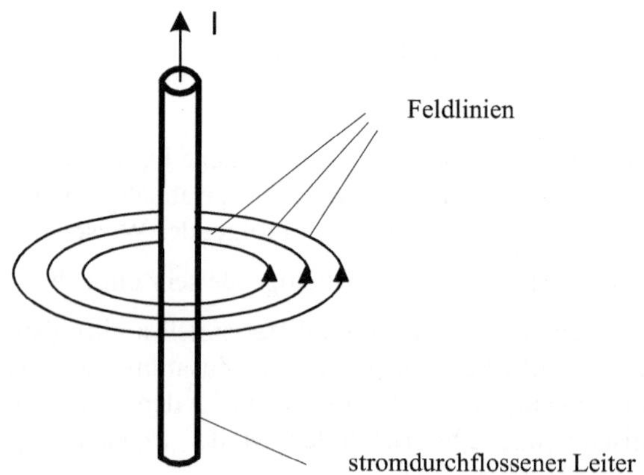

Bild 2.6:   Magnetisches Feld um einen stromdurchflossenen Leiter als Wirbelfeld

Insbesondere auch im Zusammenhang mit elektrotechnischen Erscheinungen ist neben der räumlichen Problematik der Felder auch der Aspekt des zeitlichen Verhaltens der Feldgrößen von besonderer Bedeutung. Aus dieser Sicht werden folgende Felder unterschieden:

- Statische Felder
  Hier sind die Feldgrößen zeitlich konstant.
  Es ist ein Endzustand, bei dem sich alle Elemente (z.B. Masseteilchen, Ladungsträger) in Ruhe befinden. Der Vorgang, der zu diesem Endzustand geführt hat, wird nicht betrachtet.

- Stationäre Felder (Strömungsfelder)
  Hier sind die Feldgrößen zeitlich konstant.
  Es ist ein Endzustand, bei dem sich Elemente mit konstanter Geschwindigkeit im Raum
  bewegen (strömen).

- Quasistationäre Felder
  Hier sind die Feldgrößen zeitlich veränderlich.
  Es ist ein zeitlich veränderlicher Zustand (Augenblickzustand), bei dem sich Elemente mit
  veränderlicher Geschwindigkeit im Raum bewegen können. Die zeitliche Änderung der
  Feldgrößen erfolgt aber noch so langsam, dass in dem betrachteten Raum vorhandene Wirkungen bezogen auf ihre Ursache praktisch gleichzeitig auftreten. Jeder Augenblickszu-
  stand ist damit für sich genommen „quasi" ein stationärer Endzustand.

- Nichtstationäre Felder (Wellenfelder)
  Hier verändern sich die Feldgrößen zeitlich so schnell, dass in dem betrachteten Raum vorhandene Wirkungen bezogen auf ihre Ursache nicht mehr zur gleichen Zeit auftreten (Lauf-
  zeiteffekt). Die Wirkungen breiten sich im Raum in Wellenform aus.

2.2 Fluss und Flussdichte bei Vektorfeldern

Entsprechend der im Abschnitt 2.1 vereinbarten Darstellung von Feldbildern für Vektorfelder
ist die Menge der durch eine bestimmte Fläche hindurchtretenden Feldlinien (Dichte) ein Maß
für den Betrag der jeweiligen vektoriellen Feldgröße innerhalb dieser Fläche. Umgekehrt heißt
das:

Der Betrag einer vektoriellen Feldgröße innerhalb einer Fläche ist ein Maß für die Dichte
ihrer Feldlinien durch diese Fläche.

Ordnet man schließlich dieser Dichte der Feldlinien noch die Richtung der betreffenden vektoriellen Feldgröße zu, dann kann man prinzipiell jede vektorielle Feldgröße als eine vektorielle
„Dichtegröße" auffassen. Die Multiplikation dieser Dichtegröße mit der betreffenden Fläche
liefert dann ganz allgemein ein Maß für die Menge der durch diese Fläche hindurchtretenden
(fließenden bzw. strömenden) Feldlinien. Für die explizite mathematische Formulierung dieser
Multiplikation sind noch folgende Gegebenheiten zu beachten:

1. Die Dichte der Feldlinien kann innerhalb einer größeren Fläche sehr verschieden sein, so
   dass eine differenzielle Betrachtung notwendig ist.

2. Infolge des vektoriellen Charakters der Dichtegröße ist eine Lagezuordnung zwischen dieser und der betreffenden Fläche erforderlich (s. B 2.7).

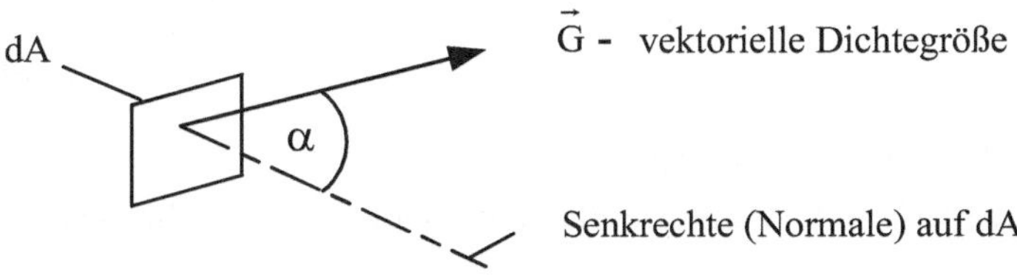

Bild 2.7:   Lagezuordnung zwischen $\vec{G}$ und dA

Nimmt man zunächst einmal an, dass $\vec{G}$ senkrecht auf dA steht ($\alpha = 0$), dann kann als Maß für die Menge der durch dA hindurchtretenden Feldlinien explizit folgendes Produkt angegeben werden:

$$d\phi = \left| \vec{G} \right| dA = G \, dA \qquad\qquad (2.1)$$

$d\phi$ - Maßgröße für die Menge der durch eine Fläche dA
      hindurchtretenden Feldlinien (Fluss)

Dieser so definierte Fluss (z.B. Verschiebungsfluss) ist damit eine eigenständige physikalische Größe, deren Wesen (im Sinne „Was fließt hier?") im konkreten Fall durch die ursprüngliche vektorielle Feldgröße bestimmt wird. Wegen des Mengencharakters handelt es sich bei dem Fluss um eine skalare Größe. Unter Bezugnahme auf den Begriff „Fluss" wird die ursprüngliche vektorielle Feldgröße dann auch als Flussdichte (z.B. Verschiebungsflussdichte) bezeichnet.

Prinzipiell kann auf der Basis jeder vektoriellen Feldgröße ein entsprechender Fluss definiert werden. Inhaltlich ist das jedoch nur in bestimmten Fällen sinnvoll. Ein der Vorstellung relativ leicht zugängliches Beispiel soll diesen Sachverhalt nachfolgend verdeutlichen. Es möge eine Flüssigkeit mit der Geschwindigkeit $\vec{v}$ (hier die vektorielle Feldgröße) senkrecht durch eine Fläche dA hindurchströmen (s. B 2.8).

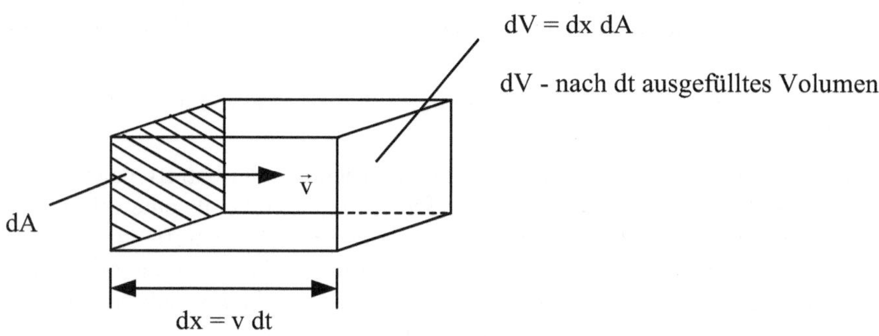

Bild 2.8:   Senkrecht durch dA mit $\vec{v}$ strömende Flüssigkeit

Gemäß G 2.1 gilt hier:

$$d\phi = v \, dA = \frac{dx}{dt} dA = \frac{dV}{dt} \qquad\qquad (2.2)$$

Die inhaltliche Bedeutung des Flusses für dieses Beispiel ist damit:

Das pro Zeiteinheit durch die Fläche dA strömende Flüssigkeitsvolumen (Durchflussmenge) z.B. in $\dfrac{m^3}{h}$.

In Anlehnung an dieses Beispiel kann man sich den differenziellen Fluss $d\phi$ der vektoriellen Feldgröße $\vec{G}$ bildhaft als durch eine in der Richtung von $\vec{G}$ orientierte differenzielle Röhre (von $\vec{G}$-Feldlinien eingeschlossen) fließend vorstellen. Damit liegt prinzipiell die in B 2.9 dargestellte Situation vor.

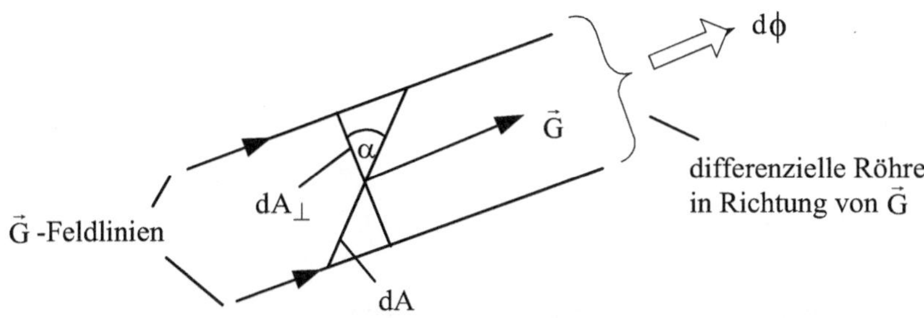

Bild 2.9:   Fluss dφ durch eine differenzielle Röhre

Analog zu G 2.1 gilt hier:

$$d\phi = G \ dA_\perp \tag{2.3}$$

$dA_\perp$ - Querschnittsfläche der differenziellen Röhre (senkrecht auf $\vec{G}$ stehend)

Ausgehend von B 2.9 gilt ferner:

$$dA_\perp = dA \cos\alpha \tag{2.4}$$

dA   - schräge Schnittfläche der differenziellen Röhre

Auf diese Weise hat $dA_\perp$ auch die Bedeutung der in Richtung von $\vec{G}$ gesehenen Fläche von dA (Projektionsfläche).

Damit entsteht:

$$d\phi = G \ dA \ \cos\alpha \tag{2.5}$$

Ein Vergleich dieses Ergebnisses mit G 1.13 legt den Gedanken nahe, hierfür ein skalares Produkt aus zwei Vektoren in folgender Weise zu vereinbaren:

$$d\phi = \vec{G} \, d\vec{A} \tag{2.6}$$

mit

$$d\vec{A} = dA \ \vec{e}_{dA} \tag{2.7}$$

$d\vec{A}$ - Flächenvektor

Der Vektor $d\vec{A}$ steht dabei in Übereinstimmung mit B 1.7 senkrecht auf der Fläche dA und ist auf der jeweiligen Seite derselben von dieser weggerichtet (s. B 2.10).

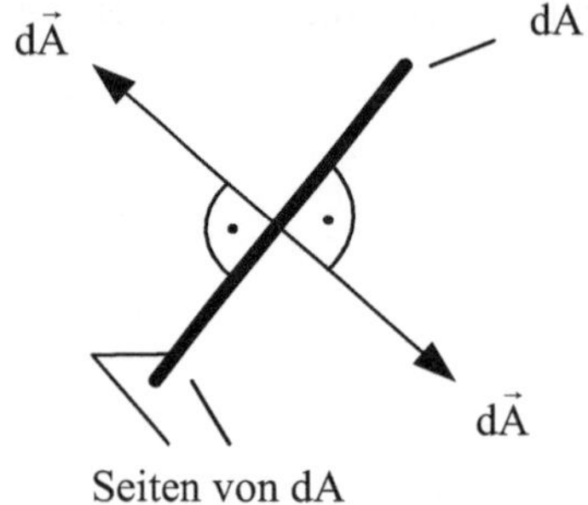

Bild 2.10: Richtung des Flächenvektors $\vec{dA}$ auf den beiden Seiten von dA

Ausgehend von B 2.9 entstehen somit auf der Grundlage von G 2.5 für den Fluss auf den beiden Seiten von dA folgende Ergebnisse:

- Seite, auf der $\vec{G}$ von dA weggerichtet ist bzw. auf der dϕ aus dA austritt

$$d\phi = G \, dA \, \cos\alpha \geq 0 \tag{2.8}$$

- Seite, auf der $\vec{G}$ zu dA hingerichtet ist bzw. auf der dϕ in dA eintritt

$$d\phi = G \, dA \, \cos\alpha \leq 0 \tag{2.9}$$

Diese Vorzeichenproblematik ist für den praktischen Umgang mit dem Fluss (z.B. bei einer Netzwerkanalyse) von besonderer Bedeutung. Mangels genauerer Kenntnis über dessen Orientierung im Raum muss dafür oftmals zunächst eine Annahme getroffen werden. Symbolisch wird diese mit Hilfe eines Zählpfeils dargestellt. Ausgehend von G 2.8 und G 2.9 wird auf diese Weise bezogen auf eine bestimmte Fläche mit dem Flusszählpfeil wie folgt das Vorzeichen für den jeweiligen Fluss festgelegt:

Tabelle 2.1:   Zuordnung von Zählpfeil und Vorzeichen für den Fluss

Zählpfeil	Vorzeichen (Zählweise)
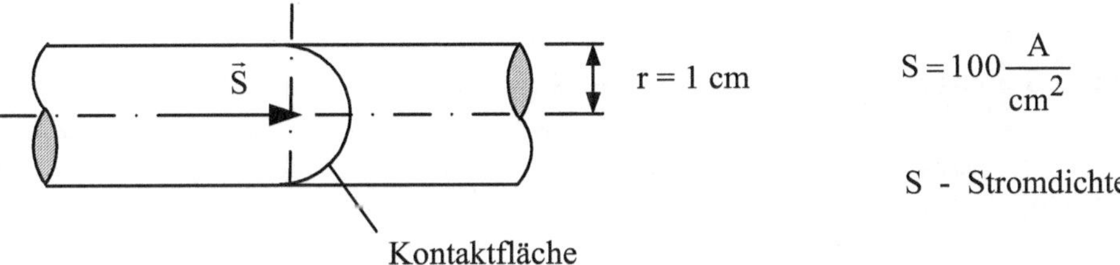	positiv
	negativ

G 2.6 ist unmittelbar geeignet, den durch eine größere Fläche A (zusammengesetzt aus entsprechend vielen Teilflächen dA) insgesamt hindurchtretenden Fluss wie folgt zu bestimmen:

$$\phi = \int_A \vec{G}\, d\vec{A} \qquad (2.10)$$

Der prinzipielle Umgang mit dieser Beziehung soll nachfolgend am Beispiel einer Kontaktanordnung (s. B 2.11) demonstriert werden.

Bild 2.11: Kontaktanordnung

Gesucht ist der Strom I, der an der halbkugelförmigen Kontaktfläche A_k aus dem linken Kontaktstück aus- und in das rechte Kontaktstück eintritt. Zunächst gilt hierfür:

$$I = \int_{A_k} \vec{S}\, d\vec{A} = \int_{A_k} S\, dA \cos\alpha \qquad (2.11)$$

Die Integration über die Kontaktfläche erfolgt in einer solchen Weise, dass die Halbkugeloberfläche aus Mantelflächen von differenziellen Kugelschichten zusammengesetzt wird. Man hat dabei den Vorteil, dass der Winkel α auf einer solchen Mantelfläche überall gleich ist. Für die Mantelfläche einer differenziellen Kugelschicht dA bei einem Winkel α erhält man:

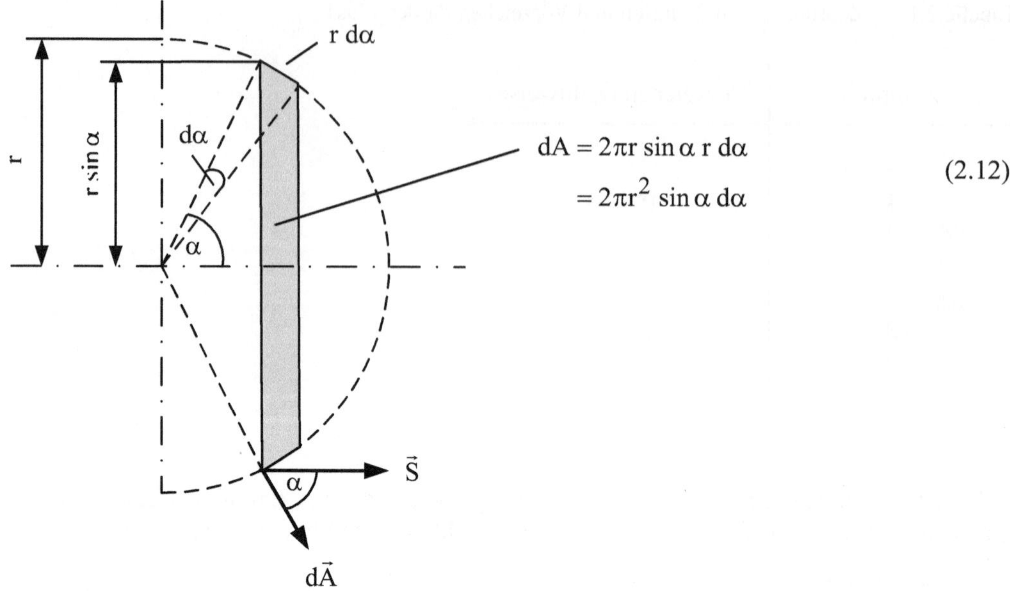

$$(2.12)$$

Bild 2.12: Mantelfläche einer differenziellen Kugelschicht

Damit entsteht:

$$I = 2\pi \, r^2 \, S \int\limits_{0}^{\frac{\pi}{2}} \cos\alpha \, \sin\alpha \, d\alpha = 2\pi \, r^2 \, S \left.\frac{\sin^2\alpha}{2}\right|_{0}^{\frac{\pi}{2}} = \pi \, r^2 \, S$$

$$= \pi \, (1\,\text{cm})^2 \, \frac{100\,\text{A}}{\text{cm}^2} \approx \underline{\underline{314\,\text{A}}}$$

$$(2.13)$$

Da $\pi \, r^2$ die hier vorliegende Querschnittsfläche ist, war dieses Ergebnis natürlich von vornherein zu erwarten.

3 Elektrische Ladung

Die elektrische Ladung, nachfolgend kurz Ladung genannt, ist ganz allgemein die in einem bestimmten Raumbereich (Volumen) vorhandene Elektrizitätsmenge. Sie ist demzufolge eine skalare physikalische Größe, für die das Symbol „Q" verwendet wird. Die Elektrizität als solche muss man wie die Masse als eine naturgegebene Eigenschaft der den atomaren Aufbau der Materie bestimmenden Elementarteilchen akzeptieren. Diese unterscheiden sich aus der Sicht der Masse wie folgt nur quantitativ:

$$\text{Masse Elektron} \qquad m_E \approx 9.1 \cdot 10^{-31} \, \text{kg}$$

$$\text{Masse Proton} \qquad m_P \approx 1836 \cdot m_E \approx 1.67 \cdot 10^{-27} \, \text{kg}$$

$$\text{Masse Neutron} \qquad m_N \approx m_P \approx 1.67 \cdot 10^{-27} \, \text{kg}$$

Aus der Sicht der Elektrizität hingegen ist folgender qualitative Unterschied von entscheidender Bedeutung:

Elektron - negative Elektrizität

Proton   - positive Elektrizität

Neutron - keine Elektrizität

Quantitativ gilt aus der Sicht der Elektrizität:

$$\text{Ladung Elektron} \qquad Q_E \approx -1.6 \cdot 10^{-19} \, \text{As}$$

$$\text{Ladung Proton} \qquad Q_P = -Q_E \approx 1.6 \cdot 10^{-19} \, \text{As}$$

$$\text{Ladung Neutron} \qquad Q_N = 0$$

Die Einheit der Ladung

$$[Q] = As = C \qquad \text{(Coulomb)} \tag{3.1}$$

wird hier zunächst rein formal eingeführt. Eine inhaltliche Begründung erfolgt später im Zusammenhang mit der Vereinbarung des elektrischen Stromes (s. Abschnitt 5.4.2.1).

Die Gleichheit

$$\left| Q_E \right| = \left| Q_P \right| = e \approx 1.6 \cdot 10^{-19} \, \text{As} \tag{3.2}$$

e - Elementarladung

hingegen ist wie die Elektrizität selbst naturgegeben.

Das „Quantum" Elementarladung steht in einem festen Zusammenhang zu den betreffenden Elementarteilchen. Sie werden daher auch als Träger dieser Elementarladung aufgefasst. So wie diese Elementarteilchen nicht teilbar sind, so ist auch die Elementarladung als kleinstes Ladungsquantum nicht teilbar. Jede beliebige Ladung kann damit nur als ein ganzzahliges Vielfaches der Elementarladung (gequandelt) auftreten. Für die Ladung in einem bestimmten Raumbereich gilt demzufolge:

$$Q = \left(N_P - N_E\right) e \tag{3.3}$$

N_P -   Anzahl der Protonen in dem Raumbereich

N_E -   Anzahl der Elektronen in dem Raumbereich

Hieraus folgt:

$$Q = 0 \quad \text{bei} \quad N_P = N_E$$

$$Q \neq 0 \quad \text{bei} \quad N_P \neq N_E \tag{3.4}$$

$$\text{mit} \quad Q > 0 \quad \text{bei} \quad N_P > N_E$$

$$Q < 0 \quad \text{bei} \quad N_P < N_E$$

Bei $Q \neq 0$ wird auch von einer Überschussladung gesprochen, weil dazu in dem jeweiligen Raumbereich ein „Überschuss" an elementaren Ladungsträgern der einen Art vorliegen muss.

Ursache für alle nachfolgend zu behandelnden elektromagnetischen Erscheinungen ist letztlich die als ein dynamischer Vorgang zu betrachtende örtliche Verteilung von Ladungen im Raum. Diese Ladungsverteilung in einem größeren Raum kann prinzipiell dadurch angegeben werden, indem man diesen in genügend kleine Teilbereiche zerlegt, deren Ladung gemäß G 3.3 bestimmt wird. Ein solcher Weg ist nur bei einer geringen Anzahl von Elementarteilchen in einem solchen Teilbereich praktikabel.

Infolge der Kleinheit der Elementarteilchen existieren jedoch in der Regel selbst in kleinsten Raumbereichen so viele davon, dass man diese darin als kontinuierlich verteilt betrachten darf. Bezogen auf einen sehr kleinen Raumbereich kann damit wie folgt eine räumliche Ladungsdichte definiert werden:

$$\rho = \lim_{\Delta V \to 0} \frac{\Delta Q}{\Delta V} = \frac{dQ}{dV} \tag{3.5}$$

ρ -   Raumladungsdichte

$$[\rho] = \frac{As}{m^3}$$

$\Delta Q, dQ$ -   Ladung in einem sehr kleinen Raumbereich

$\Delta V, dV$ -   Volumen eines sehr kleinen Raumbereiches

Die Ladung in einem größeren Raumbereich erhält man damit wie folgt:

$$Q = \int_R \rho \, dV \tag{3.6}$$

R -   Raumbereich

Die Raumladungsdichte ist zur Beschreibung der Ladungsverteilung gut geeignet, wenn die Ladung über den gesamten betrachteten Raum verteilt ist (z.B. bei Halbleitern, Elektrolyten, ionisierten Gasen). Ist die Ladung aber z.B. bei einem Körper nur an dessen Oberfläche verteilt (z.B. bei einer aufgeladenen Metallkugel) oder besitzt der betrachtete Raum nur eine ausgeprägt flächenhafte Gestalt (z.B. eine Folie), dann liegt es nahe, sich die Ladung direkt in dieser Fläche verteilt vorzustellen. Das führt analog zu G 3.5 und G 3.6 zu folgenden Zusammenhängen auf der Basis einer Flächenladungsdichte:

$$\sigma = \lim_{\Delta A \to 0} \frac{\Delta Q}{\Delta A} = \frac{dQ}{dA} \qquad (3.7)$$

σ -   Flächenladungsdichte

$$[\sigma] = \frac{As}{m^2}$$

$$Q = \int_A \sigma \, dA \qquad (3.8)$$

A -   betrachtete Fläche

Hat schließlich der betrachtete Raumbereich eine ausgeprägte linienhafte Gestalt (z.B. ein Draht), dann ist es zweckmäßig, wie folgt mit einer Linienladungsdichte zu arbeiten:

$$\lambda = \lim_{\Delta \ell \to 0} \frac{\Delta Q}{\Delta \ell} = \frac{dQ}{d\ell} \qquad (3.9)$$

λ -   Linienladungsdichte

$$[\lambda] = \frac{As}{m}$$

$$Q = \int_\ell \lambda \, d\ell \qquad (3.10)$$

ℓ -   betrachtete Linie (Länge)

Analog zu den verschiedenen Ladungsdichten spricht man je nach Gestalt des betreffenden Raumbereiches dann auch von Raumladung, Flächenladung bzw. Linienladung. Auf diese Weise beinhaltet der Ladungsbegriff zugleich eine Information über die räumliche Verteilung der Ladung.

Vor allem aus der Sicht der Beschreibung des in der Umgebung einer in einem Raumbereich vorhandenen Ladung existierenden Feldes (Feld einer Ladung) ist in methodischer Hinsicht oftmals noch die Einführung einer Punktladung sehr hilfreich. Das resultiert aus der Kugelsymmetrie eines solchen Feldes. Eine Punktladung liegt z.B. a priori vor, wenn der mit einer Ladung ausgefüllte Raumbereich sehr klein ist (z.B. bei einem elementaren Ladungsträger). Man kann aber auch das Feld einer Ladung in einem größeren Raumbereich bei hinreichender Entfernung von demselben dadurch beschreiben, dass man dessen gesamte Ladung gedanklich in einem Punkt innerhalb dieses Raumbereiches (in der Regel der Mittelpunkt) konzentriert. Dies ist analog der praktischen Erfahrung, dass aus hinreichender Entfernung von einem größeren Körper dieser nur noch als Punkt wahrgenommen wird.

Ist die Entfernung von einem größeren Raumbereich nicht genügend groß, dann kann man diesen so in kleinere Teilbereiche zerlegen, dass die Felder von den in diesen enthaltenen Ladungen jeweils durch eine Punktladung beschrieben werden können. Das in dem umgebenden Raum existierende Gesamtfeld erhält man dann durch die Überlagerung aller dieser Einzelfelder.

Schließlich sei an dieser Stelle noch hervorgehoben, dass dieser Denkansatz der Überlagerung von unabhängigen Wirkungen nicht auf das Modell der Punktladung beschränkt ist. Es handelt sich dabei um ein ganz allgemeines Prinzip (Superpositionsprinzip), von dem nachfolgend noch verschiedentlich Gebrauch gemacht wird.

4 Elektrostatisches Feld

4.1 Wesen und Ursache

Das elektrostatische Feld besteht naturgegeben in der Umgebung von im Raum feststehenden (ruhenden) Ladungen. Seine Existenz ist durch die Kraftwirkung auf eine andere, in dieses Feld eingebrachte Ladung nachweisbar. Bedingt durch den atomaren Aufbau der Materie liegen jedoch die dazu erforderlichen Überschussladungen zunächst nicht vor. Jedes Atom besitzt eine gleiche Anzahl von Elektronen und Protonen, die in einer festen Bindung zueinander stehen. Damit ist die resultierende Ladung in einem beliebigen Raumbereich gemäß G 3.3 stets „Null". Diese Gleichheit der Anzahl der elementaren Ladungsträger kann in einem geschlossenen System auch insgesamt nicht aufgehoben werden. Es kann lediglich in bestimmten Raumbereichen durch eine Ladungsträgerverschiebung (Ladungstrennung) ein Überschuss an positiven bzw. negativen Ladungen auftreten. Die dazu erforderlichen frei beweglichen Ladungsträger sind entweder materialbedingt vorhanden (z.B. in Metallen als Elektronen) oder können durch das Aufbrechen von atomaren bzw. molekularen Strukturen über eine Energiezufuhr (Erwärmung, Strahlung u.dgl.) in folgender Weise entstehen (s. B 4.1):

- Elektronen — durch deren Herauslösung aus ihrem eigentlichen Atom- bzw. Molekülverband (Ionisation).

- positive Ionen — durch Ionisation in Form der verbleibenden Atom- bzw. Molekülrümpfe oder durch Aufspaltung eines durch Ionenbindung gebildeten Moleküls (Dissoziation).

- negative Ionen — durch Dissoziation bzw. durch Anlagerung von durch Ionisation herausgelösten Elektronen an neutrale Atome bzw. Moleküle (Trägerumwandlung).

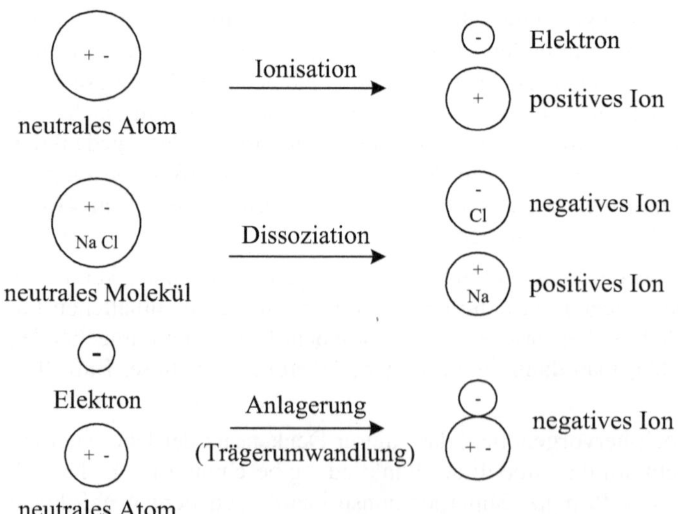

Bild 4.1:   Mechanismen zur Entstehung frei beweglicher Ladungsträger

Diese Vorstellung von dem Vorgang der Ladungstrennung als Ursache für ein elektrostatisches Feld ist an dieser Stelle nur für das prinzipielle Verständnis bestimmter Zusammenhänge im Sinne einer Hintergrundinformation von Bedeutung. Nicht der Vorgang, sondern das Ergebnis der Ladungstrennung ist in diesem Kapitel der Betrachtungsgegenstand.

4.2 Vektorielle Beschreibung

4.2.1 Elektrische Feldstärke

Die elektrische Feldstärke ist die grundlegende Feldgröße zur Beschreibung des elektrostatischen Feldes. Sie wird ausgehend von der Kraftwirkung auf Ladungen im elektrischen Feld anderer Ladungen vereinbart. Diese Kraftwirkung kann im Experiment für zwei Ladungen (z.B. durch Reibung aufgeladene Stäbe aus Glas (+) und/oder Bernstein (-)) wie in B 4.2 dargestellt zunächst qualitativ nachgewiesen werden.

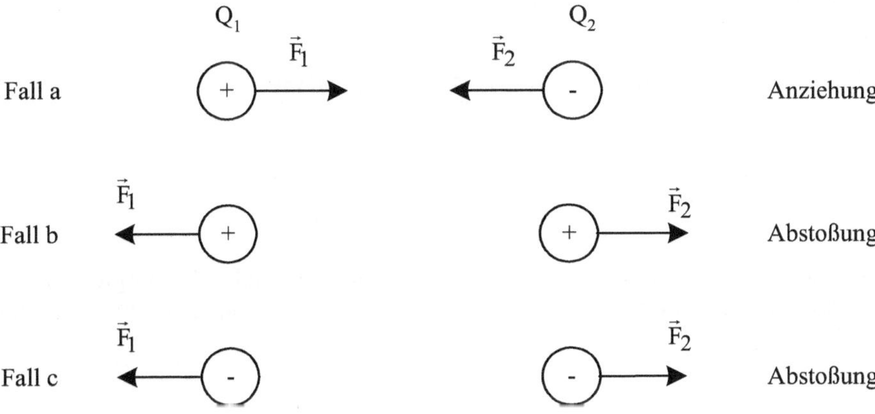

$\vec{F}_1, \vec{F}_2$ -   auf die Ladungen Q_1 bzw. Q_2 einwirkende Kräfte (Vektoren)

Bild 4.2:   Kraftwirkung zwischen zwei Ladungen

Wenn die Abmessungen der Raumbereiche, in denen sich die Ladungen befinden, klein gegenüber dem Abstand dieser Raumbereiche untereinander sind (entspricht dem Modell der Punktladung), liefert das Experiment zusätzlich folgendes quantitative Resultat für den Betrag der Kräfte:

$$F_1 = F_2 = k\,\frac{|Q_1||Q_2|}{r^2} \qquad\qquad (4.1)$$

k   -   Konstante (hängt vom Material in dem die Ladungen
                umgebenden Raum ab)

r   -   Abstand zwischen den beiden „Ersatz" - Punktladungen

Mit der Vereinbarung

$$k = \frac{1}{4\pi\varepsilon}$$ (4.2)

ε -   Dielektrizitätskonstante bzw. Permittivität
           Für Vakuum gilt:

$$\varepsilon = \varepsilon_0 = 8.85 \cdot 10^{-12}\, \frac{As}{Vm} \quad \text{(elektrische Feldkonstante)}$$

entsteht daraus:

$$F_1 = F_2 = \frac{|Q_1|\,|Q_2|}{4\,\pi\varepsilon\,r^2}$$ (4.3)

Dieser als Coulombsches Gesetz bezeichnete Zusammenhang besitzt die gleiche Grundstruktur wie das mit G 4.4 angegebene Gravitationsgesetz, was hier als bemerkenswerter, naturgegebener Sachverhalt festgehalten werden soll.

$$F = \gamma\,\frac{m_1\,m_2}{r^2}$$ (4.4)

F -   Anziehungskraft zwischen den Massen m_1 und m_2

γ -   Gravitationskonstante

$$\gamma = 6{,}673 \cdot 10^{-11}\, \frac{N\,m^2}{kg^2}$$

Der Übergang von der Betragsgleichung G 4.3 zu einer entsprechenden Vektorgleichung gelingt durch die Vereinbarung eines Abstandsvektors jeweils von der einen zur anderen Punktladung (s. B 4.3).

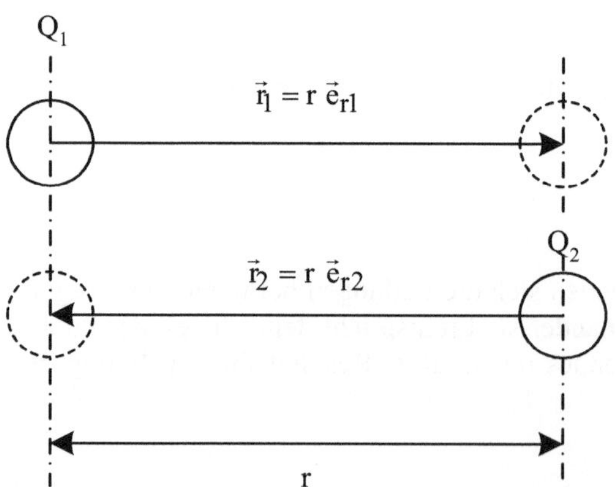

Bild 4.3:   Vereinbarung des Abstandsvektors von einer Punktladung zur anderen

Unter Beachtung der Vorzeichen für die Ladungen kann man folgende Vektorgleichungen angeben:

$$\vec{F}_1 = \frac{Q_1 \, Q_2}{4\pi\varepsilon \, r^2} \, \vec{e}_{r2} \qquad (4.5)$$

$$\vec{F}_2 = \frac{Q_1 \, Q_2}{4\pi\varepsilon \, r^2} \, \vec{e}_{r1} \qquad (4.6)$$

Dieses Ergebnis kann prinzipiell wie folgt interpretiert werden:

Die Ladung Q_1 erfährt in dem elektrischen Feld der Ladung Q_2 eine Kraft $\vec{F}_1$ (das gilt analog für die Kraft $\vec{F}_2$ auf die Ladung Q_2).

Eine solche Interpretation erlaubt folgende Darstellung:

$$\vec{F}_1 = Q_1 \, \vec{E}_{21} \quad \text{mit} \quad \vec{E}_{21} = \frac{Q_2}{4\pi\varepsilon \, r^2} \, \vec{e}_{r2} \qquad (4.7)$$

$$\vec{F}_2 = Q_2 \, \vec{E}_{12} \quad \text{mit} \quad \vec{E}_{12} = \frac{Q_1}{4\pi\varepsilon \, r^2} \, \vec{e}_{r1} \qquad (4.8)$$

$\vec{E}_{21}$ -   Intensität des elektrischen Feldes der Ladung Q_2 am Ort
                     der Ladung Q_1

$\vec{E}_{12}$ -   analog zu $\vec{E}_{21}$

Die so vereinbarte Intensität wird elektrische Feldstärke genannt.

Wenn man berücksichtigt, dass ein beliebiges elektrisches Feld durch die Überlagerung der elektrischen Felder einer entsprechenden Anzahl von Punktladungen beschrieben werden kann, dann kann das mit G 4.7 und G 4.8 zunächst nur für zwei Punktladungen erzielte Ergebnis wie folgt verallgemeinert werden:

$$\vec{F} = Q \, \vec{E} \qquad (4.9)$$

$$\vec{E} = E \, \vec{e}_E = \sum_{i=1}^{n} \vec{E}_i = \frac{1}{4\pi\varepsilon} \sum_{i=1}^{n} \frac{Q_i}{r_i^2} \, \vec{e}_{r_i} \qquad (4.10)$$

$\vec{E}$ -   Vektor der elektrischen Feldstärke

$\qquad\qquad [E] = \dfrac{V}{m}$ (wird im Zusammenhang mit der Definition der elektrischen

$\qquad\qquad\qquad$ Spannung geklärt)

$\vec{F}$ -   Kraft auf eine Punktladung Q, an deren Ort die durch Überlagerung
                der elektrischen Felder <u>anderer</u> Punktladungen entstandene elektrische
                Feldstärke $\vec{E}$ vorliegt

n   -   Anzahl der anderen Punktladungen

Diese Zusammenhänge sollen auf folgende Anordnung von Punktladungen in Luft angewendet werden:

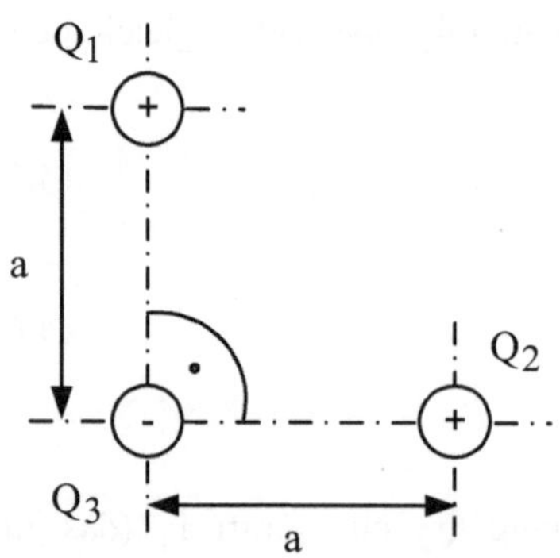

$$Q_1 = 2 \cdot 10^{-8} \text{ As}$$

$$Q_2 = 2 \cdot Q_1 = 4 \cdot 10^{-8} \text{ As}$$

$$Q_3 = -3 \cdot 10^{-8} \text{ As}$$

$$a = 5 \text{ cm} ; \quad \varepsilon \approx \varepsilon_0$$

Zu bestimmen ist die Kraft auf die Ladung Q_3.

Bild 4.4:   Anordnung von Punktladungen

Gemäß G 4.10 gilt für die elektrische Feldstärke am Ort der Ladung 3:

$$\vec{E} = \vec{E}_1 + \vec{E}_2 = \frac{1}{4\pi\varepsilon_0}\left(\frac{Q_1}{a^2}\,\vec{e}_{r1} + \frac{Q_2}{a^2}\,\vec{e}_{r2}\right) = \frac{Q_1}{4\pi\varepsilon_0\,a^2}\left(\vec{e}_{r1} + 2\cdot\vec{e}_{r2}\right) \tag{4.11}$$

Für den Ausdruck $\left(\vec{e}_{r1} + 2\cdot\vec{e}_{r2}\right)$ gilt folgende geometrische Situation:

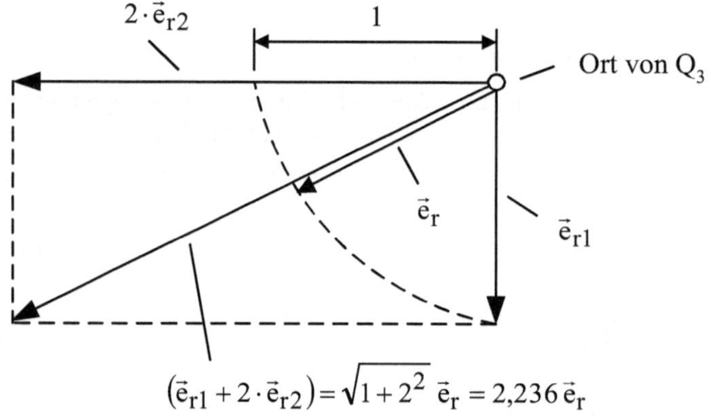

$\vec{e}_r$ -   resultierender Einheitsvektor

Bild 4.5:   Lage der Einheitsvektoren

Damit entsteht:

$$\vec{E} = \frac{2{,}236\;Q_1}{4\pi\varepsilon_0\,a^2}\,\vec{e}_r \tag{4.12}$$

Mit G 4.9 erhält man dann die Kraft auf die Ladung Q_3 wie folgt:

$$\vec{F} = Q_3 \, \vec{E} = \frac{2{,}236 \, Q_1 \, Q_3}{4\pi\varepsilon_0 \, a^2} \, \vec{e}_r \tag{4.13}$$

$$= \frac{2{,}236 \cdot 2 \cdot 10^{-8} \, \text{As} \cdot \left(-3 \cdot 10^{-8} \, \text{As}\right) \text{Vm}}{4\pi \cdot 8{,}85 \cdot 10^{-12} \, \text{As} \, (5 \, \text{cm})^2} \, \vec{e}_r$$

$$= -4{,}825 \cdot 10^{-3} \, \frac{\text{VAs}}{\text{m}} \, \vec{e}_r$$

bzw. mit

$$1 \, \text{VAs} = 1 \, \text{Nm}$$

$$\vec{F} = -\,4{,}825 \cdot 10^{-3} \, \text{N} \, \vec{e}_r$$

Infolge des wegen $Q_3 < 0$ negativen Vorzeichens ist die Kraft $\vec{F}$ dem resultierenden Einheitsvektor $\vec{e}_r$ entgegengerichtet.

Ausgehend von der Kugelsymmetrie der von einer Punktladung in den Raum hinausgehenden Wirkungen ist G 4.10 zugleich geeignet, Feldbilder für beliebige Anordnungen zu konstruieren. Das ist in B 4.6 für eine bzw. zwei Punktladungen prinzipiell dargestellt.

Hieraus ist auch zu erkennen, dass die Feldlinien bei den positiven Ladungen (Quellen) beginnen und bei den negativen Ladungen (Senken) enden. Das elektrostatische Feld ist damit ein Quellenfeld.

4.2.2 Verschiebungsflussdichte

Die elektrische Feldstärke beinhaltet neben der Ursache (Ladungen) für die betreffenden Wirkungen zugleich den Einfluss, den das Material in dem die Ladungen umgebenden Raum auf diese Wirkungen ausübt. Aus methodischer Sicht ist es zweckmäßig, die von dem Materialeinfluss befreiten „ursächlichen" Wirkungen durch eine eigenständige Feldgröße zu beschreiben. Ausgehend von G 4.7 bzw. G 4.8 gilt für die elektrische Feldstärke in der Umgebung einer Punktladung folgender Zusammenhang:

$$\vec{E} = \frac{Q}{4\pi\varepsilon \, r^2} \, \vec{e}_r = \frac{Q}{4\pi \, r^2} \, \vec{e}_r \, \frac{1}{\varepsilon} \tag{4.14}$$

Mit der Vereinbarung

$$\vec{D} = \frac{Q}{4\pi \, r^2} \, \vec{e}_r = D \, \vec{e}_r \tag{4.15}$$

$$\vec{D} \quad - \quad \text{Vektor der Verschiebungsflussdichte}$$

$$[D] = \frac{\text{As}}{\text{m}^2}$$

entsteht daraus:

$$\vec{D} = \varepsilon \, \vec{E} \tag{4.16}$$

- Eine Punktladung

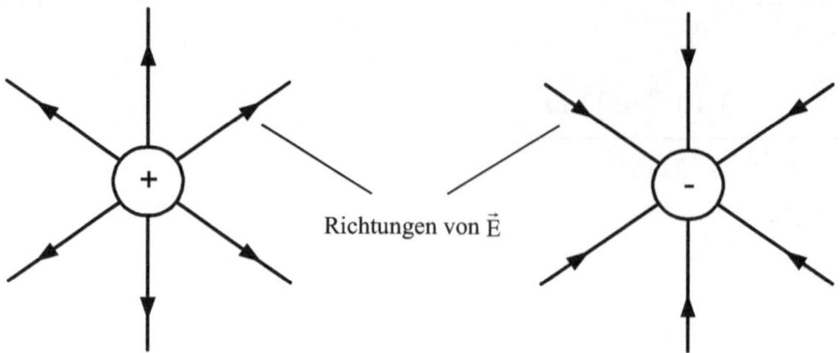

- Zwei Punktladungen

Fall 1

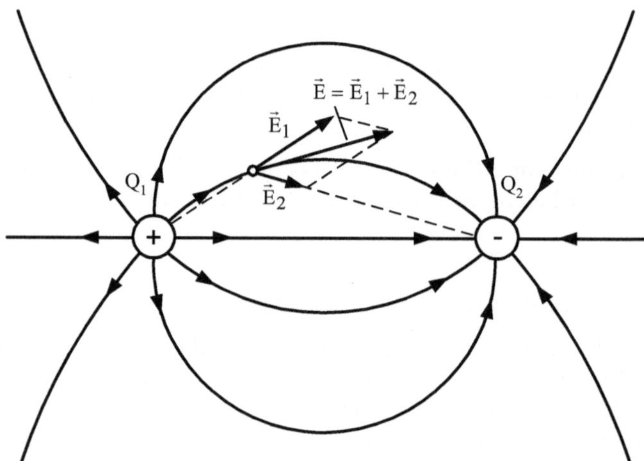

Fall 2

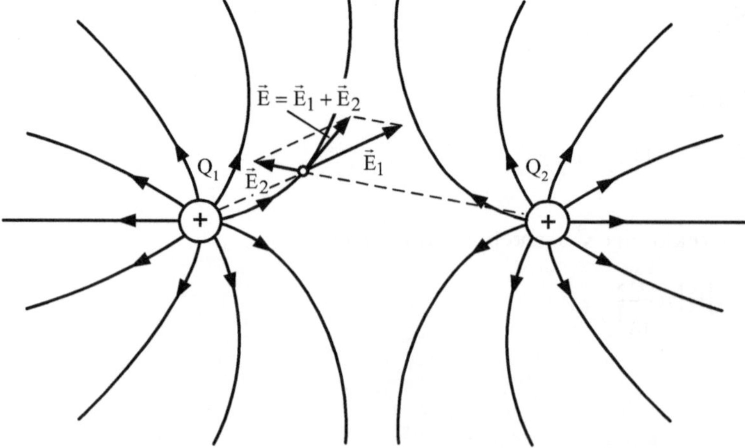

Bild 4.6   Feldbilder der elektrischen Feldstärke für ein bzw. zwei Punktladungen

Wenn man beachtet, dass der Ausdruck $4\pi\,r^2$ die Oberfläche einer konzentrischen Kugel mit dem Radius r um die Punktladung Q ist, dann hat wegen der Kugelsymmetrie der von einer Punktladung in den umgebenden Raum hinausgehenden Wirkung die über G 4.15 definierte Verschiebungsflussdichte die inhaltliche Bedeutung einer von dem Materialeinfluss befreiten Wirkung pro Flächeneinheit (Dichte) durch diese Kugelfläche. Hierin besteht letztlich auch die methodische Absicht für die Vereinbarung der Konstante gemäß G 4.2. Der Begriff „Verschiebung" resultiert aus der durch diese Wirkung verursachten Ladungsträgerverschiebung in Leitern (Influenz, s. Abschnitt 4.3.1).

Diese zunächst für eine Punktladung entwickelten Zusammenhänge können unter Ausnutzung des Überlagerungsprinzips analog zur elektrischen Feldstärke wie folgt für eine beliebige Anordnung verallgemeinert werden:

$$\vec{D} = D\,\vec{e}_D = \sum_{i=1}^{n} \vec{D}_i = \frac{1}{4\pi} \sum_{i=1}^{n} \frac{Q_i}{r_i^2}\,\vec{e}_{r_i} \qquad (4.17)$$

$\quad$ n $\quad$ - $\quad$ Anzahl der Punktladungen in der vorliegenden Anordnung

4.3 Materie im elektrostatischen Feld

4.3.1 Leiter (Influenz)

Ein Leiter ist ganz allgemein ein Raumbereich, in dem sich frei bewegliche Ladungsträger befinden. Es genügt hier zunächst, sich darunter z.B. einen metallischen Körper (Block, Blech, Draht o. dgl.) vorzustellen, in dem sich Elektronen als frei bewegliche Ladungsträger (Elektronenwolke) befinden. Nähere Ausführungen zu Leitern sind Abschnitt 5.1 zu entnehmen. Bringt man einen solchen Körper in ein elektrisches Feld, dann erfahren die Ladungsträger eine Kraftwirkung. Dadurch werden diese Ladungsträger infolge ihrer Beweglichkeit an den Rand des Körpers (Oberfläche) hin verschoben (s. B 4.7).

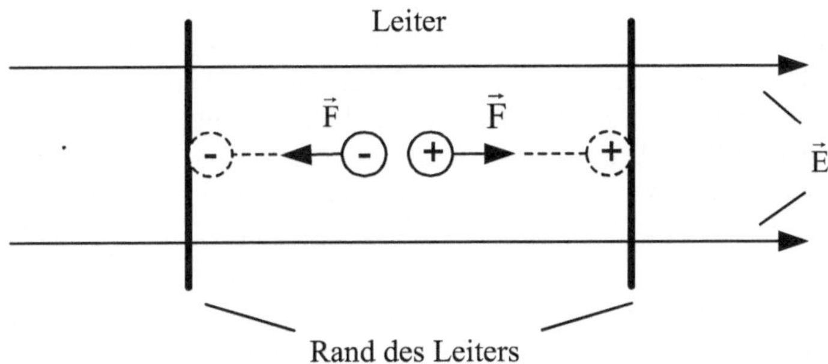

Bild 4.7:   Verschiebung freier Ladungsträger an den Rand des Leiters im elektrischen Feld

Man nennt diese ladungsträgerverschiebende Einwirkung des elektrischen Feldes auf einen Leiter auch Influenz. Dieser Verschiebungsmechanismus ist ferner auch der physikalische

Hintergrund für die Bezeichnung der von einer Ladung in den umgebenden Raum „hinausflie-
ßenden" Wirkung als Verschiebungsflussdichte.

Dieser Verschiebungsvorgang führt schließlich in dem Leiter zu einer Ladungstrennung und
damit zum Aufbau eines „sekundären" elektrischen Feldes. Dieses überlagert sich mit dem
ursprünglichen elektrischen Feld zu einem Gesamtfeld in der Weise, dass es in dem Leiter zu
einer Feldschwächung kommt (s. B 4.8).

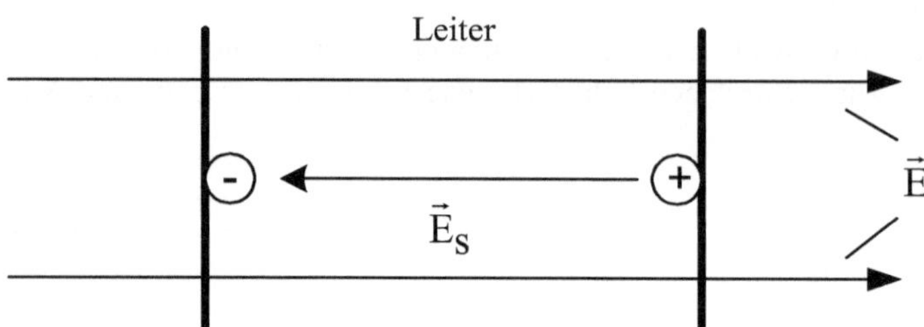

Bild 4.8:   Aufbau eines sekundären elektrischen Feldes in einem Leiter bei Influenz

Die Ladungstrennung wird solange fortgesetzt, bis die Kraft auf die freien Ladungsträger im
Leiter verschwindet. Das ist dann der Fall, wenn so viel Ladungsträger an den Rand des Leiters
verschoben sind, dass die resultierende Feldstärke im Leiter den Wert „Null" annimmt. Es
entsteht somit folgender Sachverhalt:

   Das Innere eines Leiters im elektrostatischen Feld ist feldfrei.

Dieser Effekt tritt in gleicher Weise auf, wenn der Leiter nicht als massiver Körper, sondern als
Hohlkörper (z.B. geschlossener Metallbehälter) vorliegt. Wenn man sich einen solchen Behäl-
ter schließlich noch als ein engmaschiges Drahtgeflecht vorstellt, dann hat man den so genannten „Faradayschen Käfig" vor sich, in dessen Innenraum kein elektrisches Feld existiert (Ab-
schirmung).

Ein sekundäres elektrisches Feld infolge der beschriebenen Ladungstrennung tritt nicht nur
innerhalb, sondern auch außerhalb des Leiters auf. Dieses führt dort in der Regel im Nahbereich, insbesondere an der Oberfläche des Leiters bei der Überlagerung mit dem ursprünglichen elektrischen Feld zu einer Deformation der Feldstärkelinien (Feldverzerrung) und zu einer
Erhöhung der Feldstärke. Eine ausführliche Darstellung dieser Situation übersteigt den hier
gesteckten Rahmen. Es soll daher lediglich am Beispiel einer Metallkugel in einem ursprünglich homogenen elektrischen Feld die Veränderung des Feldbildes exemplarisch verdeutlicht
werden (s. B 4.9).

Die größte Dichte der Feldlinien und damit die größte elektrische Feldstärke tritt hier an den
Stellen der Kugeloberfläche auf, die senkrecht auf den ursprünglichen Feldlinien stehen. Eine
entsprechende Feldberechnung liefert hierfür folgendes Resultat (s. [2, S. 99 ... 100]):

$$E_{max} = 3\,E_o \tag{4.18}$$

E_o -   Betrag der elektrischen Feldstärke in dem ursprünglichen
               homogenen Feld

Das resultierende elektrische Feld außerhalb des Leiters stellt sich grundsätzlich so ein, dass
die Feldstärkelinien senkrecht auf der Leiteroberfläche stehen (s. B 4.10).

primäres homogenes elektrisches Feld					resultierendes Gesamtfeld

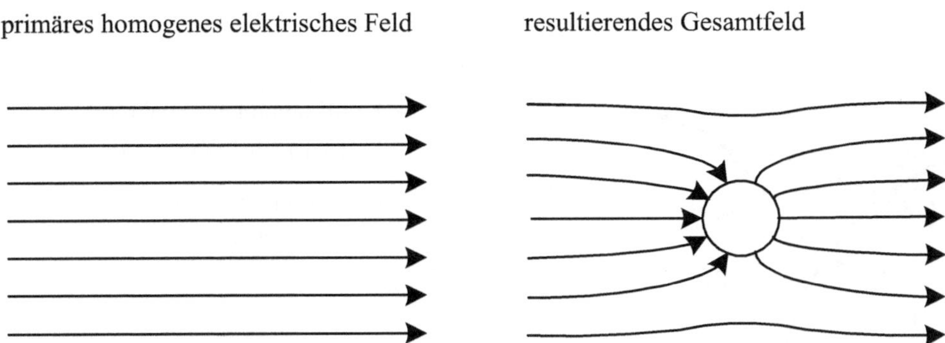

Bild 4.9:   Veränderung eines homogenen elektrischen Feldes beim Einbringen einer Metallkugel

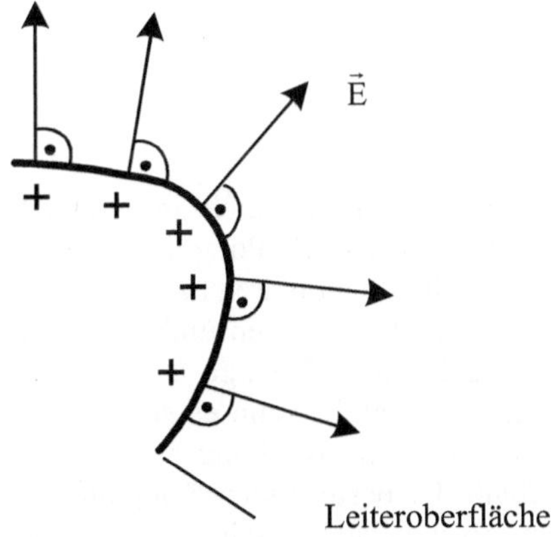

Bild 4.10: Verlauf der Feldstärkelinien an einer Leiteroberfläche

Nur in diesem Fall sind die freien Ladungsträger infolge der Feldkraft an der Leiteroberfläche örtlich fixiert. Eine Schrägstellung der Feldstärkelinien würde zu einer Kraftkomponente auf die beweglichen Ladungsträger tangential zur Leiteroberfläche führen (s. B 4.11). Dadurch würden diese solange an der Leiteroberfläche verschoben, bis die Schrägstellung der Feldstärkelinien und damit diese Kraftkomponente verschwindet. Diese Situation stellt sich übrigens auch ohne primäres elektrisches Feld an jeder Leiteroberfläche ein, wenn auf andere Weise (Aufladung) bewegliche Überschussladungsträger in den Leiter gelangt sind.

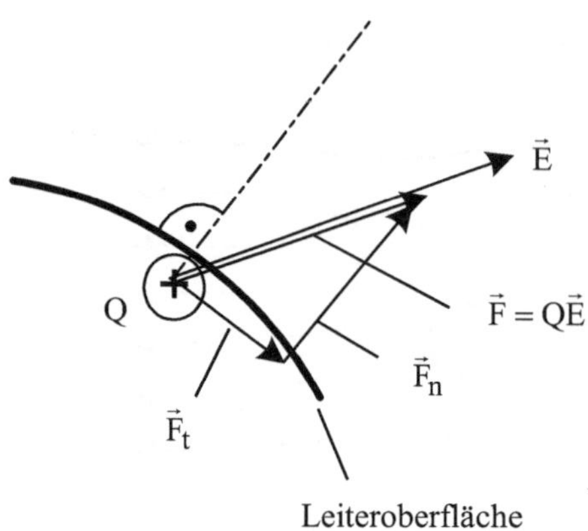

Bild 4.11:   Kraftwirkung auf einen Ladungsträger an der Leiteroberfläche

4.3.2 Nichtleiter (Polarisation)

Ein Nichtleiter ist ganz allgemein ein mit einem Stoff ausgefüllter Raumbereich, in dem sich keine frei beweglichen Ladungsträger befinden. Einen solchen Stoff (z.B. Porzellan, Kunststoff, Öl) nennt man Isolierstoff oder Dielektrikum. Bedingt durch den atomaren bzw. molekularen Aufbau oder die kristalline Struktur dieser Stoffe sind hier die positiven und negativen Ladungsträger im mikroskopischen Bereich fest miteinander gekoppelt. Solange diese Kopplung nicht aufgebrochen wird (das ist hier der Betrachtungsgegenstand), kann es somit beim Einbringen eines Nichtleiters in ein elektrisches Feld infolge der Kraftwirkung auf die Ladungsträger nur zu einer Lageveränderung derselben innerhalb der bestehenden Kopplung im mikroskopischen Bereich kommen. Dabei sind je nachdem, ob die Ladungsschwerpunkte der jeweils positiven bzw. negativen Ladungsträger zusammenfallen oder nicht, zwei Arten von Dielektrika zu unterscheiden (s. B 4.12).

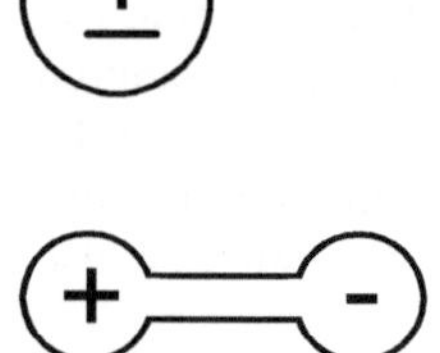

unpolares Dielektrikum

(die Ladungsschwerpunkte der miteinander gekoppelten Ladungsträger fallen zusammen; Polarität ist von außen nicht erkennbar)

polares Dielektrikum

(die Ladungsschwerpunkte der miteinander gekoppelten Ladungsträger fallen nicht zusammen; Polarität ist im Nahbereich von außen erkennbar; Dipol)

Bild 4.12:   Arten von Dielektrika

Die Lageveränderung der Ladungsträger im mikroskopischen Bereich beim Einbringen in ein elektrisches Feld ist je nach Art des Dielektrikums in B 4.13 dargestellt.

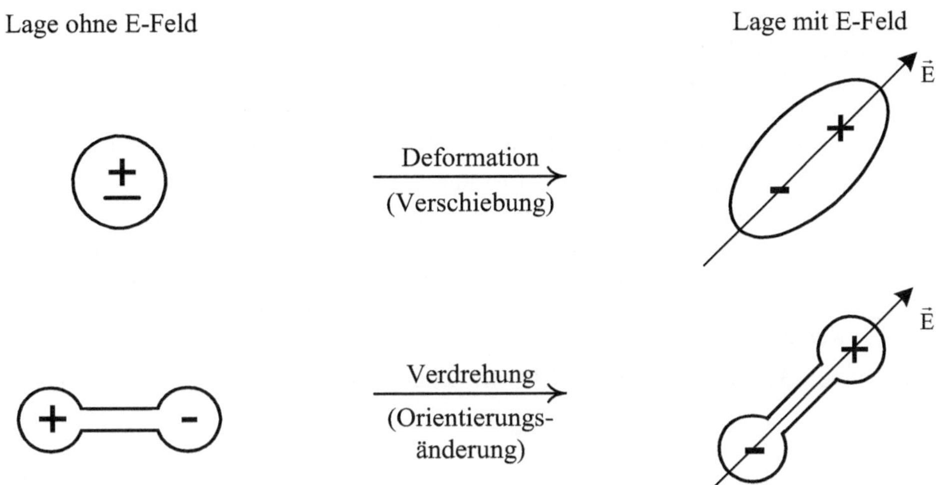

Bild 4.13:   Lageänderung der miteinander gekoppelten Ladungsträger im Dielektrikum beim
Einbringen in ein elektrisches Feld

Es kommt damit in beiden Fällen zur Ausprägung eines Dipols im mikroskopischen Bereich mit einer Achse parallel zur Richtung der elektrischen Feldstärke. Diesen Vorgang nennt man Polarisation. Je nach Art des Dielektrikums unterscheidet man in Anlehnung an B 4.13 noch wie folgt:

unpolares Dielektrikum $\rightarrow$ Verschiebungspolarisation

polares Dielektrikum $\rightarrow$ Orientierungspolarisation

Im Inneren des Dielektrikums bauen sich auf diese Weise Ketten aus mikroskopisch kleinen Dipolen auf (s. B 4.14).

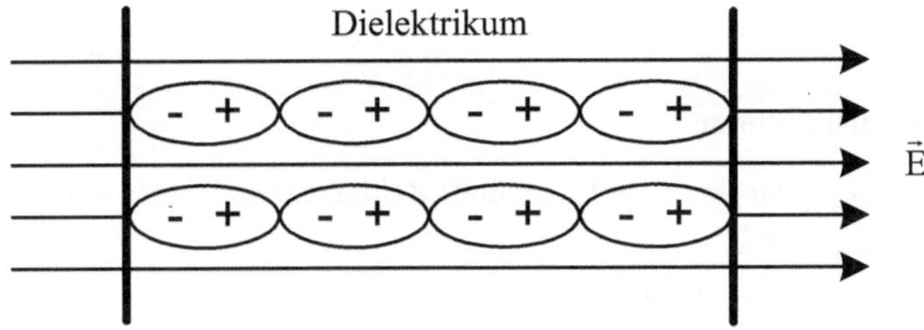

Bild 4.14:   Dipolketten im Inneren des Dielektrikums

Wenn man beachtet, dass die stoffbedingte Kopplung zwischen den positiven und negativen Ladungsträgern im mikroskopischen Bereich nicht aufgebrochen wird, dann ist auch bei einem polarisierten Dielektrikum in jedem denkbaren Teilbereich desselben aus makroskopischer Sicht die Gesamtladung stets „Null". Es findet also in diesem Sinne keine „echte" Ladungstrennung statt. Die Polarisation bewirkt lediglich, dass am Rand eines jeden solchen Teilbereichs eine „scheinbare" Flächenladung auftritt. Diese wird aber in ihrer Wirkung im Innern des Dielektrikums durch diejenige der angrenzenden Teilbereiche wegen des jeweils anderen Vorzeichens aufgehoben. An der Oberfläche des Dielektrikums fehlt jedoch diese aufhebende Wirkung, so dass die dort auftretende „scheinbare" Flächenladung in analoger Weise wie die tatsächliche Flächenladung im Falle der Influenz ein sekundäres elektrisches Feld aufbaut.

Im Gegensatz zur Influenz bei einem Leiter ist hier jedoch der Endzustand nicht dann erreicht, wenn die Feldstärke und damit die Feldkraft auf die Ladungsträger im Innern verschwindet, sondern wenn sich die Feldkraft mit den stoffabhängigen Reaktionskräften (infolge Deformation und/oder Verdrehung) im Gleichgewicht befindet. Die Feldschwächung in dem Dielektrikum infolge der scheinbaren Flächenladung an dessen Oberfläche ist also im Vergleich zu einem Leiter weniger ausgeprägt.

Zur quantitativen Beschreibung dieser Feldschwächung wird G 4.16 zunächst wie folgt umgestellt:

$$\vec{E} = \frac{\vec{D}}{\varepsilon} \tag{4.19}$$

Damit kann die in einem Dielektrikum bei einer bestimmten Verschiebungsflussdichte auftretende elektrische Feldstärke ermittelt werden. Streng genommen gilt dieser proportionale Zusammenhang zwischen $\vec{D}$ und $\vec{E}$ nur für isotrope Dielektrika, auf die sich die Betrachtungen hier beschränken. Isotrop bedeutet, dass der Soffparameter ε richtungsunabhängig ist. Das gilt z.B. nicht bei bestimmten Kristallen.

Für Vakuum, in dem wegen der fehlenden Ladungsträger keine Polarisation und damit auch keine Feldschwächung auftreten kann, gilt somit:

$$\vec{E}_0 = \frac{\vec{D}}{\varepsilon_0} \tag{4.20}$$

Bei einem Dielektrikum muss wegen der Feldschwächung bei gleichem $\vec{D}$ Folgendes gelten:

$$\vec{E} < \vec{E}_0 \tag{4.21}$$

Diesem Sachverhalt kann man prinzipiell durch folgende Vereinbarung Genüge tun:

$$\varepsilon = \varepsilon_r \, \varepsilon_0 \tag{4.22}$$

$$\varepsilon_r \geq 1 \tag{4.23}$$

ε_r -   relative Dielektrizitätskonstante

Für technisch relevante Dielektrika ist ε_r in der Regel konstant. Zahlenwerte sind für einige ausgewählte Stoffe in T 4.1 zusammengestellt.

Damit kann man G 4.19 auch wie folgt aufschreiben:

$$\vec{E} = \frac{\vec{D}}{\varepsilon_r \varepsilon_0} = \frac{\vec{E}_0}{\varepsilon_r} \tag{4.24}$$

Diese Darstellung erlaubt es wegen $\vec{E} = 0$ für einen Leiter rein formal Folgendes anzugeben:

$$\varepsilon_r \rightarrow \infty \tag{4.25}$$

Tabelle 4.1   Relative Dielektrizitätskonstante für verschiedene Stoffe

Stoff	ε_r
Asphalt	1,8 … 2,6
Bernstein	2,9
Eis $(-20\,^{\circ}\mathrm{C})$	16
Erde, trocken	3,9
Erde, feucht	29
Glas	5 … 16
Glimmer	4 … 10
Gummi	2,5 … 3
Holz	2,5 … 6,8
Luft	1,0006
Mikanit	4,5 … 6
Papier, trocken	2,3
Papier, ölgetränkt	3,9
Parafin	2 … 2,3
Polyethylen (PE)	2,4
Polyethylen (VPE)	2,3
Polyvinylchlorid (PVC)	3,1 … 3,5
Porzellan	4,5 … 6,5
Transformatorenöl	2,2 … 2,5
Wasser, destilliert	80

Die Flächenladung an der Oberfläche des Dielektrikums führt in analoger Weise wie bei der Influenz auch außerhalb des Dielektrikums zum Aufbau eines sekundären elektrischen Feldes. Da diese Flächenladung im Vergleich zu der bei einem Leiter jedoch erstens betragsmäßig kleiner und zweitens stoffabhängig ist, ist analog zu der Feldschwächung im Inneren des Dielektrikums auch die Veränderung des ursprünglichen elektrischen Feldes außerhalb des Dielektrikums stoffabhängig weniger ausgeprägt als bei einem Leiter. In Anlehnung an B 4.9 soll auch hier die prinzipielle Situation am Beispiel einer Isolierstoffkugel in einem ursprünglich homogenen elektrischen Feld in Luft exemplarisch verdeutlicht werden (s. B 4.15).

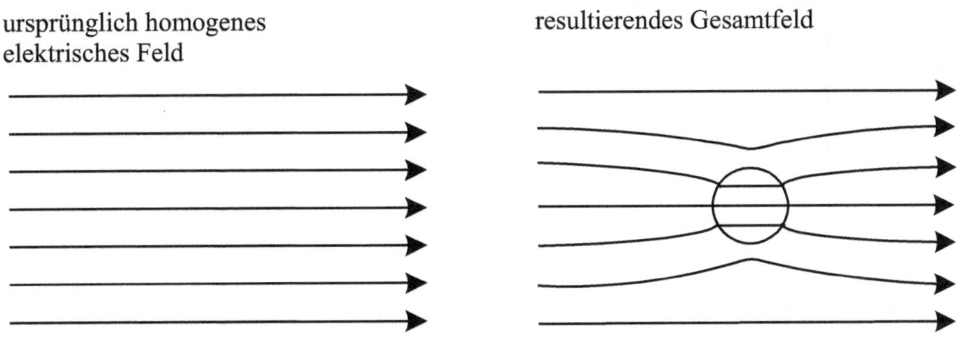

Bild 4.15:   Veränderung eines homogenen elektrischen Feldes in Luft beim Einbringen einer Isolierstoffkugel

Der homogene Charakter des resultierenden elektrischen Feldes in der Isolierstoffkugel im vorliegenden Fall hat seine Ursache in den speziellen geometrischen Verhältnissen. Eine entsprechende Feldberechnung liefert folgendes Ergebnis (s. [2, S. 153 ... 154]):

$$E_i = \frac{3}{\varepsilon_r + 2} E_o \tag{4.26}$$

E_i -   elektrische Feldstärke in der Isolierstoffkugel

E_o -   elektrische Feldstärke in dem ursprünglichen homogenen Feld

Die größte elektrische Feldstärke tritt in der Luft auch hier an den Stellen der Oberfläche der Isolierstoffkugel auf, an denen die ursprünglichen Feldlinien senkrecht auftreffen. Eine entsprechende Feldberechnung liefert hierfür (s. [2, S. 153 ... 154]):

$$E_{max} = \frac{3\,\varepsilon_r}{\varepsilon_r + 2} E_o \tag{4.27}$$

Unter Beachtung des Zusammenhanges G 4.25 entstehen mit G 4.26 und G 4.27 unmittelbar die für einen Leiter gültigen Resultate.

Im Gegensatz zu einem Leiter müssen die Feldstärkelinien auf der Oberfläche eines Dielektrikums nicht senkrecht stehen. Durch die feste Verankerung der Ladungsträger in dem Dielektrikum können hier schräg zur Oberfläche gerichtete Feldlinien zu keiner seitlichen Verschiebung der Ladungsträger führen. Die tangential zur Oberfläche auftretenden Kraftwirkungen auf die Ladungsträger werden durch entsprechende innere Reaktionskräfte aufgenommen.

Davon ausgehend ist es vor allem auch aus der Sicht technischer Anwendungen von großer praktischer Bedeutung zu wissen, wie schräg zur Oberfläche gerichtete Feldlinien verlaufen, wenn diese zugleich eine Grenzfläche sich berührender Dielektrika ist. Bedingt durch die sich stoffabhängig (ausgedrückt durch ε_r) auf beiden Seiten der Grenzfläche unterschiedlich ausprägenden Oberflächenbedingungen kommt es zu einer Richtungsänderung (Brechung) der Feldstärkelinien beim Durchgang durch die Grenzfläche (s. B 4.16).

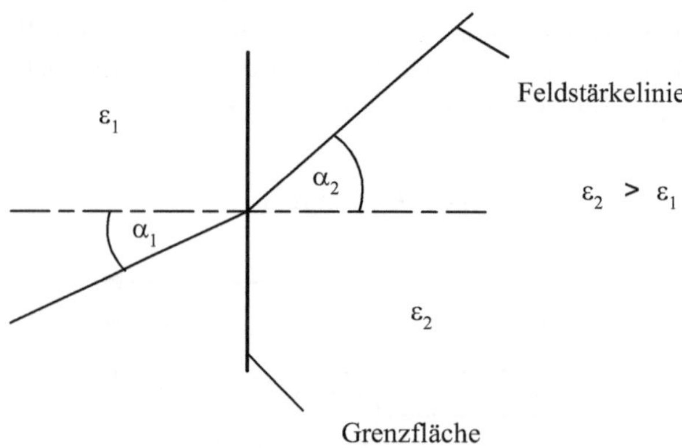

Bild 4.16:   Brechung einer Feldlinie der elektrischen Feldstärke an einer Grenzfläche

Der hierfür gültige Zusammenhang kann an dieser Stelle zunächst nur als Ergebnis angegeben werden. Eine Entwicklung desselben ist am Ende des Abschnittes 4.7 mit G 4.134 ... G 4.136 im Zusammenhang mit der Kraft auf eine Schräggrenzfläche angegeben.

Es gilt:

$$\frac{\tan \alpha_1}{\tan \alpha_2} = \frac{\varepsilon_1}{\varepsilon_2} = \frac{\varepsilon_{r1}}{\varepsilon_{r2}} \qquad (4.28)$$

Verbal bedeutet das:

Beim Übergang einer Feldlinie aus einem Stoff mit kleinerem ε_r in einen solchen mit größerem ε_r wird der mit der Senkrechten zur Grenzfläche eingeschlossene Winkel größer (oder umgekehrt).

Als Beispiel sei dieser Zusammenhang G 4.28 auf die in B 4.15 dargestellte Situation angewandt. Es soll der Winkel α_L bestimmt werden, unter dem eine Feldstärkelinie in die Isolierstoffkugel eintritt (s. B 4.17).

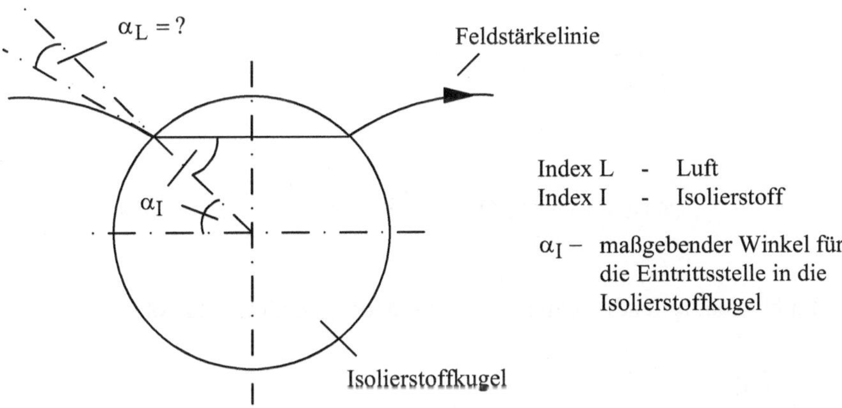

Bild 4.17: Isolierstoffkugel in Luft

Damit gilt:

$$\frac{\tan \alpha_L}{\tan \alpha_I} = \frac{\varepsilon_0}{\varepsilon_{rI}\,\varepsilon_0} = \frac{1}{\varepsilon_{rI}} \qquad (4.29)$$

$$\tan \alpha_L = \frac{\tan \alpha_I}{\varepsilon_{rI}} \quad \text{bzw.} \quad \alpha_L = \arctan\left(\frac{\tan \alpha_I}{\varepsilon_{rI}}\right) \qquad (4.30)$$

Für eine Glaskugel mit $\varepsilon_{rI} = 6$ entsteht bei $\alpha_I = 45^\circ$ damit:

$$\alpha_L = \arctan\left(\frac{\tan 45^\circ}{6}\right)$$

$$= \arctan\left(\frac{1}{6}\right) = \underline{\underline{9{,}46^\circ}}$$

4.4 Skalare Beschreibung

4.4.1 Elektrisches Potenzial als punktbezogene Größe

Die Beschreibung des elektrostatischen Feldes mit den vektoriellen Größen $\vec{E}$ und $\vec{D}$ resultiert unmittelbar aus dem bei einer Ladung im elektrischen Feld auftretenden Kraftvektor. Es ist aber nicht zuletzt aus methodischen Gründen zweckmäßig, über eine adäquate Beschreibung mit skalaren Größen zu verfügen, die als ungerichtete Größen im Raum einfacher zu handhaben sind. Der physikalische Zugang zur Vereinbarung dafür geeigneter Größen wird über die skalare Größe Energie erschlossen. Dazu wird die Verschiebung einer Ladung Q zunächst um ein differenzielles Wegstück $\mathrm{d}\vec{\ell}$ in einem elektrischen Feld mit der Feldstärke $\vec{E}$ betrachtet (s. B 4.18).

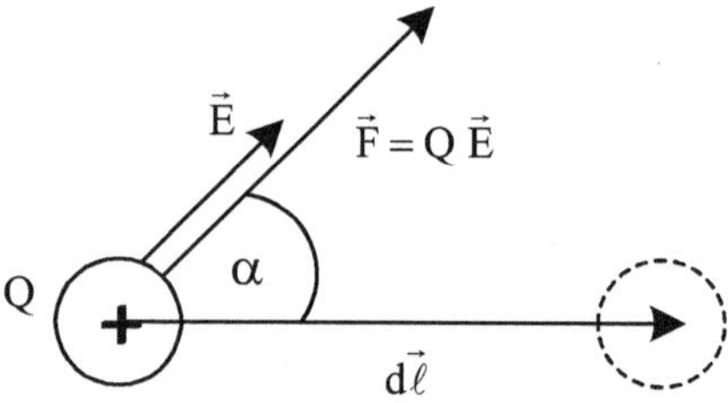

Bild 4.18:   Situation bei der Verschiebung der Ladung Q um das Wegstück $\mathrm{d}\vec{\ell}$

Durch die an dieser Ladung angreifende Feldkraft $\vec{F}$ wird dabei gemäß G 1.12 folgende Arbeit verrichtet:

$$\mathrm{d}W_F = \vec{F}\,\mathrm{d}\vec{\ell} = Q\vec{E}\,\mathrm{d}\vec{\ell} \tag{4.31}$$

Die Verschiebung einer Ladung von einem Ort 1 zu einem Ort 2 im Raum kann man sich als die Aufeinanderfolge entsprechend vieler differenziell kleiner Verschiebungen $\mathrm{d}\vec{\ell}$ vorstellen. Die dabei durch die Feldkraft verrichtete Gesamtarbeit W_F ist dann die Summe aller Teilarbeiten:

$$W_F = Q \int_{1}^{2} \vec{E}\,\mathrm{d}\vec{\ell} \tag{4.32}$$

Diese Gesamtarbeit ist analog zu der Verschiebung einer Masse im Gravitationsfeld unabhängig von dem Weg auf dem man in dem elektrostatischen Feld vom Ort 1 zum Ort 2 gelangt.

Aus mathematischer Sicht ist hierbei zu beachten, dass die Ortsangaben an dem Linienintegral bezüglich der Integrationsvariablen ℓ noch keine expliziten Integrationsgrenzen sind. Diese können erst für einen konkreten Weg angegeben werden. Dieser Sachverhalt sowie der Umgang mit dem Linienintegral in G 4.32 sei nachfolgend an der Verschiebung einer Punktladung Q auf zwei verschiedenen Wegen in einem homogenen elektrischen Feld mit der Feldstärke E von einem Punkt 1 zu einem Punkt 2 demonstriert (s. B 4.19).

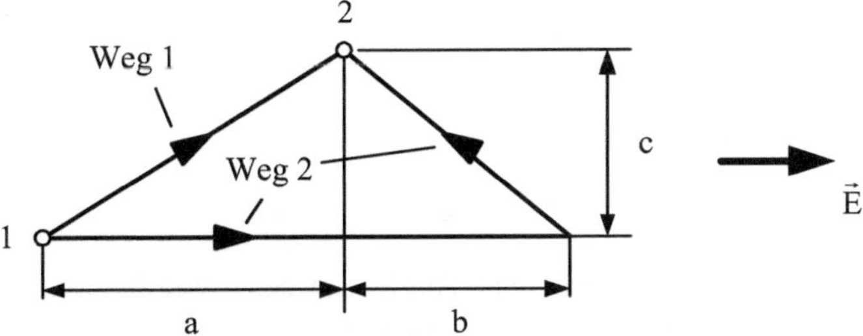

Bild 4.19: Wege für die Verschiebung einer Punktladung

Zunächst gilt hier:

$$W_F = Q \int\limits_1^2 \vec{E}\, d\ell = Q\, E \int\limits_o^\ell d\ell \cos\alpha \qquad\qquad (4.33)$$

ℓ -   Weglänge

Die Auswertung des Integrals liefert für die beiden Wege folgende Ergebnisse:

Weg 1: $\ell_1 = \sqrt{a^2 + c^2}\ ;\quad \cos\alpha = \dfrac{a}{\ell_1}$

$$W_F = Q\, E\, \frac{a}{\ell_1} \int\limits_o^{\ell_1} d\ell = \underline{\underline{Q\, E\, a}}$$

Weg 2: $\ell_2 = a + b + \sqrt{b^2 + c^2}$

$\cos\alpha$ ist hier entlang ℓ_2 wie folgt unterschiedlich:

- Wegstück von 0 bis $(a + b)$: $\alpha = 0$ bzw. $\cos\alpha = 1$

- Wegstück von $(a + b)$ bis ℓ_2: $\cos\alpha = -\cos(\pi - \alpha) = -\dfrac{b}{\ell_2 - a - b}$

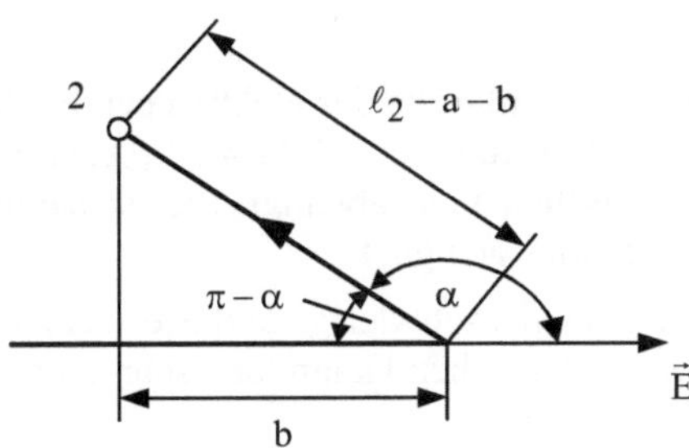

Bild 4.20: Winkel α für das Wegstück von $(a + b)$ bis ℓ_2

$$W_F = Q E \left(\int_{o}^{a+b} d\ell - \frac{b}{\ell_2 - a - b} \int_{a+b}^{\ell_2} d\ell \right)$$

$$= Q E \left[a + b - \frac{b}{\ell_2 - a - b} (\ell_2 - a - b) \right] = \underline{\underline{Q E a}}$$

Es ist damit erstens exemplarisch bestätigt, dass W_F unabhängig von dem Weg ist, auf dem man von dem Punkt 1 zum Punkt 2 gelangt. Zweitens stellt man fest, dass unabhängig von der tatsächlichen Weglänge für die verrichtete Arbeit nur die resultierende Weglänge in Richtung der Feldstärke (hier a) maßgebend ist.

Wenn man analog zu der potenziellen Energie einer Masse im Gravitationsfeld auch einer Ladung im elektrischen Feld eine potenzielle Energie zuordnet, dann kann man die Arbeit W_F wie folgt als eine Differenz potenzieller Energien interpretieren:

$$W_F = W_1 - W_2 \tag{4.34}$$

W_1 bzw. W_2 -   potenzielle Energie, die eine Ladung Q im elektrischen

Feld am Ort 1 bzw. Ort 2 besitzt

Für die Bestimmung der potenziellen Energie einer Ladung im elektrischen Feld wird folgender Ansatz gemacht:

$$W = Q \varphi \tag{4.35}$$

φ -   elektrisches Potenzial

(künftig abkürzend nur Potenzial genannt)

$[\varphi] = V$ (Volt)

Damit entsteht aus G 4.32 und G 4.34:

$$Q \left(\varphi_1 - \varphi_2 \right) = Q \int_{1}^{2} \vec{E} \, d\vec{\ell} \tag{4.36}$$

bzw.

$$\varphi_1 - \varphi_2 = \int_{1}^{2} \vec{E} \, d\vec{\ell} \tag{4.37}$$

Das Potenzial ist damit eine ortsbezogene Maßgröße des elektrischen Feldes für die potenzielle Energie, die eine Ladung in diesem Feld besitzt. Gemäß G 4.37 (skalares Produkt) ist es eine skalare Größe, die nur von dem elektrischen Feld abhängt. Sie ist damit für die angestrebte skalare Beschreibung des elektrischen Feldes geeignet.

Die Ermittlung des Potenzials ist vorerst etwas schwierig, da dieses gemäß G 4.37 zunächst nur als Potenzialdifferenz definiert ist. Davon ausgehend kann man schreiben:

$$\varphi_1 = \int_{1}^{2} \vec{E} \, d\vec{\ell} + \varphi_2 \tag{4.38}$$

Um φ_1 bestimmen zu können, muss man also neben der elektrischen Feldstärke entlang des Weges von Ort 1 nach Ort 2 noch das Potenzial an dem Ort 2 (als beliebiger Bezugspunkt vereinbar) kennen. In realen Situationen kann man davon ausgehen, dass es stets einen vom Ort 1 genügend weit entfernten Ort 2 (theoretisch ∞ weit) gibt, an dem gilt:

$$\varphi_2 = 0 \tag{4.39}$$

Stellt man sich schließlich den Ort 1 noch als einen beliebigen Punkt P im Raum vor, dann entsteht ausgehend von G 4.38 folgende Bestimmungsgleichung für das Potenzial an einem Punkt P im Raum:

$$\varphi = \int_P^\infty \vec{E}\, d\vec{\ell} \tag{4.40}$$

Mit dieser Beziehung findet auch die im Abschnitt 4.2.1 im Zusammenhang mit G 4.10 eingeführte Einheit für die elektrische Feldstärke ihre Erklärung.

Für die Bestimmung des Potenzials in der Umgebung einer Punktladung gilt die in B 4.21 dargestellte Situation:

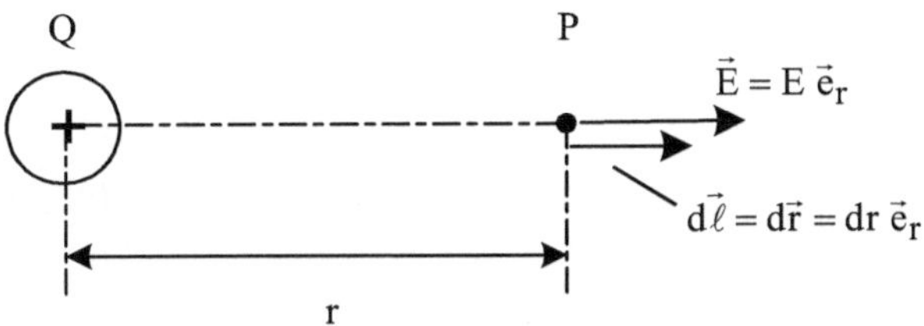

Bild 4.21:   Verhältnisse bei der Potenzialbestimmung in der Umgebung einer Punktladung

Setzt man unter Beachtung von B 4.21 G 4.14 in G 4.40 ein, dann entsteht:

$$\varphi = \varphi\,(r) = \int_r^\infty \frac{Q}{4\pi\varepsilon r^2}\, \vec{e}_r\, dr\, \vec{e}_r$$

$$= \frac{Q}{4\pi\varepsilon} \int_r^\infty \frac{dr}{r^2} = \frac{Q}{4\pi\varepsilon}\left(-\frac{1}{r}\right)\Bigg|_r^\infty = \frac{Q}{4\pi\varepsilon r} \tag{4.41}$$

Wenn man beachtet, dass ein beliebiges elektrisches Feld durch die Überlagerung der elektrischen Felder einer entsprechenden Anzahl von Punktladungen beschrieben werden kann, dann kann ausgehend von diesem Resultat analog zu G 4.10 folgende verallgemeinerte Lösungsdarstellung für die Potenzialberechnung angegeben werden:

$$\varphi = \sum_{i=1}^n \varphi_i = \frac{1}{4\pi\varepsilon} \sum_{i=1}^n \frac{Q_i}{r_i} \tag{4.42}$$

Es sei an dieser Stelle darauf hingewiesen, dass durch den skalaren Charakter des Potenzials bei der Überlagerung (Summenbildung) Richtungsabhängigkeiten wie bei der elektrischen Feldstärke keine Rolle spielen. G 4.42 ist zugleich die grundlegende Beziehung für das so genannte Ersatzladungsverfahren zur numerischen Feldberechnung.

4.4.2 Äquipotenzialflächen

Eine Äquipotenzialfläche ist eine Fläche im Raum, auf der das Potenzial überall denselben Wert besitzt. Die Potenzialdifferenz zwischen zwei beliebigen Punkten innerhalb einer solchen Fläche ist somit stets „Null". Aus mathematischer Sicht gilt dabei für die Potenzialdifferenz $\Delta\varphi$ folgender Zusammenhang:

$$\varphi_2 = \varphi_1 + \Delta\varphi \tag{4.43}$$

bzw.

$$\Delta\varphi = \varphi_2 - \varphi_1 \tag{4.44}$$

Da Äquipotenzialflächen in der Regel krumme Flächen im Raum sind, ist für den allgemeinen Fall eine differenzielle Betrachtung notwendig. Mit G 4.37 entsteht daher:

$$\Delta\varphi = -\int_1^2 \vec{E} \, d\vec{\ell} = 0 \tag{4.45}$$

bzw.

$$d\varphi = -\vec{E} \, d\vec{\ell} = -E \, d\ell \, \cos\alpha = 0 \tag{4.46}$$

Wegen

$$E \neq 0 \quad \text{und} \quad d\ell \neq 0$$

muss zur Erfüllung dieser Bedingung auf einer Äquipotenzialfläche

$$\cos\alpha = 0 \quad \text{bzw.} \quad \alpha = \frac{\pi}{2}$$

gelten. Da das Längenelement $d\ell$ in der Äquipotenzialfläche liegt, bedeutet das, dass der Vektor der elektrischen Feldstärke senkrecht auf der Äquipotenzialfläche stehen muss. Das bedeutet im Umkehrschluss wegen B 4.10 zugleich, dass eine Leiteroberfläche im elektrostatischen Feld eine Äquipotenzialfläche ist.

Ausgehend von den Feldbildern für eine bzw. zwei Punktladungen (s. B 4.6) kann man in einer 2-dimensionalen Darstellung die in B 4.22 dargestellten Feldbilder mit den entsprechenden Äquipotenziallinien (Linien innerhalb von Äquipotenzialflächen) angeben.

Solche Feldbilder auf der Basis von Äquipotenzialflächen bzw. -linien sind ausgehend von der Tatsache, dass Leiteroberflächen Äquipotenzialflächen sind, für praktische Anordnungen, bei denen häufig das elektrische Feld zwischen zwei Leiteroberflächen unterschiedlicher Polarität (Elektroden) interessiert, besonders anschaulich. Man verfügt dabei durch die geometrische Gestalt der beiden Leiteroberflächen bereits über die Äquipotenzialflächen, zwischen denen sich alle anderen befinden müssen. Man kann sich diese daher als einen allmählichen Übergang von der einen Leiteroberfläche in die andere vorstellen (s. Fall 1 für 2 Punktladungen in B 4.22). Für den technisch bedeutsamen Fall (konstruktive Gestaltung von Muffen und Endverschlüssen) des elektrischen Feldes zwischen dem geerdeten Metallmantel und dem Leiter am Ende eines Hochspannungskabels ist das prinzipiell (der Einfluss von Isolierstoffgrenzflächen wird nicht betrachtet) in B 4.23 dargestellt.

- Eine Punktladung

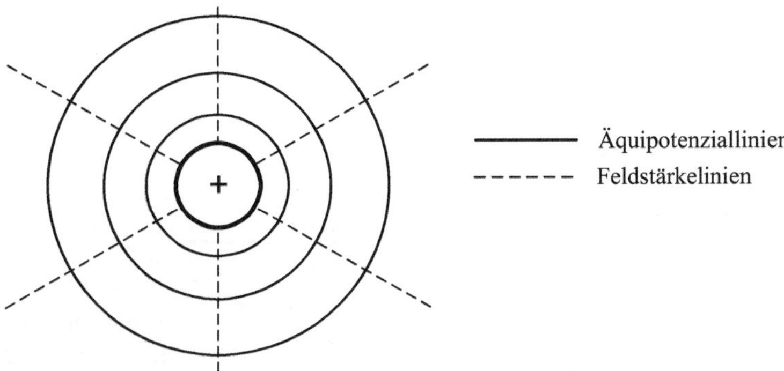

- Zwei Punktladungen

Fall 1

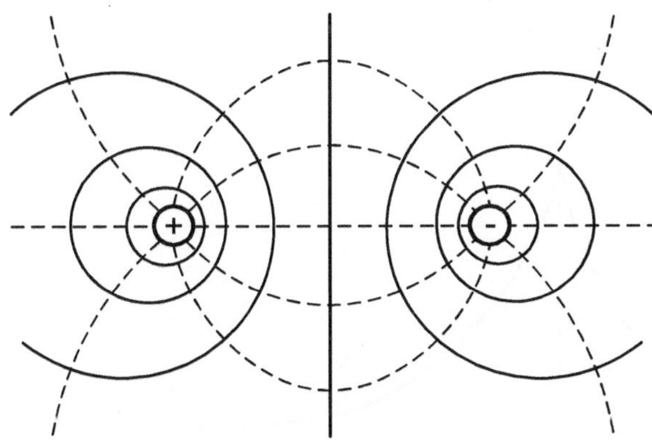

Fall 2

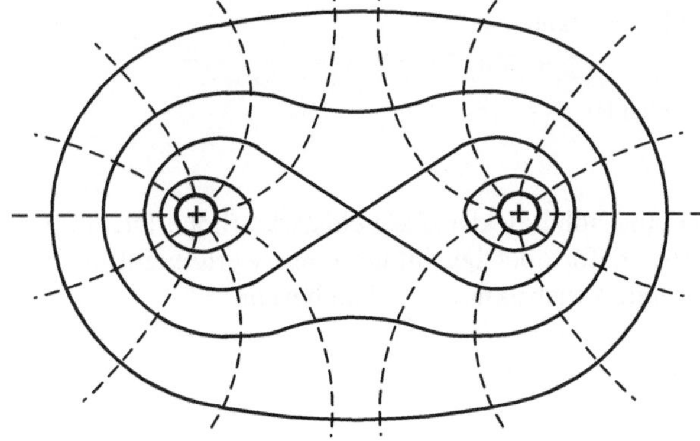

Bild 4.22:   Feldbilder für ein bzw. zwei Punktladungen

a) Verlauf der Feldstärke- und Äquipotenziallinien

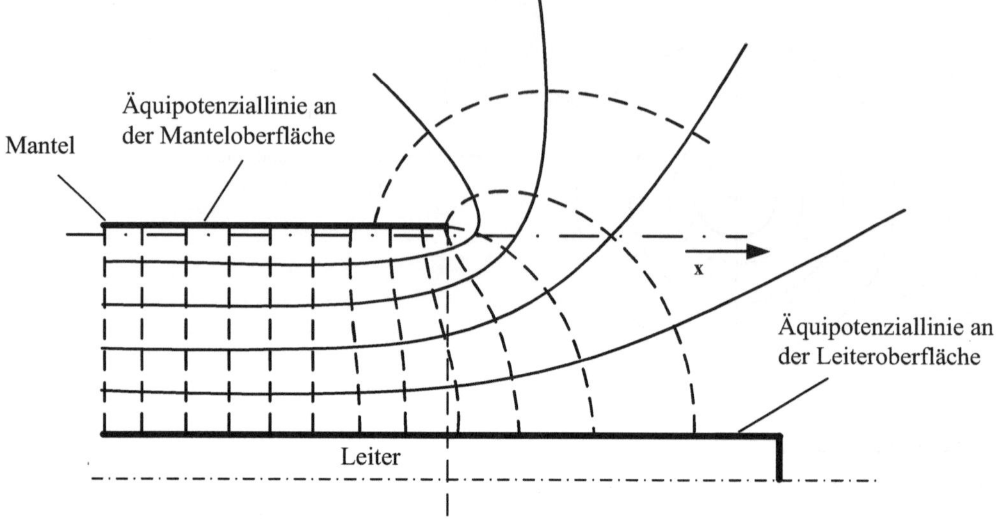

b) Verlauf der elektrischen Feldstärke entlang x

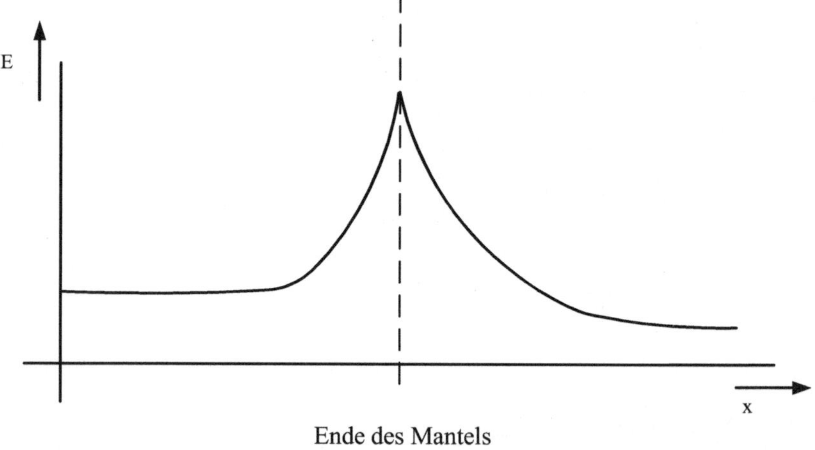

Bild 4.23: Feldverhältnisse an einem Kabelende

Dabei entsteht am Ende des Mantels eine hohe elektrische Feldstärke (hohe Dichte der Feldstärkelinien). Je nach Isolierstoff dürfen dafür aber bestimmte Grenzwerte nicht überschritten werden, worin letztlich das hier zu lösende konstruktive Problem besteht.

4.4.3 Integrale Größen

4.4.3.1 Elektrische Spannung

Rein formal wird die elektrische Spannung (künftig abkürzend nur Spannung genannt) über G 4.37 wie folgt vereinbart:

$$U = \varphi_1 - \varphi_2 = \int\limits_1^2 \vec{E}\, d\ell \qquad\qquad (4.47)$$

U   -   Spannung

[U] = V (Volt)

Inhaltlich ist damit die Spannung

- eine integrale Größe, die eine summarische Aussage entlang eines Weges im elektrischen Feld liefert;

- die Differenz aus den Potenzialen am Anfangs- und Endpunkt eines Weges im elektrischen Feld und damit unabhängig von dem konkreten Weg zwischen diesen beiden Punkten;

- gemäß G 4.32 ein Maß für die Energieänderung einer Ladung im elektrischen Feld bei deren Verschiebung von einem Punkt zu einem anderen;

- eine skalare Größe ohne Richtung im Raum, aber mit einem Vorzeichen.

Kennt man die Potenziale φ_1 und φ_2, dann weiß man

1. welches der beiden Potenziale das größere ist und

2. liegt damit das Vorzeichen der Spannung gemäß G 4.47 fest.

Bei der praktischen Arbeit muss jedoch oftmals die Spannung ohne Kenntnis der Potenziale durch eine Rechnung bzw. Messung ermittelt werden. Dazu bedarf es für deren Vorzeichen zunächst einer Annahme. Dies erfolgt wie bei dem Fluss (s. Abschnitt 2.2) durch die Vereinbarung einer Zählweise in Form eines Zählpfeiles. Mit dessen Orientierung wird festgelegt, von welchem Punkt (Pfeilende) zu welchem Punkt (Pfeilspitze) eine Spannung für die Zwecke der Rechnung bzw. Messung positiv gezählt (angenommen) wird. Wegen

$$U = \varphi_1 - \varphi_2 > 0 \qquad \text{wenn} \qquad \varphi_1 > \varphi_2 \qquad\qquad (4.48)$$

zeigt dieser Spannungszählpfeil wie nachfolgend dargestellt vom höheren zum niederen Potenzial.

Tabelle 4.2:   Mit der Festlegung des Spannungszählpfeils getroffene Annahme bezüglich der Potenziale

Zählpfeil	damit getroffene Annahme
1 ———▶ 2 ○ ○ U	$\varphi_1 > \varphi_2$
1 ◀——— 2 ○ ○ U	$\varphi_2 > \varphi_1$

Wenn im Ergebnis der Rechnung bzw. Messung mit der über den Zählpfeil zunächst getroffenen Annahme für eine Spannung $U < 0$ entsteht, dann ist deren physikalisch richtige Orientierung diesem Zählpfeil entgegengesetzt.

Von besonderer Bedeutung ist schließlich noch die Betrachtung eines in sich geschlossenen Weges (Maschenumlauf) im elektrostatischen Feld. Stellt man sich diesen als aus einer entsprechenden Anzahl von Teilabschnitten bestehend vor, dann kann dafür prinzipiell folgender Zusammenhang angegeben werden:

$$\oint \vec{E}\,d\vec{\ell} = \int\limits_{1}^{2} \vec{E}\,d\vec{\ell} + \int\limits_{2}^{3} \vec{E}\,d\vec{\ell} + \cdots + \int\limits_{n}^{1} \vec{E}\,d\vec{\ell} \qquad (4.49)$$

$\oint$ -   Umlaufintegral

          (steht für einen beliebigen Integrationsweg, der am Punkt 1 beginnt und dort auch wieder endet)

n   -   Anzahl der Teilabschnitte, aus denen der Umlauf besteht

Mit G 4.37 entsteht hieraus:

$$\oint \vec{E}\,d\vec{\ell} = \left(\varphi_1 - \varphi_2\right) + \left(\varphi_2 - \varphi_3\right) + \cdots + \left(\varphi_n - \varphi_1\right) = 0 \qquad (4.50)$$

Hierbei wurde folgende Umlaufrichtung gewählt:

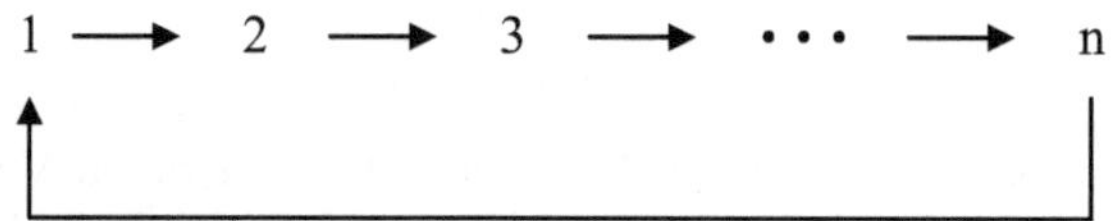

Bei entgegengesetzter Umlaufrichtung kommt es zu einer Umkehr der Vorzeichen in den Klammern von G 4.50, was aber ohne Einfluss auf die Aussage dieser Gleichung ist. Man kann hieraus folgende bedeutsame Feststellung ableiten:

> Das Umlaufintegral der elektrischen Feldstärke in einem elektrostatischen Feld (Quellenfeld) ist unabhängig von der Umlaufrichtung stets „Null".

Mit G 4.47 kann man auf der Grundlage von G 4.50 auch Folgendes aufschreiben:

$$U_1 + U_2 + \cdots + U_n = 0 \qquad (4.51)$$

Das führt schließlich zum Maschensatz, nach dem die Summe aller Spannungen unter Beachtung ihrer Vorzeichen (Zählpfeile) in einer Masche (geschlossener Umlauf) „Null" ist.

$$\sum_{\circlearrowleft} U = 0 \qquad (4.52)$$

4.4.3.2 *Verschiebungsfluss*

Ausgehend von den Überlegungen im Abschnitt 2.2 wird der Verschiebungsfluss wie folgt definiert:

$$\psi = \int\limits_{A} \vec{D}\,d\vec{A} \qquad (4.53)$$

ψ -   Verschiebungsfluss

          $[\psi] = A\,s$

Man kann sich damit den Verschiebungsfluss als eine durch eine Fläche A im Raum insgesamt hindurchtretende, durch Ladungen verursachte Wirkung vorstellen. Als eine skalare Größe besitzt er bezogen auf die Fläche A eine Orientierung. Er hat also ein Vorzeichen, das bildhaft durch einen Zählpfeil (s. Abschnitt 2.2) kenntlich gemacht wird.

Für viele praktische Fragestellungen ist die Betrachtung des elektrischen Feldes in einem bestimmten Raumbereich von besonderer Bedeutung. Ausgehend von G 4.53 erhält man den gesamten, in einen solchen Raumbereich ein- und austretenden Verschiebungsfluss, wenn man für A die diesen Raumbereich einhüllende Fläche in Ansatz bringt. Mathematisch wird das wie folgt formuliert:

$$\psi = \oint \vec{D}\, d\vec{A} \tag{4.54}$$

$\oint$ -   Hüllintegral

(Das Symbol ist mit dem für das Umlaufintegral identisch. Die jeweilige Bedeutung resultiert aus der Integrationsvariablen.)

Diesbezüglich sind zwei Fälle zu unterscheiden:

1. In dem Raumbereich sind Ladungen enthalten

$$\oint \vec{D}\, d\vec{A} = \sum_{i=1}^{n} Q_i \tag{4.55}$$

n -   Anzahl der Ladungen in dem Raumbereich

2. In dem Raumbereich sind keine Ladungen enthalten

$$\oint \vec{D}\, d\vec{A} = \int_{A_1} \vec{D}\, d\vec{A} + \int_{A_2} \vec{D}\, d\vec{A} + \cdots + \int_{A_n} \vec{D}\, d\vec{A} = \psi_1 + \psi_2 + \cdots + \psi_n = 0 \tag{4.56}$$

n -   Anzahl der Teilflächen, die insgesamt die den Raumbereich umhüllende Fläche ergeben

ψ_i -   Verschiebungsfluss durch die i-te Teilfläche

Der 2. Fall ist für einen würfelartigen Raumbereich als Beispiel in B 4.24 dargestellt. Die Vorzeichen der Verschiebungsflüsse entsprechen dabei den Festlegungen gemäß T 2.1. Verbal formuliert heißt das, dass bei einem Raumbereich, in dem sich keine Ladungen befinden, die Summe der ein- und austretenden Verschiebungsflüsse unter Beachtung ihrer Vorzeichen (Zählpfeile) stets „Null" ergibt. Wenn man den Raumbereich gedanklich sehr klein werden lässt (Knotenpunkt), dann kann man G 4.56 auch wie folgt als den Knotenpunktsatz für die Verschiebungsflüsse aufschreiben:

$$\sum_{i=1}^{n} \psi_i = 0 \tag{4.57}$$

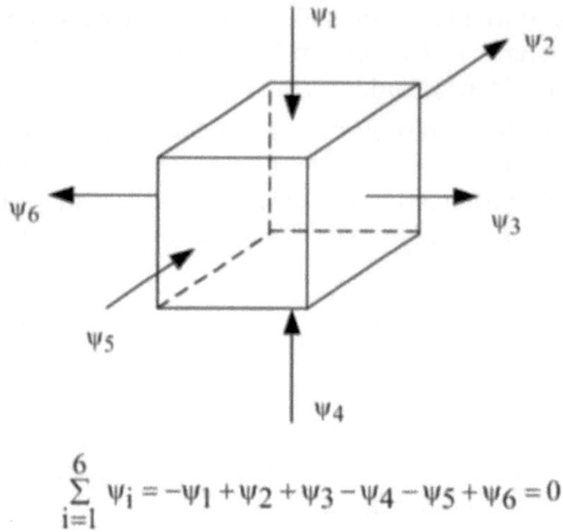

$$\sum_{i=1}^{6} \psi_i = -\psi_1 + \psi_2 + \psi_3 - \psi_4 - \psi_5 + \psi_6 = 0$$

Bild 4.24: Ein- und austretende Verschiebungsflüsse bei einem würfelartigen Raumbereich

4.4.3.3 Kapazität

Die Kapazität ist zunächst ganz allgemein eine Rechengröße, die bezogen auf einen bestimmten Raumbereich, in dem sich keine Ladungen befinden, einen Zusammenhang zwischen den skalaren Feldgrößen Verschiebungsfluss und Spannung herstellt. Als solche enthält sie lediglich Geometriedaten sowie die Permittivität als die für das elektrische Feld maßgebliche Materialkenngröße. Sie liefert für den betrachteten Raumbereich eine summarische Aussage, weshalb sie auch als Integralparameter des elektrischen Feldes bezeichnet wird.

Im engeren Sinne muss man sich einen solchen Raumbereich als einen durch $\vec{E}$ - bzw. $\vec{D}$ - Feldlinien begrenzten Kanalabschnitt vorstellen, durch den ein bestimmter Verschiebungsfluss hindurchtritt, wobei die Begrenzungsflächen jeweils Äquipotenzialflächen sind (s. B 4.25).

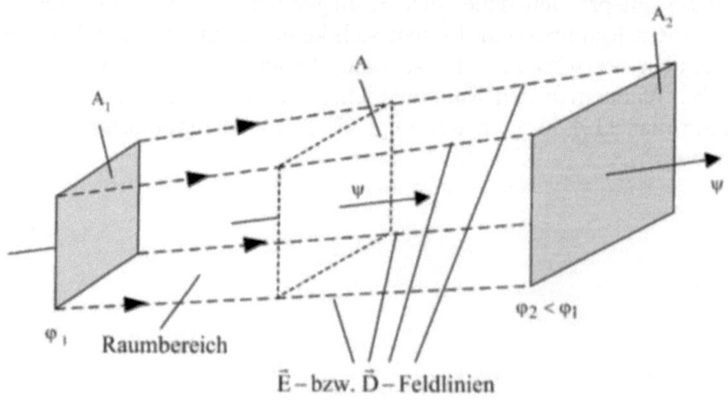

Bild 4.25: Raumbereich für die Kapazitätsbestimmung

Hiervon ausgehend wird Folgendes vereinbart:

$$C = \frac{\psi}{\varphi_1 - \varphi_2} = \frac{\psi}{U} \qquad (4.58)$$

$$C \quad - \quad \text{Kapazität}$$

$$[C] = \frac{As}{V} = F \quad \text{(Farad)}$$

Mit G 4.47 und G 4.54 kann man schließlich noch folgende allgemeine Bestimmungsgleichung für eine Kapazität angeben:

$$C = \frac{\int\limits_{A} \vec{D}\, d\vec{A}}{\int\limits_{1}^{2} \vec{E}\, d\vec{\ell}} \qquad (4.59)$$

bzw. bei homogenem Dielektrikum in dem Raumbereich (gleiches ε in demselben) unter Beachtung von G 4.16

$$C = \frac{\varepsilon \int\limits_{A} \vec{E}\, d\vec{A}}{\int\limits_{1}^{2} \vec{E}\, d\vec{\ell}} \qquad (4.60)$$

Da der Verschiebungsfluss ψ entlang des betrachteten Kanalabschnittes (Raumbereich) überall gleich ist, kann innerhalb dessen die Lage für die Integration $\int\limits_{A} \vec{D}\, d\vec{A}$ frei gewählt werden (z.B. am Anfang mit $A = A_1$).

Für den praktischen Umgang mit G 4.58, die in der Gestalt

$$\psi = C\, U \qquad (4.61)$$

einen Zusammenhang zwischen ψ und U für einen Raumbereich herstellt, ist die Beachtung der Vorzeichen dieser Größen von besonderer Bedeutung. Aus B 4.25 geht hervor (in Übereinstimmung mit G 4.59), dass der Verschiebungsfluss ψ immer dann von der Fläche A_1 zur Fläche A_2 orientiert ist, wenn $\varphi_1 > \varphi_2$ gilt. Das bedeutet, dass die Größen ψ und U das gleiche Vorzeichen haben. Bei der symbolhaften Darstellung im Sinne eines Netzwerkelementes wird dem wie folgt durch die gleiche Orientierung der betreffenden Zählpfeile Rechnung getragen.

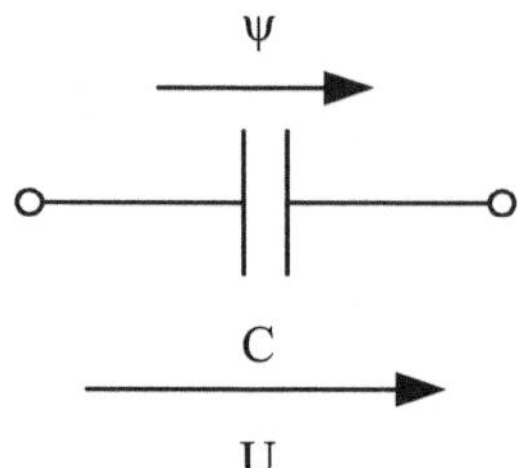

Bild 4.26:   Symbolhafte Darstellung einer Kapazität und Zählpfeilzuordnung

Einen größeren Raumbereich kann man sich aus einer entsprechenden Anzahl kleinerer, aneinander anschließender Raumbereiche zusammengesetzt vorstellen. Beschreibt man diese kleineren Raumbereiche jeweils durch eine Kapazität, dann wird durch deren Zusammenschaltung der größere Raumbereich durch ein Kapazitätsnetzwerk (Ersatzschaltung) beschrieben.

4.5 Kondensatoren

4.5.1 Prinzipieller Aufbau und Kapazität

Kondensatoren sind technische Realisierungen von Kapazitäten. Sie werden in elektrotechnischen Systemen in vielfältiger Weise eingesetzt (in der Informationstechnik meistens als Bauelemente und in der Energietechnik normalerweise als Geräte bezeichnet). Aus konstruktiver Sicht wird hierbei die Tatsache ausgenutzt, dass Leiteroberflächen Äquipotenzialflächen sind. Die beiden Flächen A_1 und A_2 gemäß B 4.25 werden somit durch Metallflächen (z.B. Folien) realisiert, zwischen denen ein entsprechendes Dielektrikum eingebracht wird. Es gibt hierfür je nach Verwendungszweck in der konkreten Ausführung die verschiedensten Formen (z.B. Drehkondensatoren, Metallpapierkondensatoren, Lackfolienkondensatoren, Lackfilmkondensatoren, Keramikkondensatoren, Elektrolytkondensatoren), deren Betrachtung im Detail hier zu weit führt. Es sollen jedoch für folgende Ausführungsformen von Kondensatoren die entsprechenden Bestimmungsgleichungen für deren Kapazität entwickelt werden:

- Plattenkondensator

- Kugelkondensator

- Zylinderkondensator

Grundsätzlich wird dazu von G 4.58 ausgegangen. Der zu betrachtende Raumbereich ist hierbei der gesamte Raum zwischen den beiden die Äquipotenzialflächen realisierenden Metalloberflächen (Elektroden). Für den Verschiebungsfluss durch den Kondensator (von der einen zur anderen Elektrode) gilt damit analog zu G 4.55:

$$\psi = \oint \vec{D}\, d\vec{A} = Q \tag{4.62}$$

$$\oint \qquad - \quad \text{Hüllintegral um eine der beiden Elektroden (beliebig wählbar)}$$

$$Q \qquad - \quad \text{Ladung auf der hier ausgewählten Elektrode des Kondensators}$$

Das von den Ladungen auf den Elektroden aufgebaute elektrische Feld bestimmt hier die Spannung U. Für den in der Regel vorliegenden Fall, dass in dem Raum zwischen den Elektroden des Kondensator ein homogenes Dielektrikum vorliegt, gilt dann mit G 4.16:

$$U = \int_1^2 \vec{E}\, d\vec{\ell} = \frac{1}{\varepsilon} \int_1^2 \vec{D}\, d\vec{\ell} \tag{4.63}$$

1   -   beliebig wählbarer Punkt auf der für die Bildung des Hüllintegrals in
         G 4.62 ausgewählten Elektrode

2   -   beliebig wählbarer Punkt auf der anderen Elektrode, der auf einem beliebigen
         Wege durch das Dielektrikum des Kondensators erreicht wird

ε   -   Permittivität des Kondensatordielektrikums

Damit entsteht aus G 4.58 folgende Bestimmungsgleichung für die Kapazität eines Kondensators:

$$C = \frac{Q}{U} = \frac{\varepsilon\, Q}{\displaystyle\int_1^2 \vec{D}\, d\vec{\ell}} \tag{4.64}$$

Diese Gleichung erlaubt auch eine sinnfällige Interpretation des Begriffs Kapazität. Man kann sich darunter das auf die Spannung über dem Kondensator bezogene Fassungsvermögen desselben für Ladungen vorstellen.

∗   Kapazität eines Plattenkondensators

Der prinzipielle Aufbau ist in B 4.27 dargestellt. Dort sind gleichzeitig die für die Berechnung im Sinne von G 4.64 getroffenen Vereinbarungen eingetragen.

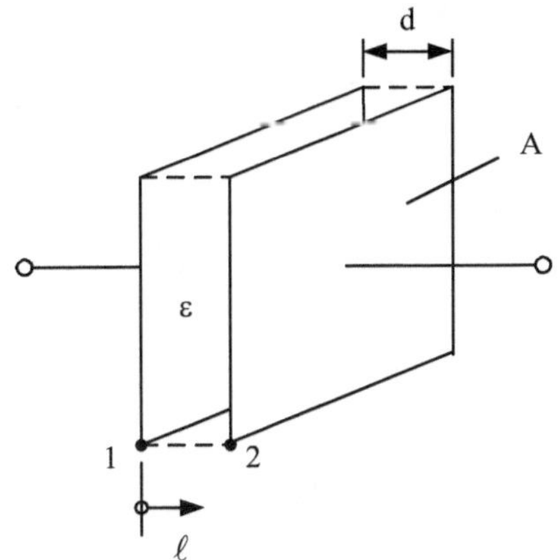

Bild 4.27:   Prinzipieller Aufbau eines Plattenkondensators

Unter der Bedingung, dass der Abstand d zwischen den Elektroden (hier Platten genannt) klein gegenüber deren flächenhaften Abmessungen ist, darf zwischen den Platten ein homogenes Feld vorausgesetzt werden. Damit gilt:

$$D = \frac{Q}{A}$$

(4.65)

Q   -   Ladung auf der linken Platte (für die Berechnung ausgewählt)

D   -   Verschiebungsflussdichte (vorzeichenbehaftet wie Q)

Wegen der Konstanz von D und des Winkels $\alpha = 0^\circ$ zwischen $\vec{D}$ und $d\vec{\ell}$ entlang des Weges von 1 nach 2 entsteht hier über G 4.64:

$$C = \frac{\varepsilon\, Q}{\dfrac{Q}{A} \displaystyle\int_o^d d\ell} = \frac{\varepsilon\, A}{d}$$

(4.66)

***   Kapazität eines Kugelkondensators**

Der prinzipielle Aufbau einschließlich der für die Berechnung getroffenen Vereinbarungen ist in B 4.28 dargestellt.

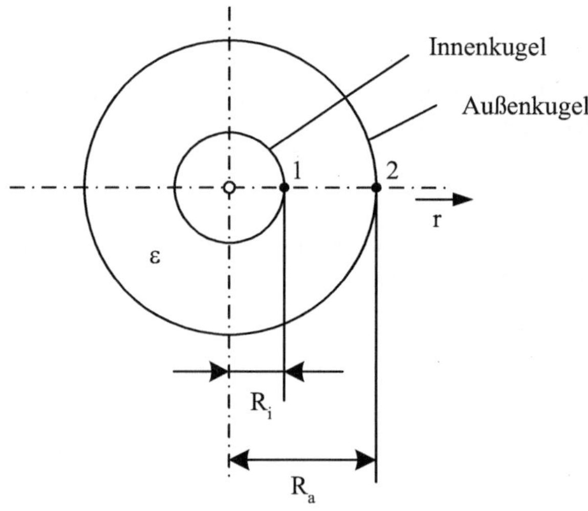

Bild 4.28:   Prinzipieller Aufbau eines Kugelkondensators

Unter Beachtung der Kugelsymmetrie gilt hier für die Verschiebungsflussdichte:

$$D = \frac{Q}{4\,\pi\,r^2}$$

(4.67)

Entlang des Weges von 1 nach 2 ist auch hier der Winkel $\alpha = 0^\circ$ zwischen $\vec{D}$ und $d\vec{\ell} = d\vec{r}$. Damit entsteht schließlich über G 4.64:

$$C = \cfrac{\varepsilon\, Q}{\cfrac{Q}{4\,\pi} \displaystyle\int_{R_i}^{R_a} \frac{dr}{r^2}} = \cfrac{4\,\pi\,\varepsilon}{\cfrac{1}{R_i} - \cfrac{1}{R_a}} \tag{4.68}$$

* Kapazität eines Zylinderkondensators

Der prinzipielle Aufbau einschließlich der für die Berechnung getroffenen Vereinbarungen ist in B 4.29 dargestellt.

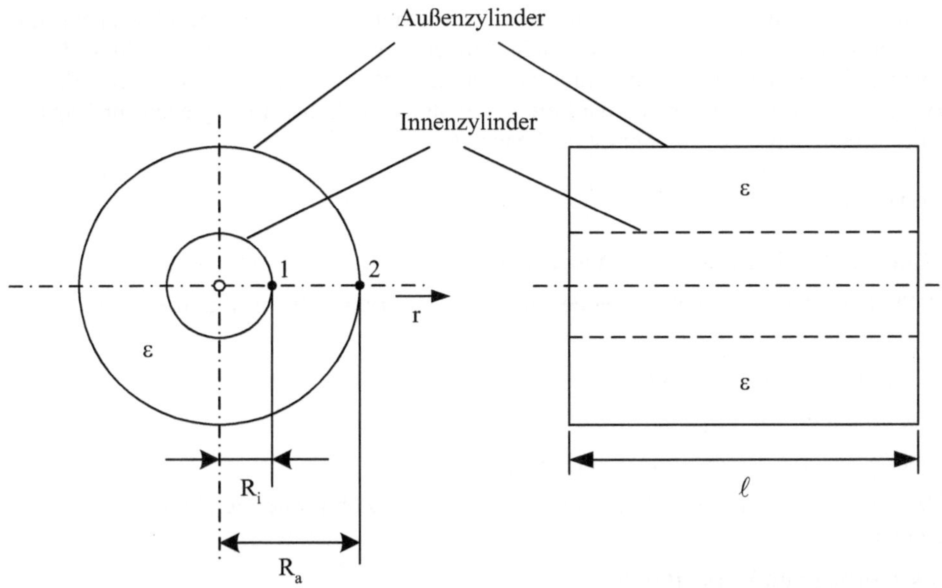

Bild 4.29:   Prinzipieller Aufbau eines Zylinderkondensators

Mit der Voraussetzung

$$\ell \gg R_a \tag{4.69}$$

gilt hier unter Beachtung der Zylindersymmetrie für die Verschiebungsflussdichte:

$$D = \frac{Q}{2\pi\, r\, \ell} \tag{4.70}$$

Entlang des Weges von 1 nach 2 ist hier ebenfalls der Winkel $\alpha = 0^\circ$ zwischen $\vec{D}$ und $d\vec{\ell} = d\vec{r}$, so dass mit G 4.64 für die Kapazität des Zylinderkondensators Folgendes entsteht:

$$C = \cfrac{\varepsilon\, Q}{\cfrac{Q}{2\pi\,\ell} \displaystyle\int_{R_i}^{R_a} \frac{dr}{r}} = \cfrac{2\pi\,\varepsilon\,\ell}{\ell n \cfrac{R_a}{R_i}} \tag{4.71}$$

4.5.2 Kapazitätsnetzwerke

Bei der praktischen Anwendung von Kondensatoren kommt es je nach Situation in verschiedener Weise zu einer Zusammenschaltung einzelner Kondensatoren in einem Netzwerk. Eine solche Situation liegt auch bei der bereits erwähnten Zusammensetzung eines größeren Raumbereichs durch entsprechende Teilbereiche vor, wenn man diese durch Teilkapazitäten ersetzt.

Beim praktischen Umgang mit solchen Netzwerken treten vor allem folgende Probleme auf:

- Zusammenfassung mehrerer Einzelkapazitäten zu einer Ersatzkapazität.

- Ermittlung der Spannungen über den einzelnen Kapazitäten eines Netzwerkes.

Die Lösung solcher Probleme ist ausgehend von der Struktur des Netzwerkes und den vorliegenden Kapazitätswerten generell durch die gezielte Anwendung von G 4.52 (Maschensatz), G 4.57 (Knotenpunktsatz) und G 4.61 möglich. Auf eine umfangreichere Darstellung dieser Zusammenhänge kann hier jedoch verzichtet werden, da dies im Abschnitt 5.6 für die Gleichstromnetzwerke erfolgt. Die dortigen Ausführungen gelten in vollem Umfang auch für Kapazitätsnetzwerke, wenn man folgende Analogien beachtet:

$$I \mathrel{\hat{=}} \psi \quad ; \quad U = U \quad ; \quad G = \frac{1}{R} \mathrel{\hat{=}} C$$

$$I - \text{Strom}\,; \quad G - \text{Leitwert}\,; \quad R - \text{Widerstand}$$

An dieser Stelle sollen lediglich folgende ausgewählten Beispiele exemplarisch behandelt werden:

- Reihenschaltung von Kapazitäten

- Parallelschaltungen von Kapazitäten

- Kombinierte Zusammenschaltung von Kapazitäten

Bei B 4.30 ... B 4.32 wurde hinsichtlich der eingetragenen Zählpfeile die Zuordnung gemäß B 4.26 beachtet.

∗ Reihenschaltung von Kapazitäten

1. Problemstellung

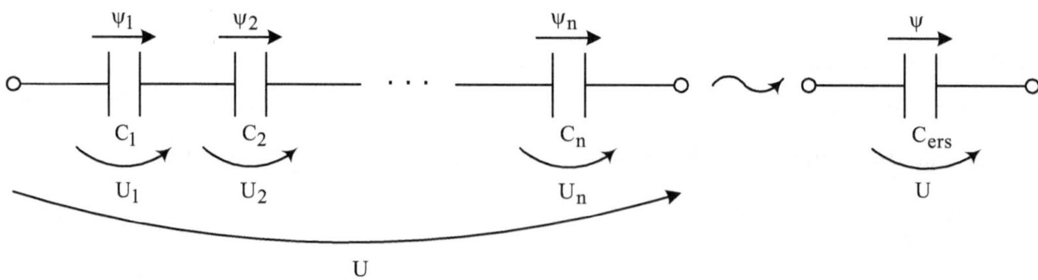

Bild 4.30: Reihenschaltung von Kapazitäten

Gegeben: $C_1, C_2 \cdots C_n$ und U

Gesucht: $U_1, U_2 \cdots U_n$ und C_{ers}

2. Lösung

Mit G 4.52 (Maschensatz) entsteht:

$$U = \sum_{i=1}^{n} U_i \tag{4.72}$$

Mit G 4.57 (Knotenpunktsatz) entsteht:

$$\psi_1 = \psi_2 = \cdots = \psi_n = \psi \tag{4.73}$$

Mit G 4.61 entsteht:

$$\frac{1}{C_{ers}} = \frac{U}{\psi} \tag{4.74}$$

Setzt man hier G 4.72 und G 4.73 ein, dann entsteht:

$$\frac{1}{C_{ers}} = \sum_{i=1}^{n} \frac{U_i}{\psi_i} = \sum_{i=1}^{n} \frac{1}{C_i} \tag{4.75}$$

Mit diesen Zusammenhängen erhält man:

$$U_i = \frac{\psi_i}{C_i} = \frac{\psi}{C_i} = U \frac{C_{ers}}{C_i} \tag{4.76}$$

$$i = 1, 2 \cdots n$$

* Parallelschaltung von Kapazitäten

1. Problemstellung

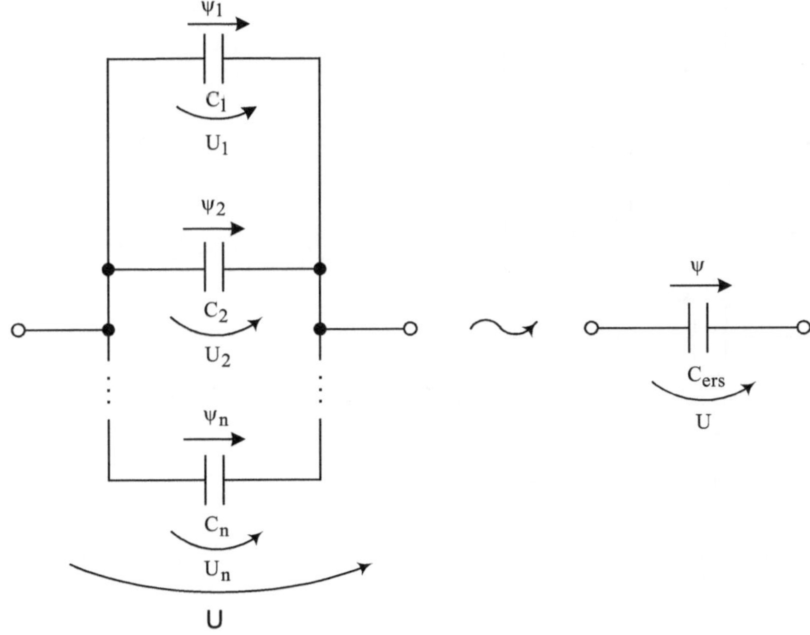

Bild 4.31: Parallelschaltung von Kapazitäten

Gegeben: $C_1, C_2 \ldots C_n$ und U

Gesucht: $\psi_1, \psi_2 \ldots \psi_n$ und C_{ers}

2. <u>Lösung</u>

Der Maschensatz liefert hier:

$$U_1 = U_2 = \cdots = U_n = U \tag{4.77}$$

Über G 4.61 folgt dann:

$$\psi_i = C_i \, U_i = C_i \, U \tag{4.78}$$

Mit dem Knotenpunktsatz

$$\psi = \sum_{i=1}^{n} \psi_i = U \sum_{i=1}^{n} C_i \tag{4.79}$$

und G 4.61 entsteht dann:

$$C_{ers} = \frac{\psi}{U} = \sum_{i=1}^{n} C_i \tag{4.80}$$

*** Beispiel für eine kombinierte Zusammenschaltung von Kapazitäten**

1. <u>Problemstellung</u>

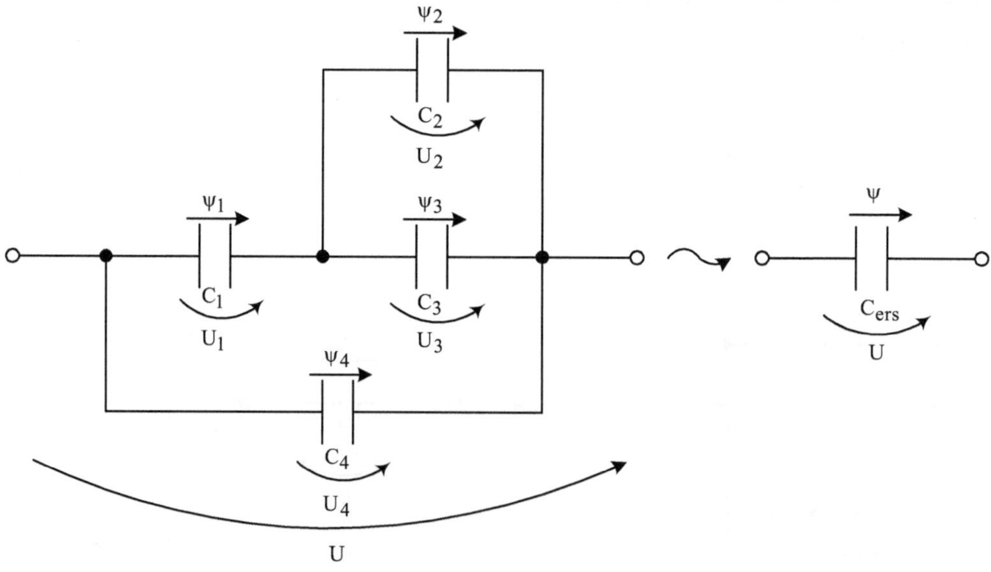

Bild 4.32: Kombinierte Zusammenschaltung von Kapazitäten

Gegeben: C_1, C_2, C_3, C_4 und U

Gesucht: U_1, U_2, U_3, U_4 und C_{ers}

2. <u>Lösung</u>

Der Maschensatz liefert folgende Zusammenhänge:

$$U_1 + U_2 = U \quad ; \quad U_2 = U_3 \quad ; \quad U_4 = U \tag{4.81}$$

Über den Knotenpunktsatz entsteht:

$$\psi_1 = \psi_2 + \psi_3 \quad ; \quad \psi = \psi_1 + \psi_4 \tag{4.82}$$

Mit den Zusammenhängen

$$\psi_1 = C_1 U_1 \quad ; \quad \psi_2 = C_2 U_2 \quad ; \quad \psi_3 = C_3 U_3 \tag{4.83}$$

entsteht daraus für die Spannungen $U_1 \cdots U_4$:

$$U_1 = \frac{C_2 + C_3}{C_1 + C_2 + C_3} U \tag{4.84}$$

$$U_2 = U_3 = \frac{C_1}{C_1 + C_2 + C_3} U \tag{4.85}$$

$$U_4 = U \tag{4.86}$$

Für die Kapazität C_{ers} gilt zunächst:

$$C_{ers} = \frac{\psi}{U} \tag{4.87}$$

Mit

$$\psi = \psi_1 + \psi_4 = C_1 U_1 + C_4 U_4 = \frac{C_1 (C_2 + C_3)}{C_1 + C_2 + C_3} U + C_4 U \tag{4.88}$$

entsteht daraus:

$$C_{ers} = \frac{C_1 (C_2 + C_3)}{C_1 + C_2 + C_3} + C_4 \tag{4.89}$$

Im vorliegenden Fall kann C_{ers} auch wie folgt durch eine systematische Anwendung von G 4.75 und G 4.80 bestimmt werden:

$$C_{ers} = \left[(C_2 \parallel C_3) \& C_1 \right] \parallel C_4$$

$$= (C_2 + C_3) \& C_1 + C_4 \tag{4.90}$$

$$= \frac{C_1 (C_2 + C_3)}{C_1 + C_2 + C_3} + C_4$$

$\parallel$ -   bedeutet Parallelschaltung

$\&$ -   bedeutet Reihenschaltung

4.6 Energie im elektrischen Feld

Entsprechend den Ausführungen im Abschnitt 4.1 entsteht ein elektrisches Feld im Ergebnis einer Ladungsverschiebung (Ladungstrennung). Der Aufbau eines solchen Feldes ist dabei als ein Vorgang zu verstehen, bei dem die elektrische Feldstärke ausgehend von dem Anfangswert $E = 0$ schließlich einen Endwert $E > 0$ erreicht. Die Ladungsverschiebung erfolgt damit während dieses Vorganges in einem sich ständig verändernden elektrischen Feld, das durch diese Ladungsverschiebung selbst verursacht ist. Für diese Ladungsverschiebung ist, solange der Vorgang andauert, die Zuführung von Energie erforderlich. Nach Beendigung dieses Vorganges ist die gesamte zugeführte Energie in dem dann vorliegenden elektrostatischen Feld als gespeicherte Energie enthalten. Diese wird schließlich wieder freigesetzt, wenn die Ladungsverschiebung rückgängig gemacht wird.

Ausgehend von dieser Betrachtungsweise kann man somit die im elektrischen Feld enthaltene Energie über die für dessen Aufbau zur Ladungsverschiebung erforderliche Energie bestimmen. Die entsprechenden Zusammenhänge sollen nachfolgend am Beispiel einer Kondensatoraufladung entwickelt werden. Die Spannung an dem Kondensator beträgt dabei:

* zu Beginn des Vorganges $U = 0$

* am Ende des Vorganges $U = U$

Streng genommen sprengt ein solcher Vorgang den momentanen Betrachtungsgegenstand elektrostatisches Feld. Es soll daher an dieser Stelle auch insbesondere dessen zeitlicher Verlauf nicht betrachtet werden. Schließlich interessiert nur die am Ende desselben gespeicherte Energie. Zu deren Bestimmung erfolgt daher lediglich eine gedankliche Verfolgung der mit einer Ladungszufuhr verbundenen Veränderung der Spannung über dem Kondensator sowie der damit einhergehenden Energiezufuhr. Ausgehend von G 4.64 ist die Zufuhr einer Ladung dQ zunächst wie folgt mit einer Spannungsänderung verbunden:

$$dQ = C\, dU \tag{4.91}$$

Die dabei dem Kondensator zugeführte Energie beträgt nach G 4.36 und G 4.47:

$$dW = U\, dQ \tag{4.92}$$

U ist hier die im Moment der Ladungszufuhr dQ an dem Kondensator gerade anliegende Spannung. Für die am Ende des Aufladungsvorganges in dem Kondensator gespeicherte Energie gilt dann:

$$W = \int\limits_{o}^{W} dW = C \int\limits_{o}^{U} U\, dU = \frac{C\, U^2}{2} \tag{4.93}$$

Wenn es sich z.B. um einen Plattenkondensator handelt, dann gelten wegen des darin vorliegenden homogenen Feldes G 4.66 sowie der Zusammenhang:

$$U = E\, d \tag{4.94}$$

Damit erhält man für die in einem solchen gespeicherte Energie:

$$W = \frac{\varepsilon\, E^2}{2}\, A\, d \tag{4.95}$$

Mit

$$V = A\, d \tag{4.96}$$

V -   Volumen des Dielektrikums in dem Plattenkondensator entsteht daraus für die Energiedichte:

$$W' = \frac{W}{V} = \frac{\varepsilon\,E^2}{2}$$ (4.97)

Dafür kann man mit G 4.16 auch schreiben:

$$W' = \frac{\varepsilon\,E^2}{2} = \frac{D\,E}{2} = \frac{D^2}{2\,\varepsilon}$$ (4.98)

Dieser Ausdruck für die Energiedichte hat die Besonderheit, dass in ihm nicht mehr die integralen Größen C und U, sondern die ortsbezogenen Größen D bzw. E vorkommen. Er ist damit nicht eingeschränkt auf das für die Herleitung zunächst verwendete homogene Feld in einem größeren Raumbereich (Plattenkondensator). Er gilt ganz allgemein für jedes beliebige elektrische Feld, da dieses in einem differenziell kleinen Raumbereich (ortsbezogen) stets als homogen betrachtet werden darf (s. a. Abschnitt 2.1).

4.7 Kräfte auf Grenzflächen

Grenzflächen bzw. Trennflächen sind Berührungsflächen von Raumbereichen mit verschiedenem Dielektrikum. In einem elektrischen Feld beobachtet man dort Kräfte. Zum prinzipiellen Verständnis dieser Erscheinung sei zunächst festgestellt, dass ein elektrisches Feld ein durch Energiezufuhr „zwangsweise" herbeigeführter (Ladungstrennung) Zustand im Raum ist. Ein solcher hat das natürliche Bestreben sich durch Energieabgabe wieder zurückzubilden. So kommt es z.B. infolge eines endlichen Isolationswiderstandes bei realen Kondensatoren zu einer Selbstentladung.

In einer gegebenen Situation kann dieses potenziell vorhandene Bestreben im Rahmen der dafür bestehenden Möglichkeiten jedoch nur eine Verringerung der elektrischen Feldenergie bis zu einem bestimmten Minimum bewirken. Das soll hier am Beispiel der in B 4.32 dargestellten Situation demonstriert werden. Die hierbei durch die Schaltung vorgegebenen Möglichkeiten für die sich über den Kondensatoren tatsächlich einstellenden Spannungen sind mit den Zusammenhängen G 4.81 mathematisch formuliert. Mit G 4.93 gilt für die gesamte Feldenergie in dieser Schaltung:

$$W = \frac{1}{2}\left(C_1\,U_1^2 + C_2\,U_2^2 + C_3\,U_3^2 + C_4\,U_4^2\right)$$ (4.99)

Mit den Zusammenhängen G 4.81 entsteht daraus:

$$W = \frac{1}{2}\left[(C_1 + C_2 + C_3)\,U_1^2 - 2\,(C_2 + C_3)\,U\,U_1 + (C_2 + C_3)\,U^2\right]$$ (4.100)

Die Spannung U_1, die zu einem Minimum der Feldenergie führt, erhält man daraus wie folgt durch eine Differentiation:

$$\frac{\partial W}{\partial U_1} = (C_1 + C_2 + C_3)\,U_1 - (C_2 + C_3)\,U = 0$$ (4.101)

bzw.

$$U_1 = \frac{C_2 + C_3}{C_1 + C_2 + C_3}\,U$$ (4.102)

Dieses Ergebnis ist identisch mit G 4.84, woraus dann mit den Zusammenhängen G 4.81 auch die Ergebnisse für die anderen Spannungen entstehen. Es zeigt sich also, dass bei der im Abschnitt 4.5.2 dargestellten Vorgehensweise im Hintergrund das Prinzip zur Minimierung der Feldenergie wirksam ist.

Ausgehend von diesem Prinzip soll nun zur expliziten Bestimmung der Kräfte auf Grenzflächen ein aufgeladener und von der Spannungsquelle abgetrennter idealer (ohne Selbstentladung) Kondensator als zu betrachtendes System verwendet werden. Die Vereinbarung eines solchen abgeschlossenen Systems schränkt die Allgemeingültigkeit der Ergebnisse nicht ein. Sie entlastet aber die Betrachtungen von der Einbeziehung eines sonst zusätzlich auftretenden Energieaustausches. Für die in einem solchen Kondensator gespeicherte Feldenergie gilt zunächst G 4.93. Mit G 4.64 entsteht daraus:

$$W = \frac{Q^2}{2\,C} \tag{4.103}$$

Da hier die Ladung Q konstant ist, kann eine Verringerung der Feldenergie nur über eine Vergrößerung der Kapazität des Kondensators erfolgen. Wenn ein homogenes Dielektrikum in dem Raum zwischen den Elektroden desselben vorliegt, dann kann die Kapazität gemäß G 4.64 durch die Auswahl eines Stoffes mit einem größeren ε vergrößert werden. Übertragen auf die Situation mit einer Grenzfläche, die zwei verschiedene Dielektrika in dem Raum zwischen den Elektroden des Kondensators voraussetzt, bedeutet das, dass dessen Kapazität dann am größten wird, wenn die Grenzfläche so auf eine Elektrodenoberfläche verschoben wird, dass der gesamte Raum mit dem Dielektrikum mit dem größeren ε ausgefüllt ist.

Von diesem mehr theoretischen Grenzfall ausgehend, kann man in Verbindung mit dem potenziell vorhandenen Bestreben zur Minimierung der Feldenergie folgendes allgemeine Prinzip formulieren:

> Die an einer Grenzfläche im elektrischen Feld auftretende Kraft ist bemüht, diese Grenzfläche so zu verschieben, dass für das Dielektrikum mit dem größeren ε ein maximaler Raumgewinn erzielt wird.

Zur endgültigen Formulierung eines Lösungsansatzes für die Bestimmung der Kraft auf eine Grenzfläche sind noch folgende Sachverhalte von Bedeutung:

- Die Kraft steht senkrecht auf der Grenzfläche und zeigt in Richtung des Dielektrikums mit dem kleineren ε. Auf diese Weise wird bei einer Verschiebung der Grenzfläche für das Dielektrikum mit dem größeren ε der maximale Raumgewinn erzielt.

- Die bei der Verschiebung der Grenzfläche verrichtete mechanische Arbeit wird aus der Feldenergie gewonnen.

Damit liegt bei einer differenziellen Verschiebung dx prinzipiell die in B 4.33 dargestellte Situation vor.

Hieraus entsteht unter Beachtung von G 1.11 für die Berechnung der Kraft folgender energetische Lösungsansatz:

$$F\,dx = dW_e \tag{4.104}$$

dW_e -   Änderung der Feldenergie

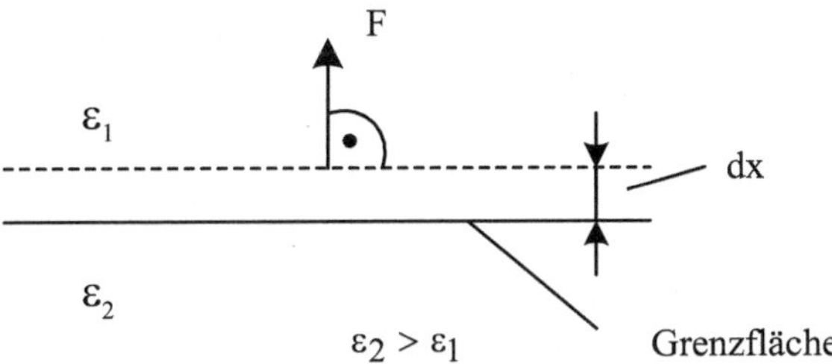

Bild 4.33: Verschiebung einer Grenzfläche im elektrischen Feld

Die explizite Bestimmung der Kraft auf der Grundlage der Feldgrößen wird nachfolgend zunächst für die Situationen

- Grenzfläche senkrecht zu den Feldlinien (Quergrenzfläche)
- Grenzfläche parallel zu den Feldlinien (Längsgrenzfläche)

vorgenommen.

* **Quergrenzfläche**

Die prinzipielle Situation ist für einen hinreichend kleinen Raumbereich in B 4.34 dargestellt. Hinreichend klein bedeutet hier, dass in diesem Raumbereich das elektrische Feld als homogen angenommen werden darf.

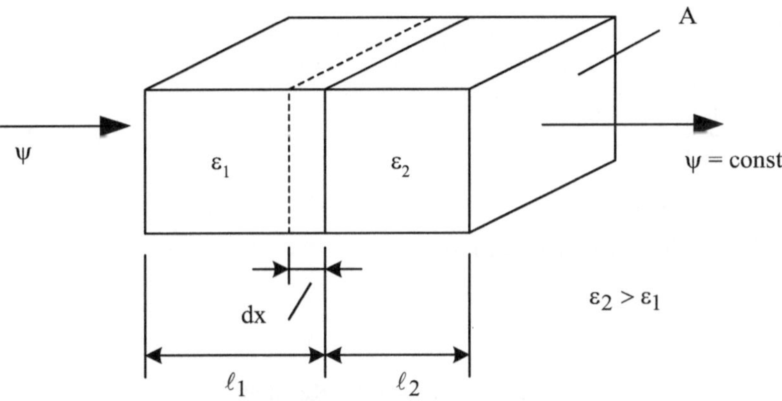

Bild 4.34: Raumbereich mit Quergrenzfläche

Mit

$$D_1 = D_2 = D \qquad (4.105)$$

entsteht über G 4.98:

$$W'_1 = \frac{D^2}{2\,\varepsilon_1} \qquad\qquad\qquad (4.106)$$

$$W'_2 = \frac{D^2}{2\,\varepsilon_2} \qquad\qquad\qquad (4.107)$$

Für die Änderung der elektrischen Feldenergie gilt zunächst allgemein:

$$dW_e = W_e - W_e^* \qquad\qquad\qquad (4.108)$$

W_e -   Feldenergie vor der Verschiebung

W_e^* -   Feldenergie nach der Verschiebung

         (Der hochgestellte Index ∗ wird nachfolgend für alle Größen nach der Verschiebung verwendet.)

Da sich hier die Energiedichten in den beiden Teilbereichen durch die Verschiebung wegen ψ bzw. $D = $ const. nicht ändern, kann man dW_e wie folgt bestimmen:

$$dW_e = W'_1 A\,\ell_1 + W'_2 A\,\ell_2$$

$$- W'_1 A\,(\ell_1 - dx) - W'_2 A\,(\ell_2 + dx) \qquad\qquad (4.109)$$

$$= \left(W'_1 - W'_2\right) A\,dx$$

Setzt man das alles in G 4.104 ein, dann erhält man:

$$F = \frac{D^2}{2}\left(\frac{1}{\varepsilon_1} - \frac{1}{\varepsilon_2}\right) A \qquad\qquad (4.110)$$

bzw.

$$F' = \frac{F}{A} = \frac{D^2}{2}\left(\frac{1}{\varepsilon_1} - \frac{1}{\varepsilon_2}\right) \qquad\qquad (4.111)$$

F' -   Druck, Flächenpressung

Dieses Ergebnis liefert z.B. für einen Kondensator mit

     Dielektrikum $\varepsilon_1 = \varepsilon$

     Elektrode $\varepsilon_2 \rightarrow \infty$

für den Druck auf das Dielektrikum des Kondensators folgendes Resultat:

$$F' = \frac{D^2}{2\,\varepsilon} \qquad\qquad\qquad (4.112)$$

Hiermit soll die an einen Plattenkondensator anzulegende Spannung ermittelt werden, wenn die Druckkraft auf das Dielektrikum 1 N betragen soll. Für den Plattenkondensator gelten dabei gemäß B 4.27 folgende Parameter:

$$d = 0{,}5\,\text{mm}\,; \quad A = 0{,}1\,\text{m}^2\,; \quad \varepsilon_r = 4\,; \quad \varepsilon_0 = 8{,}85\cdot 10^{-12}\,\frac{\text{As}}{\text{Vm}}$$

Zunächst gilt:

$$F = F' A = \frac{D^2 A}{2\,\varepsilon} \tag{4.113}$$

Mit G 4.64, G 4.65 und G 4.66 erhält man:

$$D = \frac{Q}{A} = \frac{C\,U}{A} = \frac{\varepsilon\,U}{d} \tag{4.114}$$

Damit entsteht schließlich:

$$U = d\,\sqrt{\frac{2\,F}{\varepsilon\,A}} \tag{4.115}$$

Die Rechnung liefert dann mit 1 Nm = 1 VAs:

$$U = 0{,}5\ \text{mm}\ \sqrt{\frac{2 \cdot 1\ \text{N Vm}}{4 \cdot 8{,}85 \cdot 10^{-12}\ \text{As} \cdot 0{,}1\ \text{m}^2}}$$

$$= 0{,}5\ \text{mm}\ \sqrt{\frac{10^{12} \cdot \text{V}^2}{0{,}2 \cdot 8{,}85 \cdot \text{m}^2}}$$

$$= \underline{\underline{376\ \text{V}}}$$

Zu der Richtung dieser Kraft (Druck auf das Dielektrikum) kommt man auch unmittelbar über die anziehende Kraftwirkung zwischen den ungleichnamigen Ladungen auf den Elektroden des Kondensators. Man kann daraus auch folgende Eigenschaft der Feldlinien im elektrischen Feld ableiten:

„Feldlinien sind bestrebt sich zu verkürzen"

Das trifft prinzipiell auf die $\vec{D}$- und $\vec{E}$-Linien zu. Da aber die Dichte der $\vec{D}$-Linien in Längsrichtung des Feldes materialunabhängig ist, kann man hier materialbedingte Unterschiede aus quantitativer Sicht nur an Hand der $\vec{E}$-Linien erkennen. Man kann das Bestreben einer Quergrenzfläche in den Raumbereich mit dem kleineren ε vorzudringen dadurch erklären, dass dort die größere Dichte der $\vec{E}$-Linien vorliegt. Damit ist dort das Bemühen, mit der Verkürzung der Feldlinien auch den Raumbereich zu verkürzen, insgesamt stärker ausgeprägt als in dem Raumbereich mit dem größeren ε (s. B 4.35).

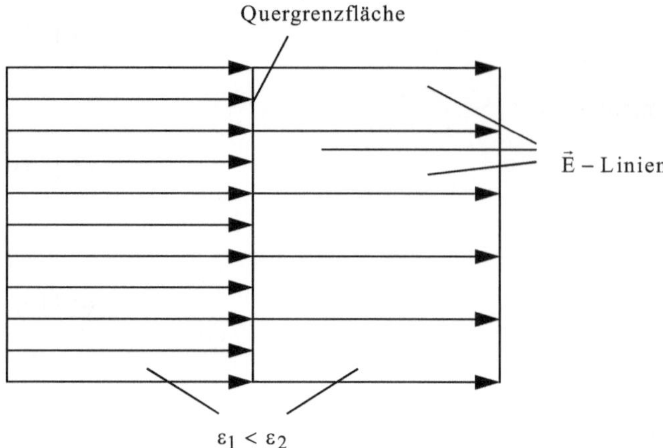

Bild 4.35:　Dichte der $\vec{E}$ - Linien zu beiden Seiten einer Quergrenzfläche

*　Längsgrenzfläche

Die prinzipielle Situation (analog zu B 4.34) ist in B 4.36 dargestellt.

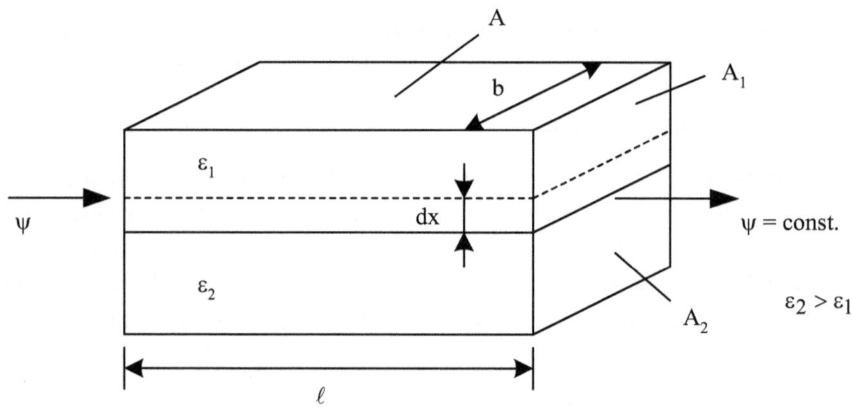

Bild 4.36:　Raumbereich mit Längsgrenzfläche

Zunächst gilt hier:

$\qquad$ Vor der Verschiebung $\qquad E_1 = E_2 = E$ $\hfill$ (4.116)

$\qquad$ Nach der Verschiebung $\qquad E_1^* = E_2^* = E^*$ $\hfill$ (4.117)

Wegen ψ = const. muss es bei der Verschiebung der Grenzfläche infolge der sich dabei ändernden Teilflächen A_1 und A_2 dort auch zu einer Veränderung der Verschiebungsflussdichten kommen. Daraus folgt:

$$E \neq E^* \tag{4.118}$$

Damit kommt es durch die Verschiebung der Grenzfläche hier im Gegensatz zu der Situation bei einer Quergrenzfläche auch zu einer Veränderung der Energiedichten in den beiden Teilbereichen. Für die Änderung der Feldenergie in dem Raumbereich gemäß G 4.108 entsteht damit:

$$dW_e = W'_1 \, A_1 \ell + W'_2 \, A_2 \, \ell$$
$$- W'^*_1 \, (A_1 \, \ell - b \, dx \, \ell) - W'^*_2 \, (A_2 \, \ell + b \, dx \, \ell) \tag{4.119}$$

Mit G 4.97 erhält man unter Beachtung von G 4.116 und G 4.117 daraus:

$$dW_e = \frac{\ell}{2} \left\{ E^2 \left(\varepsilon_1 A_1 + \varepsilon_2 A_1 \right) - E^{*2} \left[\varepsilon_1 A_1 + \varepsilon_2 A_2 + b dx (\varepsilon_2 - \varepsilon_1) \right] \right\} \tag{4.120}$$

Aus ψ = const. folgt:

$$D_1 A_1 + D_2 A_2 = D_1^*(A_1 - b \, dx) + D_2^*(A_2 + b \, dx) \tag{4.121}$$

bzw.

$$E(\varepsilon_1 A_1 + \varepsilon_2 A_2) = E^* \left[\varepsilon_1 A_1 + \varepsilon_2 A_2 + b \, dx (\varepsilon_2 - \varepsilon_1) \right] \tag{4.122}$$

Hierüber wird E^* bestimmt und in G 4.120 eingesetzt. Damit erhält man:

$$dW_e = \frac{\ell}{2} E^2 \left[1 - \frac{\varepsilon_1 A_1 + \varepsilon_2 A_2}{\varepsilon_1 A_1 + \varepsilon_2 A_2 + b dx (\varepsilon_2 - \varepsilon_1)} \right] (\varepsilon_1 A_1 + \varepsilon_2 A_2)$$
$$= \frac{\ell}{2} E^2 \, b \, dx \, (\varepsilon_2 - \varepsilon_1) \frac{\varepsilon_1 A_1 + \varepsilon_2 A_2}{\varepsilon_1 A_1 + \varepsilon_2 A_2 + b dx (\varepsilon_2 - \varepsilon_1)} \tag{4.123}$$

Es gilt nun wegen der differenziell kleinen Verschiebung dx:

$$b \, dx \ll A_1 \quad \text{und} \quad b \, dx \ll A_2 \tag{4.124}$$

Daraus folgt:

$$b \, dx \, (\varepsilon_2 - \varepsilon_1) \ll \varepsilon_1 A_1 + \varepsilon_2 A_2 \tag{4.125}$$

Damit entsteht aus G 4.123:

$$d W_e = \frac{E^2}{2} (\varepsilon_2 - \varepsilon_1) \, \ell b \, dx \tag{4.126}$$

Aus B 4.36 folgt

$$A = \ell \, b \tag{4.127}$$

und damit:

$$dW_e = \frac{E^2}{2} (\varepsilon_2 - \varepsilon_1) \, A \, dx \tag{4.128}$$

Mit G 4.104 erhält man dann:

$$F = \frac{E^2}{2} (\varepsilon_2 - \varepsilon_1) \, A \tag{4.129}$$

bzw.

$$F' = \frac{F}{A} = \frac{E^2}{2}\left(\varepsilon_2 - \varepsilon_1\right) \tag{4.130}$$

Dieses Ergebnis kann man auch als die Differenz eines in beiden Teilbereichen unterschiedlichen „Querdruckes" auffassen, der dort durch eine abstoßende Wirkung zwischen den Feldlinien aufgebaut wird. Man kann daraus auch eine weitere Eigenschaft der Feldlinien im elektrischen Feld wie folgt ableiten:

„Feldlinien sind bestrebt, sich voneinander zu entfernen"

Das trifft prinzipiell ebenso auf die $\vec{D}$- und $\vec{E}$-Linien zu. Materialbedingte Unterschiede sind jedoch in Querrichtung des Feldes aus quantitativer Sicht nur an Hand der $\vec{D}$-Linien zu erkennen. Man kann auf diese Weise das Bestreben einer Längsgrenzfläche in den Raumbereich mit dem kleineren ε vorzudringen dadurch erklären, dass dort wegen der geringeren Dichte der $\vec{D}$-Linien auch das Bestreben sich voneinander zu entfernen weniger stark ausgeprägt ist als in dem Raumbereich mit dem größeren ε (s. B 4.37).

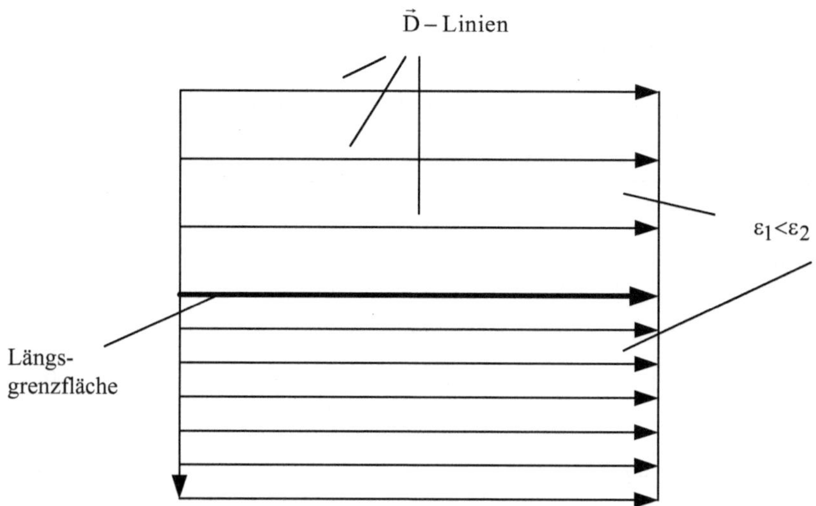

Bild 4.37: Dichte der $\vec{D}$ – Linien zu beiden Seiten einer Längsgrenzfläche

Die Kraft auf eine **Schräggrenzfläche** kann durch die Zerlegung von $\vec{D}$ bzw. $\vec{E}$ in die Komponenten (s. B 4.38)

- Normalkomponente (Index n) $\hat{=}$ Quergrenzfläche

- Tangentialkomponente (Index t) $\hat{=}$ Längsgrenzfläche

unmittelbar über die Zusammenhänge für die Quer- und die Längsgrenzfläche gewonnen werden.

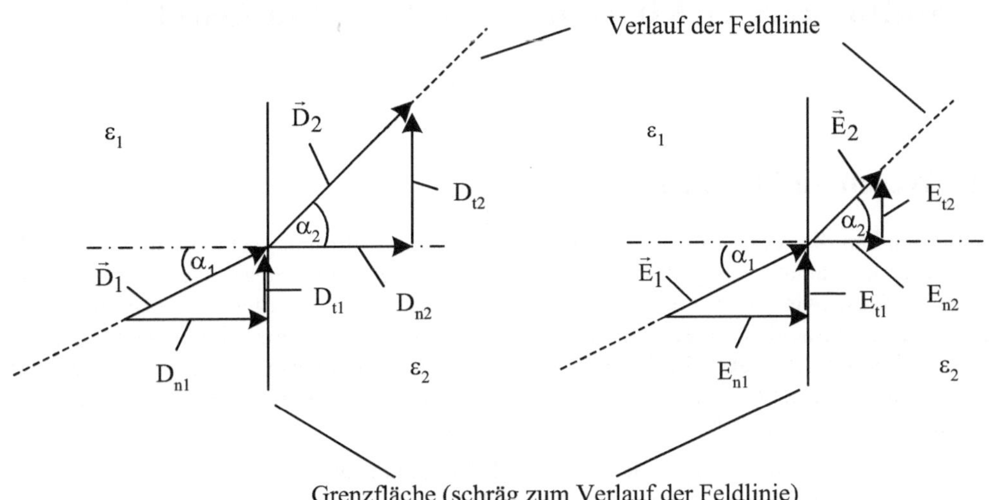

Bild 4.38:   Zerlegung von $\vec{D}$ und $\vec{E}$ an einer Schräggrenzfläche in die Normal- und Tangentialkomponente bei $\varepsilon_2 > \varepsilon_1$

Bei dieser Zerlegung ist die Brechung der Feldlinien (s. B 4.16) zu beachten. Dabei gelten folgende Zusammenhänge:

$$D_{n1} = D_{n2} = D_n \tag{4.131}$$

wegen Quergrenzflächensituation (s.a. G 4.105)

$$E_{t1} = E_{t2} = E_t \tag{4.132}$$

wegen Längsgrenzflächensituation (s.a. G 4.116)

Da die Kraft grundsätzlich senkrecht zur Grenzfläche in den Raumbereich mit dem kleineren ε gerichtet ist, kann ausgehend von G 4.111 und G 4.130 Folgendes angegeben werden:

$$F' = \frac{D_n^2}{2}\left(\frac{1}{\varepsilon_1} - \frac{1}{\varepsilon_2}\right) + \frac{E_t^2}{2}\left(\varepsilon_2 - \varepsilon_1\right) \tag{4.133}$$

Schließlich kann ausgehend von B 4.38 mit G 4.131 und G 4.132 noch G 4.28 wie folgt entwickelt werden:

$$\tan\alpha_1 = \frac{D_{t1}}{D_{n1}} = \frac{\varepsilon_1 E_{t1}}{D_{n1}} = \varepsilon_1\frac{E_t}{D_n} \tag{4.134}$$

$$\tan\alpha_2 = \frac{D_{t2}}{D_{n2}} = \frac{\varepsilon_2 E_{t2}}{D_{n2}} = \varepsilon_2\frac{E_t}{D_n} \tag{4.135}$$

$$\frac{\tan\alpha_1}{\tan\alpha_2} = \frac{\varepsilon_1}{\varepsilon_2} \tag{4.136}$$

5 Stationäres elektrisches Feld (Strömungsfeld)

5.1 Wesen und Ursache

Anknüpfend an die Ausführungen im Abschnitt 2.1 ist das Strömungsfeld ein elektrisches Feld mit zeitlich konstanten Feldgrößen, in dem eine Strömung von Ladungsträgern (Ladungen) mit konstanter Geschwindigkeit vorliegt. Es kann demzufolge nur in Leitern bzw. Halbleitern auftreten. Zu diesen beiden Kategorien seien in Ergänzung zu der ganz allgemeinen Aussage zu einem Leiter im Abschnitt 4.3.1 einige weitergehende Ausführungen gemacht. Man unterscheidet zwischen Leitern und Halbleitern nach der Anzahl der in dem jeweiligen Raumbereich vorhandenen frei beweglichen Ladungsträger wie folgt:

- Leiter   besitzen sehr viele frei bewegliche Ladungsträger
  (z.B. bei Cu $8{,}6 \cdot 10^{22}$ Elektronen / cm^3)

- Halbleiter besitzen deutlich weniger (aber immer noch viele)
  frei bewegliche Ladungsträger
  ($10^{10} \dots 10^{20}$ Ladungsträger / cm^3)

In Abhängigkeit von der Art der frei beweglichen Ladungsträger (stoffabhängig) unterscheidet man die Leiter in folgender Weise:

- Elektronenleiter (z.B. Metall, Kohlenstoff)
  Hier bilden freie Valenzelektronen ein „Elektronengas" bzw. eine „Elektronenwolke" im Material.

- Ionenleiter (z.B. Elektrolyte)
  Hier existieren (z.B. durch Dissoziation) positive (Kationen) und negative (Anionen) frei bewegliche Ionen.

Bei den Halbleitern wird wie folgt unterschieden:

- Eigenhalbleiter (z.B. Si, Ge)
  Hier werden normalerweise (schwach) gebundene Valenzelektronen durch Energiezufuhr (z.B. Wärme) freigesetzt. Diese können sich dann in dem Kristallgitter frei bewegen (n-Leitung). Andererseits hinterlassen sie in dem Gitter an ihrem ursprünglichen Platz eine Defektstelle (Loch), in die andere Elektronen eintreten können, die ihrerseits einen anderen Platz frei machen. Bei einer ständigen Abfolge solcher Platzwechsel wandert das Loch quasi wie ein positiver Ladungsträger durch das Material (p- oder Lochleitung). Wegen der starken Temperaturabhängigkeit der Anzahl der freien Ladungsträger ist die Eigenleitung für eine technische Nutzung wenig geeignet.

- n-Halbleiter (z.B. mit As dotiertes Si)
  Hier werden feste Störstellen (Dotierungen) in das Kristallgitter eingebracht, die eine definierte Anzahl von freien Elektronen zur Folge haben. Diese Dotierungen nennt man Donatoren.

- p-Halbleiter (z.B. mit B dotiertes Si)
  Hier werden feste Störstellen in das Kristallgitter eingebracht, die eine definierte Anzahl von Löchern bereithalten. Diese Dotierungen nennt man Akzeptoren.

Der durch die Dotierungen bei Halbleitern verursachte Leitungsmechanismus wird auch als Störstellenleitung bezeichnet. Man erreicht damit bei Zimmertemperatur eine deutlich höhere und nahezu temperaturunabhängige Anzahl an freien Ladungsträgern. Erst bei höheren Temperaturen wird die Störstellenleitung dann wieder durch die verstärkte Eigenleitung überdeckt.

Bei der Strömung der Ladungsträger durch den Leiter bzw. Halbleiter (wird künftig nur bei besonderer Notwendigkeit noch zusätzlich erwähnt) finden diese in dem jeweiligen Stoff Hindernisse und damit einen Widerstand vor. Die Strömung kann somit nur dann bestehen bleiben, wenn dem Strömungsfeld von außen ständig Energie zugeführt wird. Diese Energie wird über eine Kraftwirkung auf die Ladungsträger an diese weitergegeben. Die zugeführte Energie kann sehr verschiedene Formen haben. Voraussetzung ist lediglich ein geeigneter Energiewandler (künftig als Spannungsquelle bezeichnet), in dem aus der jeweiligen Energieform eine die Ladungsträger fortbewegende Kraft entwickelt wird.

Beispiele hierfür sind:

chemische Energie	$\rightarrow$	galvanische Elemente
Wärmeenergie	$\rightarrow$	Thermoelement
Lichtenergie	$\rightarrow$	Photoelement
mechanische Energie	$\rightarrow$	Generator

Solche Spannungsquellen können in kleineren Teilbereichen des Strömungsfeldes vorliegen (z.B. Batterie in einem Widerstandsnetzwerk), sich aber auch über das gesamte Strömungsfeld erstrecken (z.B. in einem von einem zeitlich veränderlichen Magnetfeld durchsetzten Drahtring). Sie stellen ähnlich einer Pumpe in einem Wasserumlauf die „treibende Kraft" in dem Strömungsfeld dar.

Aus der Sicht der elektrischen Feldstärke kann man sich ein Strömungsfeld wie ein durch eine zeitlich konstante Verteilung von Raumladungen aufgebautes elektrostatisches Feld (Quellenfeld) vorstellen. Die Ladungsverteilung wird dabei sowohl durch die vorhandenen Spannungsquellen als auch durch die materialabhängigen Behinderungen der Strömung im Raum bestimmt. Die Besonderheit besteht lediglich darin, dass die diese zeitlich konstante Ladungsverteilung realisierenden Ladungsträger durch die Strömung ständig ausgetauscht werden. Wie schnell diese Auswechselung erfolgt, das ist von dem der Strömung entgegengebrachten Widerstand und damit vom Leitermaterial und dessen Zustand abhängig.

Für die Beschreibung eines Strömungsfeldes folgt aus diesen Überlegungen, dass bezüglich der Größen Q, $\vec{E}$, φ und U grundsätzlich die gleichen Zusammenhänge gelten wie im elektrostatischen Feld. Lediglich die Größen ψ und $\vec{D}$ sowie daraus abgeleitete Größen (z.B. Kapazität) müssen durch andere, aus der Strömung resultierende Größen ersetzt werden.

5.2 Vektorielle Beschreibung

5.2.1 Elektrische Feldstärke

Die grundsätzlichen Zusammenhänge zur elektrischen Feldstärke in einem Quellenfeld sind im Abschnitt 4.2.1 dargelegt. Die explizite Bestimmung derselben ist prinzipiell über G 4.10 auch hier möglich. Eine solche Vorgehensweise ist jedoch nicht praktikabel, da die hierzu benötigte Ladungsverteilung im Raum nicht ohne weiteres angegeben werden kann. Man bedient sich dazu besser des im nächsten Abschnitt 5.2.2 entwickelten, zu G 4.16 analogen Zusammenhanges zwischen der elektrischen Feldstärke und der Stromdichte gemäß G 5.20. Vorwiegend aus methodischen Gründen, insbesondere auch im Hinblick auf die im Abschnitt 5.4.2.2 vereinbarten Spannungen, sollen jedoch die Ausführungen im Abschnitt 5.1 zur elektrischen Feldstärke im Strömungsfeld aus qualitativer Sicht noch etwas erweitert werden.

Auf seinem Umlauf durch das Strömungsfeld durchläuft ein Ladungsträger energetisch gesehen folgende zwei Arten von Bereichen:

- Aktiver Bereich (innerhalb der Spannungsquelle)
  Energiezufuhr von außen und Energieverbrauch bei der Strömung

- Passiver Bereich (außerhalb der Spannungsquelle)
  Energieverbrauch bei der Strömung

Man kann damit für einen solchen Umlauf durch das hier vorliegende Quellenfeld prinzipiell folgende Energiebilanz angeben:

$$Q \oint \vec{E} \, d\vec{\ell} = Q \int_{L_a} \vec{E}_a \, d\vec{\ell} + Q \int_{L_p} \vec{E}_p \, d\vec{\ell} = 0 \qquad (5.1)$$

Q -   Ladung des umlaufenden Ladungsträgers

$\vec{E}_a$ - $\vec{E}$ in den aktiven Bereichen entlang des Umlaufs

$\vec{E}_p$ - $\vec{E}$ in den passiven Bereichen entlang des Umlaufs

L_a -   Länge der aktiven Bereiche entlang des Umlaufs

L_p -   Länge der passiven Bereiche entlang des Umlaufs

Die über $\vec{E}_p$ an dem Ladungsträger aufgebaute Kraft muss die an diesem bei der Strömung in dem passiven Bereich auftretende Widerstandskraft überwinden. $\vec{E}_p$ ist damit strömungsabhängig. Die Feldstärke $\vec{E}_a$ hingegen kann man sich aus einem zu $\vec{E}_p$ analogen Anteil und einem durch Energiezufuhr von außen aufgeprägten, strömungsunabhängigen Anteil wie folgt zusammengesetzt vorstellen:

$$\vec{E}_a = \vec{E}_q + \vec{E}_v \qquad (5.2)$$

$\vec{E}_q$ -   die Energiezufuhr charakterisierender, strömungsunabhängiger Anteil von

                  $\vec{E}_a$

$\vec{E}_v$ -   den Energieverbrauch charakterisierender, strömungsabhängiger Anteil

              von $\vec{E}_a$ (analog $\vec{E}_p$)

Der von der Strömung unabhängige Anteil $\vec{E}_q$ tritt in einem aktiven Bereich natürlich auch ohne Strömung auf. Man kann damit die diesen verursachende bzw. die für das entsprechende Quellenfeld erforderliche Ladungstrennung durch die Betrachtung einer Spannungsquelle im Leerlaufzustand (ohne Strömung) wie in B 5.1 dargestellt verdeutlichen.

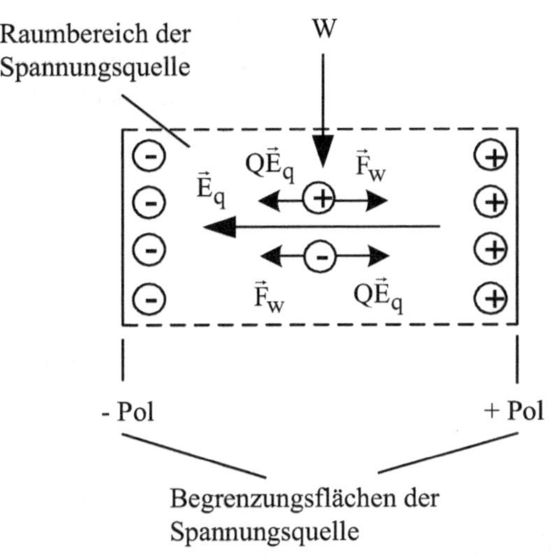

W   -   zugeführte Energie

$\vec{F}_w$ -   durch W entwickelte äußere Kraft auf einen beweglichen Ladungsträger

$\vec{E}_q$ -   durch die Ladungstrennung in der Spannungsquelle aufgebaute elektrische Feldstärke

Q$\vec{E}_q$ -   Kraft auf einen beweglichen Ladungsträger infolge $\vec{E}_q$

Bild 5.1:   Spannungsquelle im Leerlaufzustand

Die Ladungstrennung in der Spannungsquelle ist beendet, wenn sich folgendes Kräftegleichgewicht eingestellt hat:

$$\vec{F}_w + Q\,\vec{E}_q = 0 \tag{5.3}$$

Eine Strömung durch die Spannungsquelle tritt dann auf, wenn außerhalb derselben über mit Leitermaterial ausgefüllte Raumbereiche eine Verbindung zwischen den Begrenzungsflächen derselben besteht (geschlossener Stromkreis). Das kann im Extremfall auch eine direkte Berührung der Begrenzungsflächen sein (Klemmenkurzschluss). Dabei kommt es gegenüber dem Leerlaufzustand zu einer veränderten Ladungsverteilung, die sich in dem Auftreten der elektrischen Feldstärken $\vec{E}_v$ und $\vec{E}_p$ innerhalb und außerhalb der Spannungsquelle äußert. Diese Feldstärken sind für die Kräfte maßgebend, die an den Ladungsträgern zur Überwindung der diese bei der Strömung behindernden Widerstandskräfte notwendig sind. Sie sind damit so gerichtet, wie sich ein positiver Ladungsträger bei dem Umlauf bewegt. Dieser verlässt am +Pol (Anode) die Spannungsquelle und tritt am –Pol (Kathode) wieder in diese ein. Das bedeutet, dass er sich innerhalb der Spannungsquelle in der zur elektrischen Feldstärke $\vec{E}_q$ entgegengesetzten Richtung bewegt. Hieraus folgt, dass die elektrischen Feldstärken $\vec{E}_q$ und $\vec{E}_v$ einander entgegengerichtet sind.

Mit G 5.2 kann man die Energiebilanz gemäß G 5.1 noch wie folgt aufschreiben:

$$\underbrace{\oint \vec{E}\,d\vec{\ell} = \underbrace{\int \vec{E}_q\,d\vec{\ell}}_{L_a} + \underbrace{\int \vec{E}_v\,d\vec{\ell}}_{L_a}}_{\text{aktive Bereiche (Spannungsquellen)}} + \underbrace{\int \vec{E}_p\,d\vec{\ell}}_{L_p} = 0 \tag{5.4}$$

$$\overset{\text{Energiezufuhr}}{} \qquad \overset{\text{Energieverbrauch}}{}$$

aktive Bereiche (Spannungsquellen)   passive Bereiche

Bei der Auswertung der einzelnen Linienintegrale ist die Richtung der jeweiligen Vektoren $\vec{E}$ und $d\vec{\ell}$ zu beachten. Deren Lage zueinander ist abhängig von der jeweiligen Umlaufrichtung. Wählt man diese so, wie sich ein positiver Ladungsträger bei dem Umlauf bewegt, dann gelten folgende Richtungszusammenhänge:

$$\vec{E}_q \qquad - \quad d\vec{\ell} \text{ entgegen gerichtet} \qquad \text{bzw. } \alpha = \pi$$

$$\vec{E}_v, \vec{E}_p \quad - \quad \text{gleiche Richtung wie } d\vec{\ell} \text{ bzw. } \alpha = 0$$

Unter Beachtung von G 1.13 entsteht damit aus G 5.4:

$$\oint \vec{E}\,d\vec{\ell} = \int\limits_{L_a} \left(-E_q + E_v\right) d\ell + \int\limits_{L_p} E\,d\ell = 0 \tag{5.5}$$

5.2.2 Stromdichte

Die Stromdichte ist zur Beschreibung des Strömungsfeldes eine analoge Größe wie die Verschiebungsflussdichte beim elektrostatischen Feld. Während diese jedoch lediglich das Vermögen zum Verschieben von beweglichen Ladungsträgern (wenn solche vorhanden wären) beschreibt, liefert die Stromdichte eine geeignete Aussage über die Strömung (andauernde Verschiebung) von beweglichen Ladungsträgern in einem Leiter unter dem Einfluss eines elektrischen Feldes. Inhaltlich wird unter der Stromdichte ausgehend von B 5.2 Folgendes verstanden:

Gesamtbetrag der Ladung, die pro Zeiteinheit durch die Fläche dA hindurchtritt, bezogen auf diese Fläche.

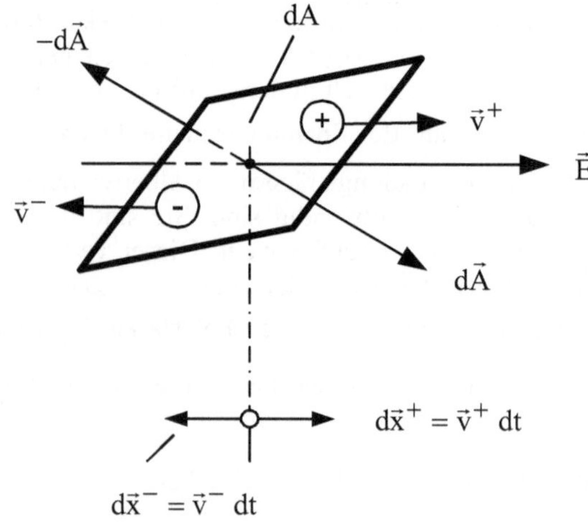

Erläuterung der vektoriellen Größen $d\vec{A}$, $d\vec{x}$ und $\vec{v}$ siehe nach G 5.10

Bild 5.2:   Strömung von Ladungsträgern durch eine Fläche dA unter Einwirkung der elektrischen Feldstärke $\vec{E}$

Zunächst gilt folgender Zusammenhang:

$$d^2 Q_\Sigma = \left| d^2 Q^+ \right| + \left| d^2 Q^- \right| = d^2 Q^+ - d^2 Q^-$$

(5.6)

$d^2 Q_\Sigma$ - Gesamtbetrag der Ladung, der in der Zeit dt die Fläche dA durchsetzt (klein 2. Ordnung wegen dA und dt)

$\left| d^2 Q^+ \right|$ - analog $d^2 Q_\Sigma$ für die positive Ladung

$\left| d^2 Q^- \right|$ - analog $d^2 Q_\Sigma$ für die negative Ladung

(wegen $Q^- < 0$ gilt $\left| d^2 Q^- \right| = -d^2 Q^-$)

Die Anteile $d^2 Q^+$ und $d^2 Q^-$ können prinzipiell wie folgt bestimmt werden:

$$d^2 Q^+ = e\, n^+\, dV^+$$

(5.7)

$$d^2 Q^- = -e\, n^-\, dV^-$$

(5.8)

e - Elementarladung

n^+, n^- - Anzahl der positiven bzw. negativen elementaren Ladungsträger je Volumeneinheit (Trägerdichte)

dV^+, dV^- - Volumen, das die durch die Fläche dA hindurchtretenden (driftenden) positiven bzw. negativen Ladungsträger nach der Zeit dt ausfüllen.

Bezug nehmend auf B 5.2 und unter Beachtung von G 1.24 gilt für die Volumina:

$$dV^+ = d\vec{A} \cdot d\vec{x}^+ = \left(d\vec{A} \cdot \vec{v}^+ \right) dt$$

(5.9)

$$dV^- = -d\vec{A} \cdot d\vec{x}^- = -\left(d\vec{A} \cdot \vec{v}^- \right) dt$$

(5.10)

$d\vec{A}$ - Vektor der Fläche dA auf der Seite, aus der die positive Ladung austritt

$d\vec{x}^+, d\vec{x}^-$ - Vektoren der von den positiven bzw. negativen Ladungsträgern in der Zeit dt zurückgelegten Wege

$\vec{v}^+, \vec{v}^-$ - Vektoren der Driftgeschwindigkeiten der positiven bzw. negativen Ladungsträger

(das sind Mittelwerte der tatsächlichen Geschwindigkeiten der Ladungsträger, die sich infolge der Zusammenstöße derselben mit anderen Leiterbausteinen unter der Einwirkung der elektrischen Feldstärke ergeben; diese repräsentieren die Strömungsgeschwindigkeiten der entsprechenden Ladungen)

Damit entsteht schließlich:

$$d^2 Q_\Sigma = e\,[n^+ \,(d\vec{A} \cdot \vec{v}^+) - n^- \,(d\vec{A} \cdot \vec{v}^-)]\, dt$$

(5.11)

bzw.

$$d\left(\frac{dQ_\Sigma}{dt}\right) = dI = e\,(n^+\vec{v}^+ - n^-\vec{v}^-)\cdot d\vec{A} \tag{5.12}$$

dI   -   Gesamtbetrag der Ladung, der pro Zeiteinheit durch dA hindurchtritt

I   -   Strom (Näheres siehe Abschnitt 5.4.2.1)

Auf dieser Grundlage wird in Analogie zu G 2.6 bzw. auch G 4.53 der Stromdichtevektor $\vec{S}$ wie folgt vereinbart:

$$dI = \vec{S}\,d\vec{A} \tag{5.13}$$

mit

$$\vec{S} = e\,(n^+\vec{v}^+ - n^-\vec{v}^-)$$
$$[S] = \frac{A}{m^2} \tag{5.14}$$

Für die Bestimmung der Stromdichte ist es zweckmäßig, die Geschwindigkeitsvektoren $\vec{v}^+$ und $\vec{v}^-$ noch durch den diese verursachenden Feldstärkevektor $\vec{E}$ zu ersetzen. Dazu wird von der in B 5.3 am Beispiel eines positiven Ladungsträgers dargestellten Kraftsituation ausgegangen.

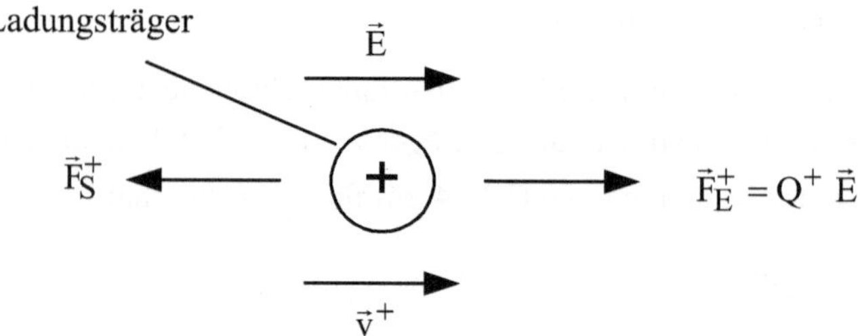

$\vec{F}_S^+$ -   Widerstandskraft auf den positiven Ladungsträger bei der Strömung

Bild 5.3:   Kraftsituation bei einem strömenden positiven Ladungsträger in einem Leiter

Für die Kraft $\vec{F}_S^+$ kann bei den hier in der Regel vorliegenden geringen Strömungsgeschwindigkeiten (s. Abschnitt 5.4.2.1) für die meisten technisch relevanten Materialien mit guter Näherung folgender lineare Zusammenhang angegeben werden:

$$\vec{F}_S^+ = -\,k^+\,\vec{v}^+ \tag{5.15}$$

k^+ -   Stoffparameter
         (ist ein Maß für den Strömungswiderstand, den der positive Ladungsträger
         in dem Leiter vorfindet)

Unter Beachtung des im stationären Zustand geltenden Kräftegleichgewichtes

$$\vec{F}_E^+ + \vec{F}_S^+ = 0 \tag{5.16}$$

erhält man schließlich:

$$\vec{v}^+ = \frac{Q^+}{k^+}\,\vec{E} = b^+\,\vec{E} \tag{5.17}$$

Bzw. analog für einen negativen Ladungsträger:

$$\vec{v}^- = \frac{Q^-}{k^-}\,\vec{E} = -\frac{\left|Q^-\right|}{k^-}\,\vec{E} = -b^-\,\vec{E} \tag{5.18}$$

b^+, b^- - Beweglichkeit der positiven bzw. negativen Ladungsträger

          (ist ein Maß für die in einem Leiter durch eine elektrische Feldstärke entwickelte Driftgeschwindigkeit der Ladungsträger)

Führt man dies schließlich in G 5.14 ein, dann entsteht:

$$\vec{S} = e\left(n^+ b^+ + n^- b^-\right)\vec{E} \tag{5.19}$$

bzw.

$$\vec{S} = \kappa\,\vec{E} \tag{5.20}$$

mit

$$\kappa = e\left(n^+ b^+ + n^- b^-\right) \tag{5.21}$$

κ - elektrische Leitfähigkeit (s. T 5.1)

$$[\kappa] = \frac{A}{Vm} = \frac{S}{m} \qquad S - \text{Siemens}$$

$$\left(\text{oft wird } \kappa \text{ in } \frac{Sm}{mm^2} \text{ angegeben}\right)$$

Die Beziehung G 5.20 wird auch das Ohmsche Gesetz in Differenzialform genannt. Sie ist analog G 4.16 für das elektrostatische Feld aufgebaut und ist für das Strömungsfeld von grundlegender Bedeutung.

Die Beziehung G 5.21 soll hier als Beispiel zur Bestimmung der Leitfähigkeit eines Halbleiter-Materials genutzt werden. Es handelt sich dabei um eine p-Leitung von mit einem Akzeptor (z.B. Bor) dotierten Silizium. Für die Beweglichkeiten gilt:

$$b^+ = 480\,\frac{cm^2}{Vs} \qquad\qquad b^- = 1350\,\frac{cm^2}{Vs}$$

Infolge der vorliegenden Dotierung liegen bei Zimmertemperatur folgende Trägerdichten vor:

$$n^+ = 2\cdot 10^{12}\ cm^{-3} \qquad n^- = 1{,}13\cdot 10^8\ cm^{-3}$$

Mit $e = 1{,}6\cdot 10^{-19}$ As erhält man:

$$\kappa = 1,6 \cdot 10^{-19} \, \text{As} \left(2 \cdot 10^{12} \, \text{cm}^{-3} \cdot 480 \frac{\text{cm}^2}{\text{Vs}} + 1,13 \cdot 10^{8} \, \text{cm}^{-3} \cdot 1350 \frac{\text{cm}^2}{\text{Vs}} \right)$$

$$= (1536 + 0,244) \cdot 10^{-5} \frac{\text{S}}{\text{m}} \approx 1,536 \cdot 10^{-2} \frac{\text{S}}{\text{m}}$$

In dem hier vorliegenden Fall ist der Anteil der freien Elektronen an der Leitfähigkeit trotz größerer Beweglichkeit infolge der deutlich geringeren Trägerdichte gegenüber den „Löchern" verschwindend gering. Die durch die Dotierung eintretende Erhöhung der Leitfähigkeit gegenüber

$$\kappa = 4,4 \cdot 10^{-4} \frac{\text{S}}{\text{m}}$$

bei Eigenleitung (Reinstsilizium) ist deutlich erkennbar.

5.3 Materie im Strömungsfeld

Zunächst ist hierzu festzuhalten, dass sich ein Strömungsfeld nur in leitender Materie ausbilden kann. Gemäß G 5.20 wird deren Einfluss über den mit G 5.21 näher beschriebenen Parameter elektrische Leitfähigkeit erfasst. In Verbindung mit G 5.17 bzw. G 5.18 ist daraus erkennbar, dass neben materialbedingten Gegebenheiten diese Leitfähigkeit in verschiedenster Weise von Einflussfaktoren auf die Beweglichkeit der Ladungsträger und/oder die Trägerdichte abhängt.

Unter dem Aspekt technischer Anwendungen ist die Temperaturabhängigkeit von besonderer Bedeutung. Diese wird beim praktischen Umgang in der Regel über den wie folgt vereinbarten spezifischen Widerstand erfasst:

$$\rho = \frac{1}{\kappa} \tag{5.22}$$

ρ - spezifischer Widerstand (s. T 5.1)

$$[\rho] = \frac{\text{Vm}}{\text{A}} = \Omega\text{m} \qquad \Omega \text{ - Ohm}$$

$$(\text{oft wird } \rho \text{ in } \frac{\Omega \, \text{mm}^2}{\text{m}} \text{ angegeben})$$

Innerhalb gewisser Bereiche um eine bestimmte Bezugstemperatur kann die Veränderung des spezifischen Widerstandes in guter Näherung durch einen linearen Zusammenhang beschrieben werden. Als Bezugstemperatur wird üblicherweise eine Zimmertemperatur von 20^0 C ausgewählt. Damit gilt dann:

$$\rho(\vartheta) = \rho_{20}[1 + \alpha_{20}(\vartheta - 20^\circ\text{C})] \tag{5.23}$$

ρ_{20} - spezifischer Widerstand bei 20° C

α_{20} - Temperaturbeiwert bei 20°C

Gültigkeitsbereich:

$$\left| \vartheta - 20^\circ\text{C} \right| \approx \begin{cases} 100 \, \text{K für Metalle} \\ 50 \, \text{K für Halbleiter} \end{cases}$$

Tabelle 5.1: Spezifischer Widerstand, elektrische Leitfähigkeit und Temperaturbeiwert ausgewählter Materialien bei 20° C (Richtwerte)

Material	$\rho_{20} \left/ \dfrac{\Omega\,mm^2}{m}\right.$	$\kappa_{20} \left/ \dfrac{S\,m}{mm^2}\right.$	$\alpha_{20} \left/ \dfrac{1}{K}\right.$
Aluminium	0,0287	34,84	0,004
Blei	0,208	4,808	0,0038
Eisen	0,1 ... 0,15	6,667 ... 10	0,0048
Germanium			
reinst	$9,09 \cdot 10^5$	$1,1 \cdot 10^{-6}$	< 0
hochdotiert	33,3	0,03	> 0
Gold	0,023	43,48	0,00001
Konstantan	0,5	2	0,00005
Kupfer	0,0175	57,14	0,00392
Nickel	0,09	11,11	0,0044
Quecksilber	0,941	1,063	0,0009
Silber	0,016	62,5	0,0036
Silizium			
reinst	$2,27 \cdot 10^9$	$4,405 \cdot 10^{-10}$	< 0
hochdotiert	500	$2 \cdot 10^{-3}$	> 0
Wolfram	0,0555	18,018	0,0041
Zinn	0,115	8,696	0,0044

Wegen der starken Abhängigkeit des Temperaturbeiwertes von der konkreten Dotierung bei Halbleitern ist es nicht zweckmäßig hierfür Richtwerte anzugeben. Es sind daher in T 5.1 lediglich Tendenzen bezüglich der Vorzeichen angegeben. Dabei hat das negative Vorzeichen bei den nicht dotierten (reinst) Materialien (Eigenhalbleiter) seine Ursache in der mit der Temperatur ansteigenden Trägerdichte.

In Abhängigkeit von dem Temperaturbeiwert α unterscheidet man folgende Leiterarten:

$\alpha > 0$:   Kaltleiter
Hier kommt es mit steigender Temperatur zu einem häufigeren Anstoßen der freien Ladungsträger (Verringerung deren Beweglichkeit) an die verstärkt schwingenden Gitteratome. Typische Kaltleiter sind Metalle und hochdotierte Halbleiter bei Zimmertemperatur.

$\alpha < 0$:   Heißleiter
Hier kommt es mit steigender Temperatur zu einer verstärkten Bildung von freien Ladungsträgern durch deren Befreiung aus bestehenden Bindungen (Erhöhung der Trägerdichte). Typische Heißleiter sind Elektrolyte und Eigenhalbleiter.

$\alpha \approx 0$:   Temperaturunabhängige Leiter
Hier ist der Kalt- bzw. Heißleitereffekt weniger ausgeprägt bzw. beide
heben sich gegenseitig auf. Eine solche Situation wird nur in bestimmten
Temperaturbereichen mit speziellen Legierungen (z.B. Konstantan, Manganin, Nickelin) erreicht.

Bei Festkörpern (z.B. Metalle) wird nach deren Widerstand bei sehr tiefen Temperaturen noch wie folgt unterschieden:

- Normal leitendes Material (Normalleitung)
  Bei Temperaturen in der Nähe des absoluten Nullpunktes verschwinden die temperaturbedingten Gitterschwingungen und es stellt sich ein kleiner Restwiderstand ein.

- Supraleitendes Material (Supraleitung)
  Beim Erreichen der Sprungtemperatur (bei Quecksilber 4,15 K) sinkt der Widerstand auf einen nicht messbaren kleinen Wert. Die Leitungselektronen bilden hierbei so genannte Cooper-Paare, die im Gegensatz zu dem bei Normalleitung vorhandenen „Elektronengas" keine Wechselwirkung mit dem Kristallgitter („innere Reibung") besitzen. Technisch von besonderem Interesse sind so genannte Hochtemperatur-Supraleiter (HTSL). Das sind Keramikoxide mit Sprungtemperaturen über 100 K. Unter der Einwirkung eines Magnetfeldes geht beim Erreichen eines kritischen Wertes (bei Quecksilber 0,041 T) der Zustand der Supraleitung verloren.

Die Materie bestimmt nicht nur den Zusammenhang zwischen Stromdichte und elektrischer Feldstärke gemäß G 5.20, sondern auch die Richtungsänderung der entsprechenden Feldlinien beim Passieren einer Grenzfläche zwischen zwei Raumbereichen mit unterschiedlicher elektrischer Leitfähigkeit. Diese Situation ist insbesondere bei räumlichen Strömungsfeldern (z.B. bei geschichtetem Erdreich) von Bedeutung. Wie nachfolgend dargestellt, kommt es dabei zu einer Brechung der Feldlinien an einer solchen Grenzfläche:

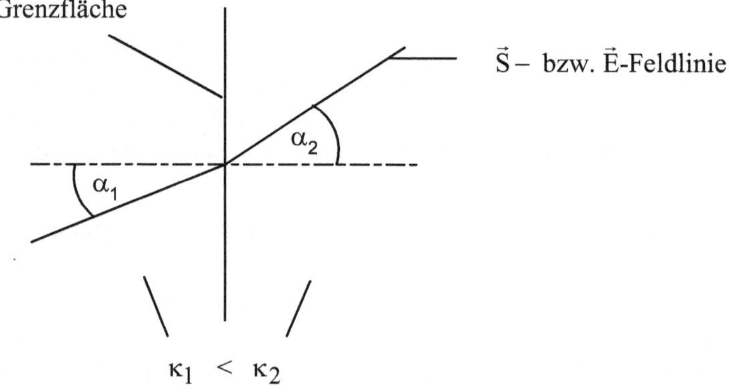

Bild 5.4:   Brechung einer $\vec{S}$ - bzw. $\vec{E}$ -Feldlinie an einer Grenzfläche

Wegen der bestehenden Analogie zwischen den Zusammenhängen

$$\vec{D} = \varepsilon \vec{E} \quad \text{und} \quad \vec{S} = \kappa \vec{E}$$

kann hier das entsprechende Brechungsgesetz analog zu G 4.28 unmittelbar wie folgt angegeben werden:

$$\frac{\tan\alpha_1}{\tan\alpha_2} = \frac{\kappa_1}{\kappa_2} \qquad (5.24)$$

Die hier bestehende Analogie wird in der Praxis auch dazu genutzt, um elektrostatische Felder mit Hilfe eines elektrolytischen Troges (Strömungsfeld) in relativ einfacher Weise auf experimentellem Wege zu bestimmen.

5.4 Skalare Beschreibung

5.4.1 Potenzial als punktbezogene Größe

Grundsätzlich gelten hier alle im Abschnitt 4.4.1 angestellten Überlegungen. Damit gilt für das Potenzial an einem Punkt P in einem weit ausgedehnten (theoretisch $\infty-\text{weit}$) räumlichen Strömungsfeld mit G 4.40 und G 5.20:

$$\varphi = \int_P^\infty \vec{E}\,d\vec{\ell} = \int_P^\infty \frac{\vec{S}}{\kappa}\,d\vec{\ell} \qquad (5.25)$$

bzw. für ein homogenes Strömungsfeld

$$\varphi = \frac{1}{\kappa}\int_P^\infty \vec{S}\,d\vec{\ell} \qquad (5.26)$$

In Analogie zu G 4.42 erhält man dann das von n Punktquellen an einem beliebigen Punkt P eines weit ausgedehnten homogenen räumlichen Strömungsfeldes aufgebaute Potenzial wie folgt:

$$\varphi = \frac{1}{4\pi\kappa}\sum_{i=1}^{n} \frac{I_i}{r_i} \qquad (5.27)$$

I_i -   aus der i-ten Punktquelle austretender Strom

r_i -   Abstand zwischen der i-ten Punktquelle und dem Punkt P

Stellt man sich z.B. eine gerade Linienquelle gemäß B 5.5 als die Aneinanderreihung von Punktquellen vor, dann gilt für den aus einer einzelnen solchen Punktquelle austretenden Strom:

$$dI = \frac{I}{L}\,d\ell \qquad (5.28)$$

I -   aus der Linienquelle insgesamt austretender Strom

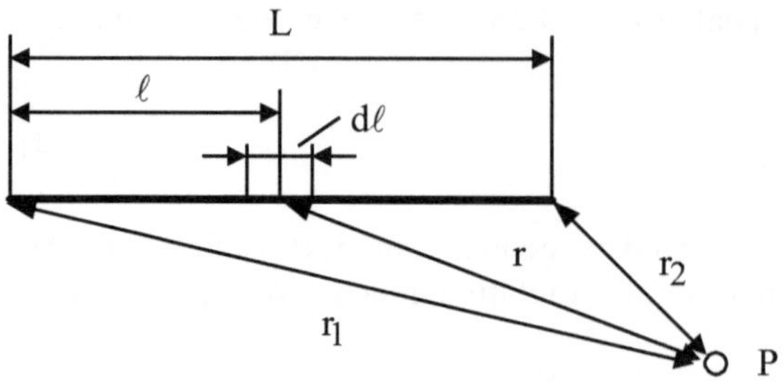

Bild 5.5:   Geometrische Verhältnisse bei einer Linienquelle

Damit kann G 5.27 wie folgt in Integralform aufgeschrieben werden:

$$\varphi = \frac{I}{4\pi\kappa L} \int\limits_{o}^{L} \frac{d\ell}{r} \tag{5.29}$$

Mit dem aus B 5.5 ableitbaren Zusammenhang

$$r^2 = \ell^2 + \frac{r_2^2 - r_1^2 - L^2}{L}\, \ell + r_1^2 \tag{5.30}$$

entsteht unter dem Integral ein Ausdruck, der z. B. mit [1, S. 1068, G 241] ausgewertet werden kann. Als Ergebnis erhält man schließlich:

$$\varphi = \frac{I}{4\pi\kappa L} \, \ell n \, \frac{r_1 + r_2 + L}{r_1 + r_2 - L} \tag{5.31}$$

Auf diese Weise können z.B. auch komplizierte Erdungsanlagen prinzipiell berechnet werden. Wegen der enormen praktischen Bedeutung dieser Problematik sollen dazu jedoch noch einige Zusammenhänge ergänzt werden. Die Besonderheit besteht hierbei darin, dass mit der Erdoberfläche eine Grenzfläche zwischen zwei sehr weit ausgedehnten Halb-Räumen (Erdreich bzw. Luft) mit folgenden Leitfähigkeiten existiert:

$$\kappa_{Erde} > 0$$

$$\kappa_{Luft} = 0$$

Für einen solchen Fall ist die Anwendung von G 5.27 zunächst jedoch nicht zulässig. Das gelingt erst mit Hilfe der Spiegelbild-Methode. Dabei stellt man sich den gesamten Raum mit Erdreich ausgefüllt vor. Der Durchtritt von Stromdichtelinien durch die Erdoberfläche wird dann methodisch dadurch verhindert, indem man zusätzlich zu den tatsächlich im Erdreich vorhandenen Punktquellen symmetrisch zur Erdoberfläche (gespiegelt) entsprechende Spiegel-Punktquellen anordnet. Auf diese Weise kommt wie in B 5.6 dargestellt in dem Halbraum unterhalb der Erdoberfläche das tatsächliche Strömungsfeld zustande.

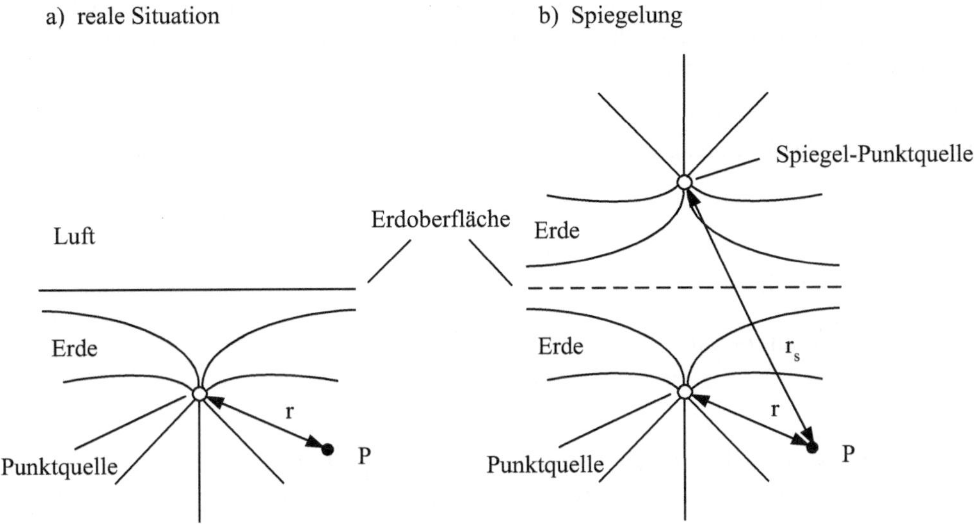

Bild 5.6:   Spiegelung einer Punktquelle an der Erdoberfläche

Zur Potenzialbildung im Punkt P im Sinne von G 5.27 tragen nun alle realen Punktquellen und alle Spiegel-Punktquellen gleichermaßen bei. Für die Lage des Punktes P ist natürlich nur eine solche unterhalb der Erdoberfläche sinnvoll. Mit den Entfernungsangaben in B 5.6 gilt dann ausgehend von G 5.27:

$$\varphi = \frac{1}{4\pi\kappa} \sum_{i=1}^{n} I_i \left(\frac{1}{r_i} + \frac{1}{r_{is}} \right) \tag{5.32}$$

Analog gilt mit den Entfernungsangaben in B 5.7 für eine Linienquelle im homogenen Erdreich:

$$\varphi = \frac{1}{4\pi\kappa} \left[\ell n \frac{r_1 + r_2 + L}{r_1 + r_2 - L} + \ell n \frac{r_{1s} + r_{2s} + L}{r_{1s} + r_{2s} - L} \right] \tag{5.33}$$

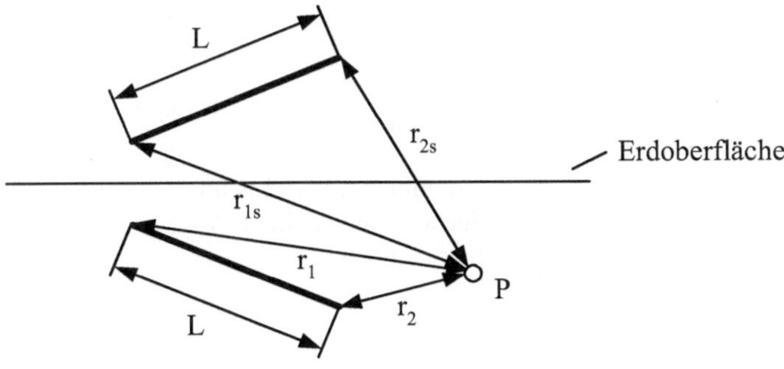

Bild 5.7:   Spiegelung einer Linienquelle an der Erdoberfläche

Auch die im Abschnitt 4.4.2 gemachten Ausführungen zu den Äquipotenzialflächen gelten hier prinzipiell in der gleichen Weise. Im Zusammenhang mit Erdungsanlagen sei dazu jedoch ausgehend von B 5.4 noch folgende Situation gesondert betrachtet:

Bereich 1:   Erdreich, in das der Strom an der Berührungsfläche mit dem Erder eintritt.

Bereich 2:   Metall (Erder), an dessen Oberfläche (Grenzfläche) der Strom austritt.

Wegen

$$\kappa_1 \ll \kappa_2 \tag{5.34}$$

entsteht hier mit G 5.24:

$$\tan \alpha_1 = \frac{\kappa_1}{\kappa_2} \tan \alpha_2 \approx 0 \tag{5.35}$$

bzw. $\alpha_1 \approx 0$

Damit treten die Stromdichte- bzw. Feldstärkelinien quasi senkrecht aus dem Erder aus. Das bedeutet gleichzeitig, dass die Erderoberfläche in guter Näherung eine Äquipotenzialfläche ist.

5.4.2 Integrale Größen

5.4.2.1 Elektrischer Strom

Wegen seiner fundamentalen Bedeutung im Zusammenhang mit dem Strömungsfeld war es bereits bei der Formulierung von G 5.12 und G 5.13 eigentlich unvermeidlich, den elektrischen Strom (künftig abkürzend nur Strom genannt), wenn zunächst auch mehr als Rechengröße, grundsätzlich einzuführen. In Abänderung der für die integralen Größen im elektrostatischen Feld als zweckmäßig erachteten Reihenfolge wird daher die Flussgröße Strom hier auch der Spannung vorangestellt. Ferner können dadurch zwischen diesen beiden Größen bestehende Vorzeichenzusammenhänge besser erkannt werden.

In Übereinstimmung mit G 5.6 und G 5.12 hat die Größe Strom folgende inhaltliche Bedeutung:

Gesamtbetrag der Ladung (s. B 5.8), die pro Zeiteinheit durch eine Fläche im Raum hindurchtritt.

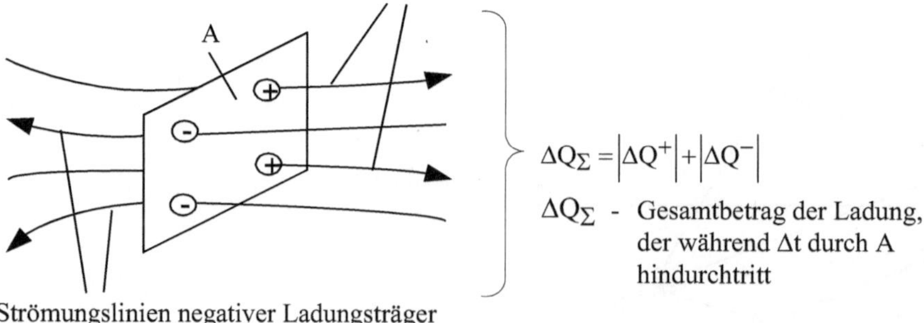

Bild 5.8:   Durch eine Fläche im Raum hindurchtretende Gesamtladung

Unter Beachtung der hier vorliegenden konstanten Strömungsgeschwindigkeit entsteht somit für den Strom folgende Definitionsgleichung:

$$I = \frac{\Delta Q_\Sigma}{\Delta t} = \text{const.} \qquad (5.36)$$

$$[I] = A \qquad \text{(Ampere)}$$

Ein solcher konstanter Strom wird auch als (idealer) Gleichstrom bezeichnet. Mit dem Grenzübergang $\Delta t \to 0$ gilt diese Definitionsgleichung wie folgt auch für einen nichtstationären Strom (kleiner Buchstabe):

$$i = \frac{dQ_\Sigma}{dt} \qquad (5.37)$$

Für ein besseres Verständnis sowie den praktischen Umgang mit dem so vereinbarten Strom sind noch folgende Sachverhalte von besonderer Bedeutung:

- Letztlich dient der Strom zur Beschreibung der durch die Ladungsbewegung verursachten Wirkungen (z.B. thermische). Hierzu tragen entsprechend ihres jeweiligen Anteils positive und negative Ladungen gleichermaßen bei. Es entsteht somit eine durch die Gesamtladung bedingte Gesamtwirkung.

- Die Strömung der Ladung erfolgt durch die Bewegung der Ladungsträger. Man spricht daher auch von einem Konvektionsstrom. Das ist vor allem hinsichtlich des später (s. Abschnitt 7.2) noch einzuführenden Verschiebungsstromes bedeutsam.

- Mit G 5.36 findet die im Kapitel 3 zunächst als Feststellung eingeführte Ladungseinheit As ihre Erklärung.

Als Flussgröße besitzt der Strom in Übereinstimmung mit den Ausführungen im Abschnitt 2.2 bezogen auf die durchströmte Fläche ein Vorzeichen, das symbolisch durch einen Zählpfeil kenntlich gemacht wird. Mit G 5.13 und G 5.20 ist dieses Vorzeichen über folgenden Zusammenhang eigentlich geklärt:

$$dI = \vec{S}\, d\vec{A} = \kappa\, \vec{E}\, d\vec{A} = \kappa\, E\, dA \cos\alpha \qquad (5.38)$$

Für die praktische Arbeit ist es jedoch nützlich, noch den zwischen der Orientierung des Stromzählpfeiles und der Bewegungsrichtung der Ladungsträger bestehenden Zusammenhang herauszuarbeiten. Dieser ergibt sich daraus, dass die Bewegungsrichtung eines positiven Ladungsträgers mit der Richtung von $\vec{E}$ übereinstimmt. Damit entsteht das gemäß G 5.38 richtige Vorzeichen dann, wenn man den Stromzählpfeil so orientiert, wie sich die positiven Ladungsträger durch das Strömungsfeld bewegen. Diese Zählpfeilorientierung wird oftmals auch als Stromrichtung bezeichnet (<u>Achtung:</u> Nicht mit der Richtung eines Vektors verwechseln!).

Bezogen auf einen metallischen Leiter bedeutet das für die dort vorliegenden negativen freien Ladungsträger (Elektronengas), dass deren Strömungsrichtung entgegen der Stromrichtung orientiert ist. In der bildhaften Darstellung ist die Stromrichtung durch den Zählpfeil kenntlich gemacht (s. B 5.9).

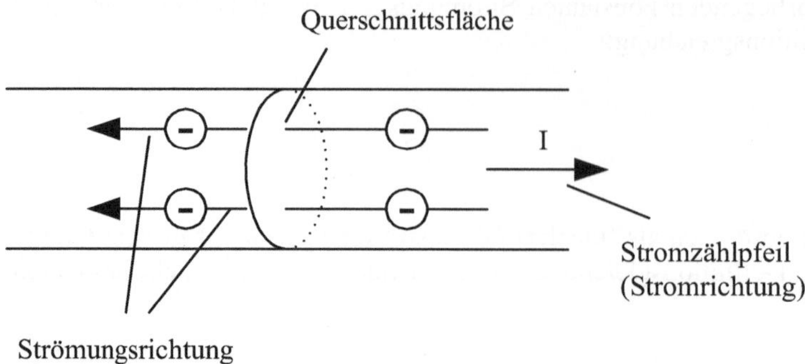

Bild 5.9:   Stromrichtung in einem Draht

Ein metallischer Leiter soll auch als Beispiel zur Vermittlung einer quantitativen Vorstellung von der Strömungsgeschwindigkeit (Driftgeschwindigkeit) der Ladungsträger in einem Strömungsfeld dienen. Es möge folgende Situation vorliegen:

Installationsleitung $A = 10\ mm^2\ Cu$

zulässiger Dauerstrom $I = 60\ A$

$$n^+ = 0\ ;\ \ n^- = 8{,}6 \cdot 10^{22}\ \frac{1}{cm^3}\ ;\ \ e = 1{,}6 \cdot 10^{-19}\ As$$

Ausgehend von G 5.14 erhält man:

$$v^- = \frac{S}{e\,n^-} = \frac{I}{A\,e\,n^-} = \frac{60\,A \cdot cm^3}{10\,mm^2 \cdot 1{,}6 \cdot 10^{-19}\,As \cdot 8{,}6 \cdot 10^{22}}$$

$$= 0{,}436\ \frac{mm}{s}$$

Der Strom durch eine größere Fläche A im Raum kann auf der Grundlage von G 5.13 wie folgt bestimmt werden:

$$I = \int_A \vec{S}\,d\vec{A} \tag{5.39}$$

Wählt man für die Fläche die einen Raumbereich einhüllende (Oberfläche) aus, dann gilt analog zu G 4.56:

$$\oint_A \vec{S}\,d\vec{A} = 0 \tag{5.40}$$

Dieses Ergebnis resultiert aus der Tatsache, dass alle in einen Raumbereich an bestimmten Stellen eintretenden Ladungsträger an anderen Stellen aus diesem wieder austreten. Ein Raumbereich wird in einem Strömungsfeld von Ladungsträgern durchströmt. Durch die gedankliche

Zerlegung der einhüllenden Fläche in n (beliebig) Teilflächen entsteht aus G 5.40 analog zu G 4.56 folgender Zusammenhang:

$$\oint_A \vec{S}\,d\vec{A} = \int_{A_1} \vec{S}\,d\vec{A} + \int_{A_2} \vec{S}\,d\vec{A} + \cdots + \int_{A_n} \vec{S}\,d\vec{A} = I_1 + I_2 + \cdots + I_n = 0 \qquad (5.41)$$

I_i -   Strom durch die i-te Teilfläche

Für einen würfelförmigen Raumbereich ist dieser Sachverhalt nachfolgend als Beispiel dargestellt. Die Vorzeichen der Ströme (austretende Ströme positiv, eintretende Ströme negativ) entsprechen dabei den Festlegungen gemäß T 2.1.

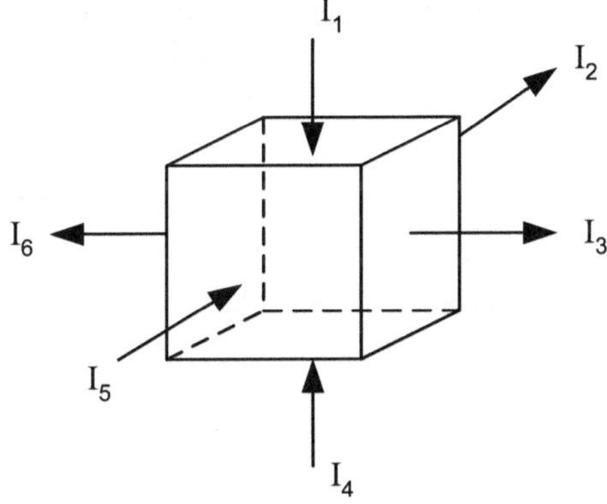

$$\sum_{i=1}^{6} I_i = -I_1 + I_2 + I_3 - I_4 - I_5 + I_6 = 0$$

Bild 5.10:   Ein- und austretende Ströme bei einem würfelartigen Raumbereich

Lässt man einen solchen Raumbereich gedanklich sehr klein werden (Knotenpunkt in einem Netzwerk, s. Abschnitt 5.6.1), dann kann dieser Zusammenhang für die dort ankommenden und abgehenden Ströme auch wie folgt als Knotenpunktsatz (1. Kirchhoffscher Satz) aufgeschrieben werden:

$$\sum_{i=1}^{n} I_i = 0 \qquad (5.42)$$

n   -   Anzahl der in dem Knotenpunkt zusammengeführten Stromwege
         (Leitungen bzw. Netzzweige)

5.4.2.2 *Quellenspannung, Spannungsabfall*

Wie im elektrostatischen Feld wird auch hier unter einer Spannung die Potenzialdifferenz zwischen zwei Punkten in einem durch eine bestimmte Ladungsverteilung im Raum verursachten elektrischen Feld (Quellenfeld) verstanden. Im Gegensatz zum elektrostatischen Feld gibt es hier jedoch aus energetischer Sicht zwei Arten von Bereichen. Es wird daher bezogen auf einen bestimmten Bereich zunächst folgende begriffliche Unterscheidung vorgenommen:

- Quellenspannung ist ein Maß für die Energiezufuhr in einer Spannungsquelle (aktiver Bereich).

- Spannungsabfall ist ein Maß für den Energieverbrauch im Strömungsfeld (aktiver und passiver Bereich)

Die explizite Bestimmung dieser Spannungen ist mit G 5.5 prinzipiell vorgegeben. Bei der Formulierung daraus abgeleiteter Definitionsgleichungen wird der Integrationsweg (Integrationsgrenzen) für einen konkreten Bereich so gewählt, dass für die betreffende Spannung ein positiver Zahlenwert entsteht. Dadurch wird der Zählpfeil für diese Spannung als von der Untergrenze zur Obergrenze orientiert festgelegt. Unter Beachtung von G 5.5 und B 5.1 lauten damit die entsprechenden Definitionsgleichungen:

$$U_q = \int\limits_{+Pol}^{-Pol} E_q \, d\ell \tag{5.43}$$

U_q - Quellenspannung (Leerlaufspannung) einer Spannungsquelle

$$\Delta U = \begin{cases} \int\limits_{-Pol}^{+Pol} E_V \, d\ell \\[2em] \int\limits_{a}^{b} E_p \, d\ell \end{cases} \tag{5.44}$$

ΔU - Spannungsabfall in einer Spannungsquelle bzw. einem passiven Bereich bei Stromfluss

        a - Punkt in der Begrenzungsfläche des passiven Bereichs, in die der Strom eintritt

        b - analog a dort, wo der Strom austritt

Der Begriff Quellenspannung ist quasi selbsterklärend. Der Begriff Spannungsabfall hingegen leitet sich aus dem in Stromflussrichtung kleiner werdenden Potenzial entlang eines passiven Bereichs ab. Das resultiert wie folgt aus G 5.44:

$$\Delta U > 0 \quad \text{wenn} \quad \varphi_a > \varphi_b$$

Hieraus entsteht schließlich folgende Zuordnung der jeweiligen Strom- und Spannungszählpfeile:

- Zählpfeile U_q und I sind entgegengerichtet

- Zählpfeile ΔU und I sind gleichgerichtet

Bei der bildhaften Darstellung von Bereichen als konzentrierte Elemente in einem Netzwerk (Schaltung) wird der Charakter der Spannung durch eine entsprechende Symbolik deutlich gemacht. Man kann dabei auf eine Unterscheidung durch das Formelzeichen sogar verzichten und ganz allgemein U schreiben.

a) Quellenspannung

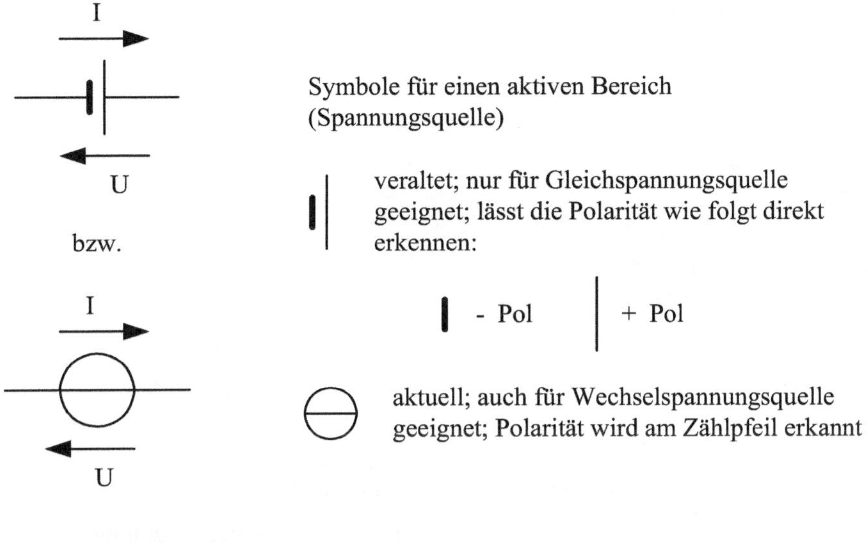

b) Spannungsabfall

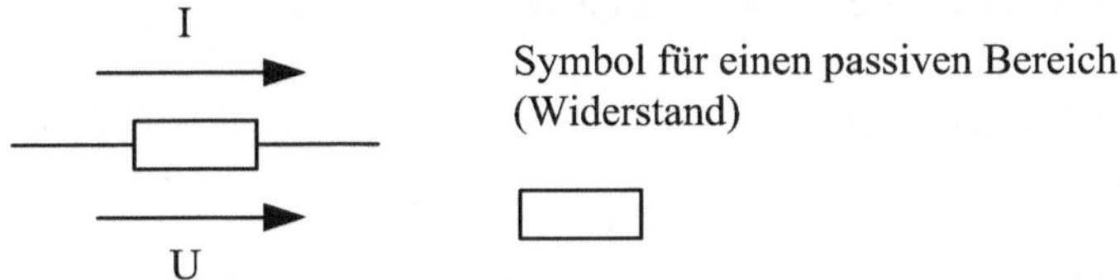

Bild 5.11: Symbolik mit Zählpfeilzuordnung für Quellenspannung und Spannungsabfall

Für die praktische Vorgehensweise bei der Zählpfeilvergabe im konkreten Fall (z.B. Netzwerksberechnung) resultiert daraus folgende Empfehlung:

1. Eintragen der durch die Polarität der Spannungsquellen vorgegebenen Zählpfeile der Quellenspannungen.

2. Eintragen der Stromzählpfeile für die Spannungsquellen entgegengesetzt zu den Spannungszählpfeilen.

3. Eintragen der Stromzählpfeile für die passiven Bereiche in Stromflussrichtung. Ist diese zunächst nicht bekannt, können die Stromzählpfeile für die Zwecke der Rechnung beliebig gewählt werden (wird im Ergebnis der Rechnung gegebenenfalls korrigiert).

4. Eintragen der Spannungszählpfeile für die passiven Bereiche in Richtung der Stromzählpfeile.

Die gemäß G 5.43 und G 5.44 bei einer Spannungsquelle auftretenden Einzelspannungen können an den Klemmen derselben auch zu einer Gesamtspannung zusammengefasst werden. Im
Sinne einer Quellenspannung entsteht somit für die Klemmenspannung einer realen Spannungsquelle (s.a. B 5.12):

$$U = \int\limits_{+\text{Pol}}^{-\text{Pol}} \left(E_q - E_v\right) d\ell = U_q - \Delta U \qquad\qquad (5.45)$$

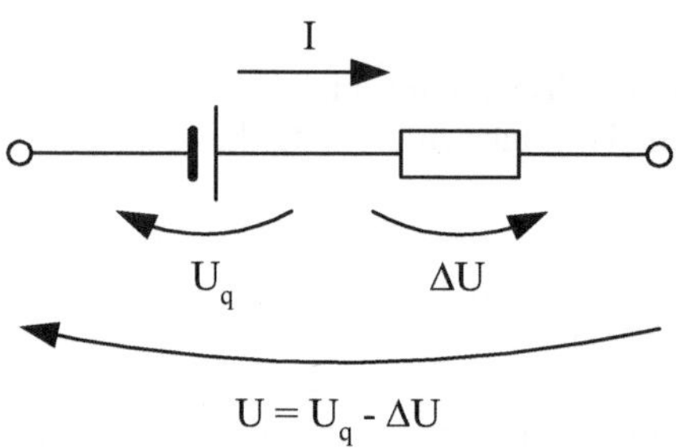

U - Klemmenspannung einer realen Spannungsquelle

U_q - Quellenspannung bzw. Klemmenspannung einer idealen Spannungsquelle

              (bei $\Delta U = 0$)

ΔU - Spannungsabfall einer realen Spannungsquelle

Bild 5.12:   Ersatzschaltung einer realen Spannungsquelle

Unter Beachtung der mit G 5.43 und G 5.44 getroffenen Zählpfeilvereinbarungen kann man
G 5.5 schließlich für einen beliebigen Umlauf (Richtung frei wählbar) im Strömungsfeld auch
wie folgt aufschreiben:

$$\oint U_q + \oint \Delta U = 0 \qquad\qquad (5.46)$$

$\oint U_q$ - Summe aller Quellenspannungen, die unter Beachtung ihrer Zählpfeile
           auf dem Umlauf angetroffen werden:

             • positiv, wenn der Zählpfeil in Umlaufrichtung zeigt

             • negativ, wenn der Zählpfeil entgegen der Umlaufrichtung zeigt

$\oint \Delta U$ - Summe aller Spannungsabfälle, die unter Beachtung ihrer Zählpfeile
           (wie bei U_q) auf dem Umlauf angetroffen werden

Wenn man auf der Basis einer Darstellung gemäß B 5.11 arbeitet, dann kann man G 5.46 analog zu G 4.52 abkürzend auch wie folgt als Maschensatz (2. Kirchhoffscher Satz) aufschreiben:

$$\oint \sum U = 0 \tag{5.47}$$

Nachfolgend wird ausschließlich mit diesen beiden Spannungsarten (Quellenspannung, Spannungsabfall) gearbeitet. Es sei aber darauf hingewiesen, dass anstelle der Quellenspannung gelegentlich auch eine andere Spannungsart (Urspannung, elektromotorische Kraft EMK, induzierte Spannung u. dgl.) verwendet wird. Diese wird im Gegensatz zur Quellenspannung jedoch nicht über das in einer Spannungsquelle durch Ladungstrennung entstandene elektrische Feld, sondern auf der Grundlage der Kraft bestimmt, die diese Ladungstrennung hervorruft. Stellt man sich diese als Kraft auf eine Ladung in einem von außen aufgeprägten elektrischen Feld mit der Feldstärke $\vec{E}_W$ vor, dann gilt:

$$\vec{F}_W = Q\,\vec{E}_W \tag{5.48}$$

Abhängig von der Art der Spannungsquelle (Energiewandler) ist dieses aufgeprägte elektrische Feld entweder eine fiktive Kategorie (nichtelektrischer Natur) oder auch tatsächlich vorhanden (z.B. als Wirbelfeld um ein sich zeitlich änderndes Magnetfeld; s.a. Abschnitt 7.3.1.1). Hieraus entsteht mit G 5.3:

$$\vec{E}_W = -\,\vec{E}_q \tag{5.49}$$

Für eine auf dieser Basis analog zur Quellenspannung mit G 5.43 definierte Urspannung gilt dann:

$$U_W = -\,U_q \tag{5.50}$$

U_W -   Urspannung

（der Index w steht hier wie in B 5.1 für die $\vec{F}_W$ verursachende,

von außen zugeführte Energie)

Diese Vorzeichenänderung ist beim Arbeiten mit dieser Spannungsart zu beachten.

5.4.2.3 Elektrischer Widerstand

Der elektrische Widerstand (künftig abkürzend nur Widerstand genannt) ist ähnlich wie die Kapazität im elektrostatischen Feld eine Kenngröße, die für einen passiven Raumbereich im Strömungsfeld einen Zusammenhang zwischen der Spannung (Spannungsabfall) und dem Strom herstellt. Er verkörpert gewissermaßen die der Strömung entgegenwirkende Widerstandskraft. Damit besitzt eine reale Spannungsquelle (aktiver Bereich) ebenfalls einen „Innen"-Widerstand (s.a. B 5.12).

Einen solchen Raumbereich muss man sich als einen durch $\vec{E}$ - bzw. $\vec{S}$ -Feldlinien begrenzten und von Äquipotenzialflächen abgeschlossenen Kanalabschnitt vorstellen, durch den ein bestimmter Strom hindurchtritt (s. B 5.13).

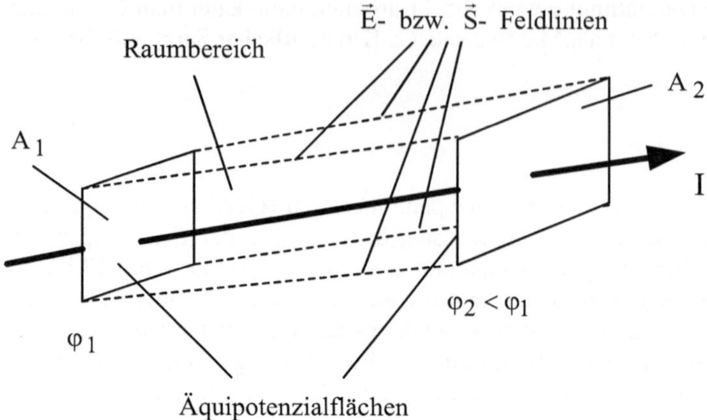

Bild 5.13: Von dem Strom I durchströmter Raumbereich

Hiervon ausgehend wird unter Beachtung der für einen passiven Bereich vereinbarten Zähl-pfeilzuordnung (s. B 5.11) folgender Ansatz gemacht:

$$R = \frac{\varphi_1 - \varphi_2}{I} = \frac{U}{I} \qquad (5.51)$$

R   -   Widerstand
            (Symbol s. B 5.11)

$$[R] = \frac{V}{A} = \Omega \qquad (\text{Ohm})$$

Bei der praktischen Anwendung ist es mitunter nützlich, mit dem Kehrwert des Widerstandes zu arbeiten. Dafür gilt:

$$G = \frac{1}{R} = \frac{I}{U} \qquad (5.52)$$

G   -   Leitwert

$$[G] = \frac{A}{V} = S \qquad (\text{Siemens})$$

Mit G 4.47 und G 5.39 kann für den Widerstand noch folgende allgemeine Bestimmungsglei-chung angegeben werden:

$$R = \frac{\displaystyle\int_{1}^{2} \vec{E}\,d\vec{\ell}}{\displaystyle\int_{A} \vec{S}\,d\vec{A}} \qquad (5.53)$$

bzw. für homogenes Leitermaterial in dem Raumbereich

$$R = \dfrac{\displaystyle\int_1^2 \vec{E}\,\mathrm{d}\vec{\ell}}{\kappa \displaystyle\int_A \vec{E}\,\mathrm{d}\vec{A}} = \dfrac{\rho \displaystyle\int_1^2 \vec{E}\,\mathrm{d}\vec{\ell}}{\displaystyle\int_A \vec{E}\,\mathrm{d}\vec{A}} \qquad (5.54)$$

A ist hierbei die an einer beliebigen Stelle des Raumbereiches vom Strom I durchströmte Fläche (z.B. A_1).

Hieraus ist zu erkennen, dass der Widerstand eine summarische Aussage über den jeweils betrachteten Raumbereich liefert. Er wird daher auch als Integralparameter des Strömungsfeldes bezeichnet, der lediglich von der Geometrie des Raumbereiches und dem Stoffparameter ρ abhängt. Wegen der mathematisch gleichen Struktur der Integrale in G 4.60 und G 5.54 können ausgehend von G 4.66, G 4.68 und G 4.71 unmittelbar die in T 5.2 zusammengefassten Beziehungen bei homogenem Leitermaterial angegeben werden.

Tabelle 5.2:   Bestimmungsgleichungen für Leitwert und Widerstand verschiedener Raumbereiche

Gestalt des Raumbereiches	linienhaft	zwei konzentrische Kugeln (gemäß B 4.28)	zwei koaxiale Zylinder (gemäß B 4.29)
G	$\dfrac{\kappa\,A}{\ell}$	$\dfrac{4\,\pi\,\kappa}{\dfrac{1}{R_i} - \dfrac{1}{R_a}}$	$\dfrac{2\,\pi\,\kappa\,\ell}{\ln \dfrac{R_a}{R_i}}$
R	$\dfrac{\rho\,\ell}{A}$	$\dfrac{\rho}{4\,\pi}\left(\dfrac{1}{R_i} - \dfrac{1}{R_a} \right)$	$\dfrac{\rho \ln \dfrac{R_a}{R_i}}{2\,\pi\,\ell}$

Bei Erdungsanlagen ist die Kenntnis des Ausbreitungswiderstandes derselben von besonderer Bedeutung. Für den Fall eines Halbkugelerders ist die vorliegende Situation in B 5.14 dargestellt.

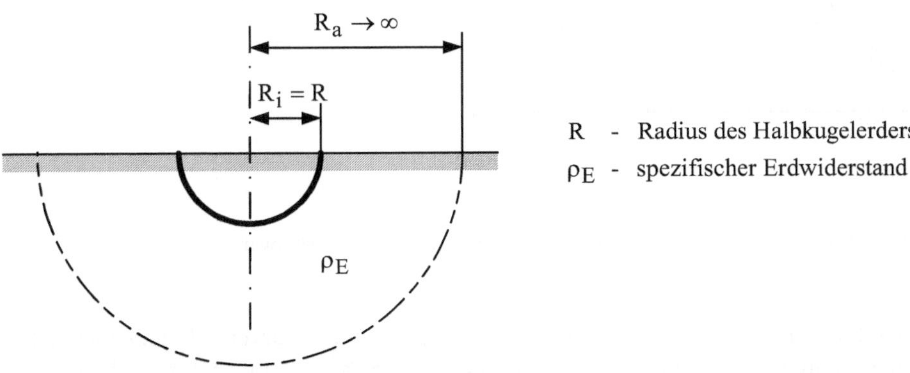

Bild 5.14: Halbkugelerder im homogenen Erdbereich

Das ist praktisch eine Hälfte der Situation, wie sie bei einem Vollkugelerder im unendlichen Raum vorliegen würde. Auf der Basis der Beziehung für zwei konzentrische Kugeln kann man dessen Ausbreitungswiderstand wie folgt angeben:

$$R_A = \lim_{R_a \to \infty} \frac{\rho_E}{4\pi}\left(\frac{1}{R} - \frac{1}{R_a}\right) = \frac{\rho_E}{4\pi R} \tag{5.55}$$

Bei dem Halbkugelerder steht jedoch dem an dessen Oberfläche in das Erdreich austretenden Strom nur der halbe Raum zu Verfügung. Dieser findet dort somit den doppelten Widerstand vor. Für den Ausbreitungswiderstand eines Halbkugelerders im homogenen Erdreich gilt damit:

$$R_A = \frac{\rho_E}{2\pi R} \tag{5.56}$$

Die im Abschnitt 5.3 behandelte Temperaturabhängigkeit des spezifischen Widerstandes trifft in vollem Umfang auch auf den Widerstand selbst zu. Infolge der durch einen Stromfluss bedingten Wärmeentwicklung führt diese Temperaturabhängigkeit schließlich sogar zu einer Stromabhängigkeit des Widerstandes. Ausgehend von G 5.51 gilt damit bei einem Widerstand folgender allgemeine Zusammenhang zwischen Strom und Spannung:

$$U = R(I)\ I \tag{5.57}$$

Tendenziell verändert sich R (I) wie folgt:

$$R(I) \uparrow \quad \text{wenn } I \uparrow \quad \text{bei } \alpha > 0$$

$$R(I) \downarrow \quad \text{wenn } I \uparrow \quad \text{bei } \alpha < 0$$

$$R(I) = R = \text{const.} \quad \text{bei } \alpha \approx 0 \quad \text{bzw. konstant gehaltender Temperatur}$$

Man kann dies auch wie folgt in Form einer Strom-Spannungs-Kennlinie darstellen:

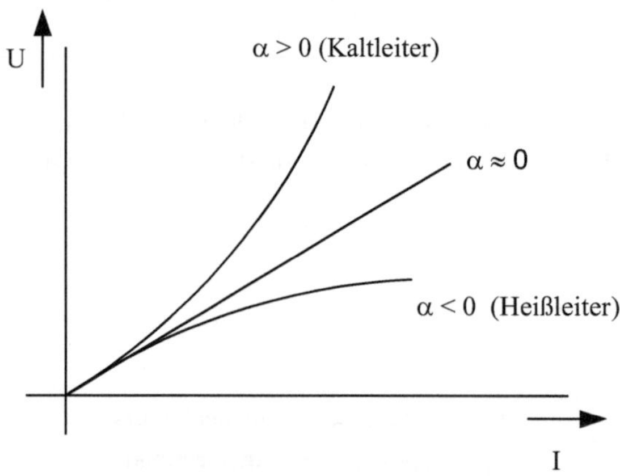

Bild 5.15:   Strom-Spannungs-Kennlinie bei unterschiedlichem Temperaturbeiwert

Heiß- bzw. Kaltleiter besitzen also durch die strombedingte Temperaturveränderung eine nichtlineare Strom-Spannungs-Kennlinie. Ohne diese Temperaturveränderung (bei $\alpha \approx 0$ bzw. konstant gehaltener Temperatur) liegt eine lineare Kennlinie vor. Der dann wegen

$$R(I) \; = \; R \; = \; \text{const.} \tag{5.58}$$

ebenfalls lineare Zusammenhang

$$U \; = \; R \; I \tag{5.59}$$

heißt auch Ohmsches Gesetz. Ebenso nennt man einen solchen konstanten Widerstand einen ohmschen Widerstand.

Nichtlineare Strom-Spannungs-Kennlinien können außer durch eine stromabhängige Temperatur auch durch andere Mechanismen (z.B. p-n-Übergang bei Halbleitern) bedingt sein. Als Beispiel sind in B 5.16 die qualitativen Verläufe der entsprechenden Kennlinien für folgende Bauelemente dargestellt:

- Halbleiterdiode (z.B. zur Gleichrichtung von Wechselströmen eingesetzt)

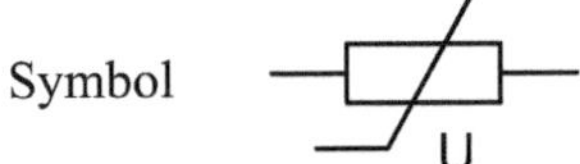

- Varistor (für den Überspannungsschutz eingesetzt)

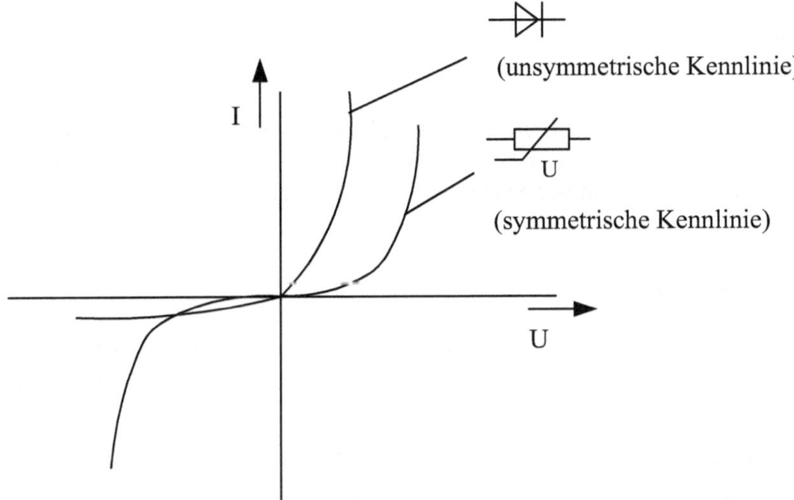

Bild 5.16:   Strom-Spannungs-Kennlinien für die Bauelemente Halbleiterdiode und Varistor

Diese Kennlinien sind im Gegensatz zu B 5.15 in der Form I = f (U) dargestellt, weil hier nicht der Strom, sondern die Spannung für den betreffenden Mechanismus verantwortlich ist.

In einem hinreichend kleinen Bereich um einen bestimmten Arbeitspunkt, in B 5.17 über I_A und U_A festgelegt, haben auch nichtlineare Strom-Spannungs-Kennlinien einen nahezu linearen Verlauf. Für einen solchen kleinen Bereich kann man dann bezogen auf einen bestimmten Arbeitspunkt wie folgt auch einen konstanten Widerstand definieren:

$$r_d = \frac{dU}{dI} \tag{5.60}$$

r_d - differenzieller Widerstand (Anstieg der Tangente an die U-I-Kennlinie im Arbeitspunkt)

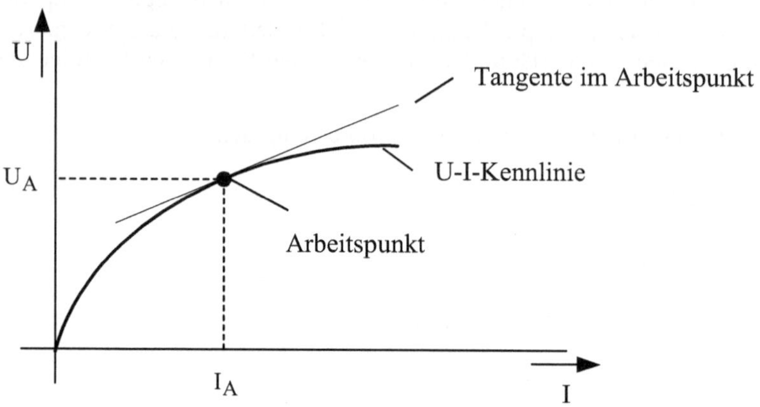

Bild 5.17:   Arbeitspunkt auf einer U-I-Kennlinie

Dieser differenzielle Widerstand ist generell zur Untersuchung von Vorgängen um den Arbeitspunkt herum geeignet. Man kann auf diese Weise z.B. bei einer Kleinsignal-Aussteuerung von Dioden bzw. Transistoren diese als lineare Systemelemente betrachten.

5.5 Energie und Leistung

Unter Energie im engeren Sinn wird hier die Energieänderung (Energieumsatz) einer Gesamtladung verstanden, nachdem diese einen bestimmten Raumbereich durchströmt hat. Mit G 4.32, G 4.47 und G 5.36 gilt dafür:

$$\Delta W = U \, \Delta Q_\Sigma = \left(\varphi_1 - \varphi_2\right) I \, \Delta t \tag{5.61}$$

ΔW -   in einem Raumbereich während Δt stattfindender Energieumsatz, wenn dieser von dem Strom I durchflossen wird

ΔQ_Σ -   der infolge I während Δt den Raumbereich durchströmende Gesamtbetrag der Ladung

φ_1 -   Potenzial der Fläche des Raumbereiches, an der der Strom in diesen eintritt

φ_2 -   Potenzial der Fläche des Raumbereiches, an der der Strom aus diesem austritt

Neben dieser integralen Größe über der Zeit ist im Strömungsfeld die Leistung als eine auf die Zeit bezogene Größe (Arbeit pro Zeiteinheit) von besonderer Bedeutung. Dafür gilt:

$$P = \frac{\Delta W}{\Delta t} = \left(\varphi_1 - \varphi_2\right) I = U\,I \qquad\qquad (5.62)$$

$$[P] = VA = W \qquad (\text{Watt})$$

Abhängig von der Differenz $\varphi_1 - \varphi_2$ ist diese Leistung ebenso wie der Energieumsatz vorzeichenbehaftet. Bezogen auf die beiden Arten von Raumbereichen im Strömungsfeld bedeutet das:

- **Aktiver Bereich**
  (Spannungsquelle bzw. Erzeuger elektrischer Energie)
  Mit

$$1 \,\hat{=}\, -\,\text{Pol} \quad \text{und} \quad 2 \,\hat{=}\, +\,\text{Pol}$$

  folgt über G 5.43

$$\varphi_1 < \varphi_2 \quad \text{bzw.} \quad \varphi_1 - \varphi_2 < 0$$

  und damit schließlich:

$$\Delta W < 0 \quad \text{bzw.} \quad P < 0$$

  Eine erzeugte elektrische Energie bzw. **Leistung ist negativ.**

- **Passiver Bereich**
  (Widerstand bzw. Verbraucher elektrischer Energie)
  Mit

$$1 \,\hat{=}\, a \quad \text{und} \quad 2 \,\hat{=}\, b$$

  folgt über G 5.44

$$\varphi_1 > \varphi_2 \quad \text{bzw.} \quad \varphi_1 - \varphi_2 > 0$$

  und damit schließlich:

$$\Delta W > 0 \quad \text{bzw.} \quad P > 0$$

  Eine verbrauchte elektrische Energie bzw. **Leistung ist positiv.**

Überträgt man dieses Resultat auf die in B 5.11 vereinbarte Zählpfeilzuordnung zwischen Quellenspannung bzw. Spannungsabfall und Strom, dann kann für eine im konkreten Fall anzutreffende oder ausgewählte Zählpfeilzuordnung folgende verallgemeinerte Vorzeichenregel für die Leistung angegeben werden:

$$\text{wenn}\ (\text{Erzeuger}) \qquad \qquad \text{dann} \quad P = -\,U\,I \qquad\qquad (5.63)$$

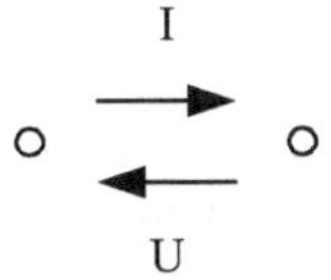

$$\text{wenn}\ (\text{Verbraucher}) \qquad \qquad \text{dann} \quad P = U\,I \qquad\qquad (5.64)$$

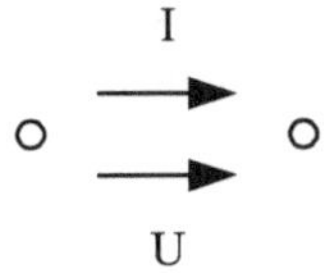

Diese so formalisierte Darstellung ist insbesondere auch für die Anwendung bei der Netzwerksberechnung (s. Abschnitt 5.6) von ganz praktischer Bedeutung. Sie schränkt aus der Sicht der Leistung die freizügige Vergabe der Zählpfeile in keiner Weise ein. Weil hierbei eine verbrauchte Leistung positiv ist, spricht man auch von einem Verbraucherzählpfeilsystem (VZS).

Wenn es sich bei dem Raumbereich um einen Widerstand (passiver Bereich) handelt, dann ist es für die Leistungsermittlung oftmals nützlich, dessen Definitionsgleichung G 5.51 einzubeziehen. Dabei ist zu beachten, dass diese auf einer Verbraucherzählpfeilzuordnung für Strom und Spannung basiert. Damit entsteht über G 5.64:

$$P = U \, I = \frac{U^2}{R} = I^2 R \tag{5.65}$$

Diese Beziehung ist ähnlich wie G 4.93 im elektrostatischen Feld geeignet, auf der Basis der Feldgrößen S und/oder E eine punktbezogene Leistungsdichte anzugeben. Wird dazu als Beispiel für ein homogenes Strömungsfeld ein linienhaftes, zylindrisches Leiterstück ausgewählt, dann gilt mit den Zusammenhängen gemäß T 5.2 zunächst:

$$U = E \, \ell \tag{5.66}$$

$$R = \rho \, \frac{\ell}{A} = \frac{\ell}{\kappa \, A} \tag{5.67}$$

Damit entsteht über G 5.65:

$$P = \kappa \, E^2 \, \ell \, A = \kappa \, E^2 \, V \tag{5.68}$$

$$V \quad - \quad \text{Volumen des Leiterstückes}$$

Daraus entsteht dann unter Beachtung von G 5.20:

$$P' = \frac{P}{V} = \kappa \, E^2 = S \, E = \frac{S^2}{\kappa} \tag{5.69}$$

$$P' \quad - \quad \text{Leistungsdichte}$$

Diese Beziehung für die Leistungsdichte ist wie G 4.98 nicht an das für die Herleitung verwendete homogene Strömungsfeld gebunden. Wegen der Punktbezogenheit der Größen S und E gilt diese ganz allgemein für jedes beliebige Strömungsfeld.

5.6 Netzwerke

5.6.1 Grundsätzlicher Aufbau und Arten

Ein Netzwerk ist eine elektrische Ersatzschaltung für ein an sich beliebiges Strömungsfeld (analog dem im Abschnitt 4.4.3.3 erwähnten Kapazitätsnetzwerk für ein elektrostatisches Feld). Es besteht aus Spannungsquellen und Widerständen in Form von konzentrierten Elementen, die durch widerstandslose Verbindungen in einer durch die räumliche Struktur des Strömungsfeldes bestimmten Weise miteinander verknüpft sind. Unter Verwendung der in B 5.11 vereinbarten Symbolik für diese Elemente hat ein solches Netzwerk in der bildhaften Darstellung prinzipiell folgendes Aussehen:

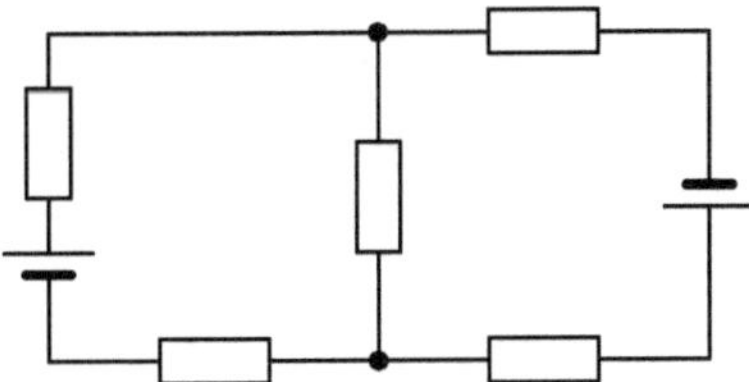

Bild 5.18   Prinzipieller Aufbau eines Netzwerkes

Strukturell ist ein Netzwerk wie folgt dargestellt ein Gebilde aus Zweigen und Knotenpunkten:

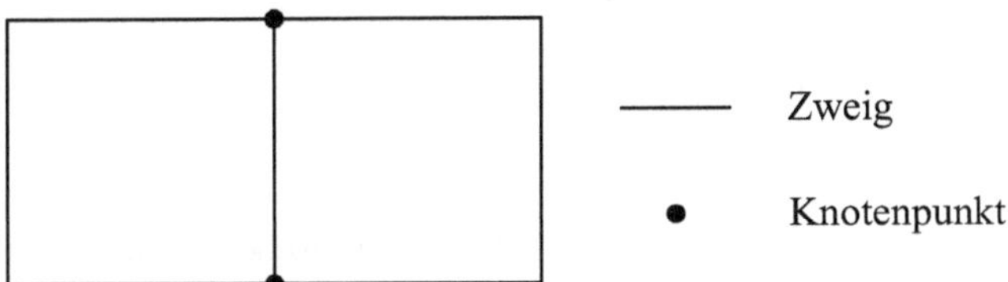

Bild 5.19:   Struktur des Netzwerkes gemäß B 5.18

Die Zweige repräsentieren dabei in der Regel mehrere aufeinander folgende (sich nicht verzweigende) und durch Äquipotenzialflächen abgegrenzte Raumbereiche, die alle von demselben Strom durchflossen werden (s. B 5.20).

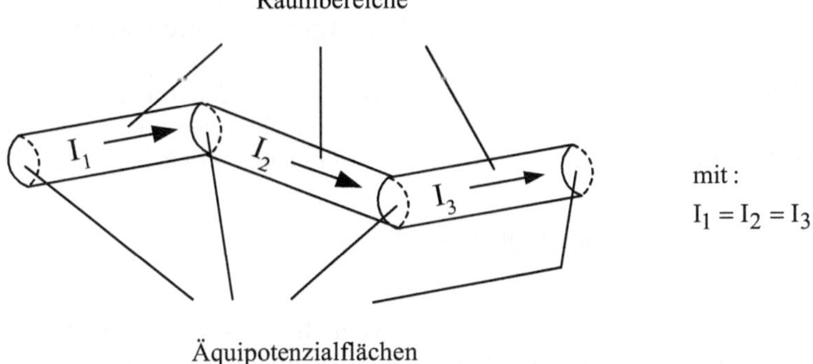

Bild 5.20:   Zweig aus drei Raumbereichen bestehend

In dem Netzwerk werden die Raumbereiche durch konzentrierte Elemente und die Äquipotenzialflächen durch widerstandslose Verbindungen ersetzt.

Die Knotenpunkte repräsentieren gemeinsam mit den in diesen zusammengeführten, aber zu den Zweigen gehörenden widerstandslosen Verbindungen solche Äquipotenzialflächen in dem jeweiligen Strömungsfeld, die sich verzweigende Raumbereiche voneinander abgrenzen (s. B 5.21). Für die durch diese Raumbereiche fließenden Ströme gilt der Knotenpunktsatz.

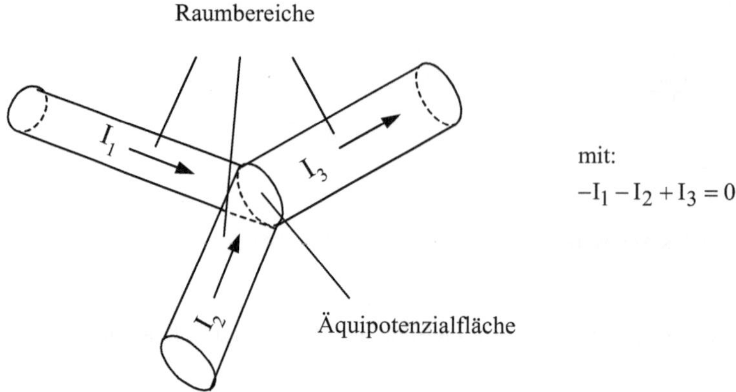

Bild 5.21:   Knotenpunkt bei drei sich verzweigenden Raumbereichen

Durch die Verfügbarkeit von Leitern und Nichtleitern besteht für die technische Realisierung von Netzwerken in relativ einfacher Weise die Möglichkeit, stromführende Raumbereiche (Leiter) gezielt im Raum anzuordnen (z.B. durch die Verschaltung konzentrierter Bauelemente mittels widerstandsarmer Verbindungen). Daraus resultiert letztlich auch die überragende praktische Bedeutung von Netzwerken überhaupt. Man kann durch deren Strukturierung in Verbindung mit der Bemessung der Elemente bewusst bestimmte

- Ströme durch einzelne Elemente,

- Spannungen über einzelnen Elementen bzw.

- Potenziale an einzelnen Punkten

von Netzwerken realisieren und auf diese Weise beabsichtigte energie- bzw. informationstechnische Effekte erzielen. Die Bestimmung dieser Größen (Netzwerkanalyse) ist daher von besonderer Bedeutung und stellt den zentralen Betrachtungsgegenstand in den folgenden Abschnitten dar. Nicht zuletzt für die dabei gewählte Systematik ist vor allem aus methodischer Sicht die Unterscheidung bestimmter Arten von Netzwerken zweckmäßig. Zunächst wird wie folgt unterschieden:

- passive Netzwerke (enthalten keine Spannungsquellen)

- aktive Netzwerke (enthalten Spannungsquellen)

In einem passiven Netzwerk können nur dann Ströme fließen, wenn diesem über entsprechende Verbindungen nach außen Ströme zu- und abgeführt werden (s. B 5.22). Für diese äußeren Ströme gilt dabei der Knotenpunktsatz.

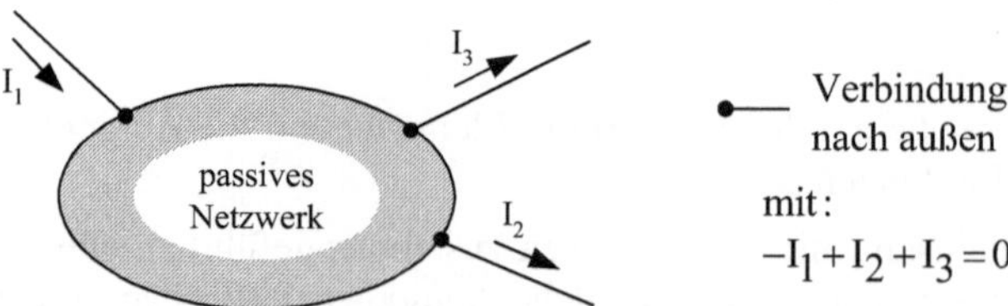

Bild 5.22: Passives Netzwerk mit drei Verbindungen nach außen

Passive Netzwerke sind somit stets Teilbereiche von aktiven Netzwerken, deren separate Betrachtung unter folgenden Aspekten zweckmäßig ist:

- Vereinfachung von Netzwerken (Netztransfiguration).

- Ströme und Spannungen sollen nur in einem solchen Teilbereich bestimmt werden.

Für die praktische Durchführung der Netzwerkanalyse (Berechnung) werden folgende Zusammenhänge benötigt:

- Knotenpunktsatz

- Maschensatz

- $U = f(I)$ für die passiven Elemente

In Abhängigkeit von dem zuletzt genannten Zusammenhang unterscheidet man folgende Arten von Netzwerken:

- lineare Netzwerke
  (für alle passiven Elemente ist $U = f(I) = RI$ linear; es gilt das Ohmsche Gesetz)

- nichtlineare Netzwerke
  (für bestimmte passive Elemente ist $U = f(I)$ nichtlinear)

Grundsätzlich werden in den folgenden Abschnitten lineare Netzwerke behandelt. Lediglich im Zusammenhang mit dem Grundstromkreis wird die Vorgehensweise bei nichtlinearen Netzwerken prinzipiell aufgezeigt.

5.6.2 Netzwerkanalyse

5.6.2.1 Netztransfiguration

Netztransfiguration (Netz wird häufig als Abkürzung für Netzwerk verwendet) ist die Umwandlung der Struktur in gewissen Teilbereichen eines Netzes zur Erzielung von Vereinfachungen bei der Berechnung. Dabei ist zu gewährleisten, dass die gewandelte Struktur insofern der ursprünglichen äquivalent ist, als dadurch das Zusammenwirken dieser Teilbereiche mit dem übrigen Netz an den Verbindungsstellen (Klemmenverhalten) nicht verändert wird. Diesbezügliche Vorgehensweisen werden wegen ihrer besonderen praktischen Bedeutung nachfolgend bezogen auf passive Netzwerke dargestellt.

- *Zusammenfassen von Widerständen*

1. Reihenschaltung

Problemstellung:

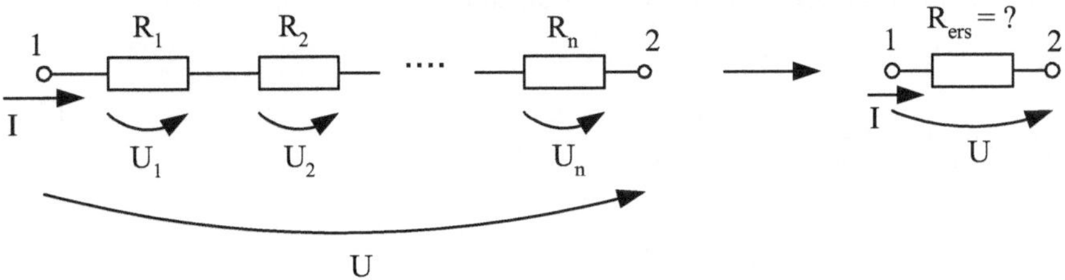

Bild 5.23: Reihenschaltung von Widerständen

Lösung:

Über den Maschensatz und das Ohmsche Gesetz entsteht:

$$U = U_1 + U_2 + \cdots + U_n$$

$$= I\left(R_1 + R_2 + \cdots + R_n\right) = I \sum_{i=1}^{n} R_i \tag{5.70}$$

Mit

$$U = I\, R_{ers} \tag{5.71}$$

erhält man dann:

$$R_{ers} = \sum_{i=1}^{n} R_i \tag{5.72}$$

2. *Parallelschaltung*

Problemstellung:

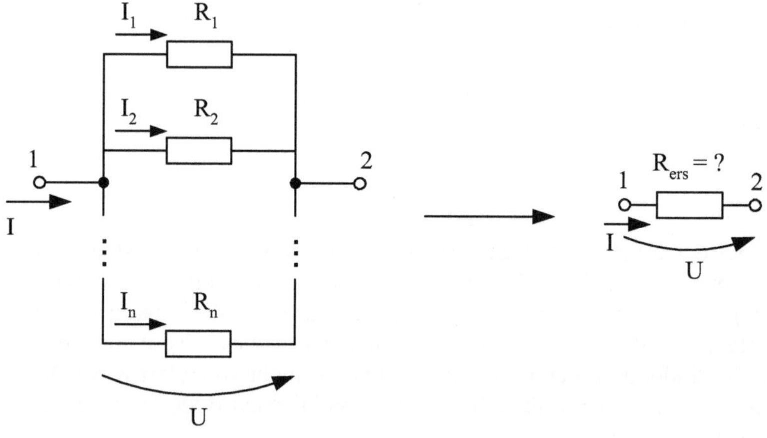

Bild 5.24:　Parallelschaltung von Widerständen

Lösung:

Über den Knotenpunktsatz und das Ohmsche Gesetz entsteht:

$$I = I_1 + I_2 + \cdots + I_n$$

$$= U\left(\frac{1}{R_1} + \frac{1}{R_2} + \cdots + \frac{1}{R_n}\right) = U \sum_{i=1}^{n} \frac{1}{R_i} \tag{5.73}$$

Mit

$$I = \frac{U}{R_{ers}} \tag{5.74}$$

erhält man dann:

$$\frac{1}{R_{ers}} = \sum_{i=1}^{n} \frac{1}{R_i} \qquad (5.75)$$

Wenn man in G 5.72 und G 5.75 anstelle der Widerstände mit den Leitwerten gemäß G 5.52 arbeitet, dann entsteht:

- Reihenschaltung von Leitwerten

$$\frac{1}{G_{ers}} = \sum_{i=1}^{n} \frac{1}{G_i} \qquad (5.76)$$

- Parallelschaltung von Leitwerten

$$G_{ers} = \sum_{i=1}^{n} G_i \qquad (5.77)$$

Diese Beziehungen sind in ihrem Aufbau identisch mit G 4.75 und G 4.80 für die Zusammenschaltung von Kondensatoren.

- *Stern-Dreieck-Transfiguration*

Problemstellung:

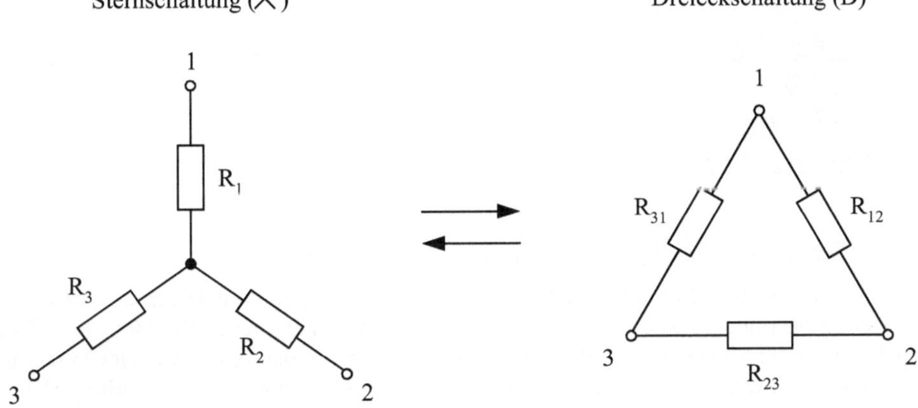

Bild 5.25: Umwandlung einer Stern- in eine Dreieckschaltung und umgekehrt

Lösung:

Bezogen auf die einzelnen Klemmenpaare liegt für das übrige Netz das gleiche Verhalten beider Schaltungen unter folgenden Bedingungen vor:

$$R_1 + R_2 = R_{12} \parallel (R_{23} + R_{31})$$

$$R_2 + R_3 = R_{23} \parallel (R_{31} + R_{12}) \tag{5.78}$$

$$R_3 + R_1 = R_{31} \parallel (R_{12} + R_{23})$$

Die parallelen Striche zwischen den Widerständen deuten symbolisch die Parallelschaltung derselben an. Ausgehend von diesen Bedingungen erhält man folgende Transformationsbeziehungen:

1. Umwandlung $\curlywedge \longrightarrow \Delta$

$$R_{12} = R_1 + R_2 + \frac{R_1\,R_2}{R_3}$$

$$R_{23} = R_2 + R_3 + \frac{R_2\,R_3}{R_1} \tag{5.79}$$

$$R_{31} = R_3 + R_1 + \frac{R_3\,R_1}{R_2}$$

2. Umwandlung $\Delta \longrightarrow \curlywedge$

$$R_1 = \frac{R_{12}\,R_{31}}{R_{12} + R_{23} + R_{31}}$$

$$R_2 = \frac{R_{23}\,R_{12}}{R_{12} + R_{23} + R_{31}} \tag{5.80}$$

$$R_3 = \frac{R_{31}\,R_{23}}{R_{12} + R_{23} + R_{31}}$$

- ***Zusammenlegen potenzialgleicher Punkte (Netzfaltung)***

Zwischen Punkten gleichen Potenzials ist die entsprechende Spannung (Potenzialdifferenz) „Null". Bei der Anordnung eines beliebigen Widerstandes zwischen diesen Punkten wird demzufolge der Strom durch diesen ebenfalls „Null" sein. Man kann also ohne Auswirkungen auf ein vorhandenes Netz zwischen solchen Punkten auch eine widerstandslose Verbindung (Kurzschluss) ausführen. Eine solche entsteht zwangsläufig, wenn man gedanklich das Netz an den potenzialgleichen Punkten anpackt und diese zusammenführt. Dieser Vorgang entspricht quasi einer Faltung des Netzes (s. B 5.26).

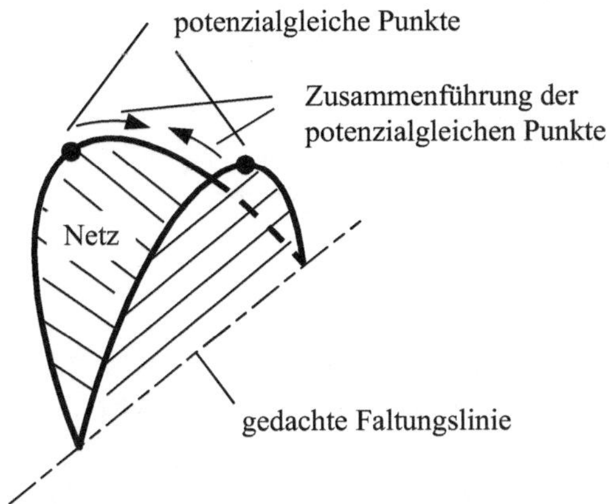

Bild 5.26: Netzfaltung durch Zusammenlegung zweier potenzialgleicher Punkte

Die praktische Anwendung soll an einem Beispiel exemplarisch aufgezeigt werden. Es liegt das in B 5.27 dargestellte Netz mit einer den Kanten eines Würfels entsprechenden Struktur vor. Der Widerstand R der einzelnen Würfelkanten soll gleich groß sein. Gesucht ist der Widerstand den ein Strom I vorfindet, der am Knotenpunkt 1 in das Netz eintritt und dieses am Knotenpunkt 7 wieder verlässt.

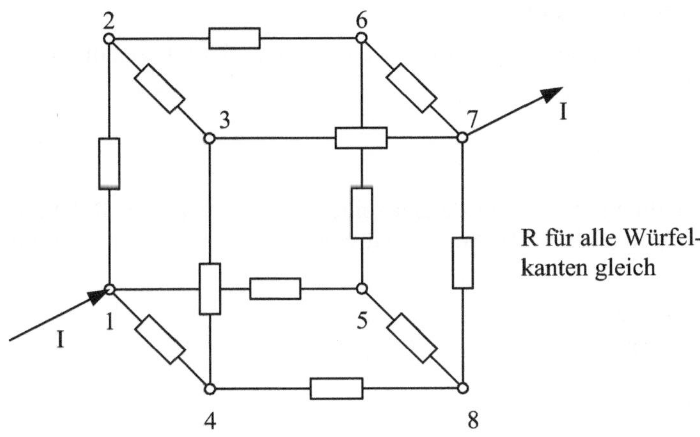

Bild 5.27: Würfelkantenartiges Netz

Aus Symmetriegründen haben folgende Knotenpunkte jeweils das gleiche Potenzial:

$$2;\ 4;\ 5\quad\text{bzw.}\quad 3;\ 6;\ 8$$

Durch das Zusammenlegen dieser Punkte entsteht die in B 5.28 dargestellte veränderte Struktur.

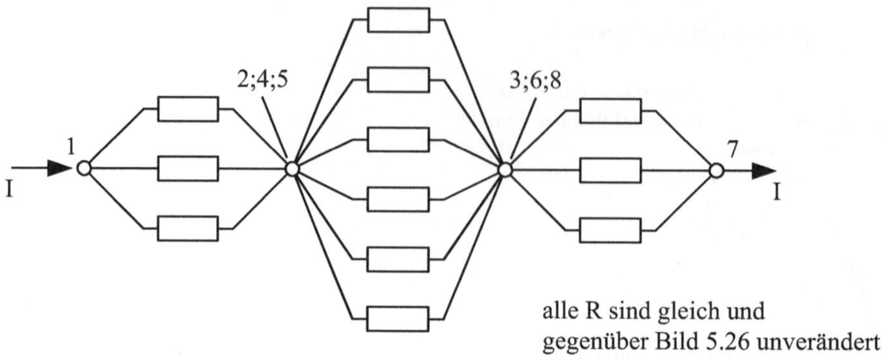

Bild 5.28:   Transfiguration des Netzes gemäß B 5.27 durch Zusammenlegung der potenzialgleichen
             Punkte

Damit liegt eine Struktur aus Parallel- und Reihenschaltungen vor, für die mit G 5.72 und
G 5.75 der gesuchte Widerstand wie folgt bestimmt werden kann.

$$R_{17} = R\|R\|R + R\|R\|R\|R\|R\|R + R\|R\|R$$

$$= \frac{1}{3}R + \frac{1}{6}R + \frac{1}{3}R = \frac{5}{6}R$$

5.6.2.2   Spannungs- und Stromteilerregel

Diese Regeln sind auf passive Netzwerke in Form der Reihen- bzw. Parallelschaltung von
Widerständen bezogen.

- *Spannungsteilerregel*

Diese liefert bei der Reihenschaltung von Widerständen eine Aussage über die Relationen
zwischen den einzelnen Spannungen (s. B 5.23). Ausgehend von G 5.70 und G 5.71 kann man
diese wie folgt angeben:

$$\frac{i-\text{te Teilspannung}}{\text{Gesamtspannung}} = \frac{U_i}{U} = \frac{R_i}{R_{ers}} \tag{5.81}$$

$$\frac{i-\text{te Teilspannung}}{k-\text{te Teilspannung}} = \frac{U_i}{U_k} = \frac{R_i}{R_k} \tag{5.82}$$

Neben der Berechnung findet diese Spannungsteilerregel vor allem auch beim Aufbau und der
Dimensionierung von Messschaltungen eine praktische Anwendung. Am Beispiel einer Messbereichserweiterung bei der Spannungsmessung ist das nachfolgend dargestellt. Die prinzipielle Situation ist in B 5.29 angegeben.

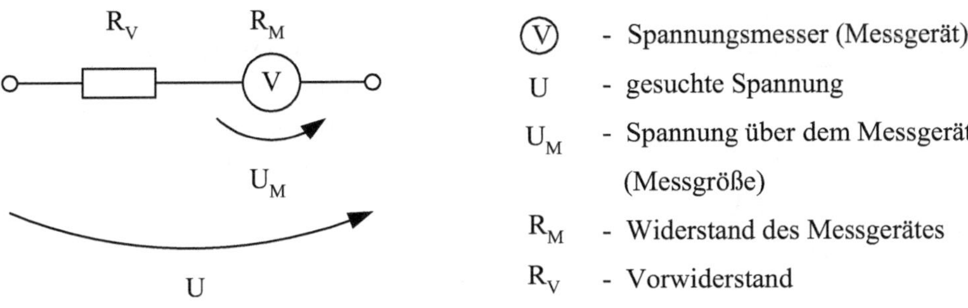

Bild 5.29: Schaltung zur Messbereichserweiterung eines Spannungsmessers

Ausgehend von G 5.81 entsteht hier:

$$\frac{U_M}{U} = \frac{R_M}{R_V + R_M}$$

bzw.

$$U = U_M \left(1 + \frac{R_V}{R_M} \right) \tag{5.83}$$

Hieraus folgt:

$$U > U_M \quad \text{bei} \quad R_V > 0$$

bzw.

$$U \gg U_M \quad \text{bei} \quad R_V \gg R_M$$

Mann kann also mit einem vorliegenden Messgerät durch die geeignete Wahl eines Vorwiderstandes über eine Umrechnung der Messgröße Spannungen messen, die größer sind als der konstruktionsbedingte Messbereich des Gerätes.

- *Stromteilerregel*

Diese liefert bei der Parallelschaltung von Widerständen eine Aussage über die Relationen zwischen den einzelnen Strömen (s. B 5.24). Ausgehend von G 5.73 und G 5.74 kann man diese wie folgt angeben:

$$\frac{\text{i}-\text{ter Teilstrom}}{\text{Gesamtstrom}} = \frac{I_i}{I} = \frac{R_{ers}}{R_i} = \frac{G_i}{G_{ers}} \tag{5.84}$$

$$\frac{\text{i}-\text{ter Teilstrom}}{\text{k}-\text{ter Teilstrom}} = \frac{I_i}{I_k} = \frac{R_k}{R_i} = \frac{G_i}{G_k} \tag{5.85}$$

Auch diese Regel ist neben der Berechnung für den Aufbau und die Dimensionierung von Messschaltungen gut geeignet. Diesbezüglich wird nachfolgend die Messbereichserweiterung bei der Strommessung dargestellt. Die prinzipielle Situation ist in B 5.30 dargestellt.

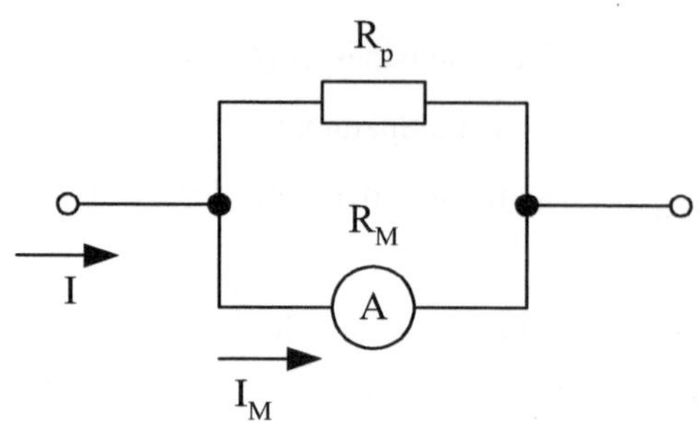

Bild 5.30: Schaltung zur Messbereichserweiterung eines Strommessers

Ausgehend von G 5.84 entsteht hier:

$$\frac{I_M}{I} = \frac{R_p \parallel R_M}{R_M} = \frac{R_p}{R_p + R_M}$$

bzw.

$$I = I_M \left(1 + \frac{R_M}{R_p}\right) \tag{5.86}$$

Hieraus folgt:

$$I > I_M \quad \text{bei} \quad R_p < \infty$$

bzw.

$$I \gg I_M \quad \text{bei} \quad R_p \ll R_M$$

Man kann also mit einem vorliegenden Messgerät durch die geeignete Wahl eines Parallelwiderstandes über eine Umrechnung der Messgröße Ströme messen, die größer sind als der konstruktionsbedingte Messbereich des Gerätes.

5.6.2.3 *Grundstromkreis*

5.6.2.3.1 *Als lineares Netzwerk*

Der Grundstromkreis ist das einfachste aktive Netzwerk. Man kann sich diesen z.B. als die Ersatzschaltung (s. B 5.31) für ein Strömungsfeld in einer solchen Anordnung vorstellen, die aus nur einem aktiven (reale Spannungsquelle) und einem passiven (Widerstand) Raumbereich besteht. Der Grundstromkreis besitzt aber auch als vereinfachtes Netzwerk (Zweipolersatzschaltung) für komplexer gestaltete Netzwerke eine große praktische Bedeutung.

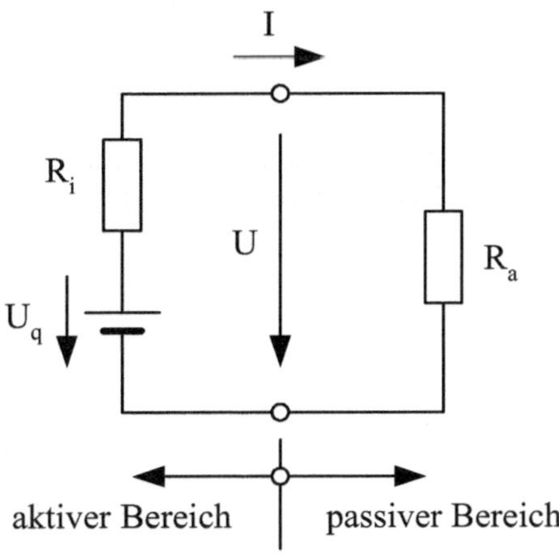

U_q - Quellenspannung der Spannungsquelle (aktiver Bereich)

R_i - Innerer Widerstand der Spannungsquelle

R_a - Äußerer Widerstand (passiver Bereich)

U - Spannungsabfall über R_a

I - Strom in dem Grundstromkreis

Bild 5.31: Grundstromkreis

Mit den in B 5.31 eingetragenen Zählpfeilen erhält man über den Maschensatz und das Ohmsche Gesetz folgende Zusammenhänge:

$$U = U_q - I\,R_i = I\,R_a \tag{5.87}$$

$$I = \frac{U_q}{R_i + R_a} \tag{5.88}$$

Damit erhält man für die Leistungsanteile in dem Grundstromkreis unter Beachtung von G 5.63 und G 5.64 folgende Zusammenhänge:

- In der Spannungsquelle erzeugte Leistung P_e

$$P_e = -U_q\,I = -\frac{U_q^2}{R_i + R_a} \tag{5.89}$$

- In R_a verbrauchte Leistung P

$$P = U\,I = \left(\frac{U_q}{R_i + R_a}\right)^2 R_a \tag{5.90}$$

- In der Spannungsquelle verbrauchte Leistung P_v

$$P_v = I^2\,R_i = \left(\frac{U_q}{R_i + R_a}\right)^2 R_i \tag{5.91}$$

Diese Zusammenhänge genügen dem Energieerhaltungssatz, der hier wie folgt lautet:

$$P_e + P + P_v = 0 \tag{5.92}$$

Wenn man sich den Widerstand R_a als einen Energiewandler vorstellt (z.B. Heizkörper), in dem die in der Spannungsquelle erzeugte elektrische Energie in eine Nutzenergie umgewandelt wird, dann kann wie folgt ein Wirkungsgrad definiert werden:

$$\eta = \left| \frac{P}{P_e} \right| = \frac{R_a}{R_i + R_a} = \frac{1}{1 + \dfrac{R_i}{R_a}} \tag{5.93}$$

In Abhängigkeit von dem Widerstand R_a, den man auch als Belastungswiderstand für die Spannungsquelle betrachten kann, werden drei besondere Betriebszustände für den Grundstromkreis unterschieden.

1. $R_a \rightarrow \infty$ <u>Leerlauf</u>

Damit entsteht ausgehend von G 5.87 und G 5.88:

$$I = 0 \tag{5.94}$$

$$U = U_\ell = U_q \tag{5.95}$$

$$U_\ell \quad - \quad \text{Leerlaufspannung}$$

Dieser Betriebszustand spielt aus der Sicht einer Nutzanwendung praktisch keine Rolle. In der Form

$$R_a \gg R_i \tag{5.96}$$

ist hingegen die Annäherung an diesen Zustand wegen des damit verbundenen hohen Wirkungsgrades gemäß G 5.93 insbesondere in der elektrischen Energietechnik von entscheidender Bedeutung.

2. $R_a = R_i$ <u>Anpassung</u>

Ausgehend von G 5.87 und G 5.88 entsteht hier:

$$I = \frac{U_q}{2\,R_i} = \frac{U_q}{2\,R_a} \tag{5.97}$$

$$U = \frac{U_q}{2} \tag{5.98}$$

Die besondere praktische Bedeutung dieses Zustandes besteht darin, dass dabei die in R_a verbrauchte Leistung maximal wird. Das resultiert aus G 5.90 in folgender Weise:

$$\frac{\partial P}{\partial R_a} = U_q^2 \, \frac{\left(R_i + R_a \right)^2 - R_a \, 2 \left(R_i + R_a \right)}{\left(R_i + R_a \right)^4} = 0$$

bzw.

$$R_i = R_a \tag{5.99}$$

Für die maximal von der Spannungsquelle nach außen an einen Widerstand R_a (Verbraucher) abgebbare Leistung entsteht damit:

$$P_{max} = \frac{U_q^2}{4\,R_i} \tag{5.100}$$

Dieser Betriebszustand der Anpassung ist insbesondere in der Informationstechnik von großer Bedeutung, da hier wegen des insgesamt relativ geringen Energieumsatzes nicht der Wirkungsgrad, sondern die aus einer vorliegenden Schaltung maximal entnehmbare Leistung die entscheidende Rolle spielt.

3. $R_a = 0$ <u>Kurzschluss</u>

Ausgehend von G 5.87 und G 5.88 entsteht hier:

$$I = I_k = \frac{U_q}{R_i} \tag{5.101}$$

I_k -   Kurzschlussstrom

$$U = 0 \tag{5.102}$$

Aus praktischer Sicht handelt es sich hierbei um einen unerwünschten Fehlerzustand. Auch wenn dieser bei einer technischen Lösung höchst selten auftritt, so spielt jedoch der in diesem Falle wegen G 5.101 auftretende hohe Kurzschlussstrom für die Bemessung der jeweiligen Einrichtung eine große Rolle.

Die Größen U und I in dem Grundstromkreis kann man auch auf der Grundlage einer so genannten Stromquellen-Ersatzschaltung bestimmen. Dabei wird davon ausgegangen, dass zur Ermittlung der Spannung U über dem Widerstand R_a prinzipiell G 5.87 genügt. Es entsteht demzufolge auch auf der Grundlage einer gegenüber B 5.31 veränderten Schaltung das gleiche Ergebnis, wenn durch diese ebenfalls G 5.88 erfüllt wird. Zur Konzipierung einer solchen veränderten Schaltung wird ganz formal G 5.88 mit R_i erweitert. Unter Beachtung von G 5.101 erhält man dann folgenden Zusammenhang:

$$I = \frac{U_q}{R_i} \frac{R_i}{R_i + R_a} = I_k \frac{R_i}{R_i + R_a} \tag{5.103}$$

Dieser Ausdruck entspricht gemäß G 5.84 der Stromteilerregel für die nachfolgend dargestellte Schaltung:

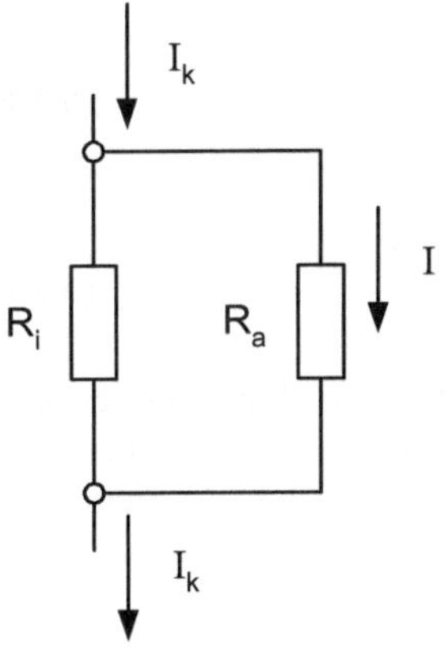

Bild 5.32: Schaltung, die G 5.103 genügt

Eine solche Schaltung ist ein passives Netzwerk mit dem von außen aufgeprägten Strom I_k. Um auch hier ein dem Grundstromkreis gemäß B 5.31 adäquates aktives Netzwerk zu erhalten, wird wie in B 5.33 dargestellt eine Stromquelle eingeführt.

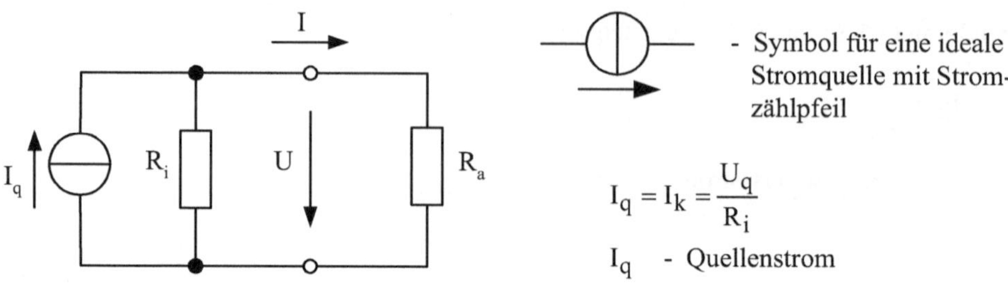

Bild 5.33: Grundstromkreis als Stromquellen-Ersatzschaltung

Eine Stromquelle ist zunächst nur ein fiktives Element, das in dem vorliegenden Netzwerk bezüglich des Widerstandes R_a rein rechnerisch die gleichen Strom-Spannungsverhältnisse hervorruft wie eine real existierende Spannungsquelle. Sie besteht aus einer Parallelschaltung von idealer Stromquelle und Innenwiderstand. Eine ideale Stromquelle (Konstantstromquelle) ist eine reale Stromquelle mit $R_i \rightarrow \infty$. Praktisch kann man eine Konstantstromquelle durch eine geeignete Schaltung (z.B. elektronisch stabilisiertes Netzgerät) realisieren.

5.6.2.3.2 Mit nichtlinearem äußeren Widerstand

Das Ohmsche Gesetz

$$U = I \ R_a \tag{5.104}$$

gilt nur, wenn R_a konstant (linear) ist. Andernfalls liegt ein nichtlineares Netzwerk vor und es gilt dann folgender nichtlinearer Zusammenhang:

$$U = f\left(I\right) \quad bzw. \quad I = f\left(U\right) \tag{5.105}$$

Ausgehend von G 5.87 erhält man dann folgende Zusammenhänge:

$$U = f\left(I\right) = U_q - I \ R_i \tag{5.106}$$

bzw.

$$I = f\left(U\right) = \frac{U_q - U}{R_i} = I_k - \frac{U}{R_i} \tag{5.107}$$

Eine Lösung dieser Gleichungen ist entweder grafisch bzw. numerisch möglich. Bei der grafischen Lösung werden die Ausdrücke auf beiden Seiten der jeweiligen Gleichung als voneinander unabhängige Funktionen betrachtet und es wird deren Schnittpunkt (Arbeitspunkt) bestimmt. Diese Vorgehensweise ist für G 5.106 in B 5.34 prinzipiell dargestellt.

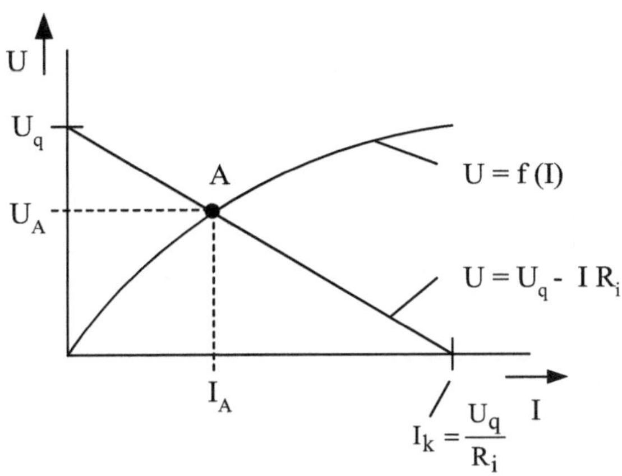

Bild 5.34: Grafische Lösung (Arbeitspunkt) für G 5.105

Für G 5.107 ist als Beispiel die Arbeitspunktermittlung an Hand von Transistorkennlinien in B 5.35 dargestellt.

5.6.2.4 Zweigstromanalyse

Gemäß Abschnitt 5.6.1 ist eine Verbindung zwischen zwei Knotenpunkten in einem Netzwerk ein Zweig. Dieser wird an allen Stellen von dem gleichen Strom durchflossen. Kennt man in einem Netzwerk alle Zweigströme, dann sind darüber alle anderen interessierenden Größen (Spannungen, Leistungen) in einfacher Weise bestimmbar. Das Ziel der Zweigstromanalyse ist daher die Ermittlung der Zweigströme. Dazu werden

z -   Anzahl der Zweige

unabhängige Gleichungen benötigt. Stromquellenzweige (wenn vorhanden) werden dabei nicht mitgezählt, da der in diesen fließende Quellenstrom a priori bekannt ist.

Über den Knotenpunktsatz werden zunächst formal

k -   Anzahl der Knotenpunkte

Knotengleichungen gefunden. Da ein Zweigstrom immer von einem Knotenpunkt zu einem anderen fließt, muss er zwangsläufig in zwei Knotengleichungen mit unterschiedlichem Vorzeichen auftreten. Damit ist aber die Summe aus allen Knotengleichungen stets „Null" bzw. man kann jede Knotengleichung aus der Summe aller anderen gewinnen. Das bedeutet aber, dass nur

$k - 1$

unabhängige Knotengleichungen angebbar sind.

Da in einem Netzwerk ferner strukturbedingt

$$k < z \tag{5.108}$$

gilt, reichen diese zur Lösung des Problems nicht aus.

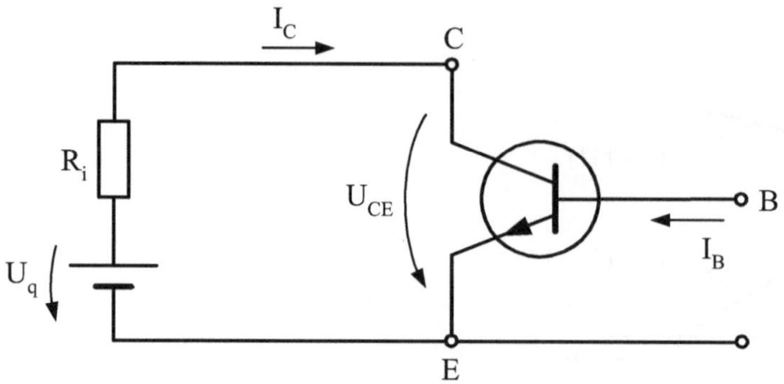

Netzkennlinie:

$$I_C = \frac{U_q - U_{CE}}{R_i}$$

mit R_i als Parameter

Transistorkennlinie:

$$I_C = f(U_{CE})$$

mit I_B als Parameter

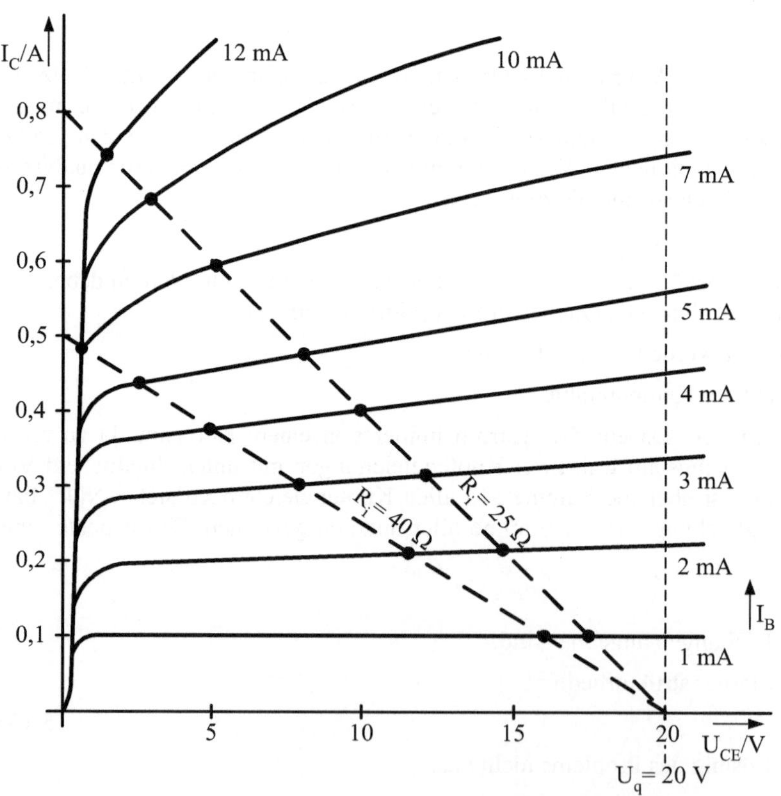

Bild 5.35: Mögliche Arbeitspunkte bei einem npn - Bipolartransistor in Emitterschaltung für verschiedene Basisströme I_B und verschiedene Netzinnenwiderstände R_i

Es werden über den Maschensatz noch

$$m = z - (k-1) \qquad (5.109)$$

m - Anzahl der unabhängigen Maschen

unabhängige Maschengleichungen benötigt. Zur Auffindung der dazu erforderlichen unabhängigen Maschen wird in einem Netzwerk zunächst eine solche offene (ohne Maschen) Zweigstruktur (Baum) eingetragen, über die jeder Knotenpunkt von einem beliebigen anderen stets nur auf ein und demselben Wege erreicht werden kann (s. B 5.36).

a. Netzstruktur

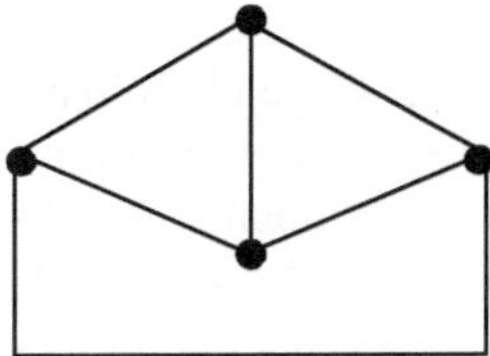

$$z = 6$$
$$k = 4$$
$$m = z - (k-1) = 3$$

b. Baumvariante 1

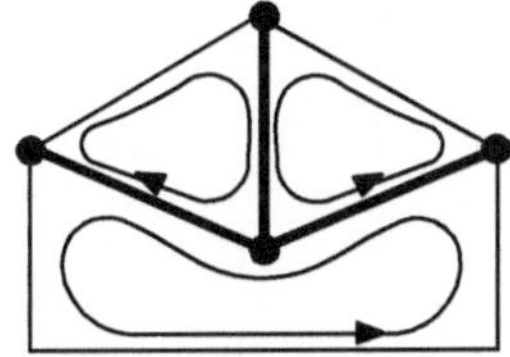

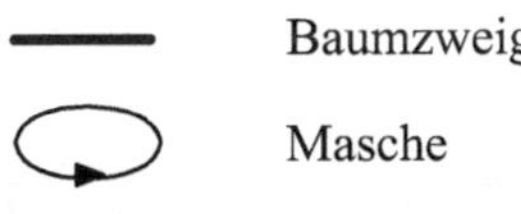

$$z_B = k - 1 = 3$$

c. Baumvariante 2

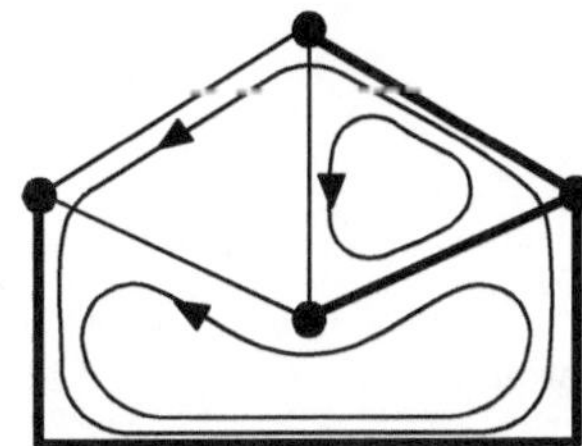

$$z_B = k - 1 = 3$$

Bild 5.36: Ausgewählte Baumvarianten für eine vorliegende Netzstruktur

Für einen solchen Baum gilt stets:

$$z_B = k - 1 \qquad (5.110)$$

z_B - Anzahl der Baumzweige

Unter Beachtung von G 5.109 entsteht dann:

$$z_U = z - z_B = m \qquad (5.111)$$

z_U - Anzahl der unabhängigen (nicht zum Baum gehörend) Zweige

Da jeder unabhängige Zweig zwischen zwei über den Baum miteinander verbundenen Knotenpunkten liegt, kann man mit all diesen Zweigen über den Baum auch eine Masche bilden (s. B 5.36). Auf dieser Grundlage erhält man dann gerade m Maschengleichungen. Diese sind voneinander unabhängig, da die einzelnen unabhängigen Zweige jeweils nur in einer dieser Maschengleichungen enthalten sind.

Diese Vorgehensweise zur Gewinnung der unabhängigen Maschen bzw. Maschengleichungen führt immer zum Ziel. Praktibel sind aber auch folgende Strategien:

- Markierung einer 1. Masche, aus der anschließend ein beliebiger Zweig entfernt wird. Markierung einer 2. Masche in dem verbleibenden Netzwerk, aus der anschließend ebenfalls ein beliebiger Zweig entfernt wird. Fortführung dieser Vorgehensweise bis keine Masche mehr existiert (s. B 5.37).

- Die Struktur vieler Netzwerke ist in der Ebene so darstellbar, dass keine Zweige übereinander liegen (z.B. für das würfelartige Netzwerk in B 5.27 nicht möglich). Dabei wird durch die außenliegenden Zweige eine Gesamtfläche aufgespannt, die durch die innenliegenden Zweige in genau m Teilflächen zergliedert wird (s. B 5.36). Man kann somit die Umrandung aller dieser Teilflächen unmittelbar für die Markierung der unabhängigen Maschen verwenden (entspricht in B 5.36 der Baumvariante 1).

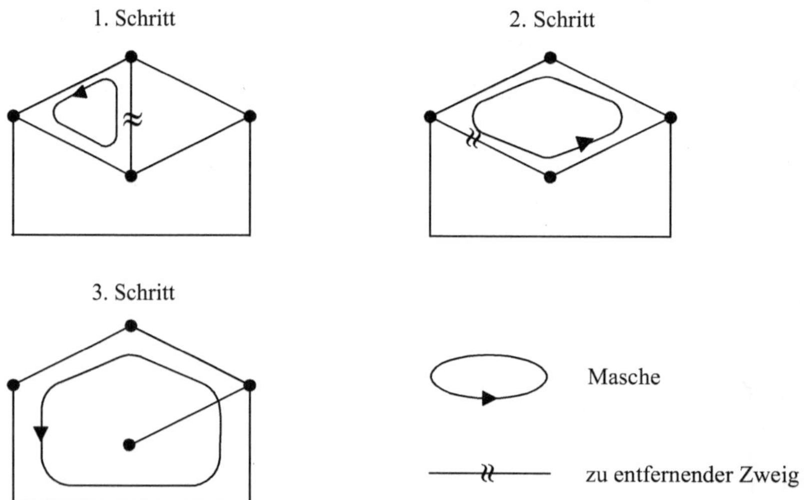

Bild 5.37:　Gewinnung der unabhängigen Maschen durch schrittweises Entfernen einzelner Zweige

Aus den hier angestellten Überlegungen kann man folgende prinzipielle Vorgehensweise zur Gewinnung der notwendigen Gleichungen in einem konkreten Fall ableiten:

1. Vergabe von Kurzbezeichnungen für alle in der Schaltung vorhandenen Elemente und Nummerierung der Knotenpunkte.

2. Eintragung der durch die aktiven Elemente vorbestimmten Zählpfeile für die Quellenspannungen und Quellenströme.

3. Wahl der Zählpfeile für die Zweigströme.

4. Festlegung der betrachteten (k-1) Knotenpunkte und Formulierung der entsprechenden Knotengleichungen.

5. Auswahl der m unabhängigen Maschen und Festlegung des jeweiligen Umlaufsinns. Formulierung der entsprechenden Maschengleichungen.

In B 5.38 ist ein in dieser Weise aufbereitetes Netzwerk als Beispiel dargestellt.

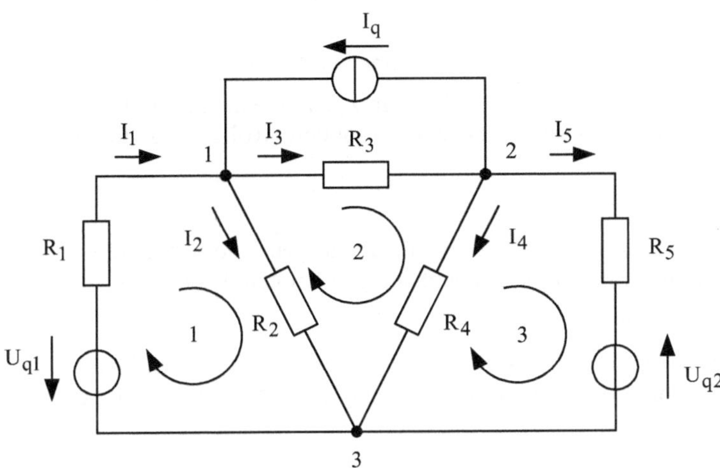

Bild 5.38: Beispielnetzwerk für eine Zweigstromanalyse

Als zu betrachtende Knotenpunkte werden die mit den Nummern 1 und 3 festgelegt. Damit entstehen folgende Knotengleichungen:

$$\text{Knoten 1:} \quad -I_1 + I_2 + I_3 - I_q = 0$$
$$\text{Knoten 3:} \quad I_1 - I_2 - I_4 - I_5 = 0 \tag{5.112}$$

Die entsprechenden unabhängigen Maschengleichungen lauten:

$$\text{Masche 1:} \quad I_1\,R_1 + I_2\,R_2 - U_{q1} = 0$$
$$\text{Masche 2:} \quad -I_2\,R_2 + I_3\,R_3 + I_4\,R_4 = 0 \tag{5.113}$$
$$\text{Masche 3:} \quad -I_4\,R_4 + I_5\,R_5 - U_{q2} = 0$$

Damit liegen 5 unabhängige lineare Gleichungen zur Bestimmung der 5 unbekannten Zweigströme vor. Zur Lösung derartiger Gleichungssysteme bedient man sich häufig der Matrizenrechnung. Es ist daher die entsprechende Darstellung desselben in Matrizenform wie folgt angegeben:

$$\begin{pmatrix} -1 & 1 & 1 & 0 & 0 \\ 1 & -1 & 0 & -1 & -1 \\ R_1 & R_2 & 0 & 0 & 0 \\ 0 & -R_2 & R_3 & R_4 & 0 \\ 0 & 0 & 0 & -R_4 & R_5 \end{pmatrix} \cdot \begin{pmatrix} I_1 \\ I_2 \\ I_3 \\ I_4 \\ I_5 \end{pmatrix} = \begin{pmatrix} I_q \\ 0 \\ U_{q1} \\ 0 \\ U_{q2} \end{pmatrix} \tag{5.114}$$

5.6.2.5 Weitere Verfahren

Das Verfahren der Zweistromanalyse ist zur Durchführung einer Netzwerkanalyse im Prinzip hinreichend. Insbesondere aus der Sicht großer Netzwerke hat es jedoch folgende Nachteile:

- Die Formulierung der Problemgleichungen ist vom Bearbeiter abhängig.

- Die Orientierung auf die Zweigströme als Unbekannte führt zu einem großen Problemumfang.

- Der Rechenaufwand ist hoch, wenn nicht alle Zweigströme benötigt werden.

Die beiden zuerst genannten Aspekte spielen nicht zuletzt im Zusammenhang mit der rechnergestützten Aufbereitung und Lösung des Problems eine besondere Rolle. Aus dieser Sicht bieten z.B. folgende Verfahren Vorteile:

- Knotenpotenzialverfahren (Knotenanalyse)

  Das Knotenpotenzialverfahren orientiert auf die Potenziale an den Knotenpunkten als Unbekannte und kommt demzufolge mit den (k-1) unabhängigen Knotengleichungen aus.

- Maschenstromverfahren (Umlaufanalyse)

  Das Maschenstromverfahren orientiert auf fiktive Ströme in den unabhängigen Maschen als Unbekannte und benötigt demzufolge nur die m unabhängigen Maschengleichungen zur Problembeschreibung.

Auf eine Darstellung dieser Verfahren im Detail wird hier verzichtet. Diesbezüglich sei auf die Literatur verwiesen (z.B. [2, S. 20 ... 27]).

Wenn für spezielle Fragestellungen (Energieaustausch an der Kuppelstelle von Elektroenergienetzen; Einfluss der Quellen auf einen bestimmten Zweigstrom u. dgl.) in einem größeren Netzwerk nur die Kenntnis einzelner Ströme bzw. Spannungen erforderlich ist, dann sind z.B. folgende Verfahren vorteilhaft:

- Zweipoltheorie

  Bei der Zweipoltheorie handelt es sich bezogen auf die beiden interessierenden Punkte (Pole) um die Überführung eines größeren Netzwerkes in eine Ersatzschaltung in Form des Grundstromkreises.

- Überlagerungsverfahren

  Beim Überlagerungsverfahren gewinnt man einen Zweigstrom aus der Summe der von den einzelnen, voneinander unabhängigen Quellen verursachten Anteile (Superpositionsprinzip).

Auch dazu wird hier auf eine Darstellung im Detail verzichtet und auf die Literatur verwiesen (z.B. [2, S. 27 ... 30]). Es sei jedoch hervorgehoben, dass bei diesen beiden Verfahren insbesondere die Netztransfiguration sowie die Strom- und Spannungsteilerregel zur Anwendung kommen.

6 Magnetisches Feld

6.1 Wesen und Ursache

Das magnetische Feld besteht naturgegeben in der Umgebung von bewegten Ladungen (Strömen). Seine Existenz ist durch die Kraftwirkung auf andere, sich in diesem Feld bewegende Ladungen nachweisbar. Es ist damit vom Wesen her anders, als das in der Umgebung von ruhenden Ladungen vorhandene elektrostatische Feld. In diesem Kapitel werden die zur Beschreibung desselben noch zu vereinbarenden magnetischen Feldgrößen als zeitlich konstant betrachtet. Man nennt das darauf bezogene Teilgebiet der Elektrotechnik daher im engeren Sinne auch Magnetostatik.

Das Magnetfeld einer bewegten Ladung bewegt sich mit dieser durch den Raum. Damit kommt es in den einzelnen Punkten desselben zu einer zeitlichen Änderung der Intensität des dort vorliegenden Magnetfeldes. Ein zeitlich konstantes Magnetfeld ist daher nur unter folgenden Bedingungen möglich:

1. Der Aktionsradius einer sich mit konstanter Geschwindigkeit bewegenden Ladung ist gegenüber deren Abstand zu dem jeweiligen Punkt im Raum vernachlässigbar.

2. Die Überlagerung der Magnetfelder mehrerer bewegter Ladungen ergibt in den jeweiligen Punkten des Raumes ein zeitlich konstantes Gesamtfeld.

Der erste Fall liegt bei den Elektronenbewegungen im atomaren Bereich (atomare Ströme) in folgender Weise vor (s. B 6.1):

- Elektronenumlauf um den Atomkern

- Rotation der Elektronen um eine Achse (Elektronenspin)

Bei entsprechender Ausrichtung der jeweiligen Umlaufbahnen bzw. Rotationsachsen entstehen dadurch z.B. Dauermagnete (s.a. Abschnitt 6.3).

a) Elektronenumlauf

b) Elektronenspin

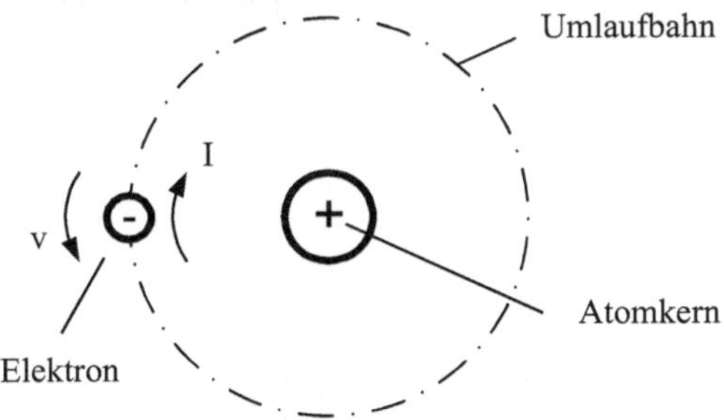

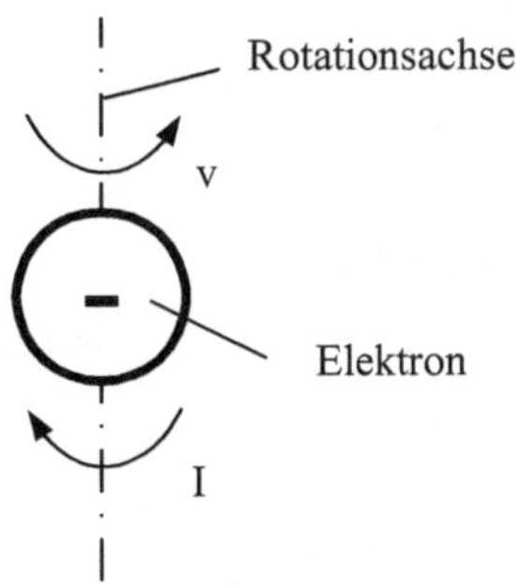

Bild 6.1:   Atomare Ströme durch Elektronenbewegung

Der zweite Fall liegt bei einem Gleichstromkreis vor, dessen Lage im Raum zeitlich unverändert bleibt. Ein Strömungsfeld erweist sich somit als Ursache für ein zeitlich konstantes Magnetfeld.

Im Magnetfeld auftretende Kraftwirkungen sind z.B. in der nachfolgend dargestellten Weise bekannt bzw. einfach nachweisbar:

a) Anziehung bzw. Abstoßung benachbarter Leiter   b) Anziehung von Eisen durch eine
                                                        stromdurchflossene Spule

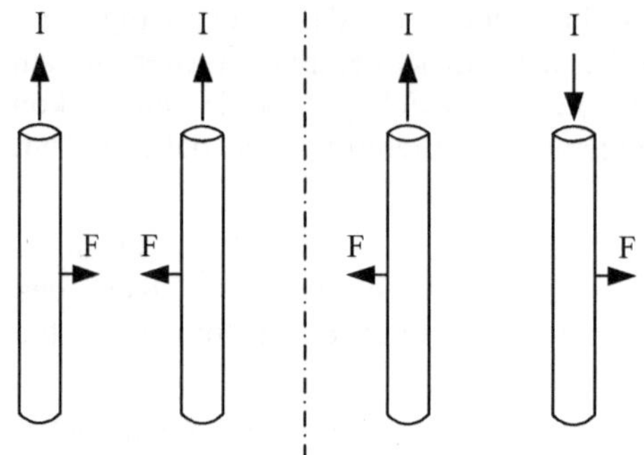
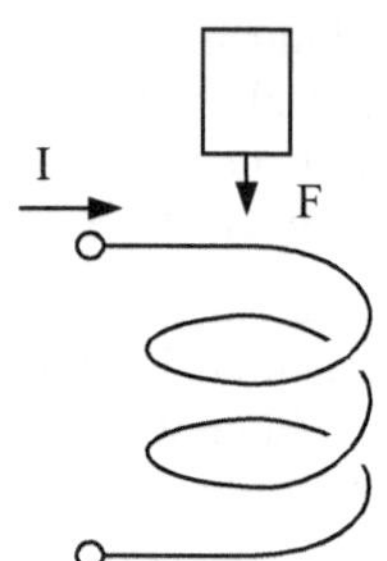

c) Ausrichtung von Eisenfeilspänen um eine   d) Ausrichtung von Magnetnadeln um
    Stromschleife   einen stromdurchflossenen Leiter

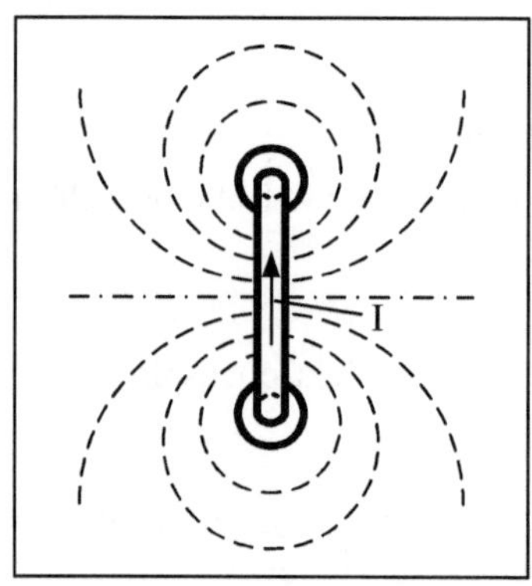
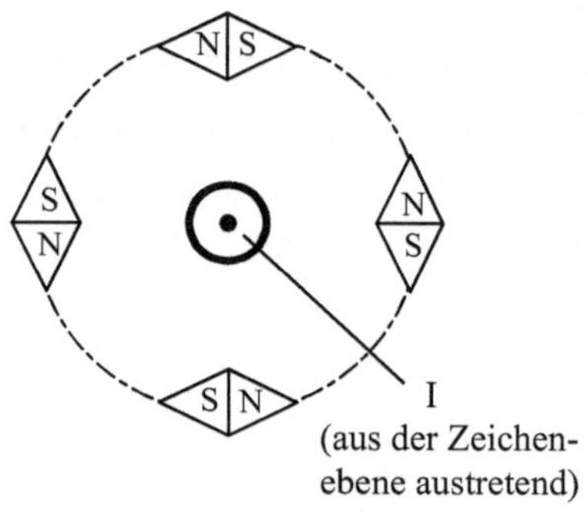

e)   Anziehung   bzw.   Abstoßung
                        von Dauermagneten

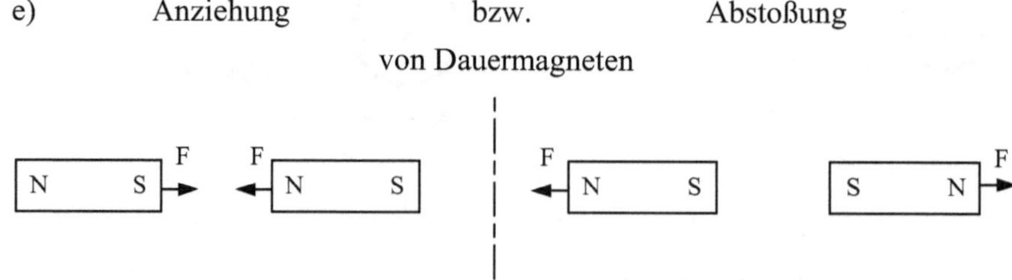

Bild 6.2:   Magnetische Kraftwirkungen

6.2 Vektorielle Beschreibung

6.2.1 Induktion

Die Induktion ist ähnlich wie die elektrische Feldstärke für das elektrische Feld die grundlegende Feldgröße zur Beschreibung des magnetischen Feldes. Sie wird ausgehend von der naturgegebenen Kraftwirkung auf bewegte Ladungen in dem Magnetfeld anderer bewegter Ladungen vereinbart. Dazu werden als bewegte Ladungen die durch linienhafte, stromdurchflossene Raumbereiche von differenzieller Länge (Stromelemente) hindurchtretenden Ladungen betrachtet. Die auf diese bewegten Ladungen ausgeübte Kraftwirkung kann dann auch als eine solche zwischen den Stromelementen (z.B. kurze Teilstücke von dünnen stromdurchflossenen Leitern) aufgefasst werden. Eine solche Betrachtungsweise ist die Grundlage für die Entwicklung der nachfolgenden Zusammenhänge. Aus folgenden Gründen ist das jedoch in allgemeiner Form nicht ganz einfach:

- Das Magnetfeld einer bewegten Ladung ist von deren Bewegungsrichtung abhängig. Es besitzt damit im Gegensatz zu dem elektrischen Feld einer ruhenden Punktladung keine Kugelsymmetrie.

- Die Kraftwirkung auf eine bewegte Ladung hängt von den Bewegungsrichtungen aller daran beteiligten Ladungen ab.

Es wird daher zur Herausarbeitung der prinzipiellen Zusammenhänge zunächst folgende Vereinfachung vorgenommen:

- Es werden zwei Stromelemente betrachtet, die zueinander parallel und senkrecht auf ihrer Verbindungsgeraden stehen (s. B 6.3).

Damit entsteht in Übereinstimmung mit B 6.2 a) folgende im Experiment gewonnene qualitative Situation:

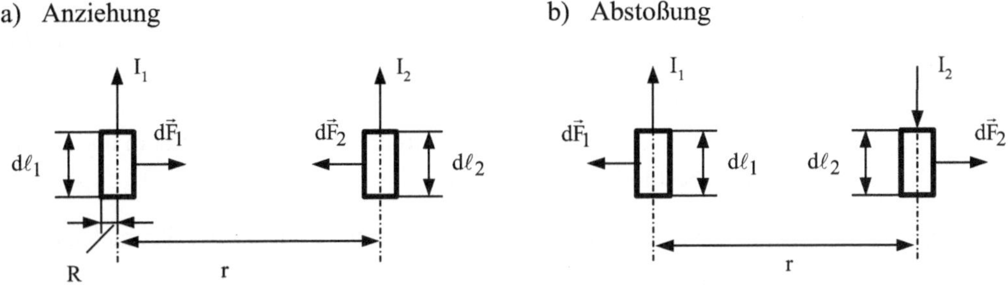

Bild 6.3:   Kraftwirkung zwischen zwei Stromelementen (R << r)

Dieses Experiment liefert aus quantitativer Sicht zusätzlich für den Betrag der auftretenden Kräfte folgendes Resultat:

$$dF_1 = dF_2 = K \; \frac{I_1 \, d\ell_1 \cdot I_2 \, d\ell_2}{r^2} \tag{6.1}$$

K   -   Eine vom Stoff des die Stromelemente umgebenden Raumes abhängige Konstante.

Dieser Zusammenhang besitzt die gleiche Grundstruktur wie das Coulombsche Gesetz bzw. das Gravitationsgesetz (s. G 4.3 bzw. G 4.4). Dahinter verbirgt sich möglicherweise naturgegeben ein übergeordnetes allgemeines Prinzip.

Mit der Vereinbarung

$$K = \frac{\mu}{4\pi} \tag{6.2}$$

μ -   Permeabilität

         Für Vakuum gilt:

$$\mu = \mu_0 = 4\pi \cdot 10^{-7}\ \frac{Vs}{Am} \quad \text{(magnetische Feldkonstante)}$$

entsteht daraus:

$$dF_1 = dF_2 = \mu\,\frac{I_1\,d\ell_1 \cdot I_2\,d\ell_2}{4\pi\,r^2} \tag{6.3}$$

<u>Anmerkung:</u>

So wie ε_0 ist auch μ_0 eine Naturkonstante. Beide stehen wie folgt in Verbindung:

$$c = \frac{1}{\sqrt{\varepsilon_0\,\mu_0}} \tag{6.4}$$

c   -   Lichtgeschwindigkeit im Vakuum

Aus B 6.3 geht hervor, dass der jeweilige Kraftvektor senkrecht auf dem betreffenden Stromelement steht. Das legt den Gedanken nahe, diesen über ein vektorielles Produkt mit dem Stromelementevektor als den einen Faktor zu bestimmen. Dazu wird ausgehend von G 6.3 folgender Ansatz gemacht:

$$d\vec{F}_1 = I_1\left(d\vec{\ell}_1\ \times\ d\vec{B}_{21}\right) \tag{6.5}$$

$$d\vec{F}_2 = I_2\left(d\vec{\ell}_2\ \times\ d\vec{B}_{12}\right) \tag{6.6}$$

$d\vec{\ell}_1$ -   Stromelementevektor 1

         Seine Richtung ist durch die Lage des Stromelementes 1 im Raum und durch den Strom I_1 bestimmt. Gilt analog für $d\vec{\ell}_2$.

$d\vec{B}_{21}$ -   Intensität des Magnetfeldes des Stromelementes 2 am Ort des Stromelementes 1, die an diesem die Kraft $d\vec{F}_1$ verursacht. Gilt analog für $d\vec{B}_{12}$.

Die auf diese Weise als vektorielle Größe definierte Intensität des Magnetfeldes eines Stromelementes wird Induktion bzw. magnetische Flussdichte (s.a. Abschnitt 6.4.3.2) genannt.

$\vec{B}$ -   Induktion (Vektor)

$$[B] = \frac{Vs}{m^2} = T \quad\quad \text{(Tesla)}$$

Den Betrag der Induktion erhält man aus G 6.3, G 6.5 und G 6.6 über einen Koeffizientenvergleich wie folgt:

$$dB_{21} = \mu \; \frac{I_2 \; d\ell_2}{4\pi r^2} \tag{6.7}$$

$$dB_{12} = \mu \; \frac{I_1 \; d\ell_1}{4\pi r^2} \tag{6.8}$$

Die Richtung der Induktion erhält man unter Beachtung der für das Kreuzprodukt geltenden Zusammenhänge (s. G 1.18 und B 1.4) auf der Grundlage von G 6.5 und G 6.6. Es muss garantiert sein, dass die darüber ermittelten   Kraftrichtungen mit denen in B 6.3 übereinstimmen. Bezogen auf die Kraft $d\vec{F}_1$ bedeutet das z.B.:

- Im Fall a) Anziehung ist $d\vec{B}_{21}$ senkrecht aus der Zeichenebene herausgerichtet.

- Im Fall b) Abstoßung ist $d\vec{B}_{21}$ senkrecht in die Zeichenebene hineingerichtet.

Führt man jetzt noch einen von dem Stromelement 2 zu dem Stromelement 1 gerichteten Abstandsvektor $\vec{r}_2$ (s. B 6.4) ein, dann spannt dieser mit dem Vektor $d\vec{\ell}_2$ eine in der Zeichenebene liegende Fläche auf.

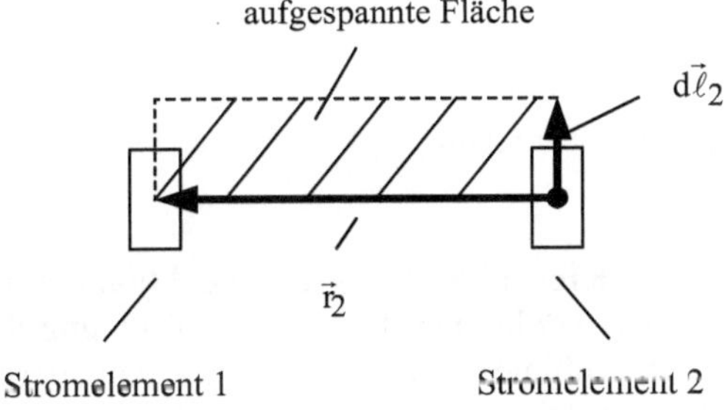

Bild 6.4:   Durch die Vektoren $d\vec{\ell}_2$ und $\vec{r}_2$ aufgespannte Fläche

Wegen der senkrecht auf der Zeichenebene stehenden Induktion $d\vec{B}_{21}$ kann man damit die Betragsgleichung G 6.7 ebenfalls über ein Kreuzprodukt wie folgt in eine Vektorgleichung überführen:

$$dB_{21} = \frac{\mu I_2}{4\pi r^2} \left(d\vec{\ell}_2 \; x \; \vec{e}_{r2} \right) = \frac{\mu I_2}{4\pi r^2} \left(d\vec{\ell}_2 \; x \; \frac{\vec{r}_2}{r} \right)$$

$$= \mu I_2 \; \frac{d\vec{\ell}_2 \; x \; \vec{r}_2}{4\pi r^3} \tag{6.9}$$

In analoger Weise erhält man:

$$d\vec{B}_{12} = \mu I_1 \; \frac{d\vec{\ell}_1 \; x \; \vec{r}_1}{4\pi r^3} \tag{6.10}$$

mit $\quad \vec{r_1} = -\vec{r_2}$ $\qquad\qquad\qquad\qquad\qquad\qquad\qquad\qquad\qquad\qquad\qquad$ (6.11)

und $\quad |\vec{r_1}| = |\vec{r_2}| = r$ $\qquad\qquad\qquad\qquad\qquad\qquad\qquad\qquad\qquad\qquad\quad$ (6.12)

Die Gleichungen G 6.9 und G 6.10 gelten zunächst nur unter Beachtung der zu ihrer Entwicklung vorgenommenen Vereinfachungen (s. B 6.3). Man kann deren Gültigkeit jedoch im Experiment auch für eine beliebige Lage der Stromelemente zueinander nachweisen. Das erlaubt die Formulierung folgender allgemeingültigen Bestimmungsgleichung für die Induktion in der Umgebung eines Stromelementes (s.a. B 6.5):

$$d\vec{B} = \mu \, I \, \frac{d\vec{\ell} \times \vec{r}}{4\pi r^3} \qquad\qquad\qquad\qquad\qquad\qquad\qquad (6.13)$$

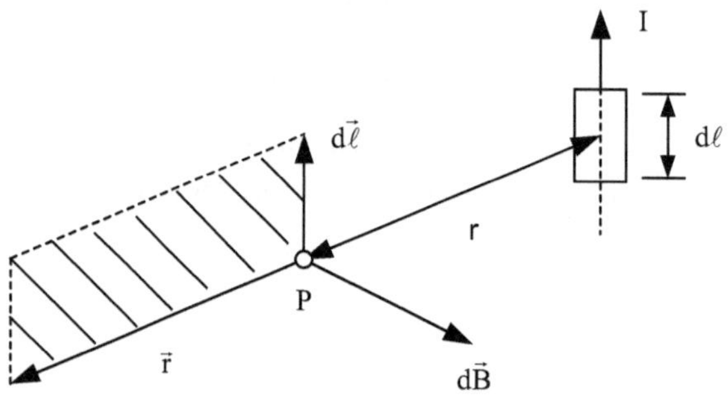

Bild 6.5:   Induktion im Punkt P in der Umgebung eines Stromelementes

Wenn man den Punkt P in B 6.5 gedanklich auf einem Kreis in Richtung der Induktion um die Achse des Stromelementes herumführt, dann zeigt der Induktionsvektor stets in Richtung der Tangente an diesen Kreis. Dieser Kreis ist damit eine Feldlinie für die Induktion, entlang der in diesem Fall ferner der Betrag der Induktion konstant ist. Diese Überlegung ist in Übereinstimmung mit dem experimentellen Befund gemäß B 6.2 d) Betrachtet man das Stromelement in B 6.5 von unten, dann entsteht für die Induktion ein Feldbild in Form von konzentrischen Kreisen um die Achse des Stromelementes (s. B 6.6). Die Richtung der Induktion entlang dieser Kreise entspricht dem Uhrzeigersinn.

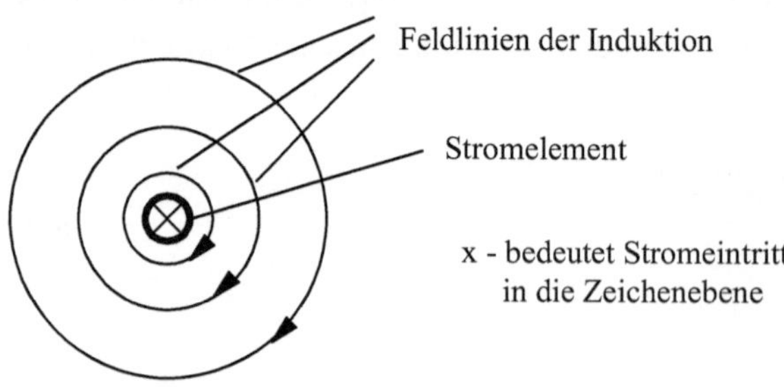

Bild 6.6:   Feldbild der Induktion um ein Stromelement

Für den praktischen Gebrauch sind hieraus abgeleitet für die Richtungsbestimmung der Induktion um einen stromdurchflossenen Leiter auch folgende einfache Regeln hilfreich:

a) Rechtsschraubenregel

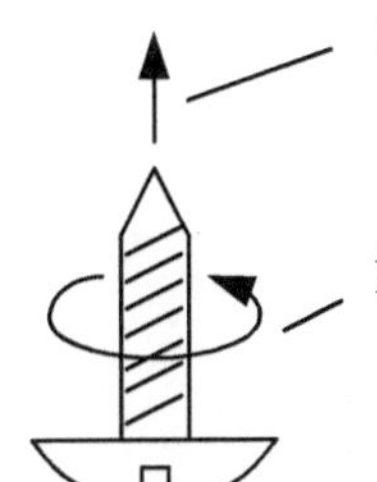

$I \mathrel{\hat=}$ Bewegungsrichtung der Rechtsschraube

$\vec{B} \mathrel{\hat=}$ Drehrichtung der Rechtsschraube

b) Rechtehandregel (1)

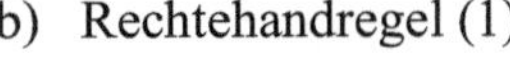
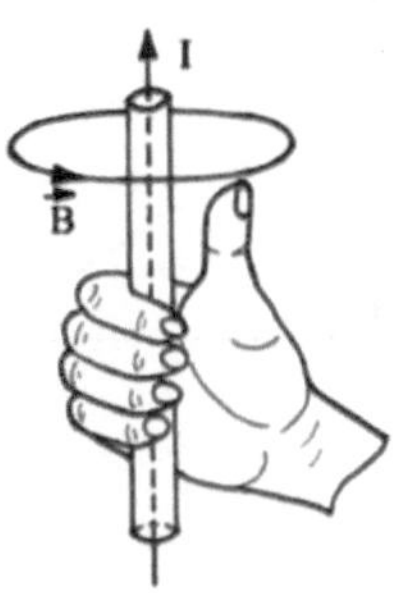

Bild 6.7:   Hilfen zur Richtungsbestimmung der Induktion um einen stromdurchflossenen Leiter

Im Gegensatz zu der Situation im elektrostatischen Feld (s. z.B. B 4.6) besitzen die Feldlinien der Induktion keinen Anfang und kein Ende. Sie sind in sich geschlossen. Ein magnetisches Feld ist damit ein Wirbelfeld, bei dem die Feldlinien um ihre Ursache herumlaufen. Die Bezeichnung Wirbelfeld resultiert aus der Vorstellung eines Wirbels (Stromelement bzw. bewegte Ladung), der um sich herum im Raum umlaufende Wirkungen (auch als Strömung vorstellbar) hervorruft.

Unter Anwendung des Überlagerungsprinzips kann dann auf der Grundlage von G 6.13 die Induktion in der Umgebung mehrerer linienhafter Stromkreise wie folgt bestimmt werden:

$$\vec{B} = \frac{\mu}{4\pi} \sum_{i=1}^{n} I_i \int_{\ell_i} \frac{d\vec{\ell}_i \times \vec{r}_i}{r_i^3} \tag{6.14}$$

n -   Anzahl der linienhaften Stromkreise

I_i -   Strom in dem i-ten Stromkreis

ℓ_i -   Länge des i-ten Stromkreises

r_i -   Abstand zwischen dem Längenelement $d\ell_i$ des i-ten Stromkreises
            und dem Punkt P im Raum

Für den Fall eines einzelnen, geradlinigen, ∞-langen und linienhaften Leiters kann man unter Vernachlässigung der entsprechenden Rückleiteranteile des Stromkreises die in B 6.8 dargestellte Situation für die Berechnung der Induktion in einem Punkt P zugrunde legen.

Da nur ein Leiter (Stromkreis) vorliegt, erübrigt sich in G 6.14 eine Indizierung. Für die einzelnen Terme in dieser Gleichung gilt:

$$d\vec{\ell} \times \vec{r} = d\ell\, r \sin \alpha \tag{6.15}$$

$$r^2 = a^2 + \ell^2 \tag{6.16}$$

$$\sin \alpha = \sin(\pi - \alpha) = \frac{a}{r} \tag{6.17}$$

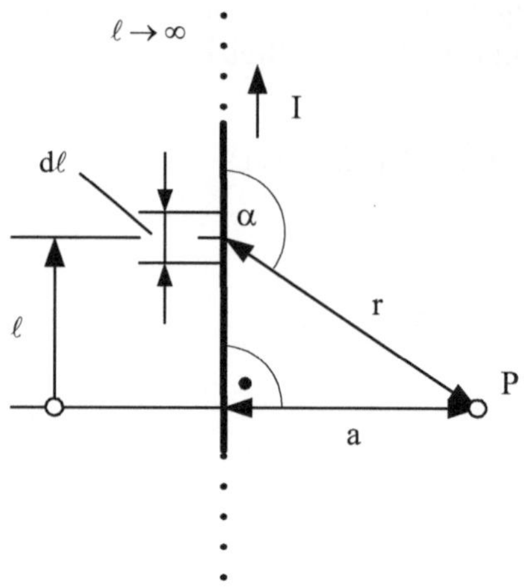

Bild 6.8:   Geradliniger, ∞-langer, linienhafter Leiter

Damit entsteht für den Betrag der Induktion im Punkt P folgendes Resultat (zur Auswertung des Integrals sei hier auf [1, S. 1066, G 206] verwiesen):

$$B = \frac{\mu\, I\, a}{4\pi} \int_{-\infty}^{\infty} \frac{d\ell}{\left(\sqrt{a^2 + \ell^2}\right)^3} = \frac{\mu\, I}{2\pi a} \tag{6.18}$$

Ausgehend von G 6.14 kann man unter Verwendung der Hilfen gemäß B 6.7 durch die Überlagerung der einzelnen Anteile auch für beliebige Anordnungen die entsprechenden Feldbilder konstruieren. Als Beispiel ist das $\vec{B}$-Feld in der Umgebung von zwei sehr langen parallelen Leitern in einer von diesen senkrecht durchstoßenen Ebene in B 6.9 dargestellt.

6.2.2   Magnetische Feldstärke

In G 6.13 ist der Einfluss des Stoffes auf die Induktion mit der Permeabilität μ mathematisch als Faktor eines Produktes enthalten. Der andere Faktor in dieser Gleichung

$$I\, \frac{d\vec{\ell} \times \vec{r}}{4\pi r^3}$$

ist stoffunabhängig. In Analogie zu der Vorgehensweise beim elektrostatischen Feld (s. Abschnitt 4.2.2) ist es daher zweckmäßig, dafür auch hier eine eigenständige Feldgröße zu vereinbaren. Analog zu G 4.16 wird hierzu folgender Ansatz gemacht:

$$\vec{B} = \mu\, \vec{H} \tag{6.19}$$

$\vec{H}$ -   Vektor der magnetischen Feldstärke

$$[H] = \frac{A}{m}$$

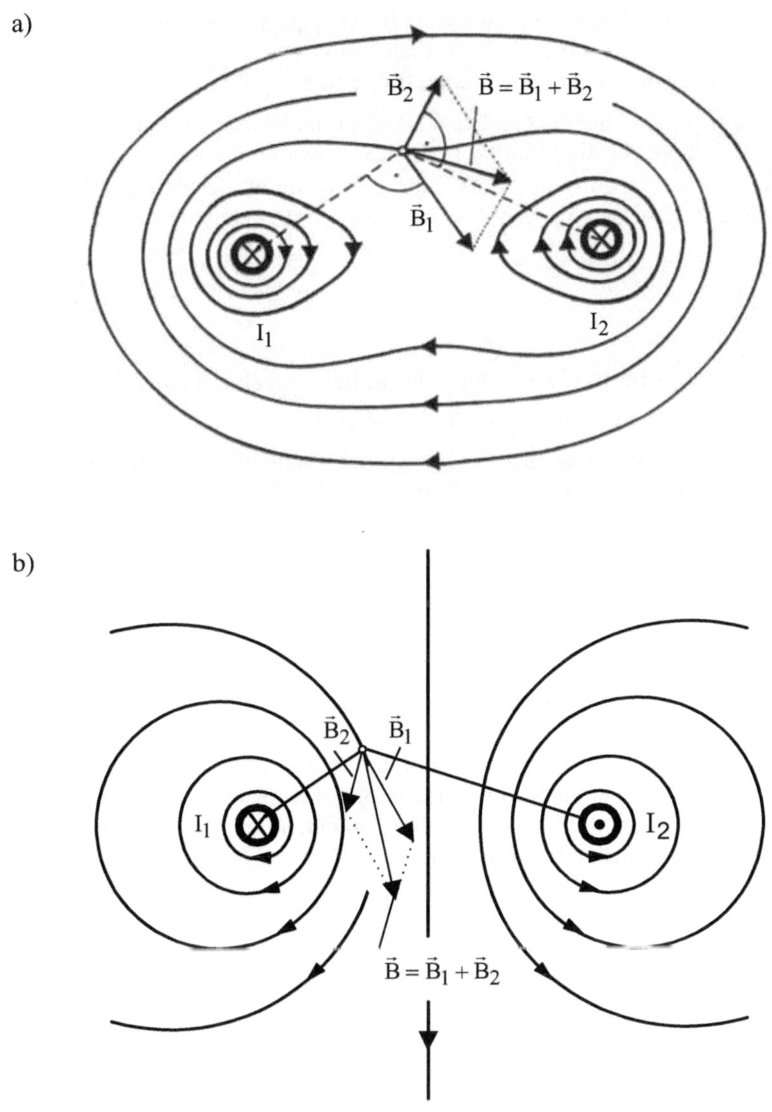

Bild 6.9: $\vec{B}$-Feldlinien in einer von zwei langen stromdurchflossenen parallelen Leitern senkrecht durchstoßenen Ebene

Aus der Sicht der Analogie zwischen G 4.16 und G 6.19 ist es mathematisch durchaus sinnvoll, diese Feldgröße $\vec{H}$ magnetische Feldstärke zu nennen. Ausgehend von dem Feldstärkebegriff sowie von G 6.5 bzw. G 6.6 wäre es jedoch inhaltlich eigentlich nahe liegend (analog zur elektrischen Feldstärke), die Feldgröße $\vec{B}$ als die magnetische Feldstärke einzuführen. Dieses Problem wird durch die synonym zur magnetischen Feldstärke verwendete Benennung als magneti-

sche Erregung beseitigt. Eine solche Benennung ist sinnvoll, da diese Größe alle für das Zustandekommen (Erregung) des vom jeweiligen Stoff unbeeinflussten magnetischen Feldes
maßgebenden Komponenten (bewegte Ladung und Geometrie) enthält.

Für die magnetische Feldstärke gelten entsprechend G 6.19 alle qualitativen Zusammenhänge,
wie diese im vorstehenden Abschnitt für die Induktion entwickelt worden sind. Aus quantitativer Sicht bedarf es lediglich einer Division von G 6.13 und G 6.14 durch die Permeabilität μ.
Die Division von G 6.13 liefert dabei den als Biot-Savartsches-Gesetz bekannten Zusammenhang wie folgt:

$$d\vec{H} = \frac{I}{4\pi\, r^3}\left(d\vec{\ell} \ \times \ \vec{r}\right) \tag{6.20}$$

B 6.5 kann damit in gleicher Weise für die Darstellung der in der Umgebung eines Stromelementes aufgebauten magnetischen Feldstärke verwendet werden. Es muss dazu lediglich $d\vec{B}$
durch $d\vec{H}$ ersetzt werden. Ebenso kann man für den Betrag der magnetischen Feldstärke um
einen sehr langen, geradlinigen stromdurchflossenen Leiter ausgehend von G 6.18 sofort folgenden Zusammenhang angeben:

$$H = \frac{I}{2\,\pi\, a} \tag{6.21}$$

6.3 Materie im magnetischen Feld

Das Verhalten der Materie im magnetischen Feld wird durch deren Struktur sowie die Wechselwirkung zwischen den von den atomaren Strömen (s. B 6.1) verursachten Magnetfeldern
und dem von außen aufgeprägten Magnetfeld bestimmt. Die von den atomaren Strömen aufgebauten Magnetfelder sind prinzipiell in B 6.10 dargestellt.

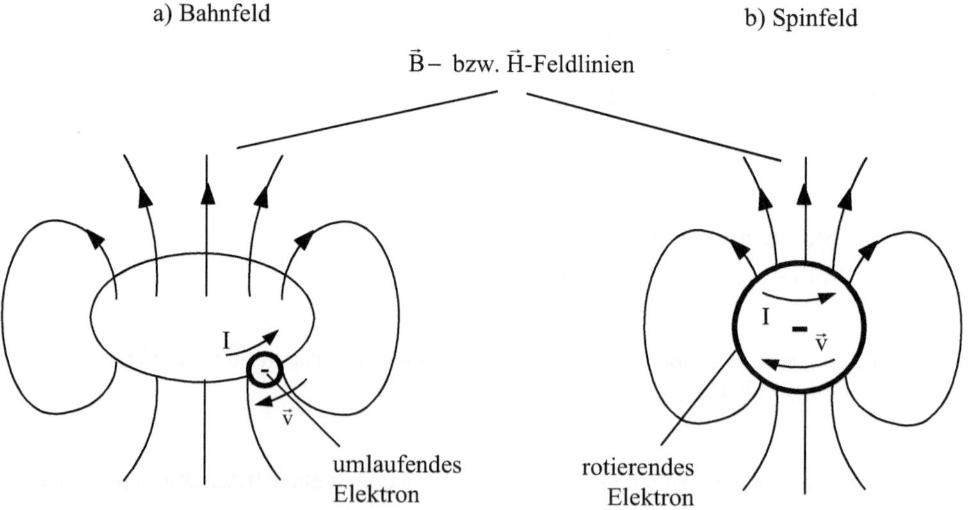

Bild 6.10: Magnetische Felder durch atomare Ströme

Man kann sich diese Magnetfelder modellmäßig auch als die winziger Dauermagnete (Elementarmagnete) vorstellen (s. B 6.11).

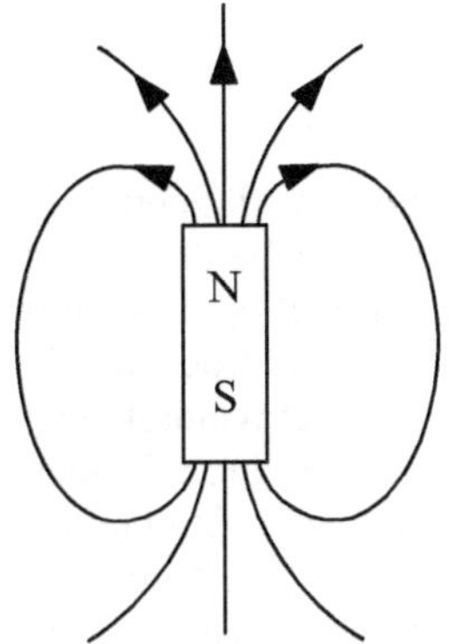

N - Nordpol (Bereich austretender Feldlinien)

S - Südpol (Bereich eintretender Feldlinien)

Bild 6.11: Dipolmodell eines Elementarmagneten

Solche Elementarmagnete in Form von magnetischen Dipolen sind die kleinsten Magnetbausteine, aus denen die einzelnen Stoffe in verschiedenster Weise zusammengesetzt sind. Einen separaten Nord- bzw. Südpol kann es wegen der in sich geschlossenen Feldlinien (Wirbelfeld) nicht geben (anders im elektrostatischen Feld mit Plus- bzw. Minuspol).

Zu einem Atom gehören in der Regel mehrere Elektronen auf verschiedenen Umlaufbahnen, die auf engstem Raum in unterschiedlichen Richtungen orientierte Bahn- und Spinfelder aufbauen. Diese Einzelfelder der Elementarmagneten überlagern sich für das jeweilige Atom zu einem Gesamtfeld. Abhängig von diesem Gesamtfeld eines Atoms unterscheidet man zwei Arten von Stoffen:

- Magnetisch neutrale Stoffe (z.B. Edelgas)
  Bei der Überlagerung heben sich die Einzelfelder gegenseitig auf (kompensieren sich), so dass das Atom nach außen kein Gesamtfeld besitzt.

- Magnetisch nichtneutrale Stoffe (z.B. Eisen)
  Hier heben sich bestimmte Einzelfelder gegenseitig nicht auf, so dass das Atom nach außen ein Gesamtfeld besitzt.

Die magnetische Wirkung eines stoffgefüllten Raumbereichs nach außen entsteht schließlich durch die Überlagerung der Gesamtfelder aller in diesem Raumbereich vorhandenen Atome. Die Richtungen der einzelnen Gesamtfelder sind infolge der Wärmebewegung der jeweiligen Atome bzw. Moleküle normalerweise regellos im Raum orientiert. Damit kommt es wiederum zu einer Kompensation der Gesamtfelder, so dass auch bei einem mit einem magnetisch nichtneutralen Stoff gefüllten Raumbereich in den meisten Fällen nach außen kein Magnetfeld besteht. Lediglich bei bestimmten festen Stoffen mit kristalliner Struktur kommt es durch innere Kräfte zu einer Zwangsorientierung von nicht kompensierten Elementarmagneten, so dass ein damit ausgefüllter Raumbereich auch nach außen ein Magnetfeld besitzt (Dauermagnet).

Ausgehend von den hier dargelegten, durch die Elementarmagnete bestimmten, magnetischen Eigenschaften der verschiedenen Stoffe kann auch deren Verhalten in einem von außen aufgeprägten Magnetfeld prinzipiell geklärt werden. Dabei sind zunächst zwei Verhaltensweisen zu unterscheiden:

- Diamagnetisches Verhalten
  (tritt bei allen Stoffen auf)

- Paramagnetisches Verhalten
  (tritt bei magnetisch nichtneutralen Stoffen auf)

Das diamagnetische Verhalten wird durch eine zeitliche Änderung des äußeren Magnetfeldes verursacht, dass die von den Umlaufbahnen der Elektronen eingeschlossene Fläche durchsetzt (z.B. beim Einbringen des Stoffes in das Magnetfeld). Nach der Lenzschen Regel (s. Abschnitt 7.3.1.1) versucht der Stoff diese zeitliche Änderung durch ein Gegenfeld zu unterdrücken. Ein solches Gegenfeld kann man sich als durch eine Veränderung der Umlaufgeschwindigkeiten der Elektronen der einzelnen Atome entstanden vorstellen. Da die Elektronen in ihren Bahnen widerstandslos umlaufen, bleiben deren veränderte Umlaufgeschwindigkeiten auch dann erhalten, wenn keine zeitliche Änderung des äußeren Magnetfeldes mehr stattfindet. Erst durch den Abbau des äußeren Magnetfeldes (Vorzeichenumkehr der zeitlichen Änderung gegenüber dem Aufbau) nehmen die Elektronen wieder ihre ursprünglichen Umlaufgeschwindigkeiten an. Auf diese Weise wird auch ein magnetisch neutraler Stoff in einem äußeren Magnetfeld zu einem dieses schwächende magnetisch nichtneutralen Stoff. Man bezeichnet einen solchen daher auch als diamagnetischen Stoff.

Quantitativ wird dieser Stoffeinfluss auf das äußere magnetische Feld durch G 6.19 mit folgender Interpretation beschrieben:

$$\vec{B} = \mu \ \vec{H}$$

$\vec{H}$ -   Von außen aufgeprägte und vom Stoff unabhängige magnetische Feldstärke.

$\vec{B}$ -   Im Stoff wirksame und von diesem abhängige Gesamtinduktion (durch Überlagerung des äußeren Magnetfeldes mit dem vom Stoff aufgebauten entstanden).

$$\mu = \mu_r \ \mu_o \qquad\qquad (6.22)$$

μ_r -   relative Permeabilität

   (analog ε_r gemäß G 4.22)

Für diamagnetische Stoffe gilt wegen der Schwächung des äußeren Magnetfeldes:

$$\mu_r < 1 \qquad\qquad (6.23)$$

Zahlenwerte sind für einige ausgewählte Stoffe in T 6.1 angegeben. Daraus geht hervor, dass die diamagnetische Wirkung sehr gering ist. Sie spielt daher für technische Anwendungen praktisch keine Rolle.

Das paramagnetische Verhalten wird durch eine Ausrichtung der Atome bzw. Moleküle bei magnetisch nichtneutralen Stoffen in dem äußeren Magnetfeld verursacht. Diese kommt durch Kräfte an den die Elementarmagnete hervorrufenden stromdurchflossenen Kreisbahnen zustande. Dadurch wird an den Elementarmagneten ein solches Drehmoment entwickelt, das deren Polachse in die Richtung des äußeren Magnetfeldes zu verdrehen versucht. Diese Situation ist der besseren Übersicht wegen unter Weglassung der Feldlinien des Elementarmagneten in B 6.12 dargestellt. Die Richtung der Kräfte erhält man über das Kreuzprodukt gemäß G 6.5 bzw. G 6.6 (s.a. Rechtehandregel (2) gemäß B 6.42).

Tabelle 6.1:   Relative Permeabilität ausgewählter Stoffe

diagmagnetische Stoffe	μ_r		
Gold	0,999965		
Kupfer	0,99999		
Silber	0,999975		
Wasser	0,999991		
Wismut	0,99983		
Zink	0,999988		
paramagnetische Stoffe	μ_r		
Aluminium	1,000022		
Luft	1,0000004		
Platin	1,00033		
Sauerstoff	1,0000018		
ferromagnetische Stoffe	$\mu_{r\ max}$		
Dynamoblech	3 000	...	9 000
Eisen	3 000	...	20 000
Eisen-Nickel-Legierungen			
- Hyperm	12 000	...	100 000
- Supermalloy	300 000	...	1 000 000

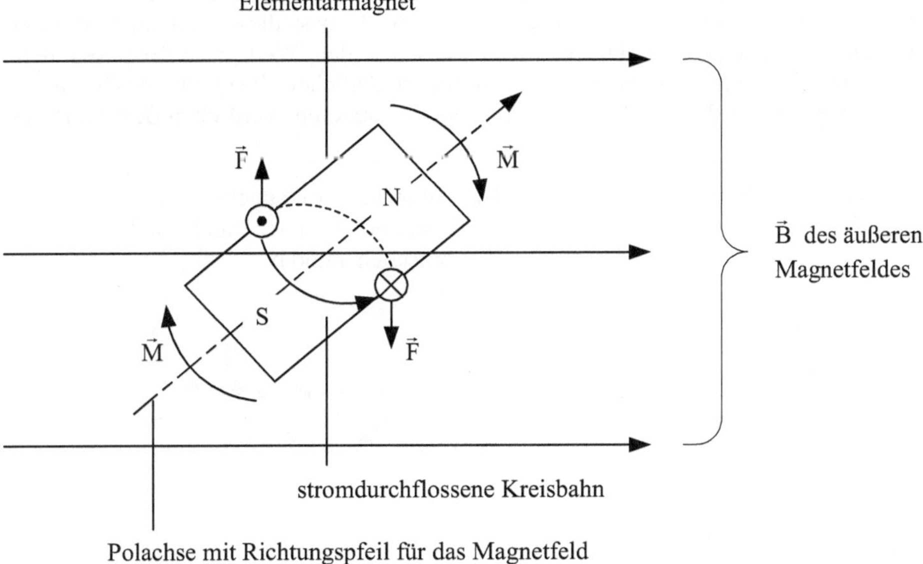

Bild 6.12:   Entstehung eines Drehmomentes $\vec{M}$ an einem Elementarmagneten in einem äußeren
             Magnetfeld

Diese an den Elementarmagneten aufgebauten Drehmomente bewirken bei einem magnetisch nichtneutralen Stoff eine Orientierung des Gesamtfeldes des Atoms in Richtung des äußeren Magnetfeldes. Das führt schließlich entgegen der durch die Wärmebewegung bedingten regellosen Anordnung der Atome bzw. Moleküle in einem Raumbereich zu einer gewissen einheitlichen magnetischen Ausrichtung derselben und damit zu einer Verstärkung des Magnetfeldes insgesamt. Wegen dieses Effektes werden magnetisch nichtneutrale Stoffe auch als paramagnetische Stoffe bezeichnet. Quantitativ wird dieser Stoffeinfluss ebenfalls gemäß G 6.22 mit

$$\mu_r > 1 \tag{6.24}$$

erfasst. Entsprechende Zahlenwerte hierfür sind für ausgewählte Stoffe in T 6.1 angegeben. Daraus geht wie bei der diamagnetischen Wirkung hervor, dass auch die paramagnetische Wirkung für technische Anwendungen praktisch keine Rolle spielt. Die Ursache hierfür ist der noch immer dominierende Einfluss der Wärmebewegung, der mit steigender Temperatur noch anwächst. Trotzdem ist das paramagnetische Verhalten in einem magnetisch nichtneutralen Stoff stärker ausgeprägt als das dort natürlich auch vorhandene diamagnetische Verhalten. Dieses wird durch das paramagnetische Verhalten überkompensiert, so dass der Stoff insgesamt paramagnetisch erscheint.

Deutlich größere Werte für μ_r sind bei magnetisch nichtneutralen Stoffen nur dann möglich, wenn es durch innere Kräfte (Anisotropie- und Austausch-Kräfte) zu einer die Wärmebewegung unterdrückenden Zwangsorientierung der Elementarmagnete kommt.

So etwas liegt bei ferromagnetischen Stoffen (Eisen als Hauptvertreter und Namensgeber dieser Stoffgruppe, Kobalt, Nickel sowie bestimmte Legierungen) vor. Entscheidend für das magnetische Verhalten dieser Stoffe ist die einheitliche Ausrichtung (spontane Magnetisierung) von Elementarmagneten (sind hier nichtkompensierte Spinfelder) in bestimmten Teilbereichen (Weißsche Bezirke) dieser Stoffe. Die magnetische Orientierung der einzelnen Weißschen Bezirke in dem Stoff ist normalerweise so verteilt (s. B 6.13), dass dieser von außen insgesamt als magnetisch neutral erscheint. Die Grenzen zwischen den Weißschen Bezirken heißen Blochwände. Das sind dünne Bereiche, in denen ein allmählicher Übergang der Orientierung der Elementarmagnete aus dem einen in den benachbarten anderen Weißschen Bezirk erfolgt.

a) Weißsche Bezirke mit Angabe der magnetischen Orientierungen

b) Übergang der magnetischen Orientierung in der Blochwand zwischen a und b

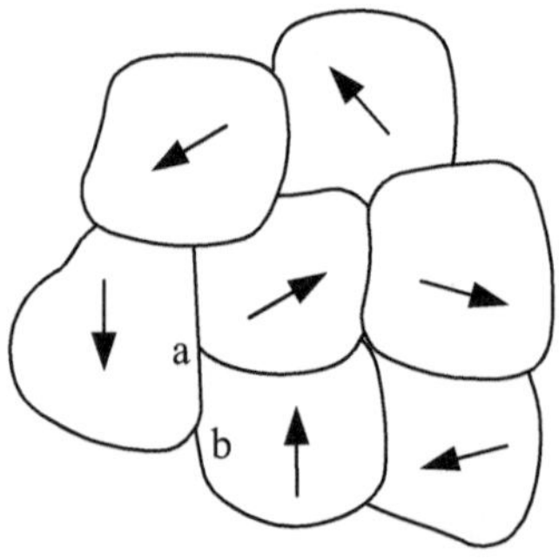

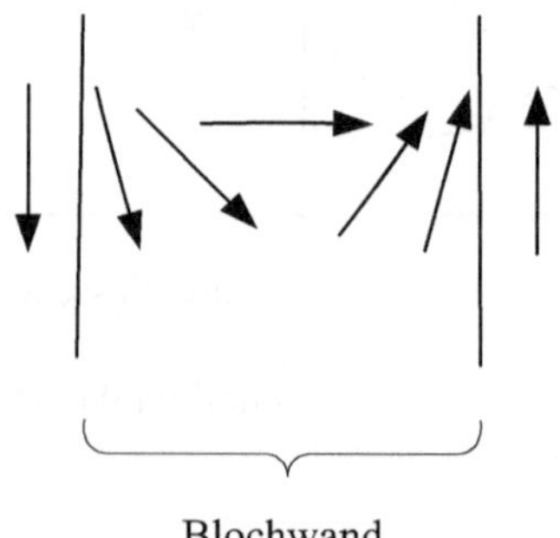

Bild 6.13: Magnetische Orientierungen in ferromagnetischen Stoffen

Mit steigender Stofftemperatur geht die spontane Magnetisierung verloren, da dann die Wärmebewegung gegenüber den inneren Kräften wieder dominiert. Der Stoff verliert bei der so genannten Curie-Temperatur (760° C bei Eisen bzw. 360° C bei Nickel) seine ferromagnetischen Eigenschaften.

Beim Einbringen eines ferromagnetischen Stoffes in ein äußeres Magnetfeld kommt es zu einer Verschiebung der Blochwände. Dabei vergrößern sich diejenigen Weißschen Bezirke, deren Orientierung besser mit der Richtung des äußeren Magnetfeldes übereinstimmt, zu Lasten ihrer Nachbarbezirke. Der Grad dieser Verschiebung der Blochwände und damit die Intensität des resultierenden Magnetfeldes in dem ferromagnetischen Stoff hängen in besonderem Maße von dem äußeren Magnetfeld ab. Diese Abhängigkeit wird üblicherweise in Form einer im Experiment gewonnenen Magnetisierungskurve als Funktion B = f (H) (s. B 6.14) dargestellt.

Die Experimentieranordnung kann man sich prinzipiell als einen ferromagnetischen Körper (z.B. Eisenstück) in einer stromdurchflossenen Spule vorstellen. Die äußere Feldstärke H wird dabei über den Spulenstrom eingestellt und die jeweilige Induktion in dem ferromagnetischen Körper gemessen. Die Neukurve erhält man, wenn beim Einsatz eines nichtmagnetisierten (neuen) Körpers der Strom durch die Spule und damit die magnetische Feldstärke von „Null" beginnend erhöht wird (Richtungspfeil an der Kurve). Die Hysteresekurve entsteht im Anschluss an die Neukurve, wenn man die magnetische Feldstärke (Spulenstrom) entsprechend dem Richtungspfeil an der Kurve verändert.

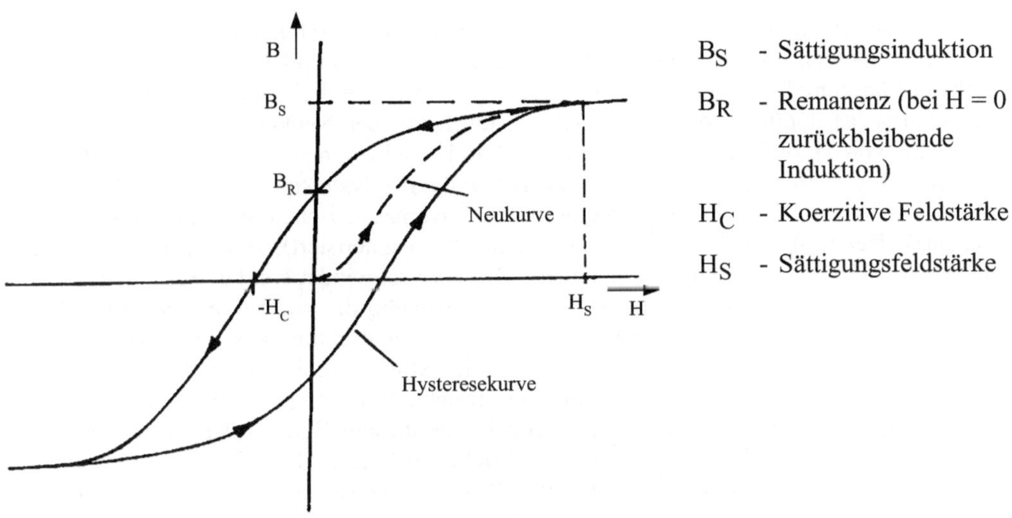

Bild 6.14: Magnetisierungskurve eines Ferromagnetikums

Der in B 6.14 dargestellte Verlauf kann wie folgt erklärt werden:

Zu Beginn der Neukurve hat der Stoff paramagnetisches Verhalten, da das Verschieben der Blochwände erst bei H > 0 allmählich beginnt (Anstieg der Kurve bei H = 0 ist $\frac{dB}{dH} \approx \mu_0$). Mit dem Anwachsen von H geht ein verstärktes Verschieben der Blochwände einher (steiler Anstieg der Kurve). Die Verschiebung der Blochwände ist dabei anfangs ein reversibler und bei

größerem H ein irreversibler Vorgang. Dahinter verbergen sich nicht ganz einfache energetische Zusammenhänge. In etwa kann man dies mit der Unterschiedlichkeit der magnetischen
Orientierungen in den jeweils benachbarten Weißschen Bezirken erklären. Ist diese gering,
dann ist mit dem Verschieben der Blochwand nur eine geringe, reversible Verdrehung von
Elementarmagneten verbunden, die auch nur ein geringes H erfordert. Ist diese Unterschiedlichkeit hingegen groß, dann bedeutet das Verschieben der Blochwand im Extremfall (s. B 6.13
b)) ein vollständiges und dann irreversibles (aus der Sicht des dazu erforderlichen Energieauf-
wandes) Umklappen von Elementarmagneten, was einen entsprechend großen „Schwellwert"
von H erfordert. Dieses Umklappen von Elementarmagneten bzw. ganzen Weißschen Bezirken
erfolgt sprunghaft (Barkhausensprünge). Mit einer weiteren Steigerung von H wird der Zuwachs an in der gleichen Richtung orientierten Elementarmagneten durch die Verschiebung der
Blochwände allmählich geringer (Anstieg der Kurve wird geringer). Dieser Zuwachs ist
schließlich erschöpft, wenn der ganze Stoff die Orientierung derjenigen Weißschen Bezirke
angenommen hat, die von Beginn an der Richtung des äußeren Magnetfeldes am nächsten
gekommen sind. Eine weitere Verstärkung des äußeren Magnetfeldes mit steigendem H erfolgt
jetzt nur noch durch eine geringfügige, reversible Verdrehung der bereits einheitlich ausgerich-
teten Elementarmagnete (geringer Anstieg der Kurve). Beim Erreichen der Sättigungsfeldstär-
ke H_S haben schließlich alle Elementarmagnete die Richtung des äußeren Magnetfeldes angenommen. In dem Stoff ist dann die Sättigungsinduktion B_S erreicht. Ein weiterer Anstieg der

Induktion erfolgt dann nur noch gemäß $\dfrac{dB}{dH} = \mu_o$.

Der Verlauf der Hysteresekurve resultiert aus den sich beim Durchlaufen der Neukurve voll-
ziehenden reversiblen und irreversiblen Vorgängen. Bei einer Verkleinerung von H aus dem
Bereich der Sättigung heraus gehen zunächst die reversiblen Verdrehungen wieder zurück. Die
Hysteresekurve ist damit in diesem Bereich identisch mit der Neukurve. Bei einer weiteren
Reduzierung von H bleiben die irreversiblen Wandverschiebungen zunächst bestehen. Die
Induktion B folgt damit der Reduzierung von H verzögert (Hystereseerscheinung). Wenn also
der Wert H = 0 wieder erreicht ist, verbleibt in dem ferromagnetischen Stoff eine Induktion B_R
(Remanenz). Der Stoff ist dann nicht mehr „neu" (unmagnetisiert), sondern er besitzt eine
eigene Magnetisierung (wie ein Dauermagnet). Diese verschwindet erst bei einer Vorzeichenänderung (Richtungsumkehr) von H und wenn betragsmäßig die koerzitive Feldstärke H_C erreicht ist. Bei einer weiteren Vergrößerung von H in dieser Richtung kommt es dann auch zu
einer Richtungsumkehr von B (Ummagnetisierung des Stoffes). Bei genügend großem H wird
dann in dieser Richtung ebenfalls die Sättigung erreicht. Der weitere Verlauf der Hysteresekurve bei einer abermaligen Verkleinerung von H aus diesem Bereich der Sättigung heraus
vollzieht sich dann wiederum in der oben beschriebenen Weise. Die vollständige Hysteresekurve (Schleife) schließt somit eine bestimmte Fläche ein. Diese ist ein Maß für den Energie-
aufwand, den die irreversiblen Wandverschiebungen erfordern (Ummagnetisierungs- bzw.
Hystereseverluste).

In Abhängigkeit von der Gestalt der Hysteresekurve unterscheidet man die Magnetwerkstoffe
wie folgt:

- Weichmagnetische Stoffe (z.B. Eisen)
  Besitzen eine schlanke Hysteresekurve (geringe eingeschlossene Fläche). Werden vorwiegend in Magnetkreisen der elektrischen Energietechnik eingesetzt (geringe Verluste).

- Hartmagnetische Stoffe (z.B. Al-Ni-Co Legierungen)
  Besitzen eine große von der Hysteresekurve eingeschlossene Fläche mit einem hohen H_C-
  Wert. Werden für Dauermagnete verwendet.

- Magnetisch halbharte Stoffe (z.B. Ferrite)
  Besitzen eine schmale, nahezu rechteckige Hystereskurve mit einem hohen
  B_R -Wert ($B_R \approx B_S$) sowie kleinem H_C - Wert. Werden für spezielle Relais bzw. Speicher-
  kerne eingesetzt.

Wegen der nichtlinearen Magnetisierungskurve ist die Permeabilität bei ferromagnetischen
Stoffen keine Konstante. Hierfür gilt ausgehend von G 6.19 prinzipiell folgender Zusammenhang:

$$\mu = \frac{B\,(H)}{H} = \mu\,(H) \tag{6.25}$$

Diese, auch als totale Permeabilität bezeichnete Größe ist wegen der Hysterese nicht nur nichtlinear, sondern auch mehrdeutig. Man unterscheidet daher für die praktische Anwendung je
nach Fragestellung verschiedene Permeabilitäten (s. [2, S. 281 ... 282]). In der Regel beziehen
sich die Materialangaben (s. T 6.1) auf die so genannte Kommutierungskurve. Das ist gewissermaßen eine mittlere Magnetisierungskurve (für das Verhalten bei wechselnder Magnetisierung von Bedeutung), die alle Punkte $P\,(B_{max}, H_{max})$ miteinander verbindet. Diese Punkte
findet man, wenn man den betreffenden Stoff bei wechselnder Magnetisierung bis zu den jeweiligen H_{max} - Werten aussteuert und den dazugehörigen B_{max} - Wert ermittelt (s. B 6.15).

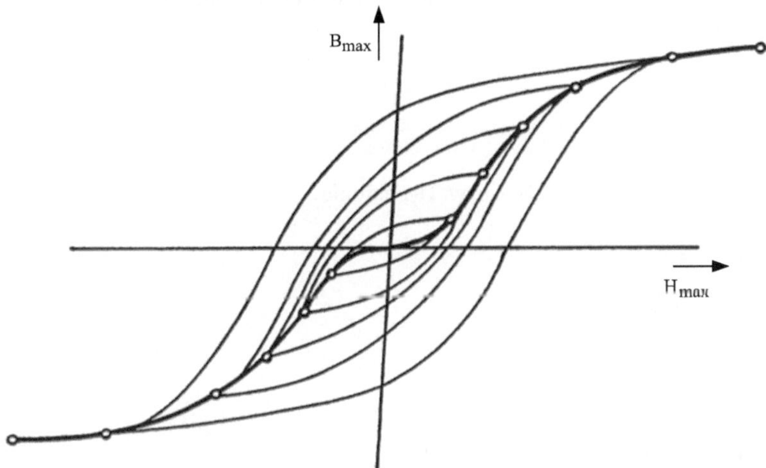

Bild 6.15: Kommutierungskurve

Hieraus entsteht unter Beachtung von G 6.22 wie folgt die relative Wechselpermeabilität (wird
in der Regel nicht durch eine spezielle Symbolik kenntlich gemacht):

$$\mu_r = \frac{1}{\mu_o}\,\frac{B_{max}}{H_{max}} = f\,(H_{max}) \tag{6.26}$$

Als prinzipieller Verlauf ist dieser Zusammenhang in B 6.16 dargestellt.

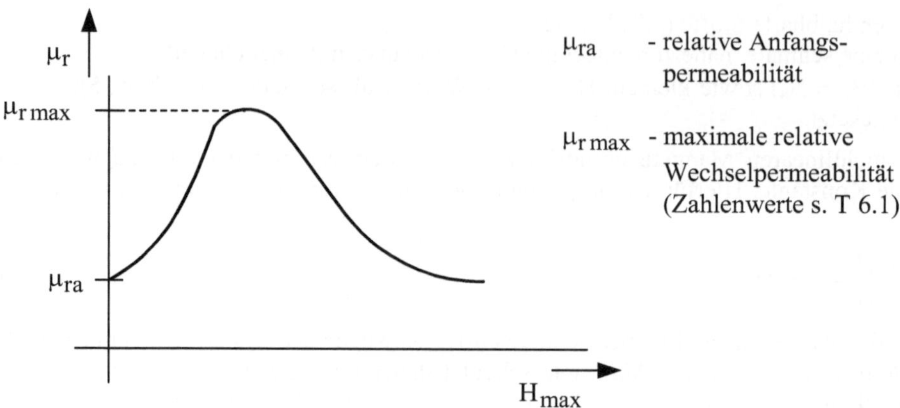

Bild 6.16: Verlauf des Zusammenhanges $\mu_r = f(H_{max})$

Analog zu der Situation im elektrostatischen Feld bzw. im Strömungsfeld kommt es auch im magnetischen Feld an einer Grenzfläche zu einer Brechung der $\vec{B}$- bzw. $\vec{H}$ - Feldlinien, wenn sich auf beiden Seiten dieser Grenzfläche Stoffe mit unterschiedlichem magnetischem Verhalten befinden (s. B 6.17).

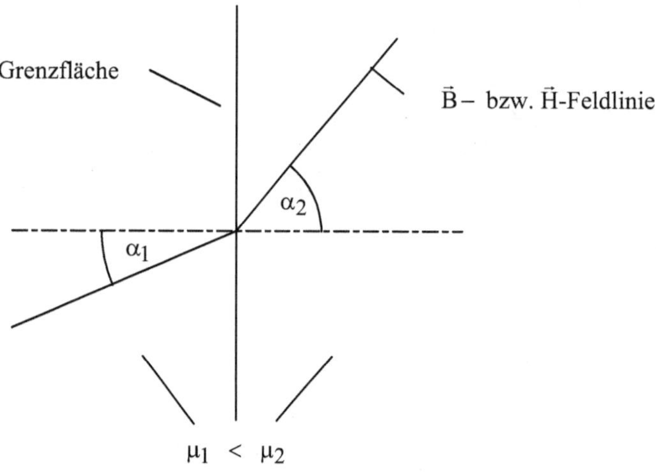

Bild 6.17: Brechung einer $\vec{B}$- bzw. $\vec{H}$ - Feldlinie an einer Grenzfläche

Für den in B 6.17 dargestellten Fall, dass entlang der Grenzfläche kein Strom fließt, kann wegen der bestehenden Analogie zwischen G 4.16 und G 6.19 ebenfalls analog zu G 4.28 folgendes Brechungsgesetz angegeben werden:

$$\frac{\tan \alpha_1}{\tan \alpha_2} = \frac{\mu_1}{\mu_2} = \frac{\mu_{r1}}{\mu_{r2}} \tag{6.27}$$

Aus der Sicht der technischen Anwendung ist dieses Resultat von besonderer Bedeutung, wenn dia- bzw. paramagnetische Stoffe an ferromagnetische Stoffe angrenzen (z.B. Luft an Eisen beim Elektromotor).

Mit

$$\mu_{r1} = \mu_{rEisen} \gg 1$$
$$\mu_{r2} = \mu_{rLuft} \approx 1$$

(6.28)

entsteht dann:

$$\tan \alpha_{Luft} = \frac{\tan \alpha_{Eisen}}{\mu_{r\,Eisen}}$$

(6.29)

Hieraus folgt:

$$\alpha_{Luft} \approx 0 \quad \text{wenn} \quad \mu_{r\,Eisen} \gg \tan \alpha_{Eisen}$$

(6.30)

Bei den in der Regel sehr großen Werten für $\mu_{r\,Eisen}$ bedeutet das, dass die $\vec{B}$- bzw. $\vec{H}$ - Feldlinien im Allgemeinen an der Oberfläche eines Eisenkörpers senkrecht austreten (s. B 6.18).

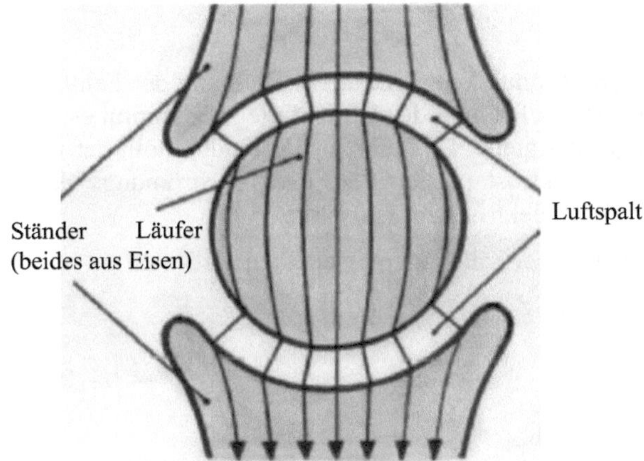

Bild 6.18:   Verlauf der magnetischen Feldlinien in einem Elektromotor

6.4 Skalare Beschreibung

6.4.1 Durchflutungsgesetz

6.4.1.1 Grundlegende Zusammenhänge

Im elektrostatischen Feld (s. G 4.50) und im Strömungsfeld (s. G 5.5) ergab das Umlaufintegral der elektrischen Feldstärke stets den Wert „Null". Dabei entstand das skalare Produkt $\vec{E} \cdot d\vec{\ell}$ unter dem Integralzeichen aus einer energetischen Betrachtung. Das führte zu der für den praktischen Umgang mit diesen Feldern bedeutsamen Gesetzmäßigkeit des Maschensatzes. Es liegt daher der Gedanke nahe, über einen solchen Umlauf zunächst ganz formal auch für das magnetische Feld eine analoge Gesetzmäßigkeit bereitzustellen. Aus dem unterschiedlichen Charakter dieser Felder (elektrisches Feld - Quellenfeld und magnetisches Feld - Wirbelfeld) resultierend sind dabei zunächst folgende Zusammenhänge von Bedeutung:

- In einem Quellenfeld und damit auch in einer von einem Umlauf in demselben umrandeten Fläche (kann beliebig gekrümmt sein) existieren keine in sich geschlossenen Feldlinien (s. B 6.19).

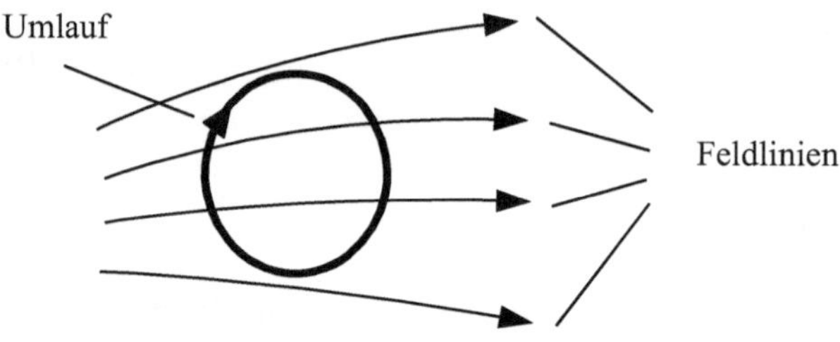

Bild 6.19:   Umlauf in einem Quellenfeld

Entlang eines Umlaufs sind somit stets bestimmte Wegstrecken in Richtung der Feldlinien und andere diesen entgegen orientiert. Bei der Bildung des Umlaufintegrals kommt es dann zu einer Kompensation der entsprechenden Anteile. Das führt in Verbindung mit der Ortsfunktion der elektrischen Feldstärke im elektrostatischen Feld und im Strömungsfeld zu dem Wert „Null" für das Umlaufintegral der elektrischen Feldstärke.

- In einem Wirbelfeld sind für einen Umlauf zwei Fälle zu unterscheiden (s. B 6.20).

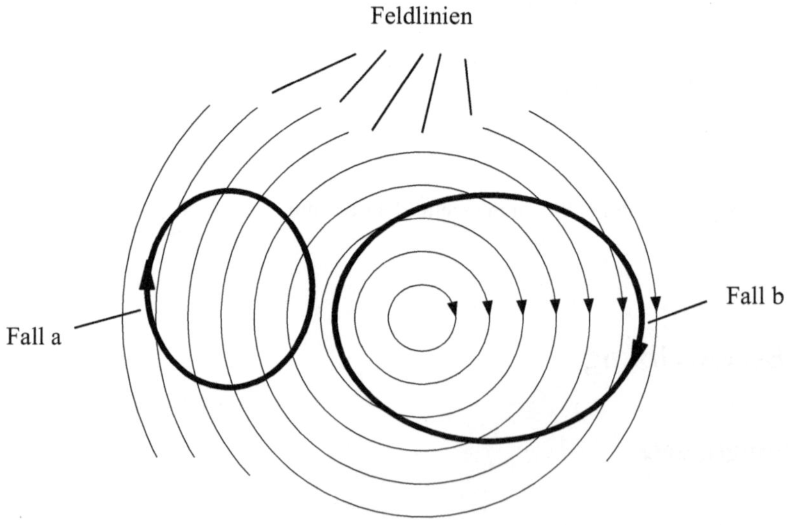

Bild 6.20:   Fälle für einen Umlauf im Wirbelfeld

Fall a:

Dieser Fall entspricht prinzipiell der Situation in einem Quellenfeld, so dass für die magnetische Feldstärke ebenfalls

$$\oint \vec{H}\,d\vec{\ell} = 0 \qquad\qquad (6.31)$$

denkbar ist, was sich schließlich auch als richtig erweist.

Fall b:

Hier existieren in sich geschlossene Feldlinien innerhalb einer von dem Umlauf umrandeten Fläche. Betrachtet man nun die von einer davon ausgewählten Feldlinie umrandete Fläche als eine Teilfläche der von dem Umlauf insgesamt umrandeten Fläche, dann kann man gemäß B 6.21 das Umlaufintegral wie folgt aus der Überlagerung von zwei Umläufen gewinnen:

$$\oint \vec{H}\,d\vec{\ell} = \oint_a \vec{H}\,d\vec{\ell} + \oint_F \vec{H}\,d\vec{\ell} \qquad\qquad (6.32)$$

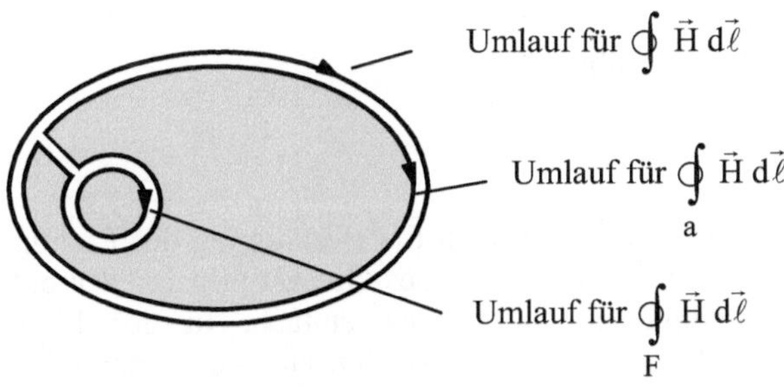

Bild 6.21: Umläufe entlang der Ränder der Teilflächen

Inhaltlich bedeutet hier:

$\oint_a$ – Umlaufintegral entlang des Randes der Teilfläche, in der sich keine geschlossenen Feldlinien befinden (entspricht Fall a)

$\oint_F$ – Umlaufintegral entlang der ausgewählten in sich geschlossenen Feldlinie (Rand der entsprechenden Teilfläche)

Dieser Zusammenhang entsteht, da die Wegstrecken, an denen sich die Teilflächen berühren, bei den Umläufen jeweils zweimal, aber in entgegengesetzter Richtung durchlaufen werden, wodurch sich deren Anteile kompensieren. Da bei einem Umlauf entlang einer Feldlinie die Vektoren $\vec{H}$ und $d\vec{\ell}$ stets dieselbe Richtung haben gilt:

$$\oint_F \vec{H}\,d\vec{\ell} \neq 0 \qquad\qquad (6.33)$$

Damit entsteht bei der Gültigkeit von G 6.31 aus G 6.32:

$$\oint_{F} \vec{H}\,d\vec{\ell} = \oint_{F} \vec{H}\,d\vec{\ell} \neq 0 \tag{6.34}$$

Hierbei ist zunächst vorausgesetzt, dass die in dem Umlauf vorhandenen, in sich geschlossenen Feldlinien nur <u>eine</u> Gruppe von ineinander liegenden Feldlinien bilden (s. B 6.20). Existieren mehrere solcher Gruppen von Feldlinien (z.B. in einem Feld gemäß B 6.9) in dem Umlauf, dann kann G 6.34 wie folgt verallgemeinert werden:

$$\oint \vec{H}\,d\vec{\ell} = \sum_{n} \oint_{F} \vec{H}\,d\vec{\ell} \neq 0 \tag{6.35}$$

   n   -   Anzahl der Gruppen in sich geschlossener Feldlinien in dem Umlauf

Korrekterweise muss man hinzufügen, dass dieses Ergebnis so im Allgemeinen richtig ist. Die einzelnen Summanden können je nach Richtung der aus der jeweiligen Gruppe in sich geschlossener Feldlinien ausgewählten Feldlinie jedoch unterschiedliche Vorzeichen haben und sich dann gegebenenfalls zu „Null" ergänzen.

Zusammengefasst ergeben G 6.31 und G 6.35 wie folgt das Durchflutungsgesetz:

$$\oint \vec{H}\,d\vec{\ell} = \Theta \tag{6.36}$$

   Θ -   Durchflutung
        (zunächst als Rechengröße eingeführt)

        $\Theta = 0$ im Fall a

        $\Theta \neq 0$ im Fall b

Die explizite Bestimmung der Durchflutung und damit auch die Bestätigung der Richtigkeit von G 6.31 ist auf der Grundlage von G 6.20 (Biot-Savartsches-Gesetz) prinzipiell möglich, aber in dieser allgemeinen Form mathematisch nicht ganz einfach. In der Literatur (z.B. [2, S. 271 ... 272]) wird dazu in der Regel auf eine messtechnische Auswertung des Linienintegrals $\int_{a}^{b} \vec{H}\,d\vec{\ell}$ mit Hilfe einer Rogowski-Spule (magnetischer Spannungsmesser) Bezug genommen. Die mit einem solchen „speziellen Analogrechner" erzielbaren Ergebnisse sollen nachfolgend an einem überschaubaren Beispiel exemplarisch aufgezeigt werden. Dabei ist es zunächst zweckmäßig die in B 6.22 dargestellte Zuordnung zwischen dem Linienzug, den ein am Aufbau des Magnetfeldes beteiligter Stromkreis im Raum beschreibt (Strombahn), und den beiden Fällen für den Umlauf in einem Wirbelfeld vorzunehmen.

Verbal kann man die beiden Fälle für den Umlauf damit auch wie folgt unterscheiden:

Fall a.   Die Strombahn führt an dem Umlauf vorbei.

Fall b.   Die Strombahn durchsetzt (durchflutet) den Umlauf.

Da sowohl der Umlauf als auch die Strombahn in sich geschlossene Linienzüge darstellen, kann man diese symbolisch auch als Kettenglieder auffassen, die miteinander verschlungen (verkettet) sind oder aber nicht. Man kann daher auch sagen:

Fall a.   Strombahn und Umlauf sind nicht miteinander verkettet.

Fall b.   Strombahn und Umlauf sind miteinander verkettet.

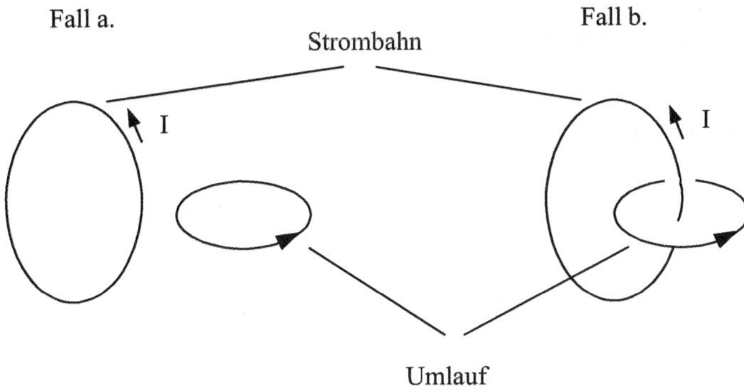

Bild 6.22:   Zuordnungsvarianten zwischen Strombahn und Umlauf

Als Beispiel wird nun ein Stromkreis bestehend aus einem sehr langen, geradlinigen Leiter mit einem sehr weit entfernten Rückleiter ausgewählt. Die Feldlinien bilden damit konzentrische Kreise um diesen Leiter, entlang denen die magnetische Feldstärke jeweils konstant ist und gemäß G 6.21 den Betrag

$$H = \frac{I}{2\pi a} \tag{6.37}$$

$\quad$ a $\quad$ - $\quad$ senkrechter Abstand (Radius) der Feldlinie von der Leitermitte

bezitzt.

Für einen Umlauf nach Fall a. (s. B 6.23) erhält man dann folgendes Ergebnis:

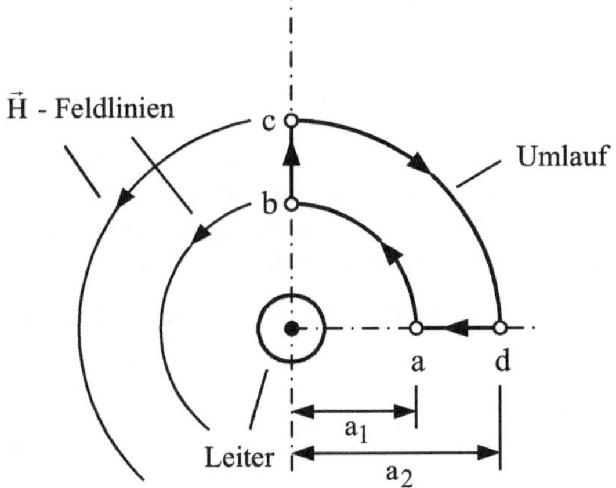

Bild 6.23:   Umlauf nach Fall a. im Magnetfeld eines stromdurchflossenen Leiters

$$\Theta = \oint \vec{H}\,d\vec{\ell} = \int_a^b H\,d\ell\cos\alpha + \int_b^c H\,d\ell\cos\alpha + \int_c^d H\,d\ell\cos\alpha + \int_d^a H\,d\ell\cos\alpha \tag{6.38}$$

Auf den einzelnen Wegstrecken gilt hier für α bzw. $\cos\alpha$:

$$a-b \qquad \alpha = 0 \qquad \cos\alpha = 1$$

$$b-c \qquad \alpha = \frac{\pi}{2} \qquad \cos\alpha = 0$$

$$c-d \qquad \alpha = \pi \qquad \cos\alpha = -1$$

$$d-a \qquad \alpha = \frac{\pi}{2} \qquad \cos\alpha = 0$$

Damit entsteht:

$$\int_b^c H\,d\ell\cos\alpha = \int_d^a H\,d\ell\cos\alpha = 0$$

$$\int_a^b H\,d\ell\cos\alpha = \frac{I}{2\pi a_1}\left(\int_a^b d\ell\right) = \frac{I}{2\pi a_1}\cdot\frac{2\pi a_1}{4} = \frac{I}{4}$$

ist jeweils $\dfrac{1}{4}$ Kreisumfang

$$\int_c^d H\,d\ell\cos\alpha = -\frac{I}{2\pi a_2}\left(\int_c^d d\ell\right) = -\frac{I}{2\pi a_2}\cdot\frac{2\pi a_2}{4} = -\frac{I}{4}$$

Das ergibt schließlich:

$$\Theta = \frac{I}{4} + 0 - \frac{I}{4} + 0 = 0 \tag{6.39}$$

Dieses für einen willkürlich gewählten Umlauf erzielte Ergebnis ist insofern allgemeingültig, als jeder beliebige Umlauf durch eine Zusammensetzung aus hinreichend kleinen radialen und kreisbogenförmigen Teilstücken realisiert werden kann. Es ist somit ein exemplarischer Nachweis für die Gültigkeit von G 6.31 bzw. G 6.36 für einen Umlauf nach Fall a.

Für einen Umlauf nach Fall b. (s. B 6.24) kann man ausgehend von G 6.34 sofort folgendes Ergebnis angeben:

$$\Theta = \oint \vec{H}\,d\vec{\ell} = \oint_F \vec{H}\,d\vec{\ell} = \frac{I}{2\pi a}\left(\oint d\ell\right) = \frac{I}{2\pi a}\cdot 2\pi a = I \tag{6.40}$$

Kreisumfang

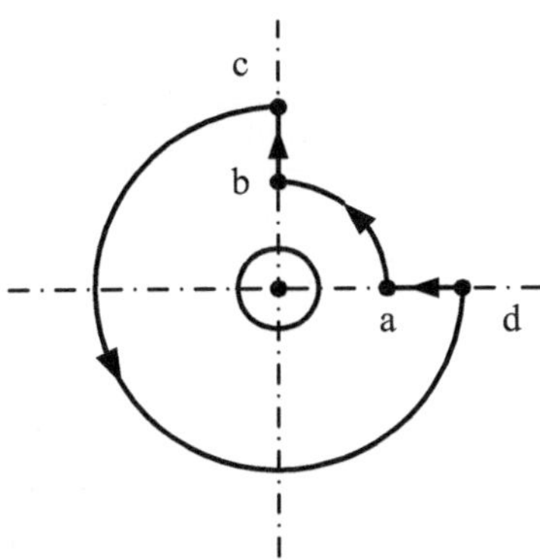

Bild 6.24:   Umlauf nach Fall b. (übrige Angaben wie in B 6.23)

Zu dem gleichen Ergebnis kommt man mit G 6.38 für den tatsächlichen Umlauf, wenn man beachtet, dass die Wegstrecke c-d jetzt einen $\frac{3}{4}$-Kreisumfang lang ist und der Winkel $\alpha = 0$ bzw. $\cos\alpha = 1$ ist.

Im Gegensatz zu dem Fall a., bei dem das Ergebnis unabhängig von der Umlaufrichtung ist, existiert für einen Umlauf nach Fall b. folgender Vorzeichenzusammenhang:

1. Umlauf im Sinne einer Rechtsschraube (in Richtung der von I verursachten magnetischen Feldstärke)

$$\Theta = I \qquad\qquad (6.41)$$

2. Umlauf im Sinne einer Linksschraube (entgegen der Richtung der von I verursachten magnetischen Feldstärke)

$$\Theta = -I \qquad\qquad (6.42)$$

Diese Vorzeichenproblematik ist insbesondere zu beachten, wenn der Umlauf mit mehreren Strombahnen verkettet ist oder wenn dieser in bestimmter Weise im Raum verschlungen ist (z.B. in der Art einer Spirale). Dabei kommt es gemäß G 6.35 zu einer vorzeichenbehafteten Überlagerung der einzelnen Anteile. Für einige ausgewählte Beispiele sind nachfolgend in T 6.2 die entsprechenden Durchflutungen angegeben.

Tabelle 6.2:   Durchflutung für ausgewählte Beispiele

Lfd.-Nr.	Situation	Durchflutung
1	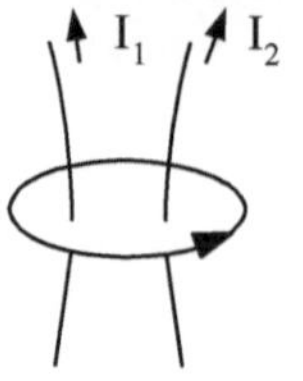	$\Theta = I_1 + I_2$
2	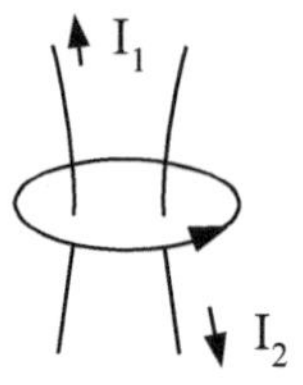	$\Theta = I_1 - I_2$
3	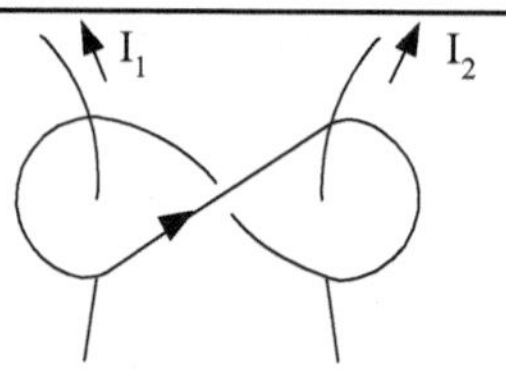	$\Theta = I_1 - I_2$
4	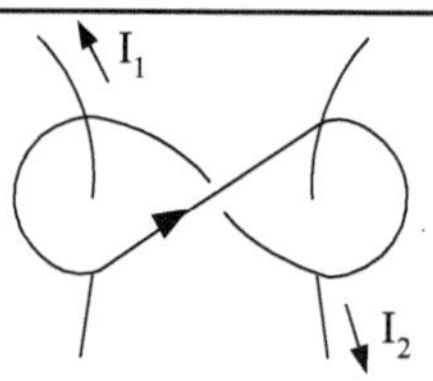	$\Theta = I_1 + I_2$
5	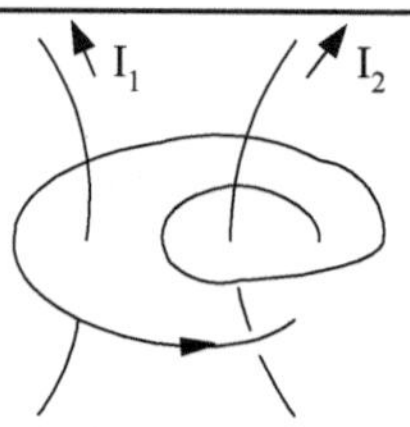	$\Theta = I_1 + 2\,I_2$
6	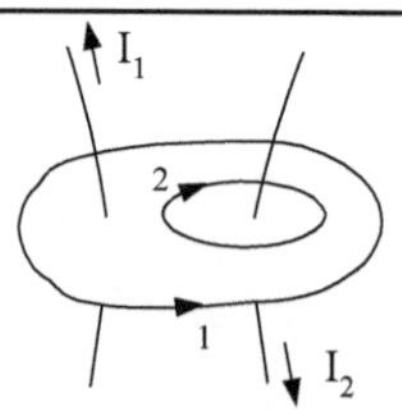	$\Theta_1 = I_1 - I_2$ $\Theta_2 = I_2$

Die Darstellung in dieser Übersicht sagt aus, dass die mit dem jeweiligen Umlauf verketteten Strombahnen eine beliebige Lage im Raum haben können. Das ist eine gültige Verallgemeinerung der an dem Beispielstromkreis exemplarisch erzielten Ergebnisse.

Wenn man sich ausgehend von den Bildern in T 6.2 unter der Durchflutung den gesamten durch den betreffenden Umlauf hindurchtretenden bzw. „flutenden" Strom (unter Beachtung der Vorzeichen) vorstellt, dann resultiert daraus eine inhaltliche Erklärung dieses Begriffs.

Aus der Sicht praktischer Anwendungen haben Spulen eine besondere Bedeutung. Dabei interessiert in der Regel die Durchflutung durch einen alle Windungen der Spule umfassenden Umlauf. Abhängig von der Orientierung dieses Umlaufs entsteht ausgehend von G 6.41 und G 6.42 wegen des gleichen Stromes durch alle Windungen der Spule für die Durchflutung folgendes Ergebnis (s.a. B 6.25):

$$\Theta = \begin{cases} N\,I & \text{Umlauf in Richtung des von der stromdurch-} \\ & \text{flossenen Spule aufgebauten } \vec{B}\text{- bzw. } \vec{H}\text{-Feldes} \\ \\ -N\,I & \text{Umlauf entgegen dem von der stromdurchflossenen} \\ & \text{Spule aufgebauten } \vec{B}\text{- bzw. } \vec{H}\text{-Feld} \end{cases} \tag{6.43}$$

N - Windungszahl der Spule
(Hiervon ausgehend wird mitunter auch
$[\Theta]$ = Ampere-Windungen verwendet)

a)

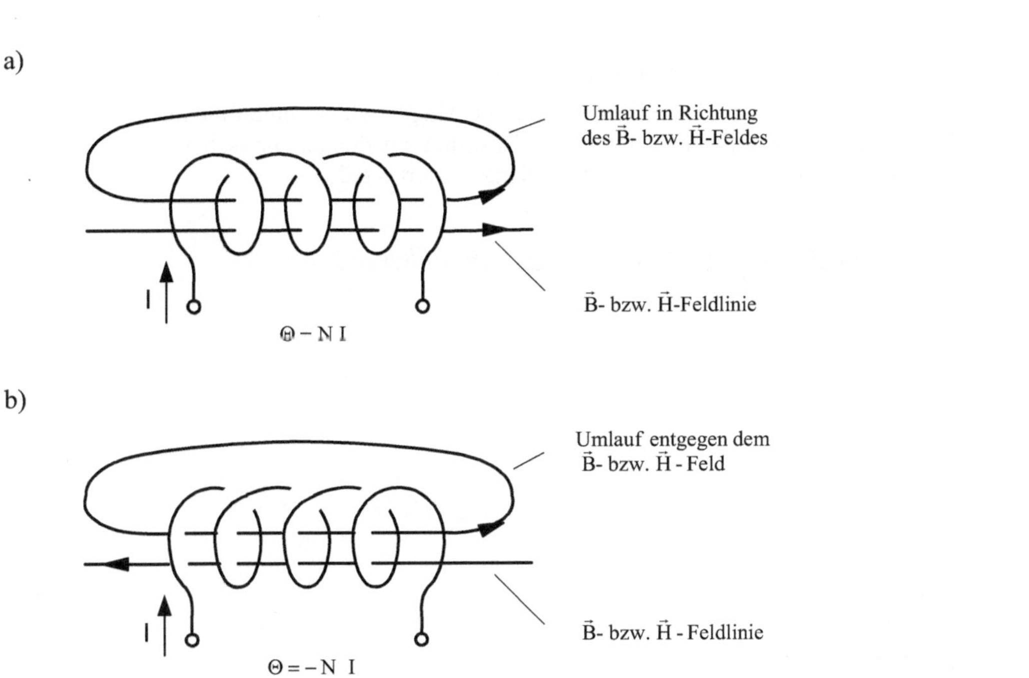

b)

Bild 6.25:   Einfluss der Umlauforientierung auf das Vorzeichen der Durchflutung bei einer Spule

Hiervon ausgehend kann man durch einen „Blick" in Umlaufrichtung in die Spule hinein auch folgende, visuell leicht erfassbare und somit einfach zu handhabende Regel für das Vorzeichen der Durchflutung angeben:

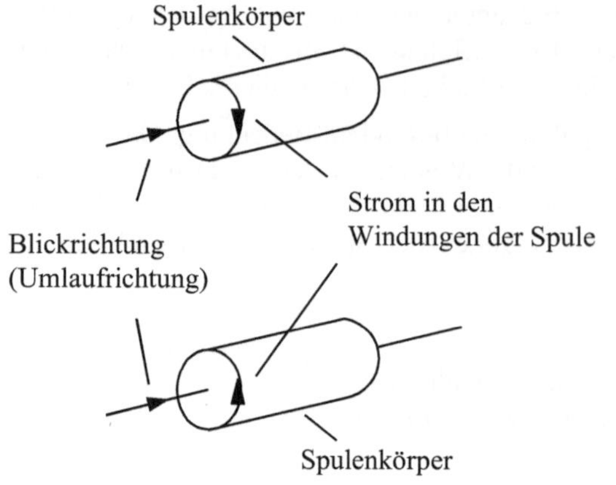

$$\Theta = N\,I$$

$$\Theta = -N\,I$$

Bild 6.26: Vorzeichenregel für die Durchflutung bei einer Spule

Bei Anwendung dieser Regel erübrigt sich eine detaillierte Betrachtung der Spulenwicklung (z.B. Wickelsinn).

6.4.1.2 Anwendung des Durchflutungsgesetzes

Das Durchflutungsgesetz hat für die Berechnung von Magnetfeldern eine fundamentale Bedeutung. Als Beispiel dafür soll nachfolgend die Bestimmung der magnetischen Feldstärke für zwei praktisch bedeutsame Fälle exemplarisch demonstriert werden.

1. Magnetische Feldstärke bei einem sehr langen, geradlinigen Leiter

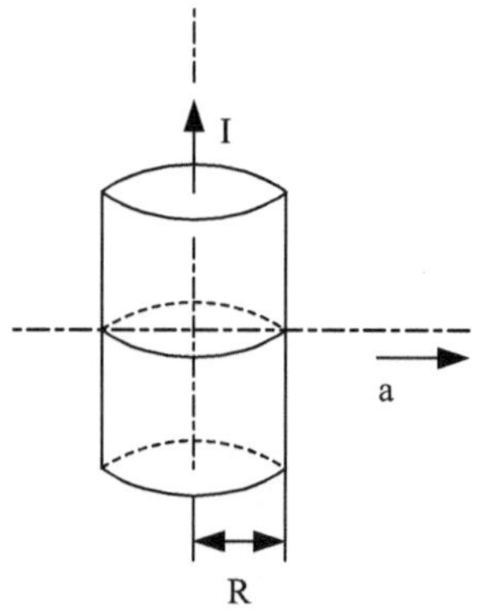

Bild 6.27: Geometrische Situation bei einem stromdurchflossenen Leiter

Für den Fall außerhalb des Leiters

$$a \geq R \tag{6.44}$$

ist das Ergebnis mit G 6.21 bereits bekannt. Unter Ausnutzung der hier vorliegenden Zylinder-symmetrie sowie unter Beachtung des zwischen der magnetischen Feldstärke $\vec{H}$ und dem Wegelement $\mathrm{d}\vec{\ell}$ entlang eines konzentrischen Kreises um den Leiter eingeschlossenen Winkels $\alpha = 0$ gelangt man über das Durchflutungsgesetz wie folgt zu dem gleichen Ergebnis:

$$\oint_{\text{Kreis}} \vec{H}\,\mathrm{d}\vec{\ell} = H \oint_{\text{Kreis}} \mathrm{d}\ell = H \cdot 2\pi a = I \quad \text{bzw.} \quad H = \frac{I}{2\pi a} \tag{6.45}$$

Für den Fall innerhalb des Leiters

$$a \ \leq \ R \tag{6.46}$$

ist lediglich zu beachten, dass bei dem betreffenden Umlauf nur ein Teil des Stromes I umfasst wird. Mit

$$S = \frac{I}{\pi R^2} \tag{6.47}$$

$$S \quad - \quad \text{Stromdichte}$$

gilt dafür:

$$I(a) = S\,\pi\,a^2 = I\left(\frac{a}{R}\right)^2 \tag{6.48}$$

Damit entsteht über das Durchflutungsgesetz:

$$\oint_{\text{Kreis}} \vec{H}\,\mathrm{d}\vec{\ell} = H\,2\pi\,a = I\left(\frac{a}{R}\right)^2 \tag{6.49}$$

bzw.

$$H = \frac{I\,a}{2\,\pi\,R^2} \tag{6.50}$$

Das Gesamtergebnis kann wie folgt als eine Funktion $H = H(a)$ in einem Diagramm dargestellt werden:

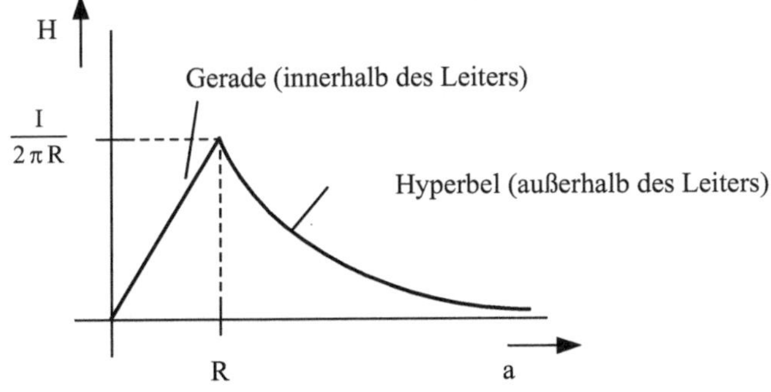

Bild 6.28:   Abhängigkeit der magnetischen Feldstärke vom Abstand bei einem stromdurchflossenen Leiter

2. *Magnetische Feldstärke in einer Zylinderspule*

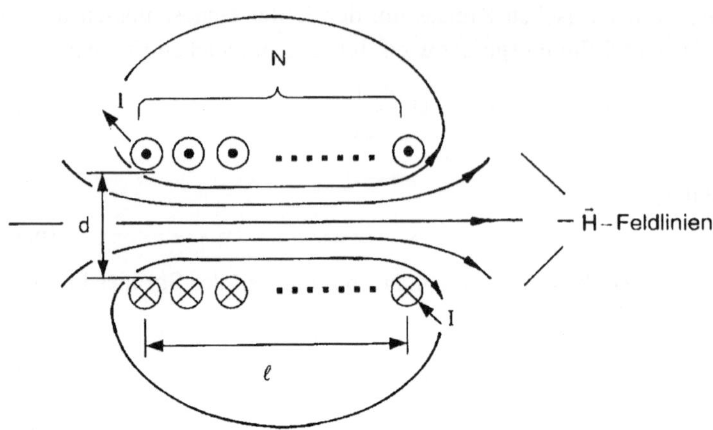

Bild 6.29: Prinzipieller Verlauf der $\vec{H}$-Feldlinien bei einer stromdurchflossenen Zylinderspule

Für einen durch die Zylinderspule hindurchgehenden Umlauf liefert das Durchflutungsgesetz zunächst folgenden Zusammenhang:

$$\oint \vec{H}\,d\vec{\ell} \;=\; \int_{\text{innen}} \vec{H}_i\,d\vec{\ell} \;+\; \int_{\text{außen}} \vec{H}_a\,d\vec{\ell} \;=\text{N I} \tag{6.51}$$

H_i - magnetische Feldstärke auf dem Teil des Umlaufs in der Spule

H_a - analog H_i außerhalb der Spule

Unter der Voraussetzung

$$\ell \gg d \tag{6.52}$$

existiert bis auf die Enden der Spule innerhalb derselben ein homogenes magnetisches Feld. Aus der Dichte der Feldlinien (s. B 6.29) folgt fernerhin:

$$H_i \gg H_a \tag{6.53}$$

Damit entsteht aus G 6.51:

$$\oint \vec{H}\,d\vec{\ell} \approx \int_{\text{innen}} \vec{H}_i\,d\vec{\ell} = H_i\,\ell = NI \tag{6.54}$$

bzw.

$$H_i \approx \frac{N\,I}{\ell} \tag{6.55}$$

Für den dabei gemachten Fehler gilt:

Fehler $< 5\,\%$ wenn $\ell > 8\,d$

6.4.2 Magnetisches Potenzial als punktbezogene Größe

Der Ausgangspunkt für die Vereinbarung dieser Größe ist das Umlaufintegral der magnetischen Feldstärke. Dies erlaubt formal mathematisch eine analoge Vorgehensweise wie beim elektrischen Feld (s. Abschnitt 4.4.1). Zerlegt man auch hier den Umlauf in mehrere Teilabschnitte, dann kann man analog zu G 4.47 für einen beliebigen solchen Teilabschnitt zwischen den Punkten i und k folgenden Zusammenhang formulieren:

$$\varphi_{mi} - \varphi_{mk} = \int_{i}^{k} \vec{H}\, d\vec{\ell} \tag{6.56}$$

$\varphi_{mi}; \varphi_{mk}$ -   magnetisches Potential im Punkt i bzw. k

$$[\varphi_m] = A$$

Das magnetische Potenzial ist auf diese Weise, so wie das elektrische Potenzial auch, zunächst nur über eine Potenzialdifferenz definiert. Die explizite Bestimmung desselben an einem bestimmten Punkt bereitet damit methodisch ähnliche Schwierigkeiten wie bei dem elektrischen Potenzial. Hinzu kommt, dass der Wert des Integrals in G 6.56 nur bei einem Umlauf mit $\Theta = 0$ (stromfreies Gebiet) unabhängig von dem Weg von i nach k ist (s. Abschnitt 6.4.3.1). Damit ist auch nur dort die Vereinbarung eines solchen magnetischen Potenzials sinnvoll. Da nachfolgend mit dieser Feldgröße nicht weiter gearbeitet wird, ist auch deren explizite Ermittlung hier nicht von Bedeutung. Für ein weiterführendes Studium seien lediglich noch folgende Bemerkungen angefügt:

- Im Unterschied zu dem energetischen Hintergrund für das elektrische Potenzial ist das magnetische Potenzial eine reine Rechengröße.

- Das magnetische Potenzial ist für die Berechnung von Magnetfeldern in stromfreien Gebieten geeignet (s. [2 S. 296 ... 301]).

- Für die Berechnung von Magnetfeldern in stromführenden Gebieten wird ein magnetisches Vektorpotenzial verwendet (s. [2, S. 301 ... 306]).

6.4.3 Integrale Größen

6.4.3.1 Magnetische Spannung

Analog zu G 4.49 kann man bei einer Zerlegung des Umlaufs in mehrere Teilabschnitte das Durchflutungsgesetz wie folgt aufschreiben:

$$\oint \vec{H}\, d\vec{\ell} = \int_{1}^{2} \vec{H}\, d\vec{\ell} + \int_{2}^{3} \vec{H}\, d\vec{\ell} + \cdots + \int_{n}^{1} \vec{H}\, d\vec{\ell} = \Theta \tag{6.57}$$

n   -   Anzahl der Teilabschnitte entlang des Umlaufs

Mit

$$V_i = \int_{i}^{k} \vec{H}\, d\vec{\ell} \tag{6.58}$$

V_i -   magnetische Spannung (Spannungsabfall) über dem i-ten Teilabschnitt

$$[V] = A$$

und

$$V_q = -\Theta \tag{6.59}$$

V_q -   magnetische Quellenspannung

entsteht daraus analog zu G 5.46 und G 5.47 im Strömungsfeld folgender Maschensatz im Magnetfeld:

$$V_1 + V_2 + \cdots + V_n + V_q = 0 \tag{6.60}$$

bzw.

$$\oint \sum V = 0 \tag{6.61}$$

Entsprechend G 6.58 und G 6.59 haben auch diese Spannungen ein Vorzeichen, das bei der bildhaften Darstellung durch einen Zählpfeil kenntlich gemacht wird. Aus pragmatischen Gründen wird darauf im Abschnitt 6.5 näher eingegangen.

Durch die Lage des jeweils betrachteten Teilabschnittes im Magnetfeld ist in G 6.58 der Weg von i nach k festgelegt. Damit ist auch die betreffende magnetische Spannung eindeutig bestimmt. Sie ist aber im Unterschied zur elektrischen Spannung im Allgemeinen nicht unabhängig von diesem Weg, allein durch dessen Anfangs- und Endpunkt festgelegt. Das hängt von der Art des Umlaufs ($\Theta = 0$ bzw. $\Theta \neq 0$) im Magnetfeld ab, zu dem der Weg von i nach k gehört. Generell gilt:

wenn $\Theta = 0$ dann   V   wegunabhängig   (analog der Situation im elektrostatischen Feld)

wenn $\Theta \neq 0$ dann   V   wegabhängig   (s. die Ergebnisse für $\int_c^d \vec{H}\, d\vec{\ell}$ für diesen Weg gemäß B 6.23 bzw. B 6.24)

Diese Zusammenhänge sind hier nur als Hintergrundinformation, insbesondere auch bezüglich der Aussagen zum magnetischen Potenzial von Bedeutung. Beim praktischen Umgang mit der magnetischen Spannung ist das insofern unwesentlich, als diese stets einem konkreten Teilabschnitt (Weg von i nach k) in dem jeweiligen magnetischen Feld zugeordnet ist.

6.4.3.2 *Magnetischer Fluss*

Der magnetische Fluss ist wie der Verschiebungsfluss bzw. der Strom eine integrale Größe über eine bestimmte Fläche im Raum. Inhaltlich stellt dieser die insgesamt durch eine solche Fläche hindurchtretende magnetische Wirkung dar. Diese kann man über die Gesamtheit der durch diese Fläche hindurchtretenden magnetischen Feldlinien beschreiben. Auf der Grundlage der vektoriellen Feldgröße (Dichtegröße) Induktion entsteht damit gemäß G 2.10 folgende Definitionsgleichung für den magnetischen Fluss:

$$\Phi = \int\limits_A \vec{B}\, d\vec{A} \tag{6.62}$$

Φ - magnetischer Fluss
$[\Phi] = Vs = Wb \qquad (Weber)$

Die Induktion bekommt mit dieser Vereinbarung ergänzend zu den Ausführungen im Abschnitt 6.2.1 noch die Bedeutung einer magnetischen Flussdichte und wird synonym auch so bezeichnet.

Der magnetische Fluss hat wegen des skalaren Produktes in G 6.62 wie der Verschiebungsfluss bzw. der Strom ein Vorzeichen, das bei der bildhaften Darstellung ebenfalls durch einen Zählpfeil deutlich gemacht wird. Entsprechend den Überlegungen im Abschnitt 2.2 gilt hier:

- Φ ist positiv, wenn die Induktion aus der betrachteten Fläche austritt

- Φ ist negativ, wenn die Induktion in die betrachtete Fläche eintritt

Auch hier ist für viele praktische Fragestellungen die Betrachtung eines von einem magnetischen Fluss durchströmten Raumbereiches von Bedeutung. Magnetische Feldlinien sind in sich geschlossene Kurvenzüge im Raum (Wirbelfeld). An einer bestimmten Stelle in einen Raumbereich eintretende Feldlinien müssen diesen somit an einer anderen Stelle wieder verlassen. Für den gesamten Fluss durch die einen solchen Raumbereich einhüllende Fläche (Oberfläche) muss daher Folgendes gelten:

$$\Phi = \oint\limits_A \vec{B}\, d\vec{A} = 0 \tag{6.63}$$

Durch eine gedankliche Zerlegung der einhüllenden Fläche in n (beliebig) Teilflächen entsteht daraus:

$$\oint\limits_A \vec{B}\, d\vec{A} = \int\limits_{A_1} \vec{B}\, d\vec{A} + \int\limits_{A_2} \vec{B}\, d\vec{A} + \cdots + \int\limits_{A_n} \vec{B}\, d\vec{A} = \Phi_1 + \Phi_2 + \cdots + \Phi_n = 0 \tag{6.64}$$

Betrachtet man einen Raumbereich als einen Knotenpunkt, in dem aus den verschiedensten Richtungen ankommende und abgehende magnetische Flüsse zusammengeführt werden, dann kann man G 6.64 wie folgt auch als Knotenpunktsatz im Magnetfeld aufschreiben:

$$\sum_{i=1}^{n} \Phi_i = 0 \tag{6.65}$$

Bei der praktischen Handhabung dieses Knotenpunktsatzes, sind wie bei den analogen Zusammenhängen G 4.57 und G 5.42 die Vorzeichen (Zählpfeile) der einzelnen magnetischen Teilflüsse Φ_i zu beachten (s.a. B 4.24 und B 5.10).

6.4.3.3 Magnetischer Widerstand

Der magnetische Widerstand ist ähnlich wie die Kapazität im elektrostatischen Feld bzw. der elektrische Widerstand im Strömungsfeld eine integrale Größe über einen Raumbereich im magnetischen Feld (Integralparameter). Er ist eine Rechengröße, die in Form des „magnetischen Ohmschen Gesetzes" wie folgt einen Zusammenhang zwischen der magnetischen Span-

nung über einem bestimmten stromfreien Teilbereich des Magnetfeldes und dem magnetischen
Fluss durch denselben herstellt (s. B 6.30):

$$R_m = \frac{V}{\Phi}$$

(6.66)

R_m - magnetischer Widerstand

$$[R_m] = \frac{A}{Vs} = \frac{1}{H} \qquad H \text{ - Henry}$$

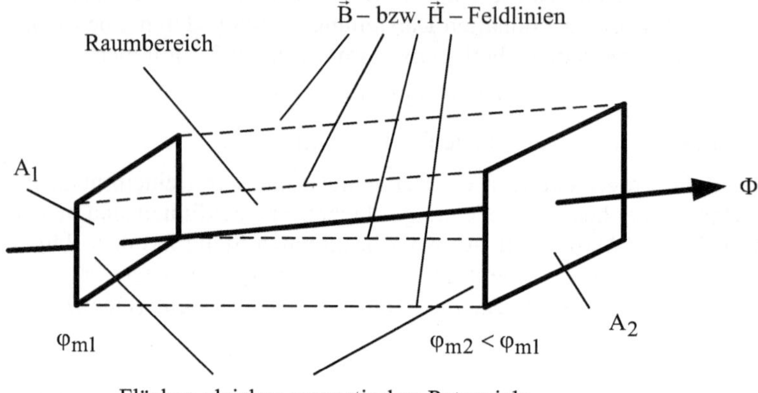

Bild 6.30: Raumbereich für die Bestimmung des magnetischen Widerstandes

Mit G 6.58 und G 6.62 entsteht dann folgende allgemeine Bestimmungsgleichung für den magnetischen Widerstand:

$$R_m = \frac{\int\limits_1^2 \vec{H}\,d\vec{\ell}}{\int\limits_A \vec{B}\,d\vec{A}}$$

(6.67)

bzw. bei homogenem magnetischen Material

$$R_m = \frac{\int\limits_1^2 \vec{H}\,d\vec{\ell}}{\mu \int\limits_A \vec{H}\,d\vec{A}}$$

(6.68)

A ist hierbei die an einer beliebigen Stelle des Raumbereiches vom magnetischen Fluss ϕ
durchsetzte Fläche (z.B. A_1).

Wegen des aus der Sicht der mathematischen Struktur gleichen Aufbaus wie bei G 5.54 für den elektrischen Widerstand könnte man prinzipiell analog zu T 5.2 auch eine Zusammenstellung von Bestimmungsgleichungen für den magnetischen Widerstand verschiedener Raumbereiche angeben. Da es sich jedoch bei dem Magnetfeld um ein Wirbelfeld handelt, ist die Umhüllung einer Äquipotenzialfläche durch eine andere nicht möglich. Damit sind Raumbereiche zwischen zwei konzentrischen Kugeln bzw. koaxialen Zylindern hier nicht relevant. Es verbleibt ausgehend von T 5.2 somit nur der Fall eines zylindrischen Raumbereiches, in dem ein homogenes Feld vorliegt. Dafür gilt dann folgende Bestimmungsgleichung für den magnetischen Widerstand:

$$R_m = \frac{\ell}{\mu\, A} \qquad\qquad\qquad (6.69)$$

ℓ - Länge des Raumbereiches

A - Querschnittsfläche des Raumbereiches

Neben der Geometrie des Raumbereichs wird der magnetische Widerstand maßgeblich von dem Stoff in diesem Raumbereich bestimmt. Daraus folgt, dass der magnetische Widerstand bei ferromagnetischen Stoffen zusätzlich von der Intensität des Magnetfeldes in diesem Raumbereich abhängt. Wegen des Verlaufs der Magnetisierungskurve ist diese Abhängigkeit darüber hinaus nichtlinear und mehrdeutig.

6.5 Magnetkreisberechnung

Die Magnetkreisberechnung ist eine zur Netzwerksberechnung im Strömungsfeld analoge Vorgehensweise, die mit folgenden integralen Größen im Magnetfeld arbeitet:

magnetische Spannung; magnetischer Fluss; magnetischer Widerstand

Ihre praktische Bedeutung resultiert aus dem unterschiedlichen Vermögen der Stoffe einen magnetischen Fluss zu führen. Aus dieser Sicht kann man die Stoffe wie folgt einteilen:

- Magnetisch gut leitende Stoffe $\mu_r \gg 1$

  (ferromagnetische Stoffe)

- Magnetisch schlecht leitende Stoffe $\mu_r \approx 1$

  (dia- bzw. paramagnetische Stoffe)

Man hat es damit durch den gezielten Einsatz von ferromagnetischem Material (in der Regel Eisen) in der Hand, die Aufteilung des magnetischen Flusses im Raum festzulegen (analog der Stromaufteilung durch geeignete Widerstandswahl).

Als Magnetkreis wird eine solche Anordnung bezeichnet, bei der in sich geschlossene bzw. durch Luftspalte von geringer Dicke unterbrochene und durch stromdurchflossene Spulen hindurchgeführte Eisenwege vorliegen (s. B 6.31).

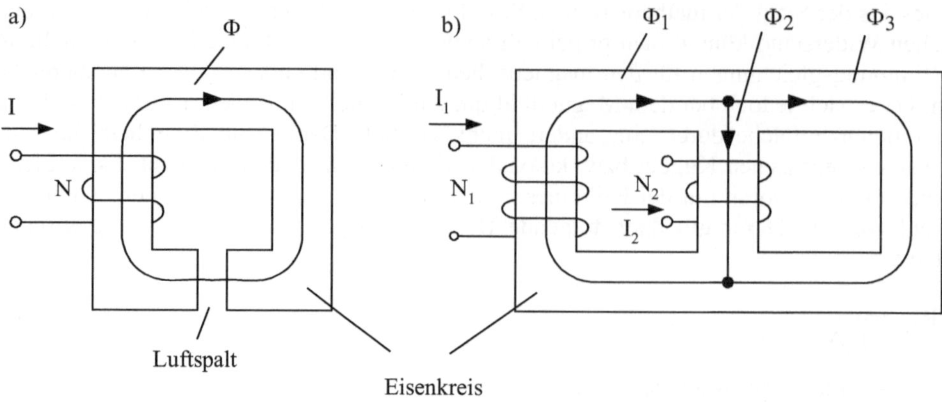

Bild 6.31: Magnetkreisbeispiele

Die in B 6.31 eingetragenen „Flusslinien" geben den prinzipiellen, durch den Eisenkreis vorgegebenen Weg des magnetischen Flusses durch die einzelnen Abschnitte des Magnetkreises
an. Mit den ausgewiesenen Richtungsorientierungen sind sie zugleich Zählpfeile für den jeweiligen Fluss. Die Festlegung dieser Zählpfeile kann wie bei dem Stromzählpfeil in einem Netzwerk im Prinzip willkürlich erfolgen. Lediglich in solchen Magnetkreisabschnitten, die durch
eine stromdurchflossene Spule geführt werden, ist es unter Ausnutzung der Regeln in B 6.7
sinnvoll, sich an der Richtung der Induktion durch diese Spule zu orientieren (in B 6.31 so
realisiert).

Unter Beachtung dieser Flusszählpfeile kann dann an den in dem Magnetkreis vorhandenen
Verzweigungen (Knotenpunkte) der Knotenpunktsatz im Magnetfeld (s. G 6.65) angewendet
werden. Er ist somit die erste grundlegende Gesetzmäßigkeit für die Magnetkreisberechnung.
Für den Magnetkreis in B 6.31 b) gilt damit:

$$-\Phi_1 + \Phi_2 + \Phi_3 = 0 \tag{6.70}$$

Die zweite grundlegende Gesetzmäßigkeit für die Magnetkreisberechnung liefert das Durchflutungsgesetz in Form des Maschensatzes im Magnetfeld (s. G 6.61). Für die praktische Handhabung bedarf es dazu noch einer Zählpfeilvereinbarung für die magnetische Spannung (Spannungsabfall) und die magnetische Quellenspannung. Bezüglich der magnetischen Spannung
wird dabei von dem magnetischen Ohmschen Gesetz (s. G 6.66) ausgegangen. Daraus resultiert für einen Magnetkreisabschnitt analog zu B 5.13 b) nachfolgend dargestellte Zählpfeilzuordnung zwischen dem magnetischen Fluss und der magnetischen Spannung.

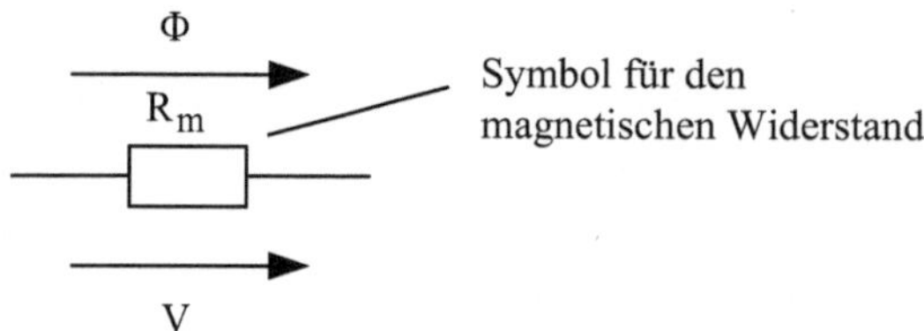

Bild 6.32: Zählpfeilzuordnung zwischen magnetischem Fluss und magnetischer Spannung

Für den magnetischen Widerstand wird hier aus pragmatischen Gründen das gleiche Symbol verwendet wie für den elektrischen Widerstand. Auf diese Weise entsteht für den Magnetkreis eine Ersatzschaltung in der Art eines elektrischen Netzwerkes.

Über den frei wählbaren Flusszählpfeil liegt somit auch der Zählpfeil für die magnetische Spannung einschließlich des Zusammenhanges zwischen diesen beiden Größen in Form von G 6.66 fest. Im Gegensatz hierzu ist der Zählpfeil für die magnetische Quellenspannung nicht frei wählbar. Analog zu dem Zählpfeil für die Quellenspannung bei einer Spannungsquelle (s. B 5.11 a)) ist dieser durch die Anordnung (stromdurchflossene Spule) vorgegeben. Ausgehend von B 6.25 und B 6.26 ist die Durchflutung bei einer Spule positiv, wenn man in Richtung der Induktion und somit dem Fluss folgend in diese hineinblickt. Ein Durchflutungszählpfeil wäre damit in der gleichen Richtung orientiert wie der Flusszählpfeil. Entsprechend der Definitionsgleichung für die magnetische Quellenspannung G 6.59 ist deren Zählpfeil somit dem Flusszählpfeil entgegengerichtet. Daraus resultiert analog zu B 5.11 a) folgende Symbolik zur bildhaften Darstellung einer magnetischen Spannungsquelle in einer Ersatzschaltung:

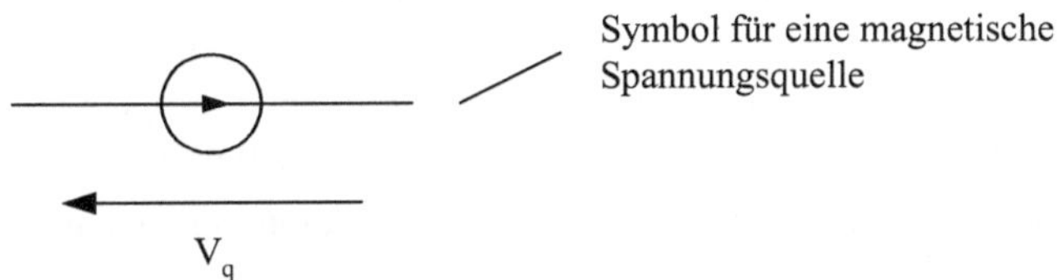

Bild 6.33: Symbolik mit Zählpfeilfestlegung für eine magnetische Spannungsquelle

Der Pfeil in dem Kreis gibt hier die durch die stromdurchflossene Spule vorgegebene Orientierung des Flusses durch dieselbe an. Auf diese Weise ist das negative Vorzeichen gemäß G 6.59 in diese Symbolik integriert, so dass für die magnetische Quellenspannung jetzt nur wie folgt der Betrag der Durchflutung einzusetzen ist:

$$V_q = |\Theta| = N\,I \tag{6.71}$$

Für die in B 6.31 angegebenen Magnetkreise entstehen auf dieser Grundlage folgende Ersatzschaltungen:

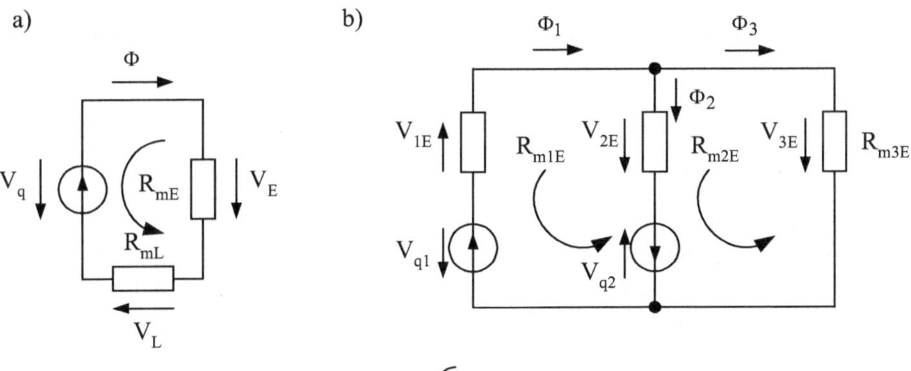

Bild 6.34: Ersatzschaltungen für die Magnetkreise gemäß B 6.31

Über den magnetischen Maschensatz entstehen dann folgende Gleichungen:

a) $\qquad V_q - V_E - V_L = 0$ $\hfill$ (6.72)

$\qquad$ mit $\qquad V_q = N\,I$ $\hfill$ (6.73)

b) $\qquad V_{q1} + V_{q2} - V_{2E} - V_{1E} = 0$ $\hfill$ (6.74)

$\qquad -V_{q2} - V_{3E} + V_{2E} = 0$ $\hfill$ (6.75)

$\qquad$ mit $\qquad V_{q1} = N_1\,I_1$ $\hfill$ (6.76)

$\qquad\qquad\quad V_{q2} = N_2\,I_2$ $\hfill$ (6.77)

Die Lösung dieser Problemgleichungen erfordert noch einen Zusammenhang zwischen dem magnetischen Fluss und der magnetischen Spannung für die einzelnen Abschnitte des Magnetkreises. Dieser wird über das magnetische Ohmsche Gesetz gefunden, wenn die Permeabilität in diesen Abschnitten bekannt ist. Dazu werden lediglich noch deren magnetische Widerstände benötigt.

Eine exakte Bestimmung derselben bereitet erhebliche Schwierigkeiten. Folgende Vorgehensweise führt jedoch in der Regel für praktische Zwecke zu genügend genauen Ergebnissen:

- Der Eisenkreis wird in zylindrische Teilabschnitte mit jeweils konstantem Querschnitt zerlegt.

- Bei nicht geraden Teilabschnitten (Ecken, Kreisbögen u. dgl.) ist deren mittlere Länge maßgebend.

- Die Induktion in den jeweiligen Teilabschnitten wird als konstant vorausgesetzt.

Mit diesen Vereinbarungen kann der magnetische Widerstand für die einzelnen Teilabschnitte des Eisenkreises gemäß G 6.69 wie folgt berechnet werden:

$$R_{mE} = \frac{\bar{\ell}}{\mu\;A} \hfill (6.78)$$

$\bar{\ell}$ $\quad$ - $\quad$ mittlere Länge des Teilabschnittes
A $\quad$ - $\quad$ Querschnitt des Teilabschnittes
μ $\quad$ - $\quad$ Permeabilität in dem Teilabschnitt

Für den magnetischen Widerstand eines Luftspaltes gilt ausgehend von G 6.69 folgende Beziehung:

$$R_{mL} = \frac{\ell}{\mu_o\;k\;A} \hfill (6.79)$$

ℓ $\quad$ - $\quad$ Dicke des Luftspaltes
A $\quad$ - $\quad$ Querschnitt des Luftspaltes
$\qquad\qquad$ (Querschnitt des Eisenkreises an der Stelle, wo sich der Luftspalt befindet)
k $\quad$ - $\quad$ Faktor zur Berücksichtigung des „Herausquellens" des Magnetfeldes aus dem Luftspalt (s. B 6.35)

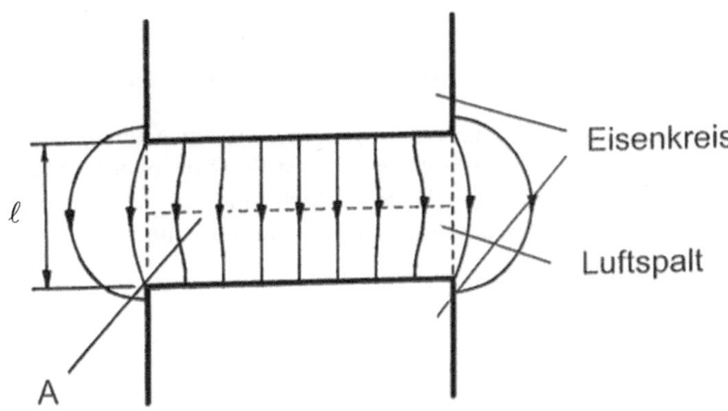

Bild 6.35: Herausquellen des Magnetfeldes aus einem Luftspalt

Infolge des Herausquellens des Magnetfeldes aus einem Luftspalt ist die Induktion in diesem nicht mehr konstant. Man kann diesen Effekt quantitativ über eine Vergrößerung des Luftspaltquerschnittes berücksichtigen. Für den Faktor k gilt damit tendenziell folgender Zusammenhang:

$$k \geq 1 \tag{6.80}$$

k wird größer, wenn ℓ größer wird und/oder die Fläche kleiner wird.

Mit den so bestimmten magnetischen Widerständen entsteht dann für den Magnetkreis a) in B 6.31 aus G 6.72 folgende Bestimmungsgleichung für den magnetischen Fluss:

$$N\,I - \left(R_{mE} + R_{mL} \right) \Phi = 0 \tag{6.81}$$

Für den Magnetkreis b) in B 6.31 entsteht mit G 6.70 und G 6.74 ... G 6.77 folgendes Gleichungssystem in Matrix-Form zur Bestimmung der magnetischen Flüsse $\Phi_1 \cdots \Phi_3$ (analog dem Gleichungssystem G 5.114 für das elektrische Netzwerk nach B 5.40):

$$\begin{vmatrix} -1 & 1 & 1 \\ R_{m1E} & R_{m2E} & 0 \\ 0 & R_{m2E} & R_{m3E} \end{vmatrix} \cdot \begin{vmatrix} \Phi_1 \\ \Phi_2 \\ \Phi_3 \end{vmatrix} = \begin{vmatrix} 0 \\ N_1 I_1 + N_2 I_2 \\ N_2 I_2 \end{vmatrix} \tag{6.82}$$

Infolge der Magnetisierungskurve verändert sich bei ferromagnetischen Stoffen die Permeabilität in den einzelnen Magnetkreisabschnitten mit dem magnetischen Fluss in denselben. Sie ist damit in der Regel für eine Berechnung zunächst nicht bekannt. Die soeben dargestellte Lösung des Problems mit Hilfe des magnetischen Ohmschen Gesetzes ist dann nicht möglich. Der nichtlineare Zusammenhang zwischen dem magnetischen Fluss und der magnetischen Spannung kann nur über die Magnetisierungskurve gefunden werden. Dazu muss zunächst die Funktion B (H) (s. B 6.14) für die einzelnen Magnetkreisabschnitte in eine Funktion Φ (V) überführt werden. Das erfolgt unter Ausnutzung der aus geometrischer Sicht als hinreichend genau vereinbarten Vorgehensweise zur Bestimmung der magnetischen Widerstände (s. vor G 6.78) über eine Umrechnung der Koordinatenachsen in folgender Weise:

$$\Phi = B\,A \tag{6.83}$$

$$V = H\,\bar{\ell} \tag{6.84}$$

$A, \bar{\ell}$ -   Querschnitt bzw. mittlere Länge des jeweiligen Magnetkreisabschnittes

Wenn der Magnetkreisabschnitt so ausgewählt wird, dass in diesem die Größen A und $\bar{\ell}$ konstant sind, dann wird durch diese Umrechnung der Verlauf der auf den Stoff bezogenen Magnetisierungskurve nicht verändert. Es entsteht auf diese Weise jedoch eine auf den Magnetkreisabschnitt bezogene Kurve in einem Koordinatensystem mit quantitativ und qualitativ veränderten Achsen (s. B 6.36).

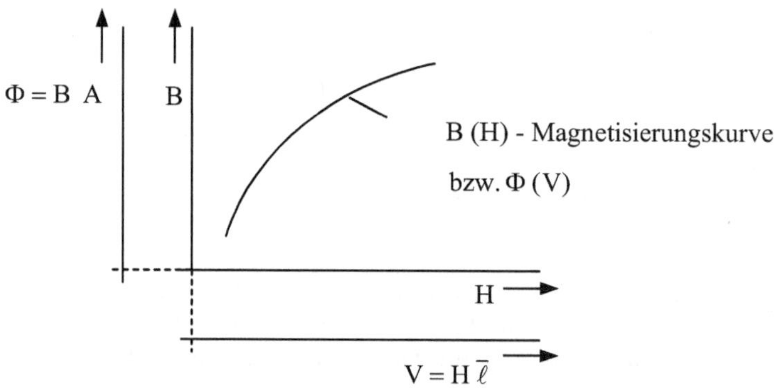

Bild 6.36:   Überführung der Funktion B (H) in die Funktion Φ (V) für einen Magnetkreisabschnitt

In dieser Kurvenform liegen dann für alle Magnetkreisabschnitte die Zusammenhänge Φ (V) bzw. V (Φ) vor. Mit deren Hilfe müssen schließlich die über den magnetischen Knotenpunktsatz und/oder den magnetischen Maschensatz formulierten Problemgleichungen gelöst werden. Das ist wie bereits im Zusammenhang mit nichtlinearen Netzwerken ausgeführt (s. Abschnitt 5.6.2.3.2) entweder grafisch oder numerisch möglich. Nachfolgend soll die grafische Vorgehensweise für den Magnetkreis a) in B 6.31 prinzipiell demonstriert werden.

Wenn man voraussetzt, dass der Querschnitt des Eisenkreises überall gleich ist, dann kann mit G 6.83 und G 6.84 für die in B 6.34 eingeführte Spannung V_E unmittelbar die entsprechende Funktion $V_E(\Phi)$ in einem Φ-V-Diagramm angegeben werden (s. B 6.37). Für die dort ebenfalls eingeführte Spannung V_L erhält man die entsprechende Funktion $V_L(\Phi)$ in einfacher Weise über die Beziehungen G 6.66 und G 6.79. Wegen $\mu = \mu_0 = \text{const.}$ handelt es sich hierbei um eine Gerade, die ebenfalls in dem $\Phi - V$-Diagramm in B 6.37 angegeben ist. Gemäß G 6.72 wird aus diesen beiden Funktionen wie folgt eine Summenfunktion gebildet:

$$V(\Phi) = V_E(\Phi) + V_L(\Phi) \tag{6.85}$$

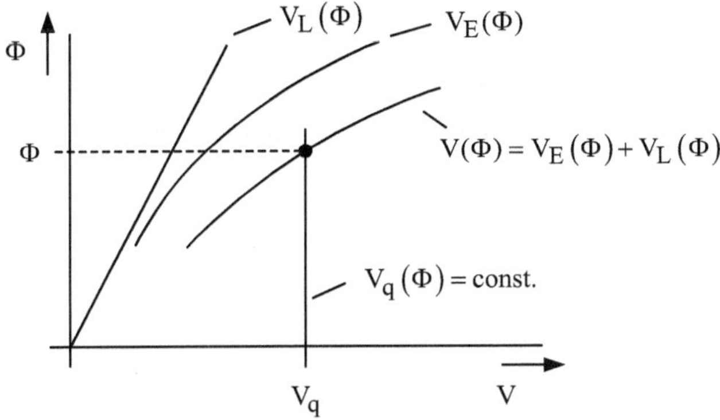

Bild 6.37:   Problemdarstellung in einem Φ-V-Diagramm

In demselben Φ-V-Diagramm wird die Funktion

$$V_q(\Phi) = N\,I = const. \tag{6.86}$$

dargestellt. Wegen

$$V_q = V_E + V_L \tag{6.87}$$

gemäß G 6.72 wird die Lösung des Problems durch den Schnittpunkt der beiden Funktionen gefunden.

Bei der Dimensionierung derart einfacher nichtlinearer Magnetkreise ist es in der Praxis durchaus üblich, die grafische Lösung unmittelbar auf der Basis des Durchflutungsgesetzes anzugeben. Das hat folgende Vorteile:

- Es kann direkt mit der Magnetisierungskurve gearbeitet werden (ohne eine Überführung in den Zusammenhang Φ(V) gemäß B 6.36).

- Man erhält direkt die für die Dimensionierung des Magnetkreises maßgebende Größe B.

Ebenfalls für den Magnetkreis in B 6.31 a) soll diese Vorgehensweise prinzipiell dargestellt werden. Unter den Voraussetzungen (identisch mit den oben getroffenen)

- überall gleicher Querschnitt des Eisenkreises

- homogenes Magnetfeld im Eisen und in dem Luftspalt

liefert das Durchflutungsgesetz bei einem Umlauf entsprechend dem eingetragenen Fluss:

$$\oint \vec{H}\,d\vec{\ell} = H_E\,\ell_E + H_L\ell_L = I\,N \tag{6.88}$$

Wegen

$$\Phi = \Phi_E = \Phi_L \tag{6.89}$$

gilt

$$B_E\,A_E = B_L\,A_L \quad bzw. \quad \mu_E\,H_E\,A_E = \mu_o\,H_L\,A_L\;. \tag{6.90}$$

Damit erhält man aus G 6.88 schließlich:

$$H_E = \frac{I\,N}{\ell_E + \dfrac{\mu_E\,A_E}{\mu_o\,A_L}\,\ell_L} \qquad\qquad (6.91)$$

Die gesuchte Induktion wird damit über die Magnetisierungskurve wie folgt gefunden:

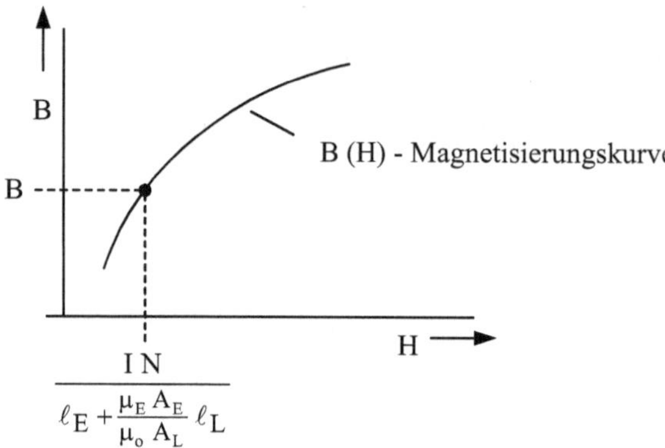

Bild 6.37:   Grafische Lösung über die Magnetisierungskurve

Eine grafische Lösung ist prinzipiell auch für kompliziertere Magnetkreise (z.B. in B 6.31 b)) möglich.

6.6 Energie im Magnetfeld

Entsprechend den Ausführungen im Abschnitt 6.1 existiert ein Magnetfeld in der Umgebung von bewegten Ladungen (Strömen). Der Aufbau eines solchen Magnetfeldes ist wie der eines elektrischen Feldes (s. Abschnitt 4.6) als ein Vorgang zu verstehen, bei dem die Induktion ausgehend von dem Anfangswert $B = 0$ einen Endwert $B > 0$ erreicht. Dazu müssen die Ladungen durch eine Energiezufuhr aus dem Ruhe- in den entsprechenden Bewegungszustand überführt werden. Im engeren Sinne ist darunter die Energie zu verstehen, die zur Überwindung der „Trägheit der Ladungen" erforderlich ist. Diese darf nicht mit der wegen des stets vorhandenen Widerstandes zur Aufrechterhaltung der Strömung erforderlichen, in Wärme umgewandelten Energie (Energieverlust) verwechselt werden. Über die bewegten Ladungen ist diese Energie schließlich in dem Magnetfeld derselben gespeichert. Sie wird wieder freigesetzt, wenn die Strömung beendet wird.

Die für das Zustandekommen einer Strömung erforderliche Energiezufuhr ist letztlich nur über eine Kraftwirkung auf die Ladungen in deren Bewegungsrichtung möglich. Hierzu bedarf es in dem betreffenden Stromkreis eines von außen eingeprägten elektrischen Feldes (Spannungsquelle), das solange wirkt, bis die entsprechende Strömungsgeschwindigkeit erreicht ist. Ausgehend von G 4.31 kann man für die Energiezufuhr in einem differenziell kleinen Abschnitt eines Stromkreises $d\ell$ während einer differenziell kurzen Zeit dt folgenden Zusammenhang angeben:

$$d^2W = dQ_\Sigma \; \vec{E} \; d\vec{\ell} \tag{6.92}$$

$d\vec{\ell}$ - Längenvektor des Stromkreisabschnittes

$\vec{E}$ - Vektor der für die Energiezufuhr notwendigen elektrischen Feldstärke

dQ_Σ - Gesamtbetrag der Ladung, der unter der Einwirkung von $\vec{E}$ während dt den Abschnitt $d\ell$ durchströmt

d^2W - Energiezufuhr (klein 2. Ordnung wegen dQ und $d\ell$)

Für die dem gesamten Stromkreis während dt zugeführte Energie gilt dann:

$$dW = dQ_\Sigma \oint\limits_{SK} \vec{E} \; d\vec{\ell} \tag{6.93}$$

$\oint\limits_{SK}$ - Summe über den Stromkreis (Umlaufintegral)

Das Umlaufintegral $\oint\limits_{SK} \vec{E} \; d\vec{\ell}$ ist hierbei die in dem Stromkreis bereitzustellende Spannung, die zur Überwindung der Trägheit der Ladungen erforderlich ist. Eine Bestimmung derselben ist möglich, wenn man unter der Trägheit der Ladungen das Wirken der Lenzschen Regel versteht. Auch wenn hier nicht die zeitliche Abfolge des Vorganges beim Aufbau des Magnetfeldes betrachtet werden soll, so ist dazu als gedanklicher Zwischenschritt jedoch ein gewisser Vorgriff auf zeitlich veränderliche Größen notwendig. So ist nach der Lenzschen Regel die zeitliche Änderung eines Magnetfeldes von einer Erscheinung begleitet (s. Abschnitt 7.3.1.1, Induktionsgesetzt), die dieser Änderung entgegenwirkt. Für den hier angenommenen Stromkreis bedeutet das, dass in diesem eine Spannung aufgebaut (induziert) wird, die der für den Aufbau des Magnetfeldes von außen bereitzustellenden Spannung entgegenwirkt. Zur Überwindung dieser „Gegenspannung" muss somit für den Aufbau des Magnetfeldes von außen folgende Spannung bereitgestellt werden:

$$\oint\limits_{SK} \vec{E} \, d\vec{\ell} = \frac{d\psi}{dt} \tag{6.94}$$

$\dfrac{d\psi}{dt}$ - in dem Stromkreis durch Ruheinduktion aufgebaute Spannung (s. G 7.18)

ψ - der durch den Strom in dem Stromkreis verursachte und mit diesem verkettete magnetische Fluss (Induktionsfluss)

Hiermit entsteht unter Beachtung von G 5.37:

$$dW = dQ_\Sigma \frac{d\psi}{dt} = \frac{dQ_\Sigma}{dt} d\psi = I \, d\psi \tag{6.95}$$

Zur Entwicklung eines Zusammenhanges für die Energie im Magnetfeld ausschließlich auf der Basis magnetischer Größen wird aus methodischen Gründen von einem homogenen Magnetfeld ausgegangen. Als Beispiel wird hierzu die nachfolgend dargestellte Toroidspule ausgewählt.

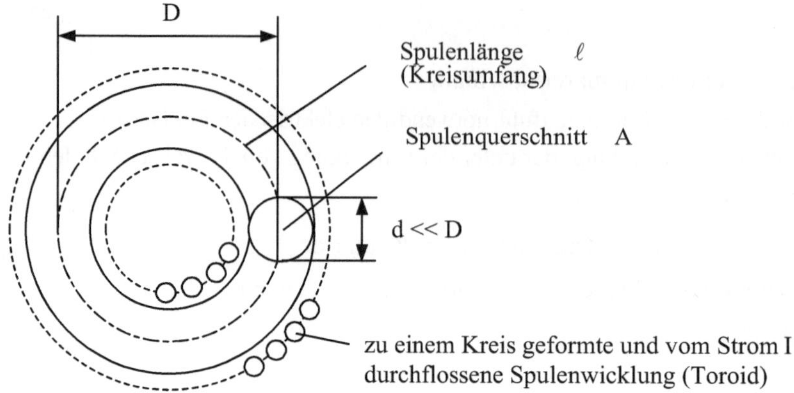

Bild 6.38: Toroidspule

Nach dem Durchflutungsgesetz gilt hier:

$$\Theta = N\,I = H\,\ell \qquad \text{bzw.} \qquad I = \frac{H\,\ell}{N} \tag{6.96}$$

Gemäß G 7.21 gilt ferner:

$$d\psi = N\,d\phi = N\,A\,dB \tag{6.97}$$

Damit entsteht schließlich aus G 6.95:

$$dW = H\,dB\,A\ell = H\,dB\,V \tag{6.98}$$

    V - Volumen des von einem homogenen Magnetfeld erfüllten Spuleninnenraumes

bzw.

$$dW' = \frac{dW}{V} = H\,dB \tag{6.99}$$

    W' - Energiedichte

Dieses Ergebnis für die Energiedichte hat wie G 4.97 im elektrischen Feld die Besonderheit, dass nur noch die punktbezogenen Größen H und B vorkommen. Es gilt damit nicht nur für das zur Herleitung als Beispiel verwendete homogene Feld, sondern ganz allgemein für ein beliebiges Magnetfeld (in einem sehr kleinen, punktuellen Raumbereich liegt a priori ein homogenes Feld vor).

Gemäß G 6.93 ist dW' der Beitrag zur Dichte der im Magnetfeld gespeicherten Energie innerhalb einer Zeitspanne dt. Die Dichte der insgesamt im Magnetfeld gespeicherten Energie erhält man dann aus der Summe aller Beiträge während des Vorganges zum Aufbau des Magnetfeldes von B = 0 bis B > 0. Für ein Magnetfeld in nichtferromagnetischen Stoffen erhält man wegen der dort konstanten Permeabilität mit G 6.19 für die Energiedichte somit folgendes Resultat:

$$W' = \int\limits_{0}^{W'} dW' = \frac{1}{\mu} \int\limits_{0}^{B} B\,dB = \frac{B^2}{2\,\mu} = \frac{H\,B}{2} = \frac{\mu\,H^2}{2} \tag{6.100}$$

Diese Zusammenhänge sind analog zu denen gemäß G 4.98 für das elektrostatische Feld.

Bei ferromagnetischen Stoffen gilt der lineare Zusammenhang gemäß G 6.19 nicht. Zur Auswertung von G 6.99 muss hier die Magnetisierungskurve herangezogen werden. Für die Energiedichte im Magnetfeld bei ferromagnetischen Stoffen entsteht damit:

$$W' = \int_0^B H\,(B)\,dB \qquad\qquad (6.101)$$

$H\,(B)$ -   Magnetisierungskurve

B -   aktueller Wert der Induktion, der von $B = 0$ beginnend in dem Stoff erreicht ist

Anders als bei nichtferromagnetischen Stoffen ist hier die Energiedichte nicht nur von den aktuellen Feldgrößen gemäß G 6.100 abhängig, sondern sie wird maßgeblich durch den Verlauf $H\,(B)$ auf dem Wege von $B = 0$ bis zu dem aktuellen Wert B bestimmt.

G 6.101 kann auch zur Ermittlung der Hystereseverluste herangezogen werden. Dazu wird als Integrationsweg der Umlauf entlang der Magnetisierungskurve gewählt. Wie in B 6.39 angedeutet, repräsentiert die schraffierte Teilfläche das jeweilige Produkt H dB. Unter Beachtung der durch den Umlauf festliegenden Vorzeichen repräsentiert somit die von der Magnetisierungskurve (Hystereseschleife) eingeschlossene Gesamtfläche die Energiedichte, die infolge der Ummagnetisierung bei einem Umlauf als Wärme abgegeben wird (Hystereseverluste).

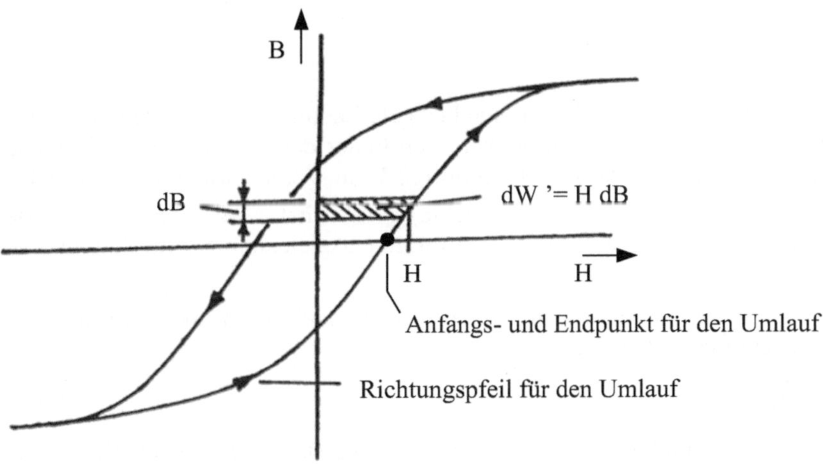

Bild 6.39: Ermittlung der Energiedichte auf der Basis der Magnetisierungskurve

Bei einem Magnetfeld in nichtferromagnetischen Stoffen existiert auch zwischen dem Strom (Ursache) und dem Induktionsfluss (Wirkung) ein linearer Zusammenhang. Für eine konkrete Anordnung (z.B. Spule) wird dieser wie folgt angegeben:

$$\psi = L\,I \qquad (6.102)$$

$\quad$ L $\quad$ - $\quad$ Selbstinduktivität der Anordnung
$\qquad\quad$ (s. Abschnitt 7.4.1)

Mit G 6.95 entsteht dann für die im Magnetfeld einer konkreten Anordnung bei nichtferromagnetischen Stoffen gespeicherte Energie folgendes Ergebnis:

$$W = \int_0^W dW = L \int_0^I I\,dI = \frac{L\,I^2}{2} \qquad (6.103)$$

Diese Beziehung entspricht in ihrem Aufbau G 4.93 für die im elektrischen Feld eines Kondensators gespeicherte Energie.

In der hier dargestellten Form erscheint die Energie im Magnetfeld als eine Energie der bewegten Ladung. Man kann sie daher auch als kinetische Energie der Ladung auffassen. Als solche darf sie aber nicht mit der kinetischen Energie der massebehafteten bewegten Ladungsträger verwechselt werden. Analog dazu kann man die Energie im elektrischen Feld als eine Energie der Lage bzw. potenzielle Energie der Ladung auffassen.

6.7 Kräfte im Magnetfeld

6.7.1 Lorentzkraft

Als Lorentzkraft im engeren Sinn wird die auf eine bewegte Ladung im Magnetfeld ausgeübte Kraft bezeichnet. Letztlich verbirgt sich diese aber auch hinter der zwischen zwei Stromelementen beobachteten Kraftwirkung, die im Abschnitt 6.2.1 zur Vereinbarung der vektoriellen Feldgröße $\vec{B}$ (Induktion bzw. magnetische Flussdichte) geführt hat. Man kann somit auf der Basis dieses experimentellen Befundes auch die Bestimmungsgleichung für die Lorentzkraft gewinnen.

Ausgehend von G 6.5 bzw. G 6.6 erhält man zunächst für die auf ein Stromelement in einem Magnetfeld ausgeübte Kraft ganz allgemein.

$$d\vec{F} = I\,\left(d\vec{\ell} \times \vec{B}\right) \qquad (6.104)$$

Hier gilt es nun den Strom I durch die Ladung zu ersetzen, die sich in dem Stromelement bewegt. Zuvor sei jedoch noch darauf hingewiesen, dass dieser Zusammenhang bei technischen Anwendungen in vielfältiger Weise zur Anwendung kommt. Zwei ausgewählte Beispiele sollen das hier verdeutlichen.

- *Elektromotor*

Das entsprechende Wirkprinzip ist nachfolgend angegeben.

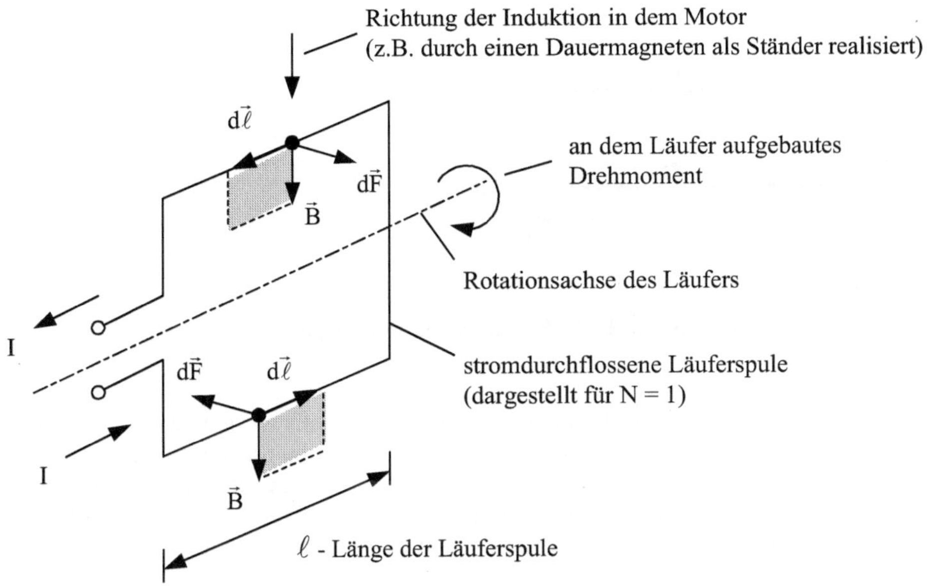

Bild 6.40: Wirkprinzip eines Elektromotors

Der Läufer (Rotor) des Elektromotors wird durch das von den entlang der stromdurchflossenen Läuferspule verteilten Kräften d$\vec{F}$ aufgebaute Drehmoment in eine Rotationsbewegung versetzt. Da hierbei das von den Kräften d$\vec{F}$ insgesamt entwickelte Drehmoment interessiert, wird für praktische Zwecke oftmals wie folgt mit der an einem Leiter der Läuferspule angreifenden Gesamtkraft gearbeitet:

$$F = \left| I \int_{\ell} \left(d\vec{\ell} \times \vec{B} \right) \right| = I \int_{\ell} B \sin \alpha \, d\ell \qquad (6.105)$$

Durch die Konstruktion des Motors wird im Allgemeinen

$$B = \text{const.} \quad \text{und} \quad \alpha = \frac{\pi}{2}$$

realisiert, so dass für diese Gesamtkraft folgende Gleichung entsteht:

$$F = I \, B \, \ell \qquad (6.106)$$

- *Kurzschlusskräfte in Starkstromanlagen*

In Starkstromanlagen liegt konstruktiv bedingt häufig die in B 6.41 dargestellte Situation vor (z.B. Stromschienen in einer Schaltanlage).

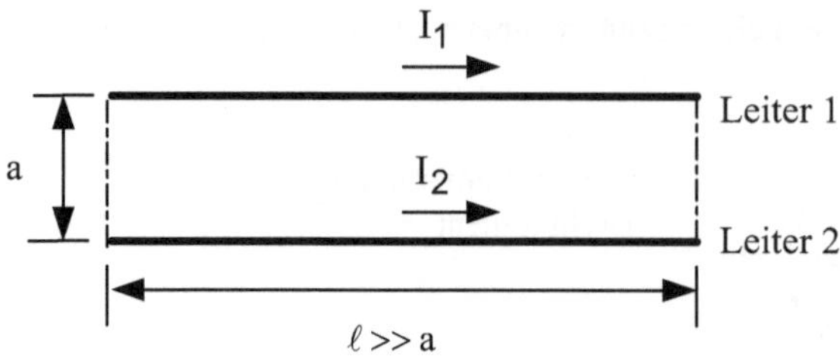

Bild 6.41:   Parallele, stromdurchflossene Leiter in einer Starkstromanlage

Jeder der beiden stromdurchflossenen Leiter befindet sich jeweils in dem von dem anderen Leiter aufgebauten Magnetfeld. Im Kurzschlussfall treten sehr hohe Ströme (mehrere kA) auf, die dann zu entsprechend großen Kurzschlusskräften führen. Die Leiter sowie deren Befestigungseinrichtungen müssen mechanisch so bemessen werden, dass die betreffende Starkstromanlage "kurzschlussfest" ist. Für die auftretende Gesamtkraft im Sinne von G 6.106 gilt hier:

$$F = I_1\, B_{21}\, \ell = I_2\, B_{12}\, \ell \tag{6.107}$$

Im vorliegenden Fall gilt unter Berücksichtigung von $\ell \gg a$ mit G 6.18:

$$B_{21} = \frac{\mu\, I_2}{2\pi\, a} \quad \text{bzw.} \quad B_{12} = \frac{\mu\, I_1}{2\pi\, a} \tag{6.108}$$

Damit entsteht:

$$F = \frac{\mu\, \ell}{2\pi\, a}\, I_1\, I_2 \tag{6.109}$$

Zur Überführung von G 6.104 in die gesuchte Bestimmungsgleichung für die Lorentzkraft kann ausgehend von G 5.12 für ein Stromelement zunächst folgender Ausdruck gebildet werden:

$$\begin{aligned}
I\, d\vec{\ell} &= e\left(n^+\vec{v}^+ - n^-\vec{v}^-\right) \vec{A}\, d\vec{\ell} \\
&= e\left(n^+\vec{v}^+ - n^-\vec{v}^-\right) dV
\end{aligned} \tag{6.110}$$

A   -   Querschnittsfläche des Stromelementes

dV   -   Volumen des Stromelementes

Unter Beachtung der Zusammenhänge G 5.7 und G 5.8 entsteht daraus:

$$I\, d\vec{\ell} = dQ^+\vec{v}^+ + dQ^-\vec{v}^- \tag{6.111}$$

dQ^+, dQ^- -   die sich durch das Stromelement mit der Geschwindigkeit $\vec{v}^+$ bzw.

$\vec{v}^-$ hindurchbewegende positive bzw. negative Ladung

Setzt man dies in G 6.104 ein, dann erhält man:

$$d\vec{F} = dQ^+\left(\vec{v}^+ \times \vec{B}\right) + dQ^-\left(\vec{v}^- \times \vec{B}\right) \tag{6.112}$$

Betrachtet man nun die sich durch das Stromelement hindurchbewegende positive bzw. negative Ladung als eine einzelne, sich mit der jeweiligen Geschwindigkeit in einem Magnetfeld bewegende Ladung, dann erübrigt sich erstens die differenzielle Betrachtungsweise und zweitens ist nur einer der beiden Summanden in G 6.112 von Bedeutung. Man erhält damit unter Beachtung des Vorzeichens der Einzelladung folgende Bestimmungsgleichung für die Lorentzkraft:

$$\vec{F} = Q\left(\vec{v} \times \vec{B}\right) \tag{6.113}$$

Entsprechend den Richtungs- bzw. Vorzeichenfestlegungen für das Kreuzprodukt (s. B 1.4) gelten für die Lorentzkraft die in B 6.42 dargestellten, als Rechtehandregel (2) bekannten Richtungszusammenhänge.

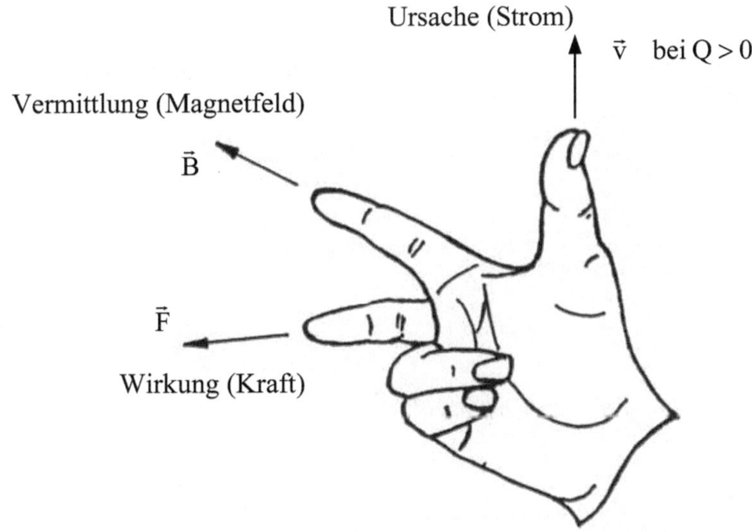

Bild 6.42: Rechtehandregel (2)

Für eine bewegte negative Ladung gilt sinngemäß eine Linkehandregel.

Die Lorentzkraft steht demzufolge stets senkrecht auf dem Geschwindigkeitsvektor bzw. der Bewegungsbahn einer Ladung im Magnetfeld. Hieraus resultieren zwei wesentliche Sachverhalte:

1. Eine Ladung erfährt bei ihrer Bewegung im Magnetfeld durch die dabei an ihr angreifende Lorentzkraft wegen

$$\vec{F}\ d\vec{\ell} = F\ d\ell\ \cos\frac{\pi}{2} = 0 \tag{6.114}$$

selbst keine Energie- bzw. Geschwindigkeitsänderung. Sie kann aber mit Hilfe des Magnetfeldes über diese Kraft in anderer Weise eine Arbeit verrichten. Hieraus resultiert letztlich auch die Bezeichnung „Vermittlung" in B 6.42. So bewirkt z.B. beim Elektromotor (s. B 6.40) die Kraft auf die sich in dem Leiter der Läuferspule bewegende Ladung eine Kraft auf diesen Leiter, die dann zu der Drehbewegung des Läufers führt. Der Elektromotor ist somit ein Energiewandler, in dem mit Hilfe des Magnetfeldes elektrische in mechanische Energie umgewandelt wird.

2. Bei einer sich frei in einem Magnetfeld bewegenden Ladung bewirkt die senkrecht auf deren Bewegungsrichtung stehende Lorentzkraft eine seitliche Auslenkung derselben. Die dadurch auftretende Krümmung der Bewegungsbahn dieser Ladung wird durch das Kräftegleichgewicht zwischen der als Zentripedalkraft wirkenden Lorentzkraft und der an dem betreffenden Ladungsträger auftretenden Zentrifugalkraft bestimmt (s. B 6.43).

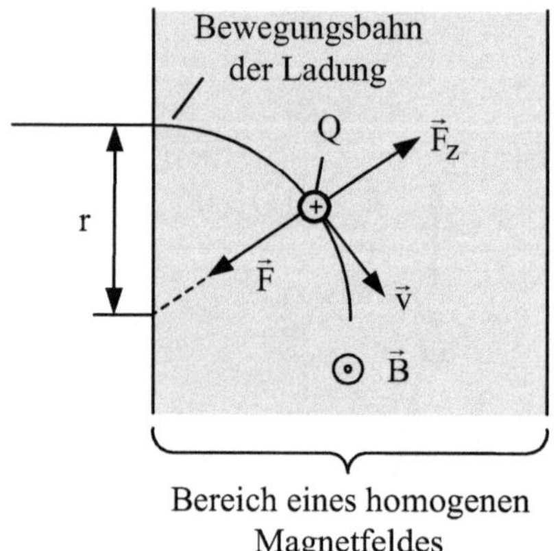

Bild 6.43:   Bewegungsbahn einer Ladung im Magnetfeld

In dem hier dargestellten Fall schließen $\vec{B}$ und $\vec{v}$ einen rechten Winkel ein. Damit gilt für den Betrag der Lorentzkraft:

$$F = Q \, v \, B \sin \alpha = Q \, v \, B \tag{6.115}$$

Für den Betrag der Zentrifugalkraft gilt:

$$F_z = \frac{m \, v^2}{r} \tag{6.116}$$

m   -   Masse des Ladungsträgers

Über das Kräftegleichgewicht $\left(F = F_z \right)$ entsteht damit bei einer durch die einzelnen Größen vorgegebenen Situation für den Krümmungsradius folgendes Ergebnis:

$$r = \frac{m \, v}{Q \, B} = \text{const.} \tag{6.117}$$

Hieraus folgt, dass die bewegte Ladung in dem Magnetfeld hierbei eine Kreisbahn be-schreibt. Dieser Kreischarakter bleibt prinzipiell erhalten, auch wenn $\vec{B}$ und $\vec{v}$ keinen rechten Winkel einschließen. Allerdings bewegt sich die Ladung dann entlang einer Schraubenlinie in Richtung der zu $\vec{B}$ parallelen Komponente von $\vec{v}$.

Ebenso wie die Kraftwirkung auf stromdurchflossene Leiter findet die Kraftwirkung auf ein-zelne Ladungen im Magnetfeld eine vielfältige technische Anwendung. Auch hierfür seien nachfolgend zwei willkürlich ausgewählte Beispiele dargestellt.

- *Zeilentransformator*

Ein solcher wird bei Bildröhren zur zeilenweisen Führung des Elektronenstrahls über den Bild-schirm verwendet. Wenn man einmal alle sehr anspruchsvollen konstruktiven und steuerungs-technischen Details weglässt, dann besteht das hierbei verwendete Prinzip in einer gezielten Ablenkung von bewegten Elektronen in dem von diesem Zeilentransformator aufgebauten Magnetfeld (s. B 6.44).

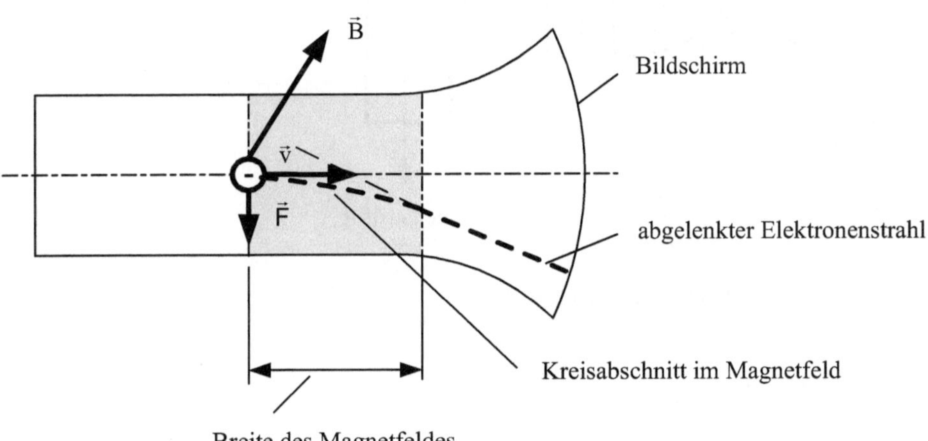

Bild 6.44:   Prinzip der Ablenkung des Elektronenstrahls durch den Zeilentransformator bei einer Bildröhre

- *Zyklotron*

Das ist eine Einrichtung zur Beschleunigung von geladenen Teilchen (Ionen). Die Geschwin-digkeitserhöhung wird hierbei dadurch realisiert, indem diese Ionen mehrfach ein elektrisches Feld durchlaufen. Die hierzu notwendige Rückführung der Ionen in das elektrische Feld erfolgt durch deren Umlenkung in einem Magnetfeld. Unter Weglassung aller Details ist dieses Prin-zip in B 6.45 dargestellt.

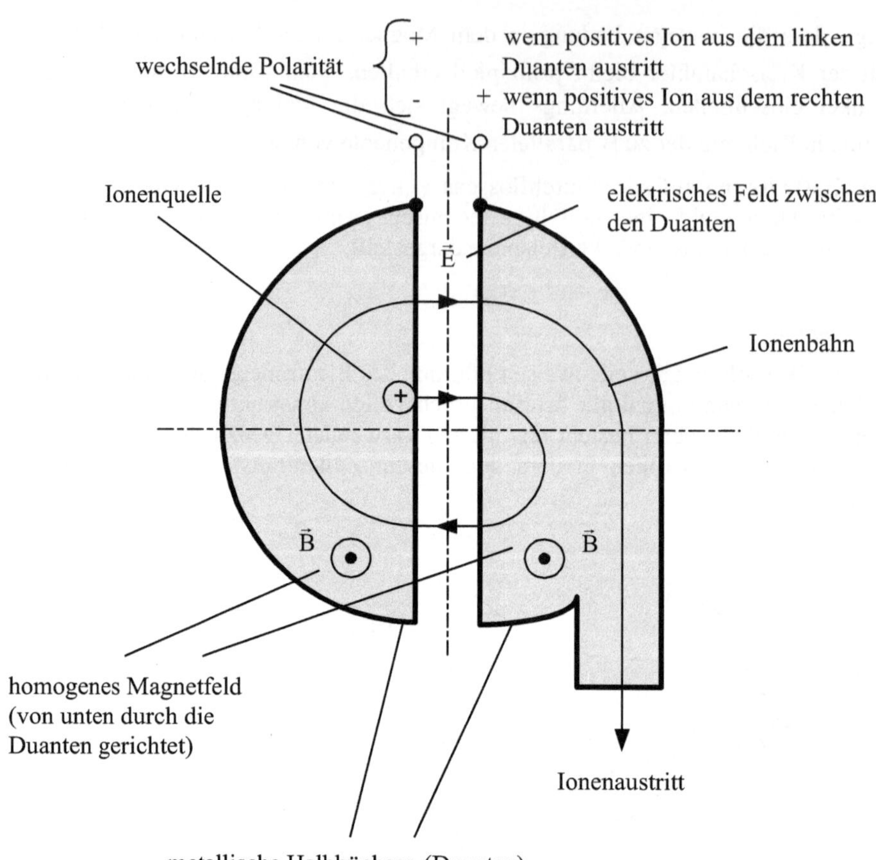

Bild 6.45: Prinzip des Zyklotrons

In der Literatur wird die Kraft auf eine bewegte Ladung im Magnetfeld mitunter auch als ein Bestandteil der „verallgemeinerten Lorentzkraft" aufgefasst. Hierunter versteht man ganz allgemein die Kraft auf eine Ladung im elektromagnetischen Feld, die sich aus folgenden Bestandteilen zusammensetzt:

- Kraft auf eine Ladung im elektrischen Feld

- Kraft auf eine bewegte Ladung im Magnetfeld

Ausgehend von G 4.9 und G 6.113 gilt somit für diese verallgemeinerte Lorentzkraft folgender Zusammenhang:

$$\vec{F} = Q\ \left[\ \vec{E} + \left(\vec{v} \times \vec{B}\right)\right] \tag{6.118}$$

6.7.2 Bewegungsinduktion

Im Unterschied zu der magnetischen Feldgröße gleichen Namens hat hier der Begriff Induktion die inhaltliche Bedeutung von „etwas erzeugen". In diesem Sinne versteht man unter Bewegungsinduktion den Aufbau eines elektrischen Feldes bei der Bewegung eines Leiters in einem

Magnetfeld. Dieser Effekt kommt dadurch zustande, dass mit dem Leiter die in diesem befindlichen Ladungsträger in dem Magnetfeld bewegt werden und dabei eine Kraftwirkung (Lorentzkraft) erfahren. Diese bewirkt dann eine Verschiebung der frei beweglichen Ladungsträger in dem Leiter. In deren Folge kommt es schließlich zu einer Ladungstrennung und somit zum Aufbau eines elektrischen Feldes in dem Leiter. In B 6.46 ist dieser Sachverhalt prinzipiell dargestellt.

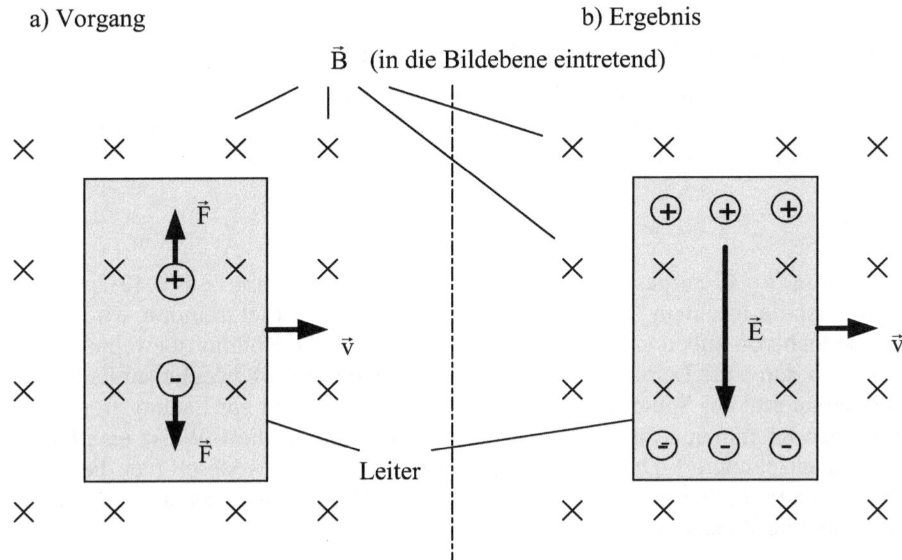

Bild 6.46: Ladungstrennung in einem bewegten Leiter im Magnetfeld

Die Ladungstrennung in dem Leiter ist dann beendet, wenn dort die Kraft auf die beweglichen Ladungsträger in dem jetzt durch Überlagerung vorliegenden elektromagnetischen Feld (verallgemeinerte Lorentzkraft) verschwindet. Ausgehend von G 6.118 gilt damit:

$$Q\left[\vec{E}+\left(\vec{v}\times\vec{B}\right)\right]=0 \tag{6.119}$$

bzw.

$$\vec{E}=-\left(\vec{v}\times\vec{B}\right) \tag{6.120}$$

$\vec{E}$ -   in dem Leiter aufgebaute elektrische Feldstärke

Ein Vergleich von B 6.46 b) mit B 5.1 lässt erkennen, dass der bewegte Leiter in dem Magnetfeld eine Spannungsquelle darstellt. Ausgehend von G 5.43 und G 6.120 kann die hierbei entstehende Quellenspannung wie folgt bestimmt werden:

$$U_q=\int\limits_{+}\vec{E}\,d\vec{\ell}=-\int\limits_{+}\left(\vec{v}\times\vec{B}\right)d\vec{\ell} \tag{6.121}$$

+; -   -   positives bzw. negatives Leiterende

Ein bewegter Leiter im Magnetfeld ist somit ein Energiewandler, bei dem mit Hilfe des Magnetfeldes mechanische Energie in elektrische Energie überführt wird (Generator). Wenn man die Enden eines solchen Leiters außerhalb des Magnetfeldes elektrisch leitend verbindet, so kommt es in dem dann vorliegenden Stromkreis zu einem Stromfluss. Der bewegte Leiter im Magnetfeld ist zwar eine gedanklich nahe liegende, aber nur eine Form der Realisierung der Bewegungsinduktion. Andere Realisierungsformen sind z.B. :

- Ruhender Leiter im bewegten Magnetfeld.

- Stromdurchflossener Leiter bzw. Halbleiter im Magnetfeld.

- Im Magnetfeld strömende, ionisierte Fluide (Plasma, Elektrolyt).

Allen Realisierungen ist das Prinzip der Ladungstrennung unter der Einwirkung der Lorentzkraft gemeinsam. Die praktische Anwendung der Bewegungsinduktion ist sehr vielfältig. Nachfolgend sollen dafür einige Beispiele vorgestellt werden.

- *Generator (Dynamo)*

Das Grundprinzip ist in B 6.47 dargestellt. Ähnlich wie beim Elektromotor (s. B 6.40) befindet sich hier eine Läuferspule in einem Magnetfeld. Im Gegensatz zum Elektromotor wird diese Läuferspule jetzt jedoch von außen (z.B. durch eine Turbine) in eine Rotationsbewegung versetzt. Dabei kommt es durch die Lorentzkraft zu einer Verschiebung der beweglichen Ladungsträger in dem Leitermaterial der Spule (Elektronen im Metall) und somit zur Ladungstrennung. Zwischen den offenen Klemmen a und b der Läuferspule entsteht auf diese Weise eine Quellenspannung (Klemmenspannung). Durch die Rotation der Läuferspule wechselt hier die Polarität an den Klemmen a und b bei jeder Umdrehung zweimal. Die Klemmenspannung ist somit im zeitlichen Verlauf eine Wechselspannung.

Der Generator ist demzufolge ein Energiewandler, in dem Bewegungsenergie in Elektroenergie umgewandelt wird. Auf diesem Prinzip beruht in überwiegendem Maße die Elektroenergieerzeugung. Nicht zuletzt wegen dieser großen praktischen Bedeutung, aber auch im Sinne einer Hinführung zum Induktionsgesetz im Abschnitt 7.3 sind nachfolgend noch einige etwas weiter in die Tiefe gehende Betrachtungen angestellt.

Im Sinne von G 6.121 stellt hier der Integrationsweg entlang der Läuferspule einen geschlossenen Umlauf dar. Damit gilt für die Klemmenspannung u_{ab} (kleiner Buchstabe, da hier zeitlich veränderliche Größe):

$$u_{ab} = \int_a^b \vec{E}\, d\vec{\ell} = -N \oint \left(\vec{v} \times \vec{B} \right) d\vec{\ell} = -N \left(\int_1^2 + \int_2^3 + \int_3^4 + \int_4^1 \right) \qquad (6.122)$$

$\quad$ N $\quad$ - $\quad$ Windungszahl der Läuferspule

$$\int_i^k \quad - \quad \text{steht für} \quad \int_i^k \left(\vec{v} \times \vec{B} \right) d\vec{\ell}$$

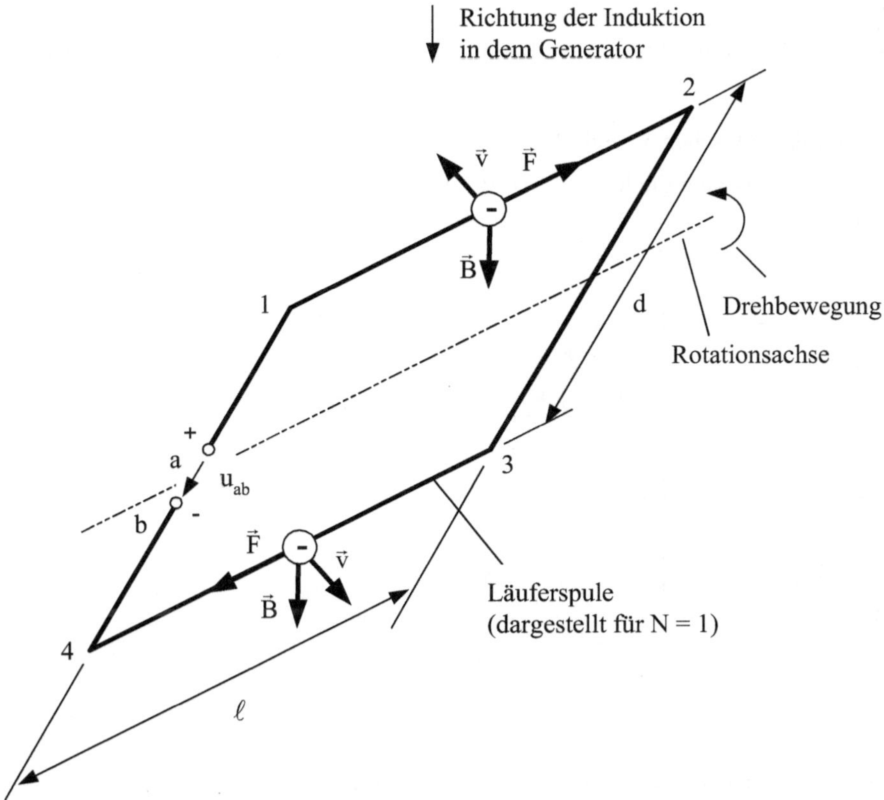

Bild 6.47:   Prinzip des Generators

Mit den in B 6.47 gewählten geometrischen Verhältnissen und unter der Voraussetzung eines homogenen Magnetfeldes entstehen für die einzelnen Abschnitte der Läuferspule folgende Resultate:

- Abschnitte 2-3 und 4-1

  Der Winkel zwischen $\left(\vec{v} \times \vec{B}\right)$ und $d\vec{\ell}$ (α' genannt) beträgt hier:

  $$\alpha' = \frac{\pi}{2} \quad \text{bzw.} \quad \alpha' = -\frac{\pi}{2}$$

  Damit gilt:

  $$\int\limits_2^3 = \int\limits_4^1 = \int\limits_o^d \left|\left(\vec{v} \times \vec{B}\right)\right| \, d\ell \, \cos \alpha' = 0 \tag{6.123}$$

- Abschnitte 1-2 und 3-4

  Der Winkel zwischen $\left(\vec{v} \times \vec{B}\right)$ und $d\vec{\ell}$ beträgt hier:

  $$\alpha' = \pi$$

  Damit gilt:

$$\int\limits_{1}^{2} = \int\limits_{3}^{4} = \int\limits_{0}^{\ell} \left| \vec{v} \times \vec{B} \right| d\ell \, \cos \alpha' = -v\,B\,\sin\alpha \int\limits_{0}^{\ell} d\ell = -v\,B\,\ell\,\sin\alpha \qquad (6.124)$$

α -   Winkel zwischen $\vec{v}$ und $\vec{B}$

Mit Bezugnahme auf B 6.47 sind die hier für den Winkel α maßgebenden Zusammenhänge in B 6.48 dargestellt.

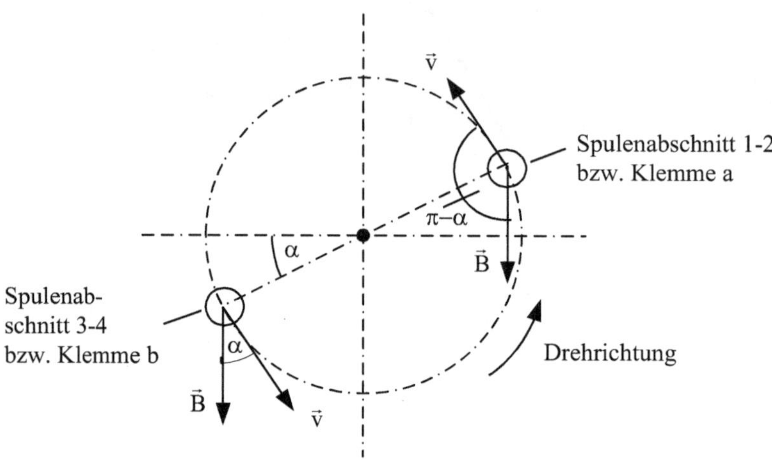

Bild 6.48:   Schnitt durch die Läuferspule von den Klemmen aus gesehen

Hieraus geht hervor, dass die eingeschlossenen Winkel zwischen $\vec{v}$ und $\vec{B}$ für die beiden Spulenabschnitte 1-2 und 3-4 verschieden sind. Wegen

$$\sin\left(\pi - \alpha\right) = \sin\alpha$$

ist das für G 6.124 jedoch ohne Bedeutung. Aus B 6.48 geht ferner hervor, dass der Winkel α zugleich die sich zeitlich ändernde Lage der Spule im Magnetfeld beschreibt. Wenn man für die folgenden Überlegungen willkürlich

bei $t = 0$ $\alpha = 0$ (Ausgangslage der Spule)   (6.125)

vereinbart, dann gilt für den Winkel α der Ansatz:

$$\alpha = k\,t \qquad (6.126)$$

k   -   von der Läuferdrehzahl abhängige Konstante

Damit gilt für eine Umdrehung:

$$\alpha = 2\pi = k\,T \qquad (6.127)$$

T   -   Dauer für eine Umdrehung

Mit

$$T = \frac{1}{n} \qquad (6.128)$$

n   -   Läuferdrehzahl

entsteht dann:

$$k = 2\pi\, n \qquad (6.129)$$

bzw.

$$\alpha = 2\pi\, n\, t \qquad (6.130)$$

Wenn man schließlich für die Geschwindigkeit noch

$$v = \frac{\pi d}{T} = \pi\, d\, n \qquad (6.131)$$

einführt, dann entsteht für die Klemmenspannung u_{ab} folgende Zeitfunktion:

$$u_{ab} = 2\pi\, n\, N\, B\, \ell\, d\, \sin(2\pi\, n\, t) \qquad (6.132)$$

Diese Zeitfunktion ist in B 6.49 qualitativ dargestellt. Für ausgewählte Zeitpunkte ist dort ferner die zugehörige Stellung der Läuferspule angegeben.

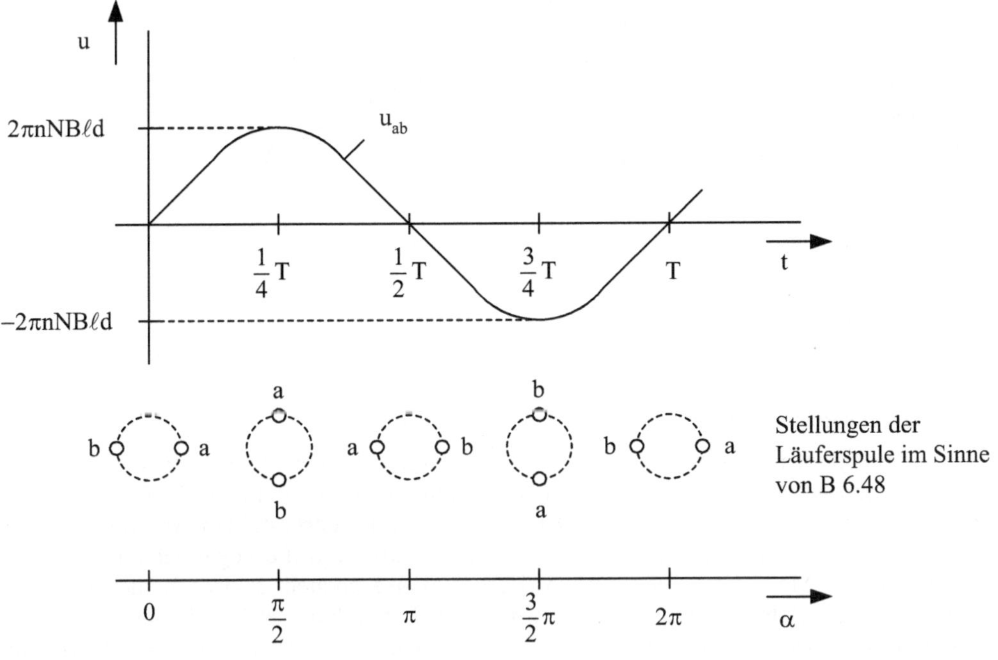

Bild 6.49: Zeitlicher Verlauf der Klemmenspannung

- *Hall-Generator*

Am Beispiel eines p-leitenden Halbleitermaterials ist das Grundprinzip in B 6.50 dargestellt. Beim Stromfluss in der angegebenen Richtung kommt es infolge der Lorentzkraft auf der in Stromrichtung links gelegenen Begrenzungsfläche des Halbleitermaterials zu einer Anhäufung von positiven Ladungen. Das führt andererseits auf der rechten Begrenzungsfläche zu einer negativen Überschussladung, so dass zwischen beiden Begrenzungsflächen die so genannte

Hall-Spannung auftritt. Solche Hallgeneratoren werden vorwiegend in der Mess- und Steuerungstechnik (z.B. zur Induktionsmessung) eingesetzt.

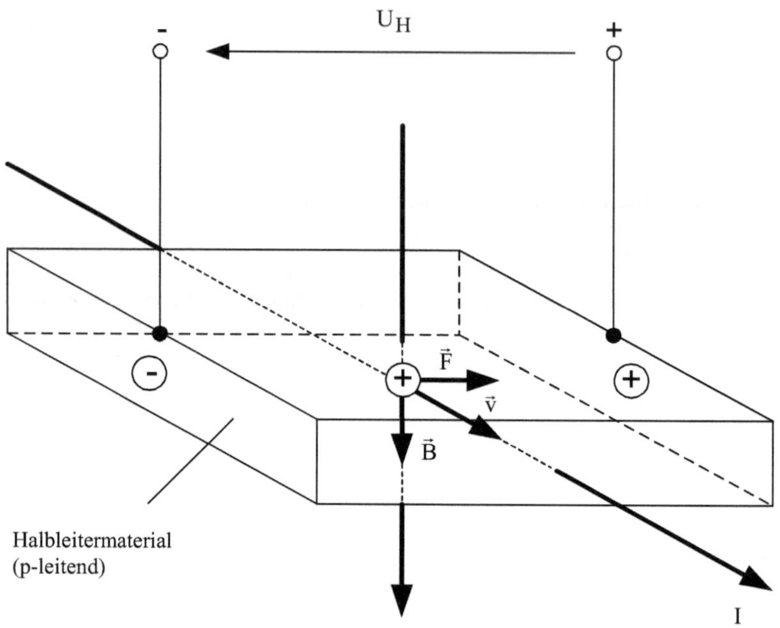

Bild 6.50:   Prinzip des Hall-Generators

- *Magnetohydrodynamischer Generator (MHD-Generator)*

Das Grundprinzip ist in B 6.51 dargestellt. In einer Brennkammer werden ionisierte Gasteilchen (Thermoionisation) erzeugt, die anschließend durch einen von einem Magnetfeld durchsetzten Strömungskanal geführt werden. Dabei werden in der dargestellten Anordnung durch die Lorentzkraft die positiven Ionen zu der oberen (Anode) und die negativen Ionen zu der unteren (Kathode) Metallplatte gezogen. Auf diese Weise entsteht zwischen diesen beiden Elektroden eine Quellenspannung, die einen Strom durch den daran angeschlossenen Verbraucher treibt. Der MHD-Generator ist somit ein Energiewandler, der Wärmeenergie mit Hilfe des Magnetfeldes direkt in Elektroenergie überführt und als solcher auch prinzipiell zur Elektroenergieerzeugung geeignet.

Bei dem MHD-Generator ist die unterschiedliche Orientierung der positiven und negativen Ionen dadurch bedingt, dass in dem Strömungskanal beide die gleiche Bewegungsrichtung besitzen. Hierin besteht zu dem Hall-Generator ein prinzipieller Unterschied. Bei diesem besitzen die beweglichen Ladungsträger infolge der vorgegebenen Stromrichtung vorzeichenabhängig verschiedene Bewegungsrichtungen. Wenn also in dem jeweiligen Leiter bzw. Halbleiter positive und negative bewegliche Ladungsträger existieren, dann kommt es zu einer Absenkung, u.U. bis zur Kompensation der Hall-Spannung.

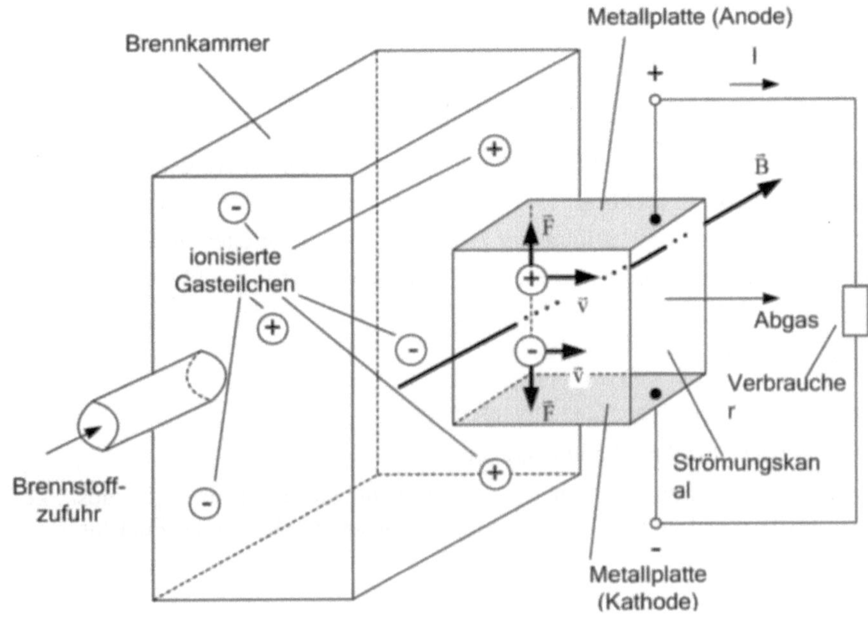

Bild 6.51: Prinzip des MHD-Generators

6.7.3 Bewegungspolarisation

In Analogie zur Bewegungsinduktion wird hier unter Bewegungspolarisation der Aufbau eines elektrischen Feldes bei der Bewegung eines Nichtleiters in einem Magnetfeld verstanden. Dieser Effekt kommt dadurch zustande, dass mit dem Nichtleiter die in diesem vorhandenen Ladungsträger bewegt werden und dabei eine Kraftwirkung (Lorentzkraft) erfahren. Diese führt wegen der fehlenden freibeweglichen Ladungsträger in dem Nichtleiter zu einer Lageveränderung der im mikroskopischen Bereich fest miteinander verkoppelten Ladungsträger. Zur Bestimmung der durch diesen Polarisationseffekt im Inneren des Nichtleiters aufgebauten elektrischen Feldstärke wird gedanklich zunächst von der Polarisation unter der Einwirkung eines äußeren (primären) elektrischen Feldes ausgegangen (s. Abschnitt 4.3.2). Dieses äußere elektrische Feld soll in einem Dielektrikum mit

$$\varepsilon = \varepsilon_0 \tag{6.133}$$

vorliegen (z.B. Luft in guter Näherung). In Analogie zu dem im Zusammenhang mit der Influenz in B 4.8 eingeführten sekundären elektrischen Feld kann für die elektrische Feldstärke in einem Nichtleiter prinzipiell ebenfalls folgender Ansatz gemacht werden:

$$\vec{E} = \vec{E}_0 + \vec{E}_S \tag{1.134}$$

$\vec{E}_0$ - elektrische Feldstärke des äußeren Feldes

$\vec{E}_S$ - unter der Einwirkung von $\vec{E}_0$ durch Polarisation in dem Nichtleiter aufgebaute elektrische Feldstärke (sekundäres Feld; auch Polarisationsfeld genannt)

Mit G 4.24 entsteht daraus:

$$\vec{E}_s = \left(\frac{1}{\varepsilon_r} - 1 \right) \, \vec{E}_o \qquad\qquad (6.135)$$

Die Ursache für diese Feldstärke $\vec{E}_s$ ist die an den einzelnen Ladungsträgern des Nichtleiters unter der Einwirkung des äußeren elektrischen Feldes angreifende Kraft. Es muss damit die gleiche Feldstärke $\vec{E}_s$ entstehen, wenn infolge der Bewegung des Nichtleiters in einem Magnetfeld an den einzelnen Ladungsträgern die gleiche Kraft angreift. Mit G 4.9 und G 6.113 entsteht dann:

$$\vec{F} = Q \, \vec{E}_o = Q \, (\vec{v} \times \vec{B}) \qquad\qquad (6.136)$$

$\vec{F}$ -   Kraft auf den einzelnen Ladungsträger

Q -   Ladung des einzelnen Ladungsträgers

Da im Falle der Bewegung des Nichtleiters im Magnetfeld keine äußere elektrische Feldstärke existiert, erhält man aus G 6.134 ... G 6.136 wie folgt die gesuchte elektrische Feldstärke in dem Nichtleiter:

$$\vec{E} = \vec{E}_s = \left(\frac{1}{\varepsilon_r} - 1 \right) \, \left(\vec{v} \times \vec{B} \right) \qquad\qquad (6.137)$$

Dieses Ergebnis ist mit $\varepsilon_r \rightarrow \infty$ gemäß G 4.25 für einen Leiter identisch mit G 6.120.

Aus praktischer Sicht ist dieser Effekt der Bewegungspolarisation weniger bedeutsam, da erst bei sehr hohen Induktionen und Geschwindigkeiten relevante elektrische Feldstärken entstehen.

6.7.4 Kräfte auf Grenzflächen

Aus energetischer Sicht liegt hier die gleiche Situation vor, wie sie im Abschnitt 4.7 für das elektrische Feld im Detail dargestellt ist. Wenn man ferner beachtet, dass auch G 4.98 und G 6.100 für die Energiedichte in ihrer mathematischen Struktur übereinstimmen, dann können für den Druck (Flächenpressung) auf Grenzflächen im Magnetfeld bei konstanter Permeabilität unmittelbar folgende Zusammenhänge angegeben werden:

- Quergrenzfläche (analog G 4.111)

$$F' = \frac{B^2}{2} \left(\frac{1}{\mu_1} - \frac{1}{\mu_2} \right) \qquad\qquad (6.138)$$

- Längsgrenzfläche (analog G 4.130)

$$F' = \frac{H^2}{2} (\mu_2 - \mu_1) \qquad\qquad (6.139)$$

- Schräggrenzfläche (analog G 4.133)

$$F' = \frac{B_n^2}{2} \left(\frac{1}{\mu_1} - \frac{1}{\mu_2} \right) + \frac{H_t^2}{2} \, (\mu_2 - \mu_1) \qquad\qquad (6.140)$$

Diese Kräfte (Drücke) werden entsprechend der mit B 4.31 getroffenen Vereinbarung als positiv gezählt, wenn sie von dem Raumbereich 2 in den Raumbereich 1 gerichtet sind. In Übereinstimmung mit dem energetisch bedingten Bestreben des Raumbereichs mit dem größeren Stoffparameter (hier μ) sich zu Lasten des Raumbereichs mit dem kleineren Stoffparameter auszudehnen entstehen aus obigen Gleichungen folgende Vorzeichenzusammenhänge:

- $F' > 0$ wenn $\mu_2 > \mu_1$

  F' ist in den Raumbereich 1 hineingerichtet

- $F' < 0$ wenn $\mu_2 < \mu_1$

  F' ist in den Raumbereich 2 hineingerichtet

Diese Zusammenhänge gelten tendenziell auch bei ferromagnetischen Stoffen. Genauere Berechnungen erfordern hier jedoch die Berücksichtigung der nicht konstanten Permeabilität. Für den praktisch bedeutsamen Fall einer Quergrenzfläche Luft-Eisen jedoch kann mit G 6.28 über G 6.138 folgendes Resultat angegeben werden:

$$F' \approx \frac{B^2}{2\,\mu_o} \tag{6.141}$$

Hierin ist die Permeabilität des Eisens nicht mehr enthalten. Deren konkreter Wert spielt somit keine Rolle, solange dieser nur genügend groß ist.

Aus den obigen Gleichungen kann man auch für die $\vec{B}$- bzw. $\vec{H}$-Feldlinien im Magnetfeld die bereits für die Feldlinien im elektrischen Feld bekannten Eigenschaften ableiten. Diese sind bestrebt, sich

1. zu verkürzen (typisch für Quergrenzfläche) und

2. voneinander zu entfernen bzw. abzustoßen (typisch für Längsgrenzfläche).

Mit diesen Ergebnissen ist bezüglich der Kräfte auf Grenzflächen im Magnetfeld prinzipiell bereits alles geklärt. Wegen der großen praktischen Bedeutung sollen nachfolgend jedoch noch einige Anwendungen derselben dargestellt werden.

- *Quergrenzfläche*

Der prinzipielle Aufbau für die Beispiele Elektromagnet und Klappankerrelais ist in B 6.52 dargestellt. In beiden Fällen wird die Quergrenzfläche zwischen den beweglichen Teilen (Eisenstück bzw. Klappanker) und dem jeweiligen Luftspalt ausgenutzt. Die Kraft F zieht hier das jeweils bewegliche Eisenteil in den Luftspalt hinein, wodurch dieser Raumbereich mit dem höheren μ ausgefüllt wird. Diese Orientierung der Kraft ist unabhängig von der Richtung des Stromes und kann mit G 6.141 wie folgt bestimmt werden:

$$F \approx \frac{B^2\,A}{2\,\mu_o} \tag{6.142}$$

B   -   Induktion im Luftspalt
           (ein homogenes Magnetfeld vorausgesetzt)

A   -   Querschnittsfläche des Luftspaltes

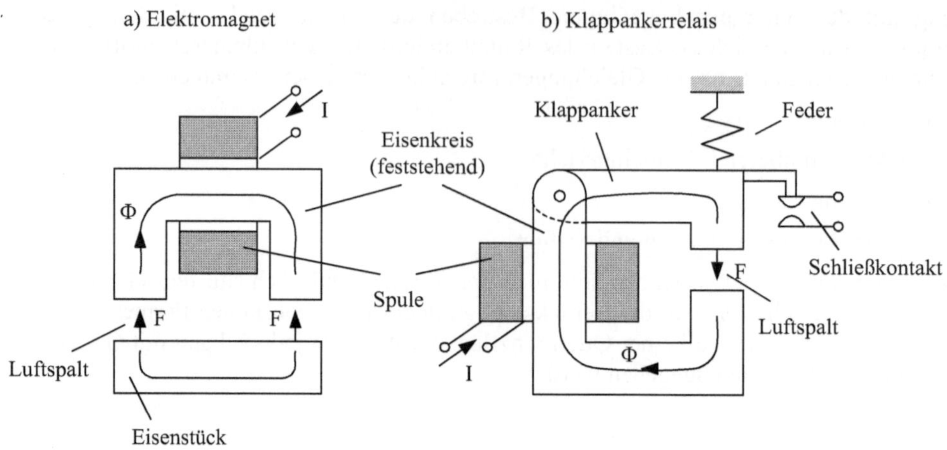

Bild 6.52: Beispiele für die Kraft auf eine Quergrenzfläche im Magnetfeld

- *Längsgrenzfläche*

Als Beispiel ist hierfür der prinzipielle Aufbau eines Tauchankerrelais in B 6.53 dargestellt. Die Längsgrenzfläche existiert hier an der Stirnseite des in die Aussparung des feststehenden Eisenkreises hineinragenden Tauchankers. Die Kraft F zieht den Tauchanker in die Aussparung hinein (unabhängig von der Richtung des Stromes I), um diese mit dem Stoff des Tauchankers (Eisen) wegen seines größeren µ auszufüllen.

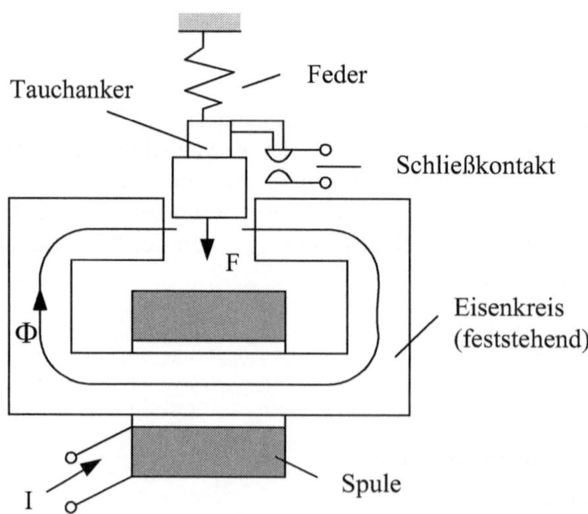

Bild 6.53: Tauchankerrelais als Beispiel für die Kraft auf eine Längsgrenzfläche im Magnetfeld

Bei den hier dargestellten Beispielen kann man die Orientierung der Kräfte unmittelbar auch über das Prinzip Verkürzung bzw. Abstoßung der Feldlinien erkennen. Dieses Prinzip ist letztlich nicht nur bei Grenzflächen, sondern wie nachfolgend dargestellt auch auf andere Situationen anwendbar.

- *Verkürzung der Feldlinien*

Diesbezüglich sind in B 6.54 zwei Beispiele dargestellt, die bereits in B 6.2 enthalten sind.

a) Anziehung stromdurchflossener Leiter

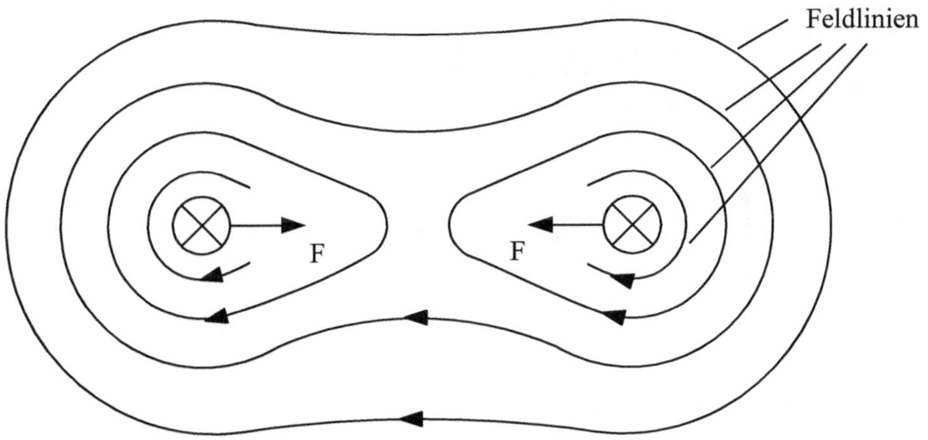

b) Anziehung von Stabmagneten

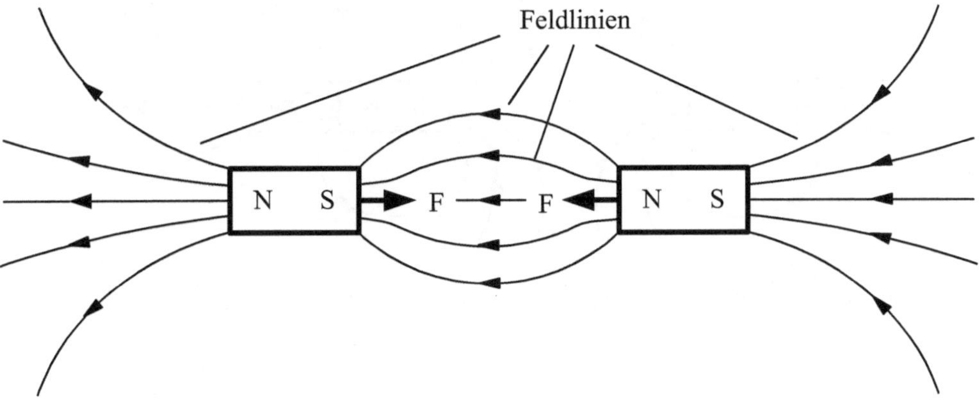

Bild 6.54: Beispiele für die Kraftwirkung durch Verkürzung der Feldlinien im Magnetfeld

- *Abstoßung der Feldlinien*

Diesbezüglich sind in B 6.55 die zu B 6.54 umgekehrten Situationen dargestellt.

a)   Abstoßung stromdurchflossener Leiter

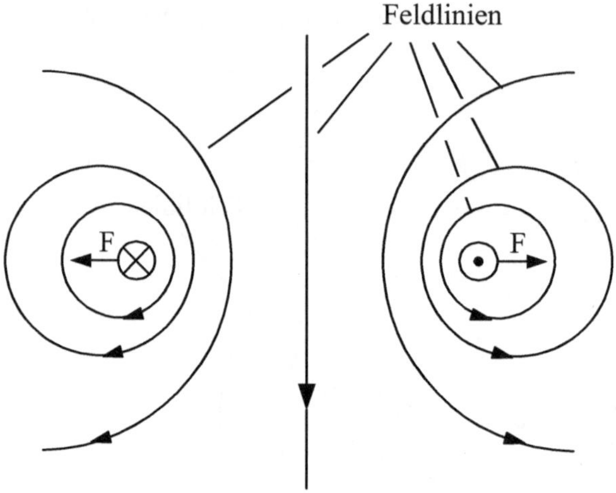

b)   Abstoßung von Stabmagneten

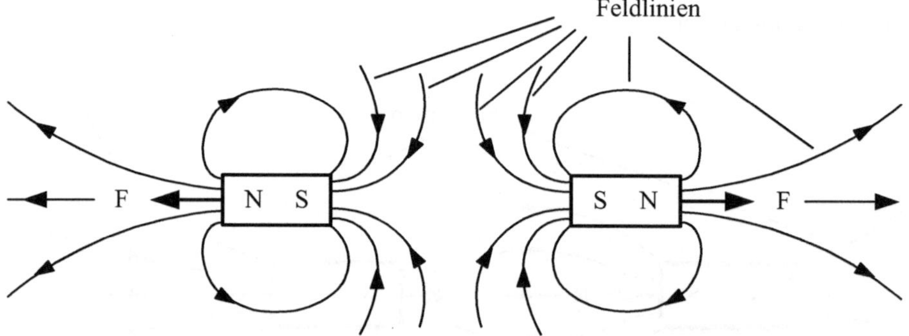

Bild 6.55:   Beispiele für die Kraftwirkung durch Abstoßung der Feldlinien im Magnetfeld

7 Quasistationäres elektromagnetisches Feld

7.1 Wesen und Ursache

Die Ursache für ein solches Feld ist die ungleichförmige Bewegung von Ladungen. Dadurch kommt es zu einer zeitlichen Veränderung der Felder, die ihrerseits mit Effekten verbunden ist, die mit den bisherigen Zusammenhängen nicht beschrieben werden können. Diese bestehen insbesondere darin, dass z.B. die zeitliche Änderung eines Magnetfeldes ein elektrisches Feld hervorruft bzw. umgedreht. Wenn das jeweils hervorgerufene Feld dabei ebenfalls einer zeitlichen Veränderung unterliegt, dann kommt es zwischen den einzelnen Feldern zu einer solchen Wechselwirkung, dass man nur noch von der Gesamterscheinung eines elektromagnetischen Feldes sprechen kann.

Streng genommen liegt ein solcher Zusammenhang schon bei der gleichförmigen Bewegung von Ladungen (Strömungsfeld) als Ursache für ein Magnetfeld vor. Eine separate Betrachtung des Magnetfeldes war dabei nur deshalb möglich, weil infolge der zeitlichen Konstanz desselben keine Rückwirkung auf das Strömungsfeld auftritt. Lediglich im Zusammenhang mit bestimmten Überlegungen (z.B. diamagnetisches Verhalten im Abschnitt 6.3 oder Energie im Magnetfeld im Abschnitt 6.6) war partiell ein gedanklicher Vorgriff auf solche Wechselwirkungen erforderlich, um die Entstehung eines vorliegenden stationären Zustandes prinzipiell zu beschreiben.

Anknüpfend an die Ausführungen im Abschnitt 2.1 liegt ein quasistationäres Feld dann vor, wenn die von einer Ursache hervorgerufene Wirkung (z.B. Induktion in der Umgebung eines Stromelements gemäß B 6.5) an allen Orten eines Raumes zeitgleich mit der Ursache auftritt. Das ist aber nur bei einer unendlich großen Ausbreitungsgeschwindigkeit der Wirkung (praktisch nicht erreichbar) der Fall. Man darf jedoch mit hinreichender Genauigkeit ein quasistationäres Feld für die Problembeschreibung verwenden, wenn diese Ausbreitungsgeschwindigkeit (im Vakuum Lichtgeschwindigkeit; s.a. G 6.4) groß genug ist, damit die Wirkung auch den entferntesten Ort des betrachteten Raumes erreicht hat, bevor eine nennenswerte Änderung der Ursache $\mathcal{U}$ eingetreten ist. Zur Präzisierung dieser Überlegung können folgende Zusammenhänge angegeben werden:

$$\frac{\Delta\mathcal{U}}{\mathcal{U}_B} = \frac{\Delta\mathcal{U}}{\Delta t}\frac{\Delta t}{\mathcal{U}_B} = a\,\frac{\Delta t}{\mathcal{U}_B} = \xi \ll 1 \tag{7.1}$$

$\Delta\mathcal{U}$ -   Änderung der Ursache in der Zeit Δt

$\mathcal{U}_B$ -   Bezugsgröße für die Bewertung von $\Delta\mathcal{U}$
(für die Ursache charakteristische Größe,
z.B. die Amplitude bei einer Schwingung)

Δt -   Laufzeit der Wirkung vom Ort der Ursache
zum entferntesten Ort des betrachteten Raumes

a   -   Änderungsgeschwindigkeit der Ursache

ξ -   hinreichend kleiner Wert

Mit

$$\Delta\ell = v\,\Delta t \tag{7.2}$$

$\Delta\ell$ -   Weg vom Ort der Ursache zum entferntesten
        Ort des betrachteten Raumes

v   -   Ausbreitungsgeschwindigkeit der Wirkung

entsteht daraus:

$$v \gg \frac{a\,\Delta\ell}{\mathcal{U}_B} \tag{7.3}$$

Die Einhaltung dieser Bedingung wird in diesem Kapitel vorausgesetzt. Man kann damit die momentanen Wirkungen an einem beliebigen Ort des betrachteten Raumes allein aus den in diesem Augenblick vorhandenen Ursachen bestimmen. Ohne es so explizit formuliert zu haben, entspricht das exakt der Vorgehensweise im stationären Feld. Quasistationär heißt also, man kann einen zeitlich veränderlichen Vorgang in Schritten nacheinander über eine stationäre Betrachtung beschreiben.

Mit der Feststellung, dass hier eine enge Wechselwirkung zwischen elektrischem und magnetischem Feld im Sinne einer Gesamterscheinung vorliegt, ist bereits ausgesagt, dass zu deren Beschreibung grundsätzlich keine neuen Feldgrößen benötigt werden. Jedoch ist eine gewisse inhaltliche Erweiterung (Verallgemeinerung) bestimmter Feldgrößen (z.B. Stromdichte) erforderlich bzw. es erweist sich die Vereinbarung gewisser Rechengrößen (z.B. Induktivität) als zweckmäßig. Für die Beschreibung der hier neu hinzukommenden Effekte wird das methodische Konzept beibehalten, den jeweiligen Ursache-Wirkungs-Mechanismus aus einem experimentellen Befund heraus zu entwickeln. Es wird dabei jedoch unter Beachtung des hier abgesteckten Rahmens und der sich daraus ergebenden Bedeutung für den praktischen Umgang jetzt die integrale skalare Beschreibung in den Vordergrund gerückt. Die insbesondere für Wellenfelder unverzichtbare vektorielle Beschreibung wird lediglich in Form der prinzipiellen Zusammenhänge aufgezeigt.

7.2 Verschiebungsstrom in Nichtleitern

7.2.1 Inhaltliche Vereinbarung

Beim Zuschalten eines Kondensators an eine Gleichspannungsquelle beobachtet man in den Zuleitungen den in B 7.1 dargestellten zeitlichen Stromverlauf (für zeitlich veränderliche Ströme und Spannungen werden kleine Buchstaben verwendet).

Dieser Verlauf ist durch den im Augenblick des Zuschaltens ($t = 0$) einsetzenden Ladungsträgertransport in den Zuleitungen zu erklären, der als Konvektionsstrom dort messbar ist. Dieser Transport endet an den Elektroden, so dass sich dort im Laufe der Zeit Ladungen ansammeln. Diese bauen ihrerseits in dem Kondensator ein mit der Zeit stärker werdendes elektrisches Feld auf, das dem Nachschub von Ladungsträgern entgegen wirkt. Wenn man genügend lange (theoretisch $t \rightarrow \infty$) wartet, dann kommt dieser schließlich zum Stillstand und der Strom in den Zuleitungen erreicht den Wert $i = 0$. Bei $t = 0$ befinden sich noch keine Ladungen auf den Kondensatorelektroden, so dass in diesem Augenblick der Strom nur durch den Widerstand der Zuleitungen begrenzt wird. Er erreicht dort mit $i = \dfrac{U}{R}$ seinen höchsten Wert.

a) Schaltung   b) Stromverlauf in den Zeitleitungen

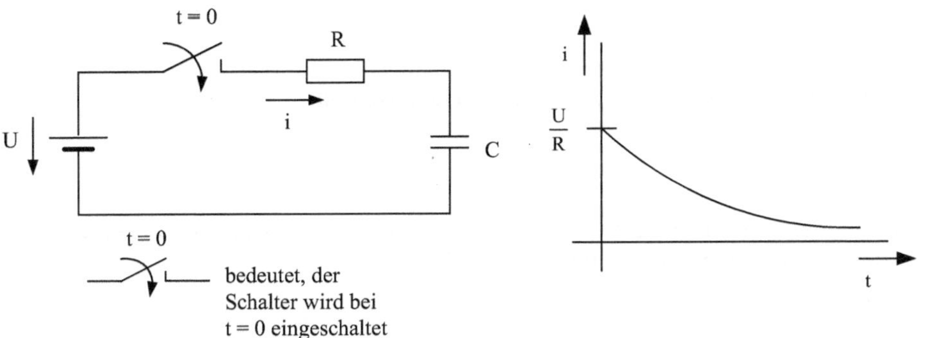

Bild 7.1:   Zuschalten eines Kondensators an eine Gleichspannungsquelle

In dem Dielektrikum des Kondensators existieren (im Idealfall) keine beweglichen Ladungsträger, so dass dort auch kein Konvektionsstrom auftreten kann. Mit dem Strom in den Zuleitungen kommt es aber zu einer zeitlichen Änderung der Ladungen auf den Kondensatorelektroden und damit zu einer zeitlichen Änderung des Verschiebungsflusses durch das Dielektrikum. Diese Situation ist nachfolgend prinzipiell dargestellt:

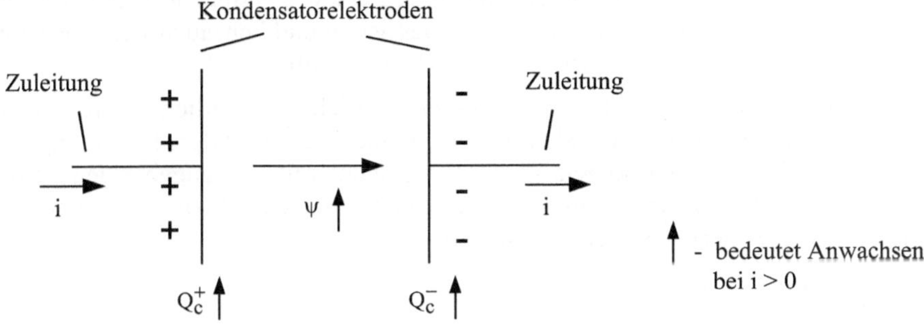

Bild 7.2:   Beobachtete Situation bei einem Strom in den Kondensatorzuleitungen

Wenn man beachtet, dass an der positiven Elektrode (analoges gilt für die negative Elektrode)
eine positive Überschussladung sowohl durch die Zufuhr positiver Ladungen als auch durch
die Abfuhr negativer Ladungen über die betreffende Zuleitung zustande kommt, kann man
Folgendes angeben:

$$Q_c^+ = Q^+ - Q^- = Q_\Sigma \tag{7.4}$$

Q_c^+ -   Überschussladung auf der positiven Kondenstorelektrode

Q^+, Q^- -   positive bzw. negative bewegte Ladungen in der Zuleitung

Q_Σ -   bewegte Gesamtladung in der Zuleitung gemäß G 5.6

Ferner gilt mit G 4.62 für den Verschiebungsfluss durch das Kondensatordielektrikum unter Beachtung des in B 7.2 dafür gewählten Zählpfeils:

$$\psi = Q_C^+ \tag{7.5}$$

Mit G 5.37 kann man somit folgenden Zusammenhang aufschreiben:

$$i = \frac{dQ_\Sigma}{dt} = \frac{dQ_C^+}{dt} = \frac{d\psi}{dt} \tag{7.6}$$

Dieses Ergebnis legt es nahe, vorerst im Sinne einer Rechengröße wie folgt einen Verschiebungsstrom durch den Kondensator zu definieren:

$$i_V = \frac{d\psi}{dt} \tag{7.7}$$

i_V -   Verschiebungsstrom

Infolge der rechnerischen Übereinstimmung dieses Verschiebungsstromes mit dem Konvektionsstrom in den Zuleitungen ist es methodisch möglich, den Strom (nicht den Ladungsträgertransport) in voller Höhe auch als durch den Kondensator hindurchfließend zu betrachten. Damit kann auf die besondere Kennzeichnung durch den Index v verzichtet werden. Auch der zunächst an den Elektroden des Kondensators unterbrochene Stromkreis ist somit wieder in sich geschlossen.

Diese vorerst nur formale Gleichheit von Konvektions- und Verschiebungsstrom reicht naturgegeben jedoch wesentlich tiefer, da beide in gleicher Weise ein Magnetfeld aufbauen. Sie sind damit im Sinne dieser Wirkung sogar wesensgleich. Das ist schließlich auch der Ausgangspunkt für den verallgemeinerten Strombegriff im nächsten Abschnitt.

Unter dem Gesichtspunkt einer Netzwerksberechnung mit zeitlich veränderlichen Strömen und Spannungen hat der Strom durch einen Kondensator noch eine ganz besondere Bedeutung. Auf diese Weise ist es möglich, diesen so wie einen Widerstand mit der zugehörigen Strom-Spannungsbeziehung als ein Netzwerkselement zu betrachten. Ausgehend von G 7.6 kann man unter Beachtung von G 4.58 hierfür Folgendes angeben:

$$i = \frac{d}{dt}(C\,u) = C\frac{du}{dt} \tag{7.8}$$

bzw.

$$u = \frac{1}{C}\int i\,dt \tag{7.9}$$

In Übereinstimmung mit B 7.2 ist das Netzwerkselement Kondensator mit den für die Gültigkeit von G 7.8 und G 7.9 zugehörigen Zählpfeilen nachfolgend dargestellt.

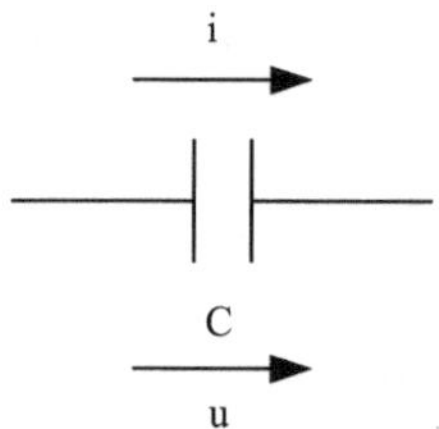

Bild 7.3:   Netzwerkselement Kondensator mit Zählpfeilen

7.2.2 Verallgemeinerter Strombegriff

Im vorstehendem Abschnitt ist bereits erwähnt, dass die zeitliche Änderung des Verschiebungsflusses durch einen Raumbereich (Verschiebungsstrom) in gleicher Weise wie die pro Zeiteinheit durch einen solchen hindurchströmende Ladung (Konvektionsstrom) ein Magnetfeld hervorruft. Dieser Sachverhalt wurde um 1860 zunächst von J. C. Maxwell im Zusammenhang mit den von ihm formulierten und seinen Namen tragenden Feldgleichungen (s. [2, S. 497 ... 503]) gedanklich herausgearbeitet. Ein experimenteller Nachweis ist erst später wie folgt gelungen:

- 1885 durch W. C. Röntgen über den Nachweis der magnetischen Wirkung bei der Bewegung eines elektrisch polarisierten Dielektrikums.

- 1888 durch H. Hertz über den Nachweis elektromagnetischer Wellen im freien Raum.

Neben dieser Gemeinsamkeit bezüglich einer Wirkung haben beide Ströme mit der elektrischen Feldstärke auch eine gemeinsame Ursache. Beim Vorliegen einer solchen in einem bestimmten Raumbereich ist es letztlich stoffabhängig (sind bewegliche Ladungsträger vorhanden oder nicht), welche Art dieser Ströme auftritt. Dabei ist es im Allgemeinen sogar so, dass beide Arten gleichzeitig auftreten. Die jeweiligen Anteile hängen in einem konkreten Fall neben der Höhe der verursachenden Feldstärke sowie deren zeitlicher Änderung tendenziell vom Stoff in dem Raumbereich ab:

- $\kappa = 0$ Reiner Verschiebungsstrom
  (idealer Isolierstoff; z.B. Vakuum)

- κ hoch   Praktisch reiner Konvektionsstrom
  (Leitermaterial; z.B. Metall)

- κ gering   Beide Stromarten gleichzeitig
  (schlechter Isolierstoff; z.B. destilliertes Wasser)

Bei technischen Anwendungen ist man funktionsbedingt bemüht, den zuletzt genannten Fall zu vermeiden. Damit dominiert dort eine der beiden Stromarten, so dass in hinreichender Näherung einer der beiden erstgenannten Fälle vorliegt. Zur Formulierung eines generell gültigen Zusammenhanges muss jedoch von dem allgemeinen Fall ausgegangen werden. Der verallgemeinerte Strombegriff beinhaltet somit die Summe beider Stromarten:

$$i = i_k + i_v \qquad (7.10)$$

i -   Strom im Sinne des verallgemeinerten Strombegriffs

i_k -   Konvektionsstrom gemäß G 5.37

i_v -   Verschiebungsstrom gemäß G 7.7

Auf dieser Grundlage kann man in Anlehnung an G 5.39 sowie unter Beachtung von G 4.53 entsprechende Stromdichten vereinbaren:

$$\int_A \vec{G}\, d\vec{A} = \int_A \left(\vec{S} + \frac{d\vec{D}}{dt} \right) d\vec{A} \qquad (7.11)$$

$\vec{G}$ -   verallgemeinerte Stromdichte

$\vec{S}$ -   Konvektionsstromdichte

$\dfrac{d\vec{D}}{dt}$ -   Verschiebungsstromdichte

Dieser Zusammenhang kann mit G 4.16 und G 5.20 auch wie folgt aufgeschrieben werden:

$$\int\limits_A \vec{G}\, d\vec{A} = \int\limits_A \left(\kappa\, \vec{E} + \varepsilon\, \frac{d\vec{E}}{dt} \right) d\vec{A} \tag{7.12}$$

Aus der Sicht der magnetischen Wirkungen des verallgemeinerten Stromes kann in Anlehnung an G 6.43 Folgendes aufgeschrieben werden:

$$\Theta = \int\limits_A \vec{G}\, d\vec{A} \tag{7.13}$$

Θ -   Durchflutung durch die Fläche A
(durch A insgesamt hindurchtretender Strom)

Damit entsteht auf der Grundlage von G 6.36 die 1. Maxwellsche Gleichung in Integralform (Verallgemeinerung des Durchflutungsgesetzes):

$$\oint \vec{H}\, d\vec{\ell} = \int\limits_A \left(\vec{S} + \frac{d\vec{D}}{dt} \right) d\vec{A} \tag{7.14}$$

$\oint$ -   Umlaufintegral entlang der Randkurve von A

Schließlich kann man auch das Biot-Savartsche-Gesetz gemäß G 6.20 verallgemeinern. Dafür gilt:

$$d\vec{H} = \frac{\left(\vec{S} + \dfrac{d\vec{D}}{dt} \right) d\vec{A}}{4\pi\, r^3} \left(d\vec{\ell} \times \vec{r} \right) \tag{7.15}$$

Diese allgemeinen Zusammenhänge gelten so nicht nur für das hier eigentlich betrachtete quasistationäre, sondern auch für das nichtstationäre Feld.

7.3 Induktionsgesetz

7.3.1 Ruheinduktion

7.3.1.1 Grundlegende Zusammenhänge

Der Begriff Induktion wird hier in demselben Sinne verwendet wie bei der Bewegungsinduktion im Abschnitt 6.7.2. Die Bezeichnung als Ruheinduktion resultiert daraus, dass sich hierbei alle für den Vorgang maßgeblichen Elemente der Anordnung in Ruhe befinden. Der nachfolgend dargestellte Versuchsaufbau zur Gewinnung eines entsprechenden experimentellen Befundes genügt dieser Bedingung:

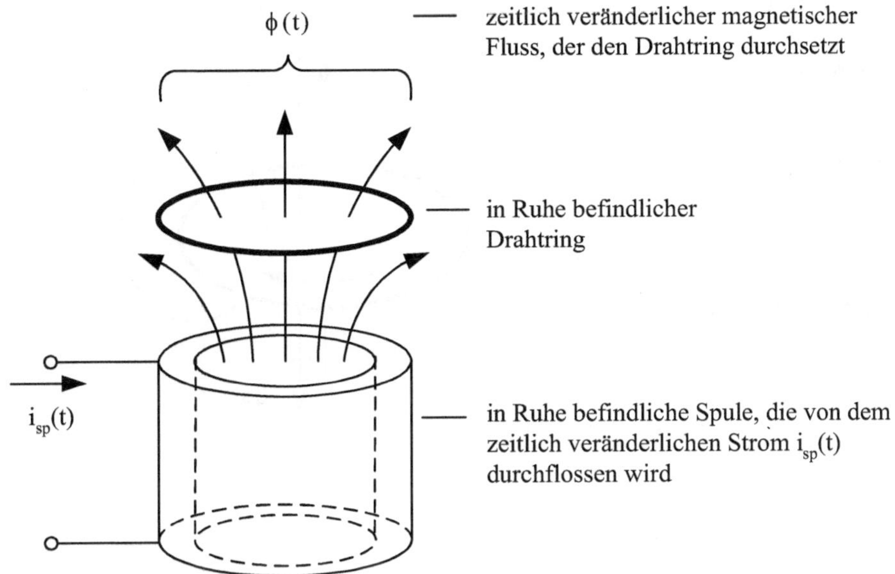

Bild 7.4:   Versuchsaufbau zur Beobachtung der Ruheinduktion

Für den magnetischen Fluss durch den Drahtring gilt hier gemäß G 6.62:

$$\phi(t) = \int_A \vec{B}(t)\, d\vec{A} \tag{7.16}$$

A   -   von dem Drahtring eingeschlossene Fläche

B(t)   -   von der stromdurchflossenen Spule in der Fläche A aufgebaute,
            zeitlich veränderliche Induktion

In Abhängigkeit von der zeitlichen Änderung dieses Flusses wird hier folgende naturgegebene Erscheinung beobachtet:

- In dem Drahtring fließt bei $\dfrac{d\phi}{dt} \neq 0$ ein Strom $i \neq 0$.

  Bei $\dfrac{d\phi}{dt} = 0$ ist auch $i = 0$.

- Der Strom ist so orientiert, dass das von ihm aufgebaute Magnetfeld der Flussänderung entgegenwirkt.

In Abhängigkeit von dem Vorzeichen der zeitlichen Flussänderung ist dieser Sachverhalt nachfolgend bildhaft dargestellt:

a) ϕ anwachsend; $\dfrac{d\phi}{dt} > 0$ b) ϕ abfallend; $\dfrac{d\phi}{dt} < 0$

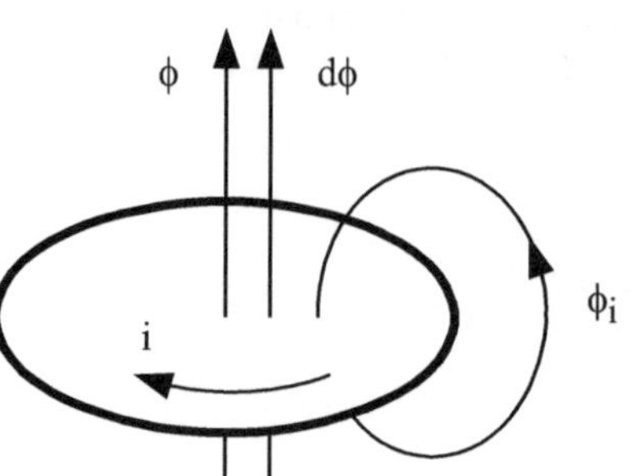

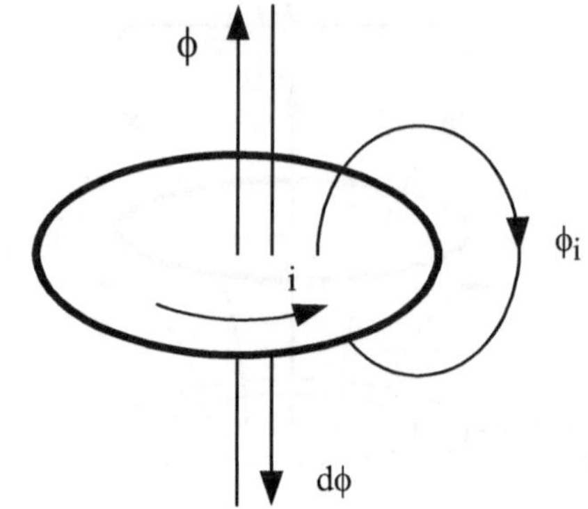

ϕ -   von der Spule aufgebauter Fluss zur Zeit t

$d\phi$ -   Flussänderung innerhalb dt

i -   Strom in dem Drahtring

ϕ_i -   von i aufgebauter Fluss

Bild 7.5:   Durch eine zeitliche Flussänderung in dem Drahtring verursachter Strom

Dieser Vorzeichenzusammenhang zwischen Flussänderung und davon ausgehender Wirkung (hier der Strom in dem Drahtring mit dem von ihm aufgebauten Fluss) wurde erstmals um 1850 von H.F.E.L. Lenz in St. Petersburg als die nach ihm benannte Lenzsche Regel formuliert.

Mit B 7.5 wird deutlich, dass abhängig von der vorliegenden Situation jeweils andere Zählpfeilorientierungen gelten. Aus methodischen Gründen ist es daher sinnvoll, für die nachfolgenden Betrachtungen eine geeignete Bezugssituation auszuwählen. Wegen der Vorzeichengleichheit von ϕ und $d\phi$ bietet sich dafür die Situation a) in B 7.5 an. Auf diese Weise ist über den durch die Anordnung vorgegebenen Flusszählpfeil zugleich die Orientierung für den Zählpfeil der Flussänderung festgelegt. Indem man diese beiden Zählpfeile gedanklich zu einem gemeinsamen Flusszählpfeil mit der Bedeutung „ϕ anwachsend" zusammenfasst, kann man schließlich mit folgender vereinfachten Darstellung arbeiten:

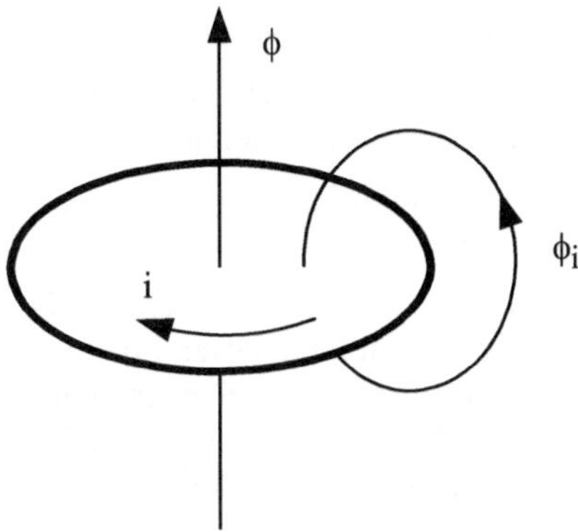

Bild 7.6:   Strom im Drahtring bei zeitlich anwachsendem Fluss

Entsprechend den Ausführungen im Kapitel 5 (Strömungsfeld) kann in dem Stromkreis Drahtschleife nur dann ein Strom (Konvektionsstrom) fließen, wenn in diesem eine Spannungsquelle existiert. Diese kann mit dem gleichen Versuchsaufbau experimentell dadurch nachgewiesen werden, indem man den Drahtring an einer Stelle unterbricht und dort die Leerlaufspannung (bei i = 0) misst. Die dabei vorliegende Situation ist in Anlehnung an B 7.6 nachfolgend prinzipiell dargestellt:

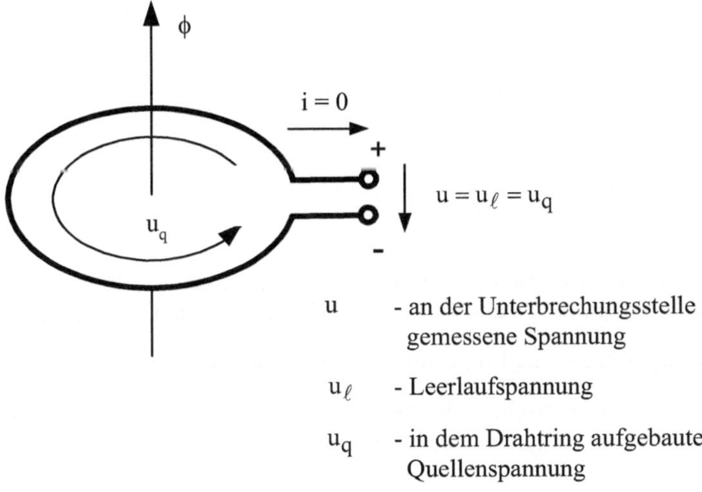

Bild 7.7:   Spannungen bei Unterbrechung des Drahtringes

Dieses Ergebnis wird verständlich, wenn man es als naturgegeben akzeptiert, dass eine zeitliche Flussänderung (Ursache) von einem elektrischen Feld (Wirkung) umwirbelt wird (analog einem Magnetfeld um einen Strom). Dadurch kommt es in dem unterbrochenen Drahtring (ähnlich wie in einem Leiter bei der Bewegungsinduktion s. B 6.46) zu einer Ladungstrennung, die an der Unterbrechungsstelle als Quellenspannung in Erscheinung tritt. Ausgehend von B 7.7 gilt für die Richtung der Umwirbelung eines anwachsenden Flusses Folgendes:

- Linksumwirbelung für die die Ladungstrennung bewirkende induzierte elektrische Feldstärke (im Bild indirekt durch die Ladungen an der Unterbrechungsstelle erkennbar).

- Rechtsumwirbelung für die im Ergebnis der Ladungstrennung in dem Drahtring aufgebaute und die Quellenspannung verursachende elektrische Feldstärke.

Aus Sicht der praktischen Anwendung wird an dieser Stelle auf eine explizite Betrachtung der induzierten elektrischen Feldstärke einschließlich der daraus abgeleiteten induzierten Spannung verzichtet. Darauf wird im Zusammenhang mit den Grundzügen einer vektoriellen Beschreibung im Abschnitt 7.3.1.3 näher eingegangen. Auf diese Weise wird ähnlich wie mit G 7.14 und G 7.15 insbesondere der Anschluss zum nichtstationären Feld prinzipiell hergestellt.

Wie bereits im Kapitel 5 beim stationären elektrischen Feld wird im Folgenden auch hier mit der Quellenspannung gearbeitet. Man kann damit die Situation in B 7.7 auch wie folgt durch eine elektrische Ersatzschaltung (aktiver Bereich gemäß B 5.31) beschreiben:

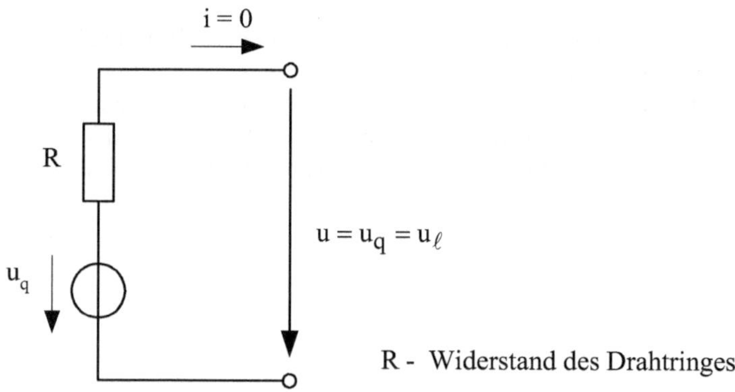

Bild 7.8:   Ersatzschaltbild für den unterbrochenen Drahtring

Zur praktischen Anwendung dieser Ersatzschaltung muss die Quellenspannung auch quantitativ bekannt sein. Unter Beachtung der in B 7.7 und B 7.8 enthaltenen Vorzeichenzusammenhänge liefert das Experiment naturgegeben eine Proportionalität zwischen u_q und $\dfrac{d\phi}{dt}$. Indem man zum Zwecke der Festlegung des magnetischen Flusses für den Proportionalitätsfaktor den Wert „1" gewählt hat, entsteht schließlich folgender Zusammenhang:

$$u_q = \frac{d\phi}{dt} \tag{7.17}$$

Damit findet auch die im Zusammenhang mit G 6.62 zunächst als Feststellung eingeführte Dimension des magnetischen Flusses $[\phi] = \mathrm{Vs}$ ihre Erklärung.

Bei einer für die praktische Anwendung bedeutsamen Spule wird ein Draht in mehreren, elektrisch in Reihe geschalteten Umläufen (Windungen) durch den Raum geführt. Werden diese von zeitlich veränderlichen Flüssen durchsetzt, dann addieren sich die in den einzelnen Windungen aufgebauten Spannungen an den Klemmen der Spule zu einer Gesamtspannung. Dieser Sachverhalt ist ausgehend von B 7.7 für 2 Windungen nachfolgend prinzipiell dargestellt.

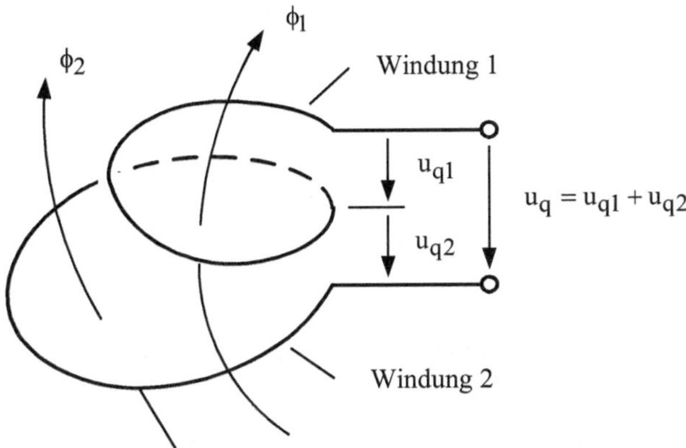

Bild 7.9:   Spannungsinduktion bei einer Spule mit zwei Windungen

Unter Bezugnahme auf G 7.17 ist es für die praktische Handhabung unbefriedigend, dass in B 7.9 bezogen auf die Längsausdehnung der Spule Fluss- und Spannungszählpfeil entgegengerichtet sind. Wie in B 7.10 dargestellt, kann das durch die Veränderung des Wicklungssinns der Spule behoben werden.

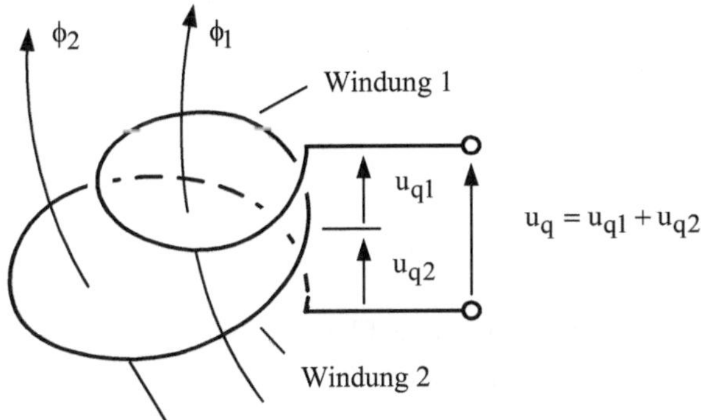

Bild 7.10:   Spannungsinduktion bei einer rechtsgängig gewickelten Spule mit zwei Windungen

Im Gegensatz zu B 7.9 handelt es sich hierbei um eine rechtsgängig gewickelte Spule. Das heißt, die Windungen verlaufen entlang der Spule wie die Gewindegänge bei einer Rechtsschraube. Setzt man nun eine solche rechtsgängig gewickelte Spule voraus, dann resultiert aus der gleichen Orientierung von Fluss- und Spannungszählpfeil nachfolgend dargestellte, auf die Anschlüsse (Klemmen) der Spule ausgerichtete Vorgehensweise für die Darstellung derselben als Spannungsquelle in einem Netzwerk.

a) Orientierung des Flusses durch die Spule   b) Spannungsquelle mit Zählpfeilen
    (ist durch die Anordnung vorgegeben)

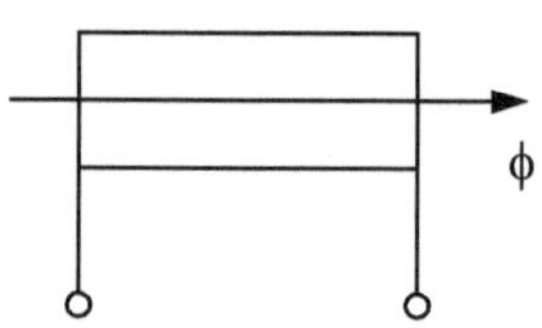

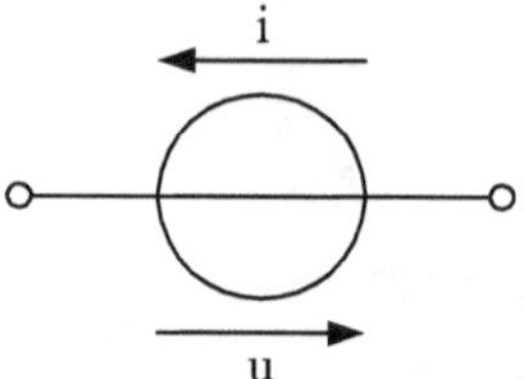

Bild 7.11: Darstellung einer Spule als Spannungsquelle in einem Netzwerk

Hierbei wurden analog zu der Vorgehensweise im Strömungsfeld (s. B 5.11) folgende Aspekte berücksichtigt:

- Verzicht auf den in B 7.8 noch enthaltenen Index q, da der Charakter als Quellenspannung durch das Symbol ausgewiesen ist.

- Entgegengesetzte Zählpfeile für Strom und Spannung bei einer Spannungsquelle (in Übereinstimmung auch mit B 7.7).

Ausgehend von G 7.17, B 7.10 und unter Verzicht auf den Index q kann schließlich folgender allgemeine Zusammenhang für die an den Klemmen einer Spule durch Ruheinduktion aufgebaute Spannung angegeben werden:

$$u = \sum_{\nu=1}^{N} \frac{d\phi_\nu}{dt} = \frac{d}{dt} \sum_{\nu=1}^{N} \phi_\nu = \frac{d\psi}{dt} \tag{7.18}$$

mit

$$\psi = \sum_{\nu=1}^{N} \phi_\nu \tag{7.19}$$

ϕ_ν -   Fluss durch die ν-te Windung der Spule

N -   Windungszahl der Spule

ψ -   mit der Spule insgesamt verketteter magnetischer Fluss

     (Gesamt- bzw. Induktionsfluss); ist eine Rechengröße

Durch konstruktive Maßnahmen (gleicher Windungsdurchmesser, dichte Packung der Windungen, Eisenkern durch die Spule) gelingt es relativ gut folgende Situation zu erreichen:

$$\phi_1 = \phi_2 = \cdots = \phi_N = \phi \tag{7.20}$$

Für diesen Fall gilt dann:

$$\psi = N \phi \tag{7.21}$$

bzw.

$$u = N \frac{d\phi}{dt} \tag{7.22}$$

7.3.1.2 Praktische Anwendungen

- Transformator

Hierbei handelt es sich gewissermaßen um den klassischen Anwendungsfall von überragender praktischer Bedeutung. Der grundsätzliche Aufbau ist nachfolgend dargestellt.

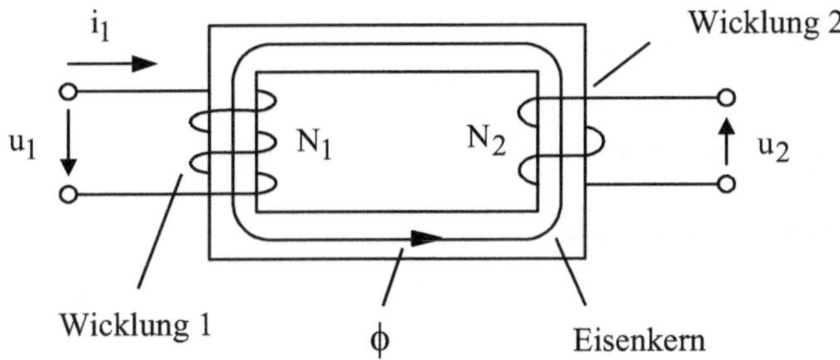

Bild 7.12: Grundsätzlicher Aufbau eines Transformators mit eingetragenen Größen für die Berechnung

Hierbei wird durch die Wicklung 1 (Primärwicklung) infolge des Stromes i_1 der Fluss ϕ in dem Eisenkreis aufgebaut. Dieser Fluss durchsetzt die Wicklung 2 (Sekundärwicklung) und verursacht durch seine zeitliche Änderung über die Ruheinduktion die Spannung u_2. Man kann auf diese Weise einen Energie- bzw. Informationsaustausch zwischen Systemen unterschiedlicher Spannungsebenen realisieren, ohne dass diese galvanisch miteinander verbunden sind.

Für einen spannungsidealen Transformator (keine Verluste und keine magnetischen Streufelder) können folgende Zusammenhänge formuliert werden:

$$\phi = \frac{\Theta}{R_m} = \frac{N_1\, i_1}{R_m} \tag{7.23}$$

R_m - magnetischer Widerstand des Eisenkernes

$$u_1 = N_1\,\frac{d\phi}{dt} = \frac{N_1^2}{R_m}\,\frac{di_1}{dt} \tag{7.24}$$

$$u_2 = N_2\,\frac{d\phi}{dt} = \frac{N_1\, N_2}{R_m}\,\frac{di_1}{dt} \tag{7.25}$$

$$\frac{u_1}{u_2} = \frac{N_1}{N_2} = ü \tag{7.26}$$

$ü$ - Übersetzungsverhältnis

Hieraus ist erkennbar, dass durch eine geeignete Wahl der Windungszahlen für die beiden Wicklungen im Prinzip beliebige Übersetzungsverhältnisse möglich sind. Bei der praktischen Realisierung gibt es technisch-technologisch bedingt dafür jedoch gewisse wirtschaftlich sinnvolle Grenzen.

- Stromverdrängung (Skin- bzw. Hauteffekt)

Beim Fließen eines zeitlich veränderlichen Stromes (z.B. Wechselstrom) in einem Leiter wird in diesem auch ein zeitlich veränderliches Magnetfeld aufgebaut. Um dieses Magnetfeld herum existieren in dem Leiter analog der Situation in B 7.5 quasi viele „drahtringartige" Stromwege, in denen infolge der Ruheinduktion Ströme um das Magnetfeld herumwirbeln (Wirbelströme). Diese Situation ist für einen Rundleiter nachfolgend prinzipiell dargestellt:

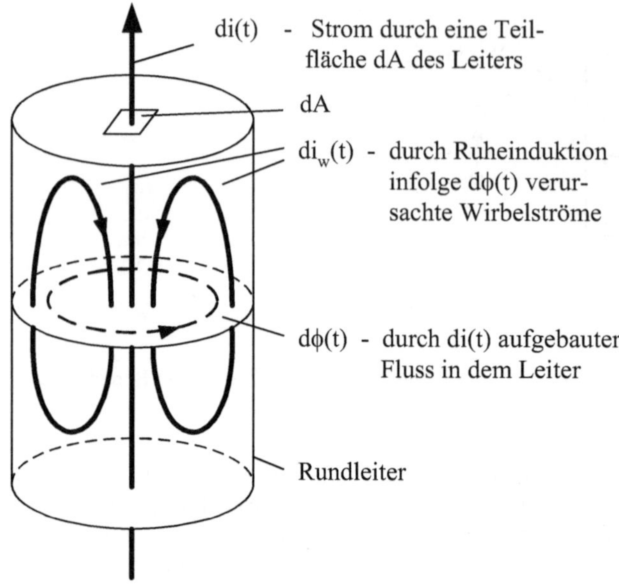

Bild 7.13:   Prinzipdarstellung der Stromverdrängung in einem Rundleiter

Die hier angedeuteten Ströme und Flüsse sind Repräsentanten dieser Größen, die tatsächlich über den gesamten Raum des Leiters verteilt sind. Hieran ist aber deutlich zu erkennen, dass durch die Überlagerung des eigentlichen Stromes durch den Leiter mit den Wirbelströmen im Inneren des Leiters eine Stromschwächung und zum Rand hin eine Stromverstärkung auftritt. Der Strom wird gewissermaßen zur Leiteroberfläche hin verdrängt. Im Gegensatz zu der Situation bei einem Gleichstrom ist damit die Stromdichte über dem Leiterquerschnitt nicht mehr konstant. Das führt schließlich zu einer Widerstandserhöhung des Leiters. Man spricht daher bei Wechselstrom auch von einem Wechselstromwiderstand (Näheres s. [2. S. 337 ... 341]), der größer als der Gleichstromwiderstand gemäß T 5.2 ist.

• Andere Wirbelstromeffekte

Die Ursache für das Auftreten von Wirbelströmen ist das Vorhandensein eines zeitlich veränderlichen Magnetfeldes in einem Leiter. Dabei ist es letztlich unbedeutend, wo dieses Magnetfeld herkommt. Der vorstehend beschriebene Skineffekt ist somit nur ein Beispiel dafür. Andere Beispiele sind:

-   Wirbelstromverluste in Eisenkreisen

    Der in B 7.12 angegebene zeitlich veränderliche Fluss in dem Eisenkern ruft in diesem Wirbelströme hervor, die zur Erwärmung desselben führen (Energieverluste).

-   Kraftwirkungen auf Wirbelströme im Magnetfeld

    Das Grundprinzip ist nachfolgend am Beispiel einer Metallscheibe dargestellt.

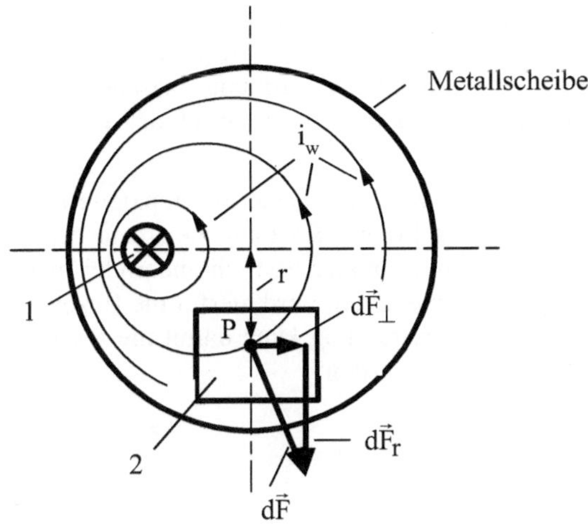

Bereich 1 - hier tritt ein zeitlich veränderlicher Fluss $\dfrac{d\phi}{dt} > 0$ in Blickrichtung
durch die Scheibe

Bereich 2 - hier tritt ein magnetischer Fluss entgegen der Blickrichtung durch
die Scheibe (z.B. mittels Dauermagnet)

Bild 7.14: Kraftwirkung auf Wirbelströme im Magnetfeld bei einer Metallscheibe

In der Metallscheibe treten um den verursachenden Bereich 1 herum die eingetragenen
Wirbelströme i_W auf. Im Bereich 2 kommt es dabei im Punkt P zu dem Kraftvektor
$d\vec{F}$. Dessen Komponente $d\vec{F}_\perp$ baut über den Hebelarm r an der Metallscheibe das
Drehmoment (Betrag)

$$dM = r \, dF_\perp \tag{7.27}$$

auf. Diese als Ferraris-Prinzip benannte Erscheinung findet eine praktische Anwendung
z.B. bei Zählern für den Elektroenergieverbrauch oder bei Induktionsrelais für den
Überstromschutz.

- Induktionserwärmung

Hierbei wird über eine Spulenanordnung (Induktor) in einem leitenden Werkstück ein
magnetisches Wechselfeld aufgebaut. Die dabei gezielt hervorgerufenen Wirbelströme
führen zu der beabsichtigten Erwärmung. Durch die Ausnutzung des Stromverdrän-
gungseffektes ist es dabei möglich, eine Erwärmung nur im Bereich der Werkstückober-
fläche zu erreichen (wichtig zum Oberflächenhärten).

7.3.1.3 Vektorielle Beschreibung

Der Ausgangspunkt hierzu ist die im Zusammenhang mit B 7.7 als Ursache für die Ladungstrennung in dem geöffneten Drahtring erwähnte und als naturgegeben zu betrachtende Erscheinung, dass eine zeitliche Flussänderung im Raum von einem elektrischen Feld umwirbelt wird.
Für die im Abschnitt 7.3.1.1 erfolgte skalare Beschreibung auf der Basis integraler Größen war

eine solche globale Feststellung im Sinne eines Phänomens zum prinzipiellen Verständnis des vorliegenden experimentellen Befundes ausreichend. Eine vektorielle Beschreibung hingegen erfordert noch einige Präzisierungen bezüglich der räumlichen Zuordnung zwischen der Lage des sich zeitlich ändernden magnetischen Flusses und der diesen umwirbelnden elektrischen Feldstärke.

Analog zu der Situation beim Biot-Savartschen-Gesetz wird dazu eine differenzielle Betrachtung angestellt. In Anlehnung an B 6.5 wird jetzt das linienhafte Längenelement nicht von einem Strom durchflossen, sondern durch dieses tritt hier ein sich zeitlich ändernder magnetischer Fluss hindurch. In Anlehnung an den Begriff Stromelement wird hierfür die Bezeichnung Flusselement verwendet. Unter Beachtung der Linksumwirbelung kann damit die vorliegende Situation in Modifizierung von B 6.5 wie folgt dargestellt werden:

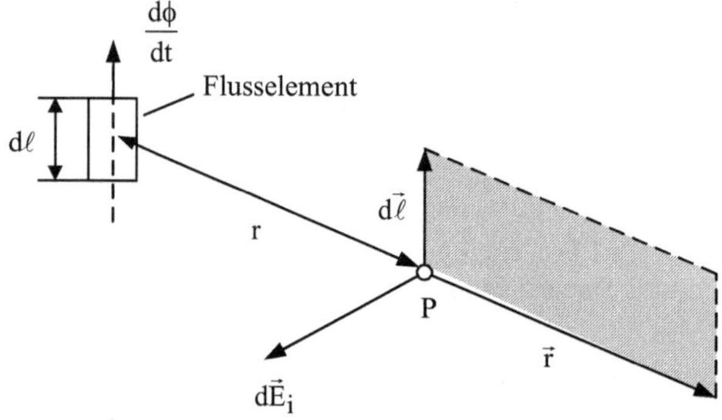

$\vec{E}_i$ - induzierte elektrische Feldstärke

Bild 7.15: Im Punkt P in der Umgebung eines Flusselementes mit zeitlicher Flussänderung induzierte elektrische Feldstärke

Analog zu G 6.20 kann damit unter Beachtung von G 1.19 und G 7.16 folgender Zusammenhang angegeben werden:

$$d\vec{E}_i = -\frac{d\phi}{dt}\frac{d\vec{\ell} \times \vec{r}}{4\pi\,r^3}$$

$$= -\frac{d\vec{B}}{dt}\,d\vec{A}\,\frac{d\vec{\ell} \times \vec{r}}{4\pi\,r^3}$$

(7.28)

$d\vec{A}$ -   Vektor der Schnittfläche des Flusselementes gemäß B 7.15

Mit der Bezeichnung induzierte elektrische Feldstärke wird der Bezug zu der mit dem Induktionsgesetz beschriebenen ursächlichen Erscheinung hergestellt. Wie bei einem Magnetfeld handelt es sich hierbei um ein Wirbelfeld, bei dem jedoch im Gegensatz zum Magnetfeld eine Linksumwirbelung der Ursache vorliegt. Dieses elektrische Wirbelfeld ist anders als das Quellenfeld nicht an die Existenz von getrennten Ladungen in dem felderfüllten Raum gebunden. Es tritt wie ein Magnetfeld generell in dem die Ursache umgebenden Raum, also auch im Vakuum auf. Für den jeweiligen Raum ist es damit quasi ein von außen aufgeprägtes Feld, das im

Wechselspiel mit der dort vorhandenen Materie zu den im Kapitel 4.3 beschriebenen Wirkungen (Influenz, Polarisation) führt.

Auf der Grundlage der induzierten elektrischen Feldstärke wird wie folgt die induzierte Spannung definiert:

$$u_i = \oint \vec{E}_i \, d\vec{\ell} = -\frac{d\phi}{dt} \qquad (7.29)$$

Es ist damit eine über den gesamten Umlauf entstehende Spannungsgröße, die nicht auf Einzelstücke dieses Umlaufs aufgeteilt werden darf. Diese induzierte Spannung darf ferner nicht wie die Quellenspannung als Potenzialdifferenz zwischen zwei Punkten im elektrischen Feld im Sinne von G 4.47 verstanden werden. Vollzieht man z.B. den Umlauf entlang des in B 7.4 angegebenen Drahtringes, dann entsteht mit G 7.17 folgendes Ergebnis:

$$u_i = -u_q \qquad (7.30)$$

Bezug nehmend auf die Überlegungen am Ende des Abschnittes 5.4.2.2 ist somit die induzierte Spannung hier die in dem Drahtring vorliegende Urspannung. Verallgemeinernd folgt daraus, dass die induzierte Spannung generell den Charakter einer Urspannung hat.

Auf der Basis von G 7.29 kann mit G 7.16 analog G 7.14 noch wie folgt die 2. Maxwellsche Gleichung in Integralform (Verallgemeinerung des Induktionsgesetzes) angegeben werden:

$$\oint \vec{E}_i \, d\vec{\ell} = -\int_A \frac{d\vec{B}}{dt} \, d\vec{A} \qquad (7.31)$$

$\oint$ -   Umlaufintegral entlang der Randkurve einer Fläche A

Auch dieser Zusammenhang gilt in dieser Form gleichermaßen für das quasistationäre und das nichtstationäre Feld. Die Betrachtung von G 7.14 und G 7.31 aus übergeordneter Sicht liefert noch folgendes bemerkenswerte Ergebnis:

Bis auf das Vorzeichen sind beide Gleichungen in ihrem Grundaufbau identisch. Sie verknüpfen wechselseitig das elektrische und magnetische Feld und verkörpern so in mathematischer Form das elektromagnetische Feld als eine Gesamterscheinung.

7.3.2 Zusammengefasstes Induktionsgesetz

7.3.2.1 Allgemeine Formulierung

Hierunter wird ein Ausdruck verstanden, der die Erscheinungen Ruhe- und Bewegungsinduktion in einer Gleichung vereint. Das ist sinnvoll, da in einem konkreten Fall beide Erscheinungen gleichzeitig auftreten können und sich somit die jeweils aufgebauten Spannungen zu einer Gesamtspannung überlagern (addieren). Ausgehend von G 6.121 und G 7.29 ... G 7.31 kann man folglich für die durch Induktion in einem die Fläche A einschließenden Umlauf entlang einer Leiterschleife insgesamt aufgebaute Quellenspannung Folgendes angeben:

$$u = \underbrace{\int_A \frac{d\vec{B}}{dt} \, d\vec{A}}_{\text{Ruheinduktion}} - \underbrace{\oint \left(\vec{v} \times \vec{B} \right) d\vec{\ell}}_{\text{Bewegungsinduktion}} \qquad (7.32)$$

$\vec{v}$ -   Geschwindigkeit, mit der sich ein Element $\mathrm{d}\vec{\ell}$ der Leiterschleife durch das Magnetfeld $\vec{B}$ bewegt (dabei quasi magnetische Feldlinien schneidet)

Bemerkenswert ist nun, dass das Induktionsgesetz in Form von G 7.17 dieses Ergebnis aus mathematischer Sicht bereits vollständig beinhaltet. Erkennbar wird das durch folgende Zusammenhänge, wenn man sowohl $\vec{B}$ als auch $\mathrm{d}\vec{A}$ als zeitlich veränderlich betrachtet:

$$u = \frac{\mathrm{d}\phi}{\mathrm{d}t} = \frac{\mathrm{d}}{\mathrm{d}t}\int_A \vec{B}\,\mathrm{d}\vec{A} = \int_A \frac{\mathrm{d}\vec{B}}{\mathrm{d}t}\,\mathrm{d}\vec{A} + \int_A \vec{B}\,\frac{\mathrm{d}}{\mathrm{d}t}\left(\mathrm{d}\vec{A}\right) \tag{7.33}$$

Der erste Term (Ruheinduktion) ist in G 7.32 und G 7.33 identisch. Nachzuweisen ist noch folgende Gleichheit (2. Term für Bewegungsinduktion):

$$\int_A \vec{B}\,\frac{\mathrm{d}}{\mathrm{d}t}\left(\mathrm{d}\vec{A}\right) = \int_A \vec{B}\,\frac{\mathrm{d}^2\vec{A}}{\mathrm{d}t} = -\oint \left(\vec{v}\times\vec{B}\right)\mathrm{d}\vec{\ell} \tag{7.34}$$

$\mathrm{d}^2 A$ -   Änderung der Größe eines Flächenelementes $\mathrm{d}A$ innerhalb der Fläche A während $\mathrm{d}t$

Ein Wert $\mathrm{d}^2 A \neq 0$ ist nur am Rand der Fläche A durch die Verschiebung der Randkurve (Leiterschleife) möglich. Im Inneren der Fläche A ist jede Veränderung $\mathrm{d}^2 A > 0$ einer Teilfläche $\mathrm{d}A$ mit entsprechenden Veränderungen $\mathrm{d}^2 A < 0$ der angrenzenden Teilflächen verbunden. Damit reduziert sich die Integration über die Fläche A auf deren Randbereich (Umlauf entlang der Leiterschleife). Für eine Teilfläche $\mathrm{d}A$ am Rand von A ist die prinzipielle Situation nachfolgend dargestellt.

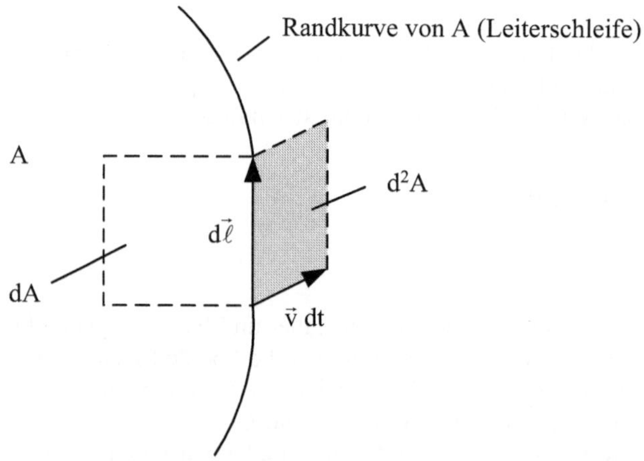

Bild 7.16:   Änderung der Größe von dA am Rand der Fläche A durch Verschiebung des Randelementes $\mathrm{d}\vec{\ell}$ während dt

Die Richtung von $d\vec{\ell}$ resultiert gemäß B 1.7 aus einem Rechtsumlauf um den als aus der Bildebene herausgerichtet betrachteten Vektor $\vec{A}$. Damit gilt gemäß G 1.24 für den ebenso gerichteten Vektor $d^2\vec{A}$:

$$d^2\vec{A} = \left(\vec{v} \times d\vec{\ell}\right) dt \tag{7.35}$$

bzw.

$$\frac{d^2\vec{A}}{dt} = \left(\vec{v} \times d\vec{\ell}\right) \tag{7.36}$$

Setzt man dies in G 7.34 ein, dann entsteht unter Beachtung der für gemischte Produkte von Vektoren geltenden Zusammenhänge [1, S. 190, G 3.259]:

$$\int_A \vec{B}\,\frac{d^2\vec{A}}{dt} = \oint \vec{B}\left(\vec{v} \times d\vec{\ell}\right) = -\oint \left(\vec{v} \times \vec{B}\right) d\vec{\ell} \tag{7.37}$$

Damit ist der für G 7.34 erforderliche Nachweis erbracht bzw. bestätigt, dass G 7.33 mit G 7.32 identisch ist.

7.3.2.2 Anwendungen

- Wechselstromgenerator

Zunächst wird an dem im Abschnitt 6.7.2 als Beispiel für die Bewegungsinduktion behandelten Fall des Generators gezeigt, dass man über G 7.22 zu dem gleichen Ergebnis gelangt. Danach gilt Bezug nehmend auf B 6.47:

$$u_{ab} = N\,\frac{d\phi}{dt} \tag{7.38}$$

Für den durch die von der Läuferspule eingeschlossene Fläche

$$A = \ell\,d \tag{7.39}$$

hindurchtretenden Fluss gilt wegen des als homogen angenommenen Magnetfeldes:

$$\phi = \vec{B}\,\vec{A} \tag{7.40}$$

Die Richtung des Vektors $\vec{B}$ ist in B 6.47 angegeben. Die Richtung des Vektors $\vec{A}$ ist durch den hier gewählten Umlauf von der Klemme a zur Klemme b bestimmt. Dieser muss gemäß B 1.7 ein Rechtsumlauf um den Vektor $\vec{A}$ sein, so dass in Anlehnung an B 6.48 die in B 7.17 dargestellte Situation vorliegt.

Damit erhält man über G 7.39 und G 7.40:

$$\phi = B\,\ell\,d\cos\left(\pi - \alpha\right) = -B\,\ell\,d\cos\alpha \tag{7.41}$$

Setzt man dies unter Beachtung von G 6.130 in G 7.38 ein, dann entsteht schließlich:

$$u_{ab} = 2\pi n\,N\,B\,\ell\,d\,\sin\left(2\pi nt\right) \tag{7.42}$$

Dieses Ergebnis ist identisch mit G 6.132. Damit ist exemplarisch noch einmal bestätigt, dass das Induktionsgesetz in Form von G 7.22 Ruhe- und Bewegungsinduktion gleichermaßen beinhaltet.

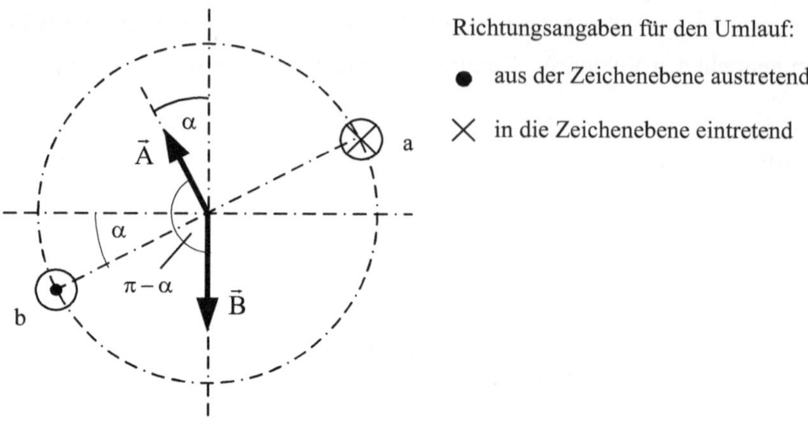

Bild 7.17: Richtungsfestlegung für den Vektor $\vec{A}$

• Heringscher Versuch

Ein die Problematik in besonderer Weise verdeutlichender Fall ist der Heringsche Versuch. Dabei wird eine Leiterschleife wie nachfolgend dargestellt über einen Magneten gezogen:

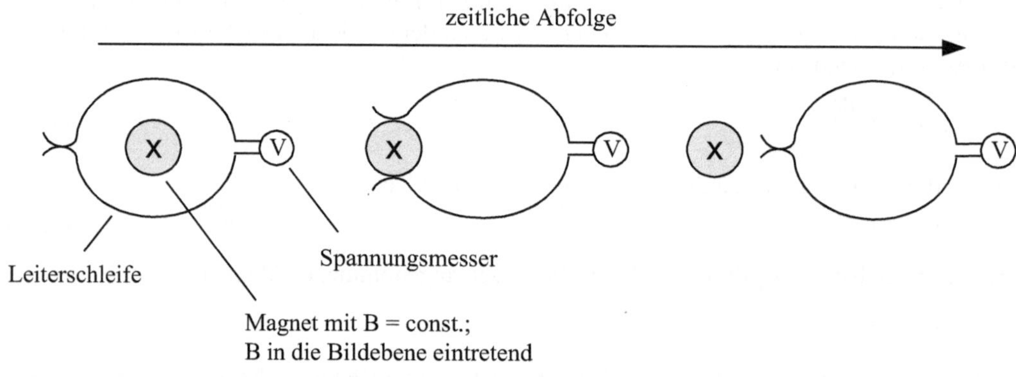

Bild 7.18: Heringscher Versuch

Bei diesem Vorgang kommt es in der zeitlichen Abfolge offensichtlich zu einer Änderung des von der Leiterschleife umfassten Flusses, so dass man gemäß G 7.17 das Auftreten einer an dem Spannungsmesser angezeigten Quellenspannung erwarten könnte. Tatsächlich wird aber bei diesem Versuch keine Spannung gemessen. Das wird verständlich, wenn man Folgendes beachtet:

-   Die Ruheinduktion erfordert eine zeitliche Änderung der Flussdichte.

-   Die Bewegungsinduktion erfordert bei einem Leiter im Magnetfeld eine Relativbewegung zwischen dem Leiter und dem Magnetfeld.

Beide Sachverhalte liegen bei dem Heringschen Versuch nicht vor, so dass beide Terme in G 7.32 den Wert „Null" haben. Ändert man jedoch die Versuchsanordnung z.B.

-   durch eine zeitlich veränderliche Induktion B(t) in dem Magneten

bzw.

-   man zieht die Leiterschleife durch einen in dem Magneten eingebrachten Luftspalt,

dann wird selbstverständlich eine Spannung gemessen.

- Aus einem Magnetfeld herausgezogene Leiterschleife

Eine Anordnung, bei der beide Arten der Induktion gleichzeitig auftreten, ist nachfolgend dargestellt:

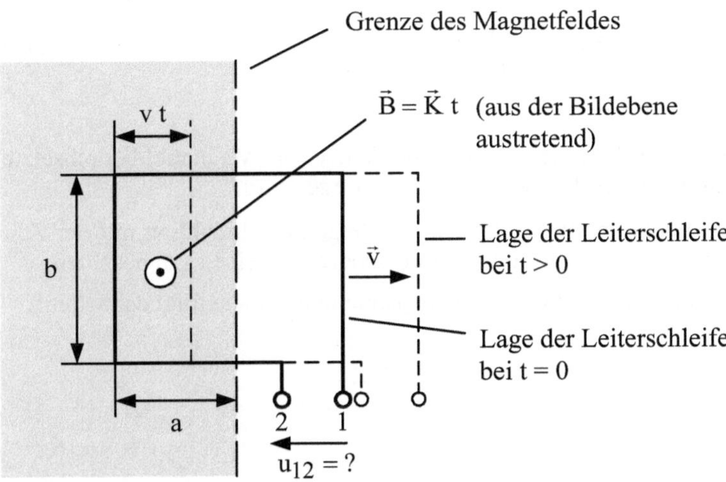

Bild 7.19: Quellenspannung an einer aus einem homogenen Magnetfeld herausgezogenen offenen Leiterschleife

Unter Beachtung der Winkel zwischen den Vektoren entsteht auf der Grundlage von G 7.32 folgender Ausdruck:

$$u_{12} = \int_A \frac{dB}{dt}\, dA - \int_o^b v\, B\, d\ell \tag{7.43}$$

Bei den Grenzen für das zweite Integral ist berücksichtigt, dass sich für die anderen Elemente entlang des Umlaufs jeweils „Null" ergibt. Unter Beachtung des homogenen Magnetfeldes sowie der jeweils gleichen Geschwindigkeit für alle Stellen der Leiterschleife entsteht daraus:

$$u_{12} = \frac{dB}{dt} \int_A dA - vB \int_o^b d\ell \tag{7.44}$$

$$= \frac{dB}{dt} A - v\,B\,b$$

Mit

$$A = b(a - v\,t) \tag{7.45}$$

und

$$B = K\,t \qquad K - \text{Konstante} \qquad [K] = \frac{T}{s} \tag{7.46}$$

erhält man schließlich:

$$u_{12} = K\,b\,(a\text{-}v\,t) - K\,b\,v\,t = K\,b\,a\left(1 - \frac{2v}{a}t\right) \tag{7.47}$$

Dieses Ergebnis ist wie folgt zu erklären:

- Der Anteil der Ruheinduktion wird mit der Zeit kleiner, da der vom Magnetfeld durchsetzte Teil der von der Leiterschleife eingeschlossenen Fläche geringer wird.

- Der Anteil der Bewegungsinduktion wird durch das Ansteigen der Induktion mit der Zeit größer. Dabei ist das hier gegenüber der Ruheinduktion andere Vorzeichen zu beachten.

Schließlich kann man den zeitlichen Verlauf der Quellenspannung noch wie folgt darstellen:

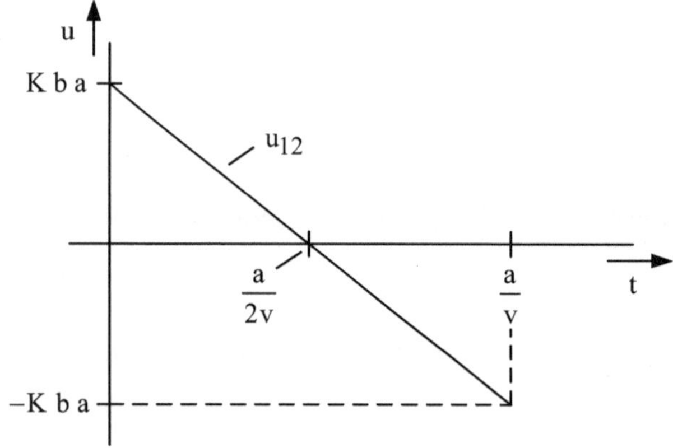

Bild 7.20: Zeitlicher Verlauf der Quellenspannung an der offenen Leiterschleife gemäß B 7.19

Erwartungsgemäß kommt man über den Ruhe- und Bewegungsinduktion gleichermaßen beinhaltenden Zusammenhang G 7.17 zu dem gleichen Ergebnis:

$$\phi = B\,A = K\,b\left(a\,t - v\,t^2\right) \tag{7.48}$$

$$u_{12} = \frac{d\phi}{dt} = K\,b\,a\left(1 - \frac{2v}{a}t\right) \tag{7.49}$$

7.4 Induktivitäten

7.4.1 Selbstinduktivität

Die Induktivität stellt im Sinne einer Rechengröße wie folgt einen Zusammenhang zwischen dem Induktionsfluss ψ gemäß G 7.19 und dem diesen verursachenden Strom i her:

$$\psi = M\ i \tag{7.50}$$

$\qquad$ M $\qquad$ - $\qquad$ Induktivität allgemein
$\qquad\qquad\qquad\qquad$ (später als Symbol für die Gegeninduktivität verwendet)

$$[M] = \frac{Vs}{A} = H \qquad\qquad H\text{ - Henry}$$

Solange das betreffende Magnetfeld keine Ferromagnetika enthält, ist dieser Zusammenhang linear. Die Induktivität ist dann eine Konstante (Proportionalitätsfaktor), die als Integralparameter eine globale Aussage über das Magnetfeld macht.

Bei der Ermittlung des mit einer Spule verketteten Flusses ψ über G 7.50 ist es letztlich ohne Bedeutung, welcher Strom das betreffende Magnetfeld verursacht. Handelt es sich dabei um den Strom durch die betrachtete Spule selbst, dann spricht man von der wie folgt definierten Selbstinduktivität:

$$L = \frac{\psi}{i} \tag{7.51}$$

$\qquad$ L $\qquad$ - $\qquad$ Selbstinduktivität

$\qquad$ ψ $\qquad$ - $\qquad$ Induktionsfluss infolge des durch die betrachtete Spule
$\qquad\qquad\qquad\qquad$ fließenden Stromes i

Hiermit kann das Induktionsgesetz gemäß G 7.18 wie folgt aufgeschrieben werden:

$$u = \frac{d\psi}{dt} = L\,\frac{di}{dt} \tag{7.52}$$

Analog zu G 7.9 für einen Kondensator hat G 7.52 für den praktischen Gebrauch die besondere Bedeutung, für eine Spule (Induktivität) einen Zusammenhang zwischen Strom und Spannung herzustellen. Auf dieser Grundlage kann auch eine Spule als ein Netzwerkselement behandelt werden.

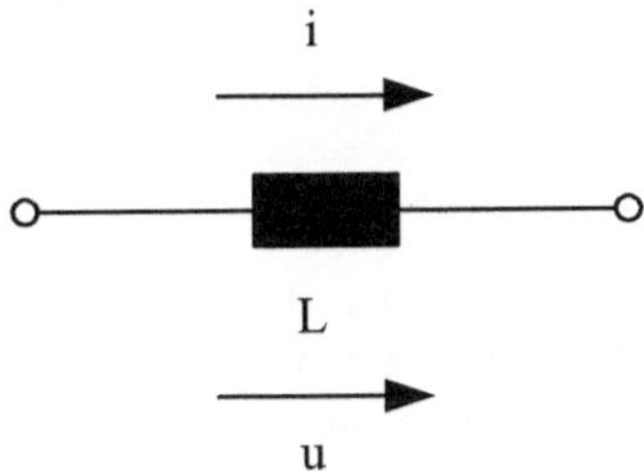

Bild 7.21: Netzwerkselement Spule mit Zählpfeilen

Bei den in die gleiche Richtung orientierten Zählpfeilen für i und u ist berücksichtigt, dass die Spule in dem hier vorliegenden Fall ein passives Element ist. Bei der Spannung handelt es sich somit im Gegensatz zu der Situation in B 7.11 (Spannungsquelle) vom Charakter her um einen Spannungsabfall. Ferner ist diese Zählpfeilzuordnung vom Wickelsinn der Spule unabhängig. Das folgt aus der Tatsache, dass im Gegensatz zu B 7.9 und B 7.10 der Fluss durch die Spule hier nicht von außen vorgegeben wird, sondern dieser und damit auch die an den Klemmen der Spule entstehende Spannung von dem Strom durch die Spule bestimmt wird.

Die Anwendung von G 7.52 erfordert im konkreten Fall die Kenntnis der Selbstinduktivität. Deren Bestimmung ist jedoch im Allgemeinen nicht ganz einfach. Die grundsätzliche Vorgehensweise soll hier für zwei praktisch bedeutsame Beispiele aufgezeigt werden. Hinsichtlich anderer Fälle sei auf die Literatur verwiesen (z.B. [2, S. 314 ... 317]).

- Zylinderspule

In Anlehnung an den Fall a) eines Magnetkreises gemäß B 6.31 und G 6.81 gilt für den magnetischen Fluss durch eine solche Spule:

$$\phi = \frac{N \, i}{R_m} \tag{7.53}$$

$\qquad R_m \quad - \quad$ magnetischer Widerstand des Magnetkreises

Mit G 7.21 und G 7.51 entsteht dann:

$$L = \frac{N^2}{R_m} \tag{7.54}$$

Betrachtet man R_m ganz allgemein als den magnetischen Widerstand, den der von der Spule aufgebaute Fluss auf seinem Weg durch den Raum vorfindet, dann gilt diese Beziehung nicht nur eingeschränkt auf einen Magnetkreis. Sie kann so unmittelbar auch für die in B 6.29 dargestellte Zylinderspule verwendet werden. Dabei gilt unter Beachtung der Näherung gemäß G 6.53 mit G 6.69 für den betreffenden magnetischen Widerstand:

$$R_m = \frac{4 \, \ell}{\mu \, \pi \, d^2} \tag{7.55}$$

Für die Selbstinduktivität entsteht dann:

$$L = \frac{\mu \, \pi}{\ell} \left(\frac{N \, d}{2} \right)^2 \tag{7.56}$$

- Doppelleitung

Hierunter wird eine sehr lange Stromschleife (Spule mit N = 1) aus zwei parallelen Leitern verstanden. Der Einfluss der Querverbindungen an den Enden der beiden Leiter wird dabei als vernachlässigbar betrachtet (wegen $\ell \gg d$ zulässig). Die prinzipielle Situation ist in B 7.22 dargestellt.

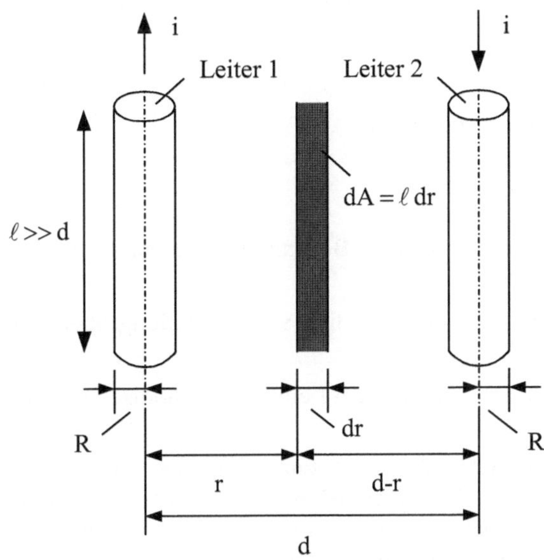

Bild 7.22: Geometrische Situation für eine Doppelleitung

Ausgehend von dem Verlauf der magnetischen Feldstärke bei einem stromdurchflossenen Leiter gemäß B 6.28 können bezüglich des mit einer solchen Doppelleitung verketteten Flusses zwei Bereiche unterschieden werden.

- äußerer Bereich (zwischen den Leitern)

- innerer Bereich (in den Leitern)

Beide Bereiche liefern einen Anteil zum Induktionsfluss. Damit kann auch die Induktivität wie folgt aus zwei Anteilen zusammengesetzt werden:

$$L = L_a + L_i \qquad (7.57)$$

L_a -   äußere Induktivität

L_i -   innere Induktivität

Mit den Vereinbarungen in B 7.22 kann ausgehend von G 7.51 unter Berücksichtigung von $N = 1$ und G 6.21 die äußere Induktivität wie folgt bestimmt werden:

$$L_a = \frac{\Psi_a}{i} = \frac{\phi_a}{i} = \frac{1}{i} \int\limits_{R}^{d-R} B(r)\, dA$$

$$= \frac{\mu_a}{i} \int\limits_{R}^{d-R} H(r)\, \ell\, dr = \frac{\mu_a\, \ell}{2\pi} \int\limits_{R}^{d-R} \left(\frac{1}{r} + \frac{1}{d-r} \right) dr \qquad (7.58)$$

$$= \frac{\mu_a\, \ell}{\pi}\, \ell n\, \frac{d-R}{R}$$

Bei der praktischen Anwendung dieser Beziehung gilt in der Regel (z.B. für Übertragungsleitungen)

$$\mu_a = \mu_o \quad \text{und} \quad d >> R \quad , \tag{7.59}$$

so dass häufig folgende Näherungsbeziehung angegeben wird:

$$L_a \approx \frac{\mu_o \, \ell}{\pi} \, \ell n \, \frac{d}{R} \tag{7.60}$$

Nicht ganz so einfach gestaltet sich aus folgenden Gründen die Bestimmung der inneren Induktivität:

- Infolge des Skineffektes liegt in der Regel keine gleichmäßige Stromverteilung über dem Leiterquerschnitt vor.

- Die Flussverkettung mit den einzelnen „Stromlinien" in dem Leiter ist methodisch schwierig zu beschreiben.

Eine genauere Bestimmung der inneren Induktivität übersteigt somit den hier abgesteckten Rahmen. Näheres dazu ist der weiterführenden Literatur zu entnehmen [2, S. 340 ... 341]. Man kann jedoch die innere Induktivität für eine gleichmäßige Stromverteilung über den Querschnitt (bei Gleichstrom vorliegend) relativ einfach über die Energie im Magnetfeld in den Leitern bestimmen. Ausgehend von G 6.103 gilt zunächst:

$$L_i = \frac{2\,W}{i^2} = \frac{2}{i^2} \int\limits_{V_{Leiter}} W' \, dV \tag{7.61}$$

$\quad$ W $\quad$ - $\quad$ Im Magnetfeld in den Leitern gespeicherte Energie

$\quad$ W' $\quad$ - $\quad$ Energiedichte in den Leitern

Mit G 6.50 und G 6.100 sowie

$$dV = 2\,\pi\,r\,dr\,2\,\ell \tag{7.62}$$

$\quad$ dV $\quad$ - $\quad$ Volumen eines Rohres in der Doppelleitung mit dem Radius r
$\qquad\qquad\quad$ und der Wandstärke dr

entsteht daraus:

$$L_i = \frac{\mu_i \, \ell}{\pi \, R^4} \int\limits_o^R r^3 \, dr = \frac{\mu_i \, \ell}{4\,\pi} \tag{7.63}$$

Dieses vom Leiterradius unabhängige Ergebnis ist bei Leiterradien R< 10 mm und den in der Elektroenergietechnik vorliegenden relativ geringen Frequenzen (50 Hz) auch für Wechselstrom hinreichend genau. Unter Beachtung des in der Regel verwendeten Leitermaterials entsteht hieraus mit den Zusammenhängen nach G 7.59:

$$L_i = \frac{\mu_o \, \ell}{4\,\pi} << L_a \tag{7.64}$$

bzw.

$$L \approx L_a \approx \frac{\mu_o \, \ell}{\pi} \, \ell n \, \frac{d}{R} \tag{7.65}$$

Lediglich bei Leitern aus ferromagnetischen Material erreicht L_i wegen

$$\mu_i \gg \mu_o \tag{7.66}$$

Werte, die man nicht mehr vernachlässigen kann.

Grundsätzlich gilt es festzuhalten, dass der Skin-Effekt zu einer Verkleinerung der inneren Induktivität führt. Das resultiert aus der nach dem Durchflutungsgesetz mit der Stromverdrängung einhergehenden Verdrängung des Magnetfeldes in den Leitern. Das bewirkt in denselben eine geringere Energiedichte und damit gemäß G 7.61 eine kleinere innere Induktivität.

7.4.2 Gegeninduktivität

Grundsätzlich gilt auch hier der Zusammenhang gemäß G 7.50. Im Gegensatz zur Selbstinduktivität wird jetzt jedoch folgende Flussverkettung betrachtet (s.a. B 7.23):

Spule 1:   Die vom Strom i_1 durchflossene und das Magnetfeld mit dem Fluss ϕ_1 aufbauende Spule.

Spule 2:   Die von dem Fluss ϕ_{21}, einem Teil von ϕ_1 durchsetzte Spule.

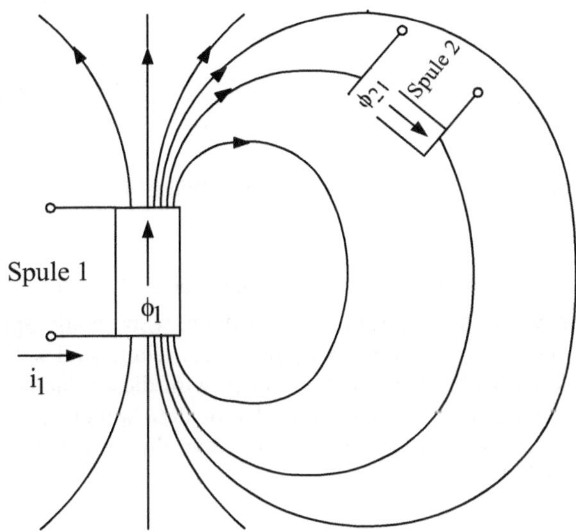

Bild 7.23:   Von der Spule 1 aufgebauter und die Spule 2 durchsetzender Fluss

Mit G 7.21 entsteht dann unter der Voraussetzung, dass der Fluss ϕ_{21} alle Windungen der Spule 2 durchsetzt, über G 7.50:

$$\psi_{21} = N_2 \, \phi_{21} = M_{21} \, i_1 \tag{7.67}$$

bzw.

$$M_{21} = \frac{\psi_{21}}{i_1} \tag{7.68}$$

ψ_{21} -   Mit der Spule 2 verketteter Induktionsfluss (Koppelfluss) infolge des Stromes durch die Spule 1

M_{21} -   Gegeninduktivität (Koppelinduktivität) der Spule 2 zur Spule 1

Für die über das Induktionsgesetz an den Klemmen der Spule 2 aufgebaute Spannung gilt dann analog zu G 7.52:

$$u_2 = M_{21} \frac{d\,i_1}{dt} \tag{7.69}$$

Ähnlich wie in B 7.21 kann auch diese Situation über eine Ersatzschaltung als Netzwerkselement dargestellt werden.

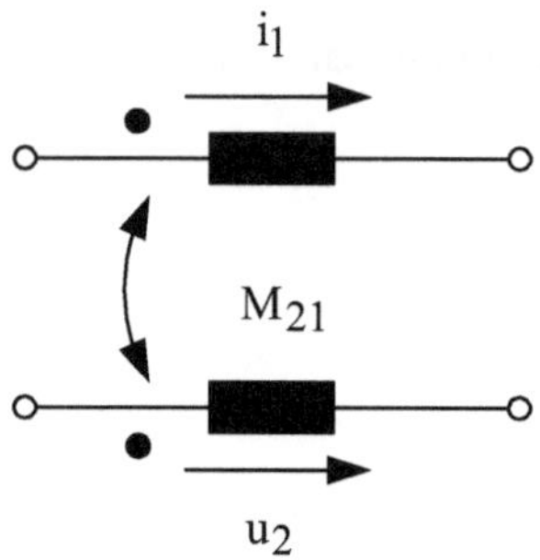

Bild 7.24: Netzwerkselement für gekoppelte Spulen mit Zählpfeilen bei gleichem Wickelsinn der Spulen

Da der jeweilige Fluss durch die beiden Spulen mit dem Strom i_1 die gleiche Ursache hat, gelten die hier eingetragenen Zählpfeile in Verbindung mit G 7.69 nur dann, wenn beide Spulen den gleichen Wickelsinn haben. Ob diese rechts- oder linksgängig gewickelt sind spielt dabei wie im Falle der Selbstinduktivität keine Rolle. Kenntlich gemacht wird dieser Sachverhalt durch die in B 7.24 eingetragenen Punkte am gleichen Ende der beiden Spulen. Diese Punkte werden an verschiedenen Enden der beiden Spulen angetragen, wenn die Spulen einen entgegengesetzten Wickelsinn haben (s. B 7.25).

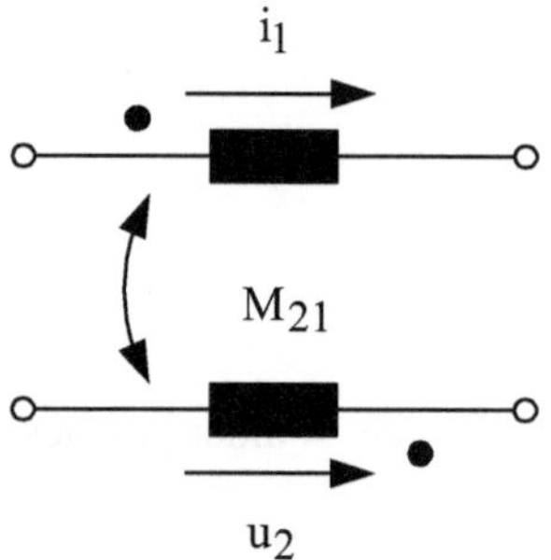

Bild 7.25: Netzwerkelement für gekoppelte Spulen mit Zählpfeilen bei ungleichem Wickelsinn der Spulen

Hierbei ist zusätzlich folgender Vorzeichenwechsel gegenüber G 7.69 zu beachten:

$$u_2 = -M_{21}\frac{di_1}{dt} \tag{7.70}$$

Verantwortlich für die Vorzeichen in G 7.69 und G 7.70 ist letztlich die Tatsache, dass hier der Fluss durch die Spule 2 von außen über den Strom durch die Spule 1 vorgegeben wird.

Die hier angestellten Überlegungen gelten in gleicher Weise, wenn die Spule 2 von einem Strom i_2 durchflossen und dadurch in der Spule 1 eine Spannung aufgebaut wird. In den obigen Gleichungen bzw. Bildern sind dann lediglich die entsprechenden Indizes zu vertauschen. Solange das Magnetfeld keine Ferromagnetika enthält gilt dabei noch folgender wichtiger Zusammenhang:

$$M_{12} = M_{21} = M \tag{7.71}$$

Man kann somit auf eine Indizierung bei der Gegeninduktivität verzichten.

Diese Gleichheit kann wegen der Beliebigkeit in der Reihenfolge bei der Integration unmittelbar aus der Neumannschen Gleichung für die Gegeninduktivität zwischen zwei beliebigen Kreisen (z.B. Spulen) geschlussfolgert werden.

$$M = \frac{\mu}{4\pi}\oint_1 \oint_2 \frac{d\vec{\ell}_1\, d\vec{\ell}_2}{r} \tag{7.72}$$

Eine Entwicklung dieses Zusammenhanges übersteigt den hier abgesteckten Rahmen. Es sei dazu auf die Literatur [2, S. 323 ... 324] verwiesen. Die jeweiligen geometrischen Größen in dieser Gleichung sind in nachfolgendem Bild prinzipiell erläutert.

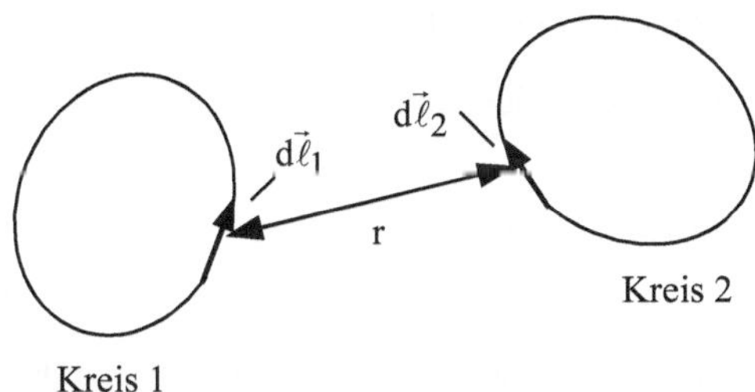

Bild 7.26:   Prinzipielle geometrische Situation für die Neumannsche Gleichung

Diese hier zunächst für zwei Spulen entwickelten Strom-Spannungs-Zusammenhänge sind unmittelbar auch auf mehrere gekoppelte Spulen übertragbar. Für eine bestimmte Spule sind dazu lediglich die über die paarweise Betrachtung mit allen anderen Spulen entstehenden Spannungsanteile zusammenzufassen.

7.4.3 Streu- und Hauptinduktivität

Diese Induktivitäten haben vorwiegend bei elektrischen Maschinen (Generatoren, Transformatoren usw.) vor allem aus praktischer Sicht eine Bedeutung. Der Ausgangspunkt zu deren inhaltlichen Vereinbarung ist prinzipiell die in B 7.23 dargestellte Situation. Vereinfacht wird diese wie folgt aufbereitet:

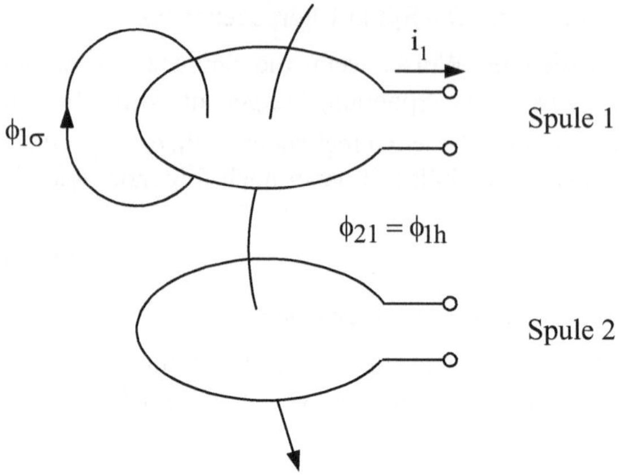

Bild 7.27: Schematisierte Darstellung der Flussverkettung zweier Spulen

Hieraus entsteht zunächst:

$$\phi_1 = \phi_{1h} + \phi_{1\sigma} \tag{7.73}$$

ϕ_1 -   Gesamtfluss gemäß B 7.23

ϕ_{1h} -   Hauptfluss (Nutzfluss), der beide Spulen durchsetzt

$\phi_{1\sigma}$ -   Streufluss, der die Spule 1 durchsetzt und an der Spule 2 „vorbeistreut"

Analog dazu kann aus Sicht der Spule 2 Folgendes aufgeschrieben werden:

$$\phi_2 = \phi_{2h} + \phi_{2\sigma} \tag{7.74}$$

Auf dieser Grundlage werden analog zu G 7.51 zunächst folgende Streuinduktivitäten definiert:

$$L_{1\sigma} = \frac{\Psi_{1\sigma}}{i_1} = N_1 \frac{\phi_{1\sigma}}{i_1} \tag{7.75}$$

$$L_{2\sigma} = \frac{\Psi_{2\sigma}}{i_2} = N_2 \frac{\phi_{2\sigma}}{i_2} \tag{7.76}$$

$L_{1\sigma}, L_{2\sigma}$ -   Streuinduktivität der Spule 1 bzw. 2

Hierbei wird das Symbol L (Selbstinduktivität) verwendet, weil die Ursache für den betreffenden Streufluss der Strom durch die jeweilige Spule selbst ist. Die Hauptinduktivität ist identisch mit der Gegeninduktivität, so dass dafür auch das gleiche Symbol verwendet wird. Entsprechend G 7.67, G 7.68 und G 7.71 gilt damit:

$$M = M_{21} = N_2 \frac{\phi_{1h}}{i_1} = M_{12} = N_1 \frac{\phi_{2h}}{i_2} \tag{7.77}$$

Der Begriff Hauptinduktivität macht deutlich, dass „hauptsächlich" der beide Spulen durchsetzende Fluss (Hauptfluss) die Funktion der jeweiligen Einrichtung bestimmt.

Mit G 7.51 gilt ferner:

$$L_1 = N_1 \frac{\phi_1}{i_1} = \frac{N_1}{i_1}\left(\phi_{1h} + \phi_{1\sigma}\right) \tag{7.78}$$

$$L_2 = N_2 \frac{\phi_2}{i_2} = \frac{N_2}{i_2}\left(\phi_{2h} + \phi_{2\sigma}\right) \tag{7.79}$$

L_1, L_2 -   Selbstinduktivität der Spule 1 bzw. 2

Mit G 7.75 ... G 7.77 entsteht daraus:

$$L_1 = \frac{N_1}{N_2} M + L_{1\sigma} \tag{7.80}$$

$$L_2 = \frac{N_2}{N_1} M + L_{2\sigma} \tag{7.81}$$

Das führt schließlich zu folgender Bestimmungsgleichung für die Haupt- bzw. Gegeninduktivität:

$$M = \sqrt{\left(L_1 - L_{1\sigma}\right)\left(L_2 - L_{2\sigma}\right)} \tag{7.82}$$

Wenn zwischen den beiden Spulen eine vollständige Kopplung existiert, dann entsteht daraus mit

$$\phi_{1\sigma} = \phi_{2\sigma} = 0 \qquad \text{bzw.} \qquad L_{1\sigma} = L_{2\sigma} = 0 \tag{7.83}$$

folgender Zusammenhang:

$$M = M_0 = \sqrt{L_1 L_2} \tag{7.84}$$

M_0 -   Haupt- bzw. Gegeninduktivität bei vollständiger Kopplung

Auf dieser Grundlage wird ein Kopplungsgrad (auch Kopplungsfaktor genannt) definiert:

$$k = \frac{M}{M_0} \leq 1 \tag{7.85}$$

Bei Kenntnis dieses Kopplungsgrades kann dann wie folgt M bestimmt werden:

$$M = k \sqrt{L_1 L_2} \tag{7.86}$$

Mitunter ist es im praktischen Gebrauch üblich, mit dem nachfolgend definierten Streuungsgrad (auch Streuungsfaktor genannt) zu arbeiten:

$$\sigma = 1 - k^2 = 1 - \frac{M^2}{L_1 L_2} \leq 1 \tag{7.87}$$

Für M gilt auf dieser Basis:

$$M = \sqrt{(1-\sigma) L_1 L_2} \tag{7.88}$$

σ ist quasi das Pendant zu k, wie aus nachstehender Betrachtung ersichtlich ist:

- vollständige Kopplung $k = 1$ $\sigma = 0$
- keine Kopplung $k = 0$ $\sigma = 1$

7.5 Schaltvorgänge in Netzwerken

7.5.1 Einordnung und Abgrenzung

In vielen praktisch bedeutsamen Fällen kann Bezug nehmend auf G 7.3 bei hinreichend kleiner räumlicher Ausdehnung des Netzwerkes eine quasistationäre Betrachtung erfolgen. Das ist insbesondere der Fall, wenn die Kapazitäten und/oder Induktivitäten in einem Netzwerk durch Elemente (Kondensatoren, Spulen) realisiert werden, deren Abmessungen konstruktiv bedingt genügend klein sind.

Aus methodischer Sicht stehen in diesem Abschnitt vor allem folgende Aspekte im Vordergrund:

- Darstellung des Umgangs mit den Strom-Spannungsbeziehungen für Kapazitäten (G 7.8) und Induktivitäten (G 7.52) bei einer Netzwerksanalyse.

- Verallgemeinerung bestimmter Ergebnisse, die an Hand ausgewählter Beispiele erzielt werden.

Prinzipiell ist hierzu die Auswahl relativ einfacher Netzwerke mit einer Gleichspannungsquelle ausreichend. Dadurch bleibt die Aufbereitung und die Lösung des Problems mathematisch und physikalisch überschaubar. Allerdings ist damit insofern eine gewisse Schwierigkeit verbunden, als z. B. im Augenblick des Zuschaltens der Gleichspannung eine Änderungsgeschwindigkeit $\dfrac{du}{dt} \to \infty$ auftritt, die gemäß G 7.3 eine quasistationäre Betrachtung eigentlich ausschließt. Dieser Umstand bedarf daher im Zusammenhang mit den jeweiligen Beispielen noch einer gesonderten Betrachtung.

7.5.2 Auf- und Entladung eines Kondensators

Das bei der Aufladung eines Kondensators vorliegende Netzwerk mit den entsprechenden Zählpfeilen für den Strom und die Spannungen ist nachfolgend dargestellt.

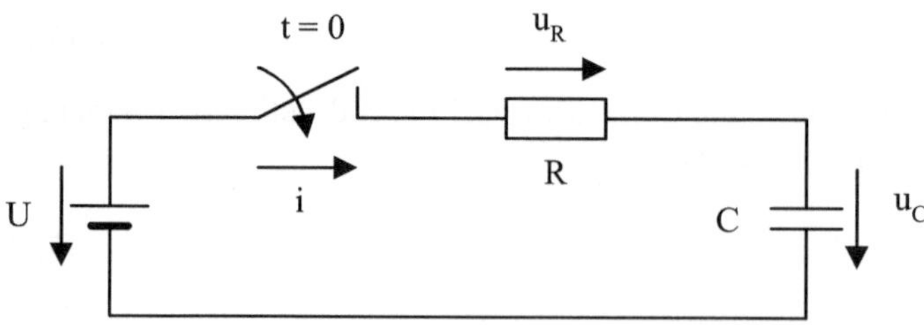

Bild 7.28: Netzwerk bei der Aufladung eines Kondensators

Nach dem Maschensatz gilt zunächst:

$$u_R + u_C = U \tag{7.89}$$

Mit

$$u_R = R\,i \quad \text{und} \quad i = C\,\frac{du_C}{dt} \tag{7.90}$$

entsteht daraus folgende Differenzialgleichung:

$$RC\,\frac{du_C}{dt} + u_C = U \tag{7.91}$$

An dieser Stelle sei festgehalten, dass die Beschreibung von quasistationären (erst recht von nichtstationären) Vorgängen in Netzwerken grundsätzlich zu Differenzialgleichungen führt. Da deren Lösung hier nicht als bekannt vorausgesetzt ist, soll die prinzipielle Vorgehensweise für das grundsätzliche Verständnis an diesem Beispiel exemplarisch aufgezeigt werden. Generell sei dazu jedoch auf die Literatur verwiesen (z.B. [1, S. 504 ff]).

Bei G 7.91 handelt es sich um eine lineare Differenzialgleichung 1. Ordnung mit konstanten Koeffizienten, die zweckmäßigerweise nach der Methode „Trennung der Variablen" gelöst wird. Dazu wird diese zunächst umgestellt:

$$\frac{du_C}{u_C - U} = -\frac{dt}{RC} \tag{7.92}$$

Bezogen auf den zur Zeit t vorliegenden aktuellen Aufladezustand des Kondensators (ausgedrückt durch ($u_c - U$)) gibt G 7.92 an, um welchen Anteil die Spannung über dem Kondensator in dem Zeitintervall dt anwächst. Man kann somit die zu einer Zeit $t > 0$ an dem Kondensator vorliegende Spannung dadurch bestimmen, indem man beginnend zur Zeit $t = 0$ (Anfang des Aufladevorganges) alle diese Anteile aufsummiert. Mathematisch bedeutet das eine Integration auf beiden Seiten von G 7.92:

$$\int_{u_c(t=0)}^{u_c} \frac{d\,u_c}{u_c - U} = -\int_{0}^{t} \frac{dt}{RC} \tag{7.93}$$

Die Kondensatorspannung $u_c(t = 0)$ am Anfang des Aufladevorganges (Anfangsbedingung) wird hierbei als bekannt vorausgesetzt. Sie muss in einem konkreten Fall über eine Betrachtung der $t = 0$ vorgelagerten Vorgänge gewonnen werden. Die Auswertung der bestimmten Integrale in G 7.93 führt zu folgendem Ergebnis:

$$\ell n\,\frac{u_c - U}{u_c(t = 0) - U} = -\frac{t}{RC} \tag{7.94}$$

bzw.

$$\frac{u_c - U}{u_c(t = 0) - U} = e^{-\frac{t}{RC}} \tag{7.95}$$

Hieraus erhält man schließlich die Kondensatorspannung:

$$u_c = U + \left(u_c(t = 0) - U\right) e^{-\frac{t}{RC}} \tag{7.96}$$

Geht man davon aus, dass der Kondensator bei $t = 0$ vollständig entladen ist, dann entsteht mit

$$u_C\left(t = 0\right) = 0 \tag{7.97}$$

hierfür:

$$u_C = U\left(1 - e^{-\frac{t}{RC}}\right) \tag{7.98}$$

Für den Strom erhält man in diesem Falle mit G 7.90:

$$i = \frac{U}{R}\, e^{-\frac{t}{RC}} \tag{7.99}$$

Im praktischen Gebrauch wird in der Regel noch mit folgender Rechengröße gearbeitet:

$$\tau = RC \tag{7.100}$$

τ -   Zeitkonstante

G 7.98 und G 7.99 sind aus mathematischer Sicht Funktionen von der Zeit, die man wie folgt in einem t, u_C - bzw. t, i - Koordinatensystem darstellen kann:

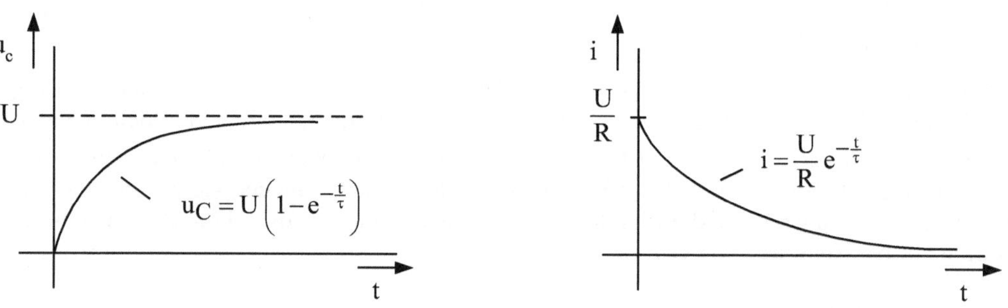

Bild 7.29:   Strom- und Spannungsverläufe beim Aufladen eines Kondensators

Der Verlauf $i(t)$ stimmt mit dem in B 7.1 überein. Damit sind die dort angestellten Überlegungen durch die mathematische Beschreibung des Problems quasi noch einmal bestätigt worden.

Bei der Entladung eines Kondensators liegt prinzipiell folgendes Netzwerk vor:

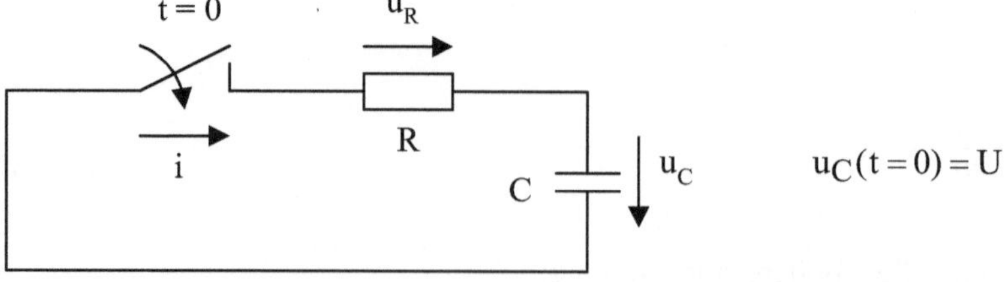

Bild 7.30:   Netzwerk bei der Entladung eines Kondensators mit Anfangsbedingung

Analog zu G 7.89 liefert hier der Maschensatz:

$$u_R + u_C = 0 \qquad\qquad (7.101)$$

Der sich anschließende Lösungsweg verläuft grundsätzlich wie bei der Aufladung. Unter Beachtung der Tatsache, dass auf der rechten Seite der Gleichung hier anstelle von U eine „0" steht, und der anderen Anfangsbedingung erhält man schließlich folgende Lösungen:

$$u_C = U\ e^{-\frac{t}{\tau}} \qquad\qquad (7.102)$$

$$i = -\frac{U}{R}\ e^{-\frac{t}{\tau}} \qquad\qquad (7.103)$$

Die entsprechenden Zeitverläufe sind in B 7.31 dargestellt.

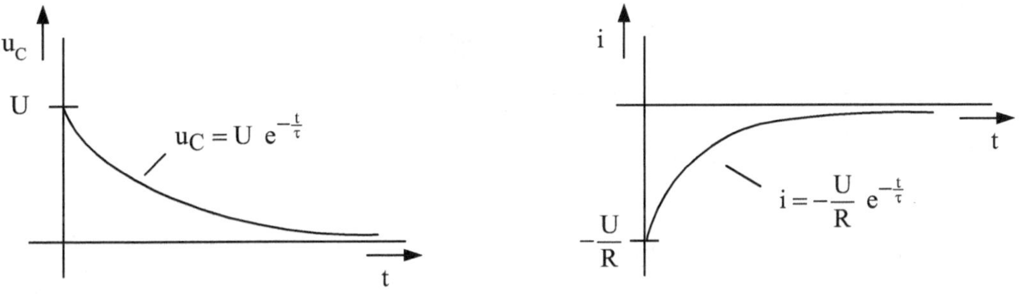

Bild 7.31:   Strom- und Spannungsverläufe beim Entladen eines Kondensators

Aus den hier ermittelten Strom- und Spannungsverläufen bei der Auf- und Entladung eines Kondensators können folgende generellen Aussagen abgeleitet werden:

- Bei einem Kondensator kommt es zu keiner plötzlichen Spannungsänderung (Spannungssprung). Gemäß G 7.90 müsste dazu wegen $\frac{d\,u_C}{dt} \to \infty$ ein Strom $i \to \infty$ fließen. Wegen des stets vorhandenen ohmschen Widerstandes wäre dazu eine treibende Spannung $U \to \infty$ erforderlich.

- Im Augenblick des Schaltens eines Kondensators kommt es zu einem Stromsprung, dessen Höhe allein durch den ohmschen Widerstand und die treibende Spannung in dem Kreis bestimmt wird.

- Beim Aufladen nimmt ein Kondensator Energie auf (gleiche Vorzeichen von u_C und i), die er beim Entladen wieder abgibt (Vorzeichenumkehr von i).

Der hier beim Schalten eines Kondensators beobachtete Stromsprung ist an die implizit vorgenommenen Vereinfachungen gebunden. Im Augenblick des Schaltens selbst gelten diese streng genommenen jedoch nicht. Infolge des sehr großen $\frac{di}{dt}$ wird über das Induktionsgesetz in dem vorliegenden Kreis eine nicht mehr vernachlässigbare Spannung aufgebaut, die den Stromsprung letztlich verhindert. Der dabei ablaufende nichtstationäre Vorgang vollzieht sich aber in so kurzer Zeit, dass er bei der Auf- bzw. Entladung eines Kondensators mit dem durch die Zeitkonstante τ bestimmten Zeitmaßstab als Sprung wahrgenommen wird. Damit ist für den letztlich interessierenden Zeitbereich t > 0 die hier erfolgte quasistationäre Betrachtung ausreichend.

7.5.3 Einschalten und Kurzschließen einer Induktivität

Das beim Einschalten einer Induktivität vorliegende Netzwerk mit den entsprechenden Zählpfeilen ist nachfolgend dargestellt:

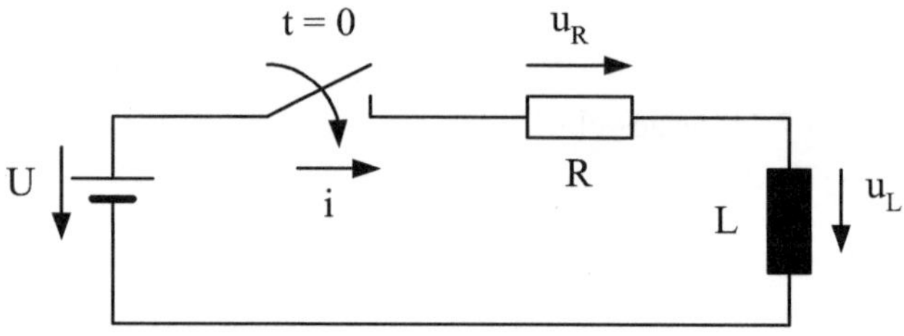

Bild 7.32:　Netzwerk beim Einschalten einer Induktivität

Nach dem Maschensatz gilt zunächst:

$$u_R + u_L = U \tag{7.104}$$

Mit

$$u_R = R\,i \quad \text{und} \quad u_L = L\frac{di}{dt} \tag{7.105}$$

entsteht daraus folgende Differenzialgleichung:

$$\frac{L}{R}\frac{di}{dt} + i = \frac{U}{R} \tag{7.106}$$

Mit der Anfangsbedingung

$$i(t = 0) = 0 \tag{7.107}$$

erhält man analog zur Lösung von G 7.91 folgendes Ergebnis für den Strom:

$$i = \frac{U}{R}\left(1 - e^{-\frac{R}{L}t}\right) \tag{7.108}$$

Für die Spannung über der Induktivität entsteht daraus mit G 7.105:

$$u_L = U\,e^{-\frac{R}{L}t} \tag{7.109}$$

Analog G 7.100 gilt hier für die Zeitkonstante:

$$\tau = \frac{L}{R} \tag{7.110}$$

Für die Größen i und u_L erhält man dann folgende Zeitverläufe:

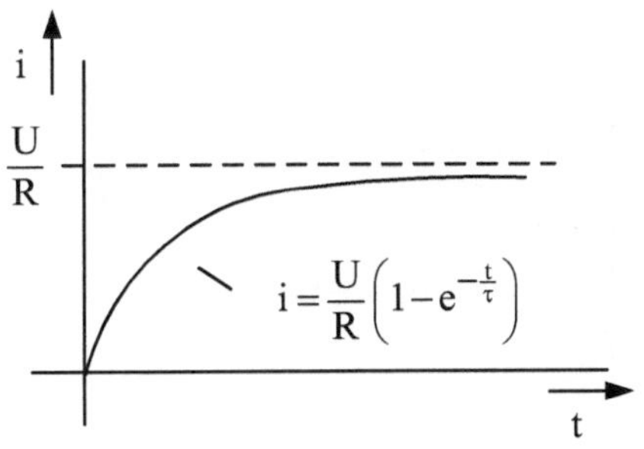
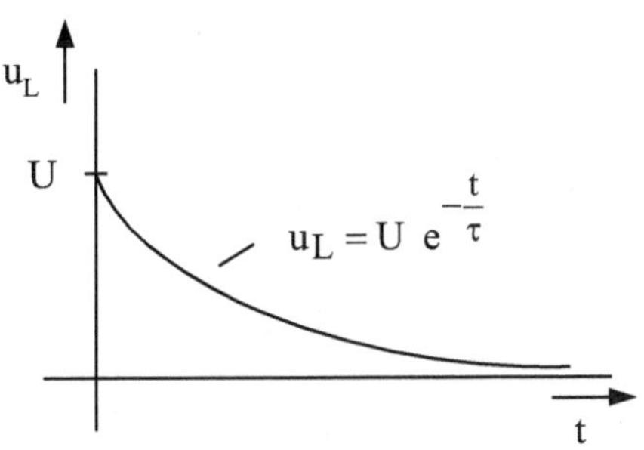

Bild 7.33: Strom- und Spannungsverläufe beim Einschalten einer Induktivität

Beim Kurzschließen einer Induktivität liegt folgendes Netzwerk vor:

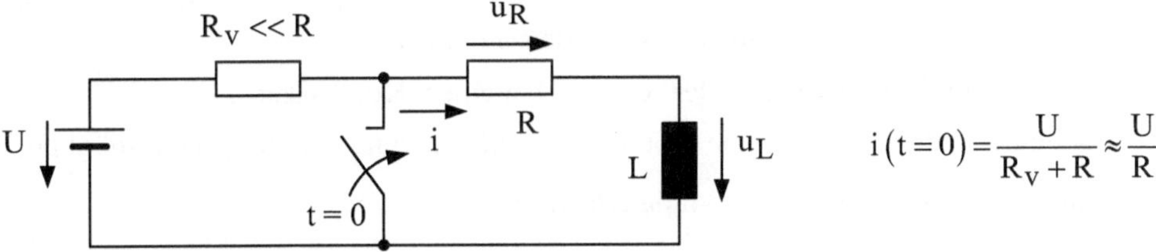

Bild 7.34: Netzwerk beim Kurzschließen einer Induktivität

Der Vorwiderstand R_V ist hier zur Begrenzung des in dem linken Teil des Netzwerkes nach dem Schließen des Schalters fließenden Stromes erforderlich. Für den rechten Teil des Netzwerkes liefert der Maschensatz in diesem Falle:

$$u_R + u_L = 0 \tag{7.111}$$

Analog zur Lösung von G 7.101 erhält man hier unter Beachtung der in B 7.34 angegebenen Anfangsbedingung:

$$i = \frac{U}{R}\, e^{-\frac{t}{\tau}} \tag{7.112}$$

$$u_L = - U\, e^{-\frac{t}{\tau}} \tag{7.113}$$

Die entsprechenden Zeitverläufe sind nachfolgend dargestellt.

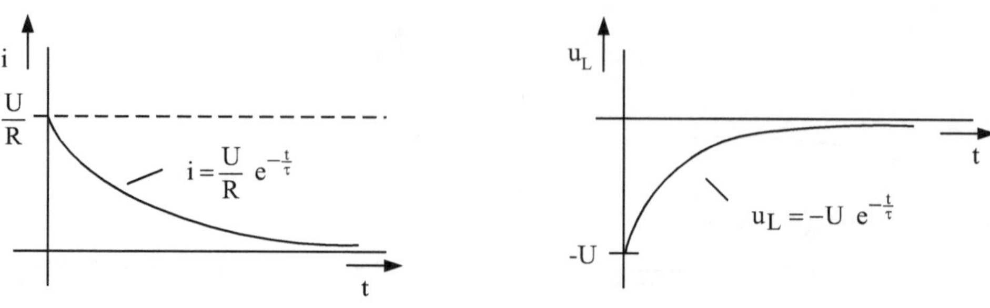

Bild 7.35: Strom- und Spannungsverläufe beim Kurzschließen einer Induktivität

Aus diesen Ergebnissen können folgende allgemeinen Aussagen abgeleitet werden:

- Gemäß B 7.29 und B 7.33 ist beim Einschalten einer Induktivität die Tendenz für den Stromverlauf identisch mit der des Spannungsverlaufs beim Aufladen eines Kondensators und umgekehrt. Die analoge Situation liegt gemäß B 7.31 und B 7.35 beim Kurzschließen einer Induktivität und der Entladung eines Kondensators vor.

- Obige Feststellung liefert analog zu der Aussage bei einem Kondensator:

    - Bei einer Induktivität ist eine plötzliche Stromänderung (Sprung) nicht möglich, da ein $\dfrac{di}{dt} \to \infty$ nur bei $u_L \to \infty$ möglich wäre.

    - Im Augenblick des Schaltens einer Induktivität kommt es über dieser zu einem Spannungssprung auf den Wert der treibenden Spannung in dem Netzwerk.

- Beim Einschalten (Aufbau des Magnetfeldes) nimmt die Induktivität Energie auf (gleiche Vorzeichen von u_L und i), die diese beim Kurzschließen (Abbau des Magnetfeldes) wieder abgibt (Vorzeichenumkehr bei u_L).

Hinsichtlich der Spannungssprünge über einer Induktivität gelten bei genauerem Hinsehen analoge Überlegungen wie für den Stromsprung bei einem Kondensator. Auch hier ist der zu Beginn tatsächlich ablaufende nichtstationäre Vorgang in kurzer Zeit abgeschlossen, so dass dieser in dem relevanten Zeitmaßstab als Sprung wahrgenommen wird.

7.5.4 Einschalten eines Reihenschwingkreises

Das hier vorliegende Netzwerk ist nachfolgend dargestellt:

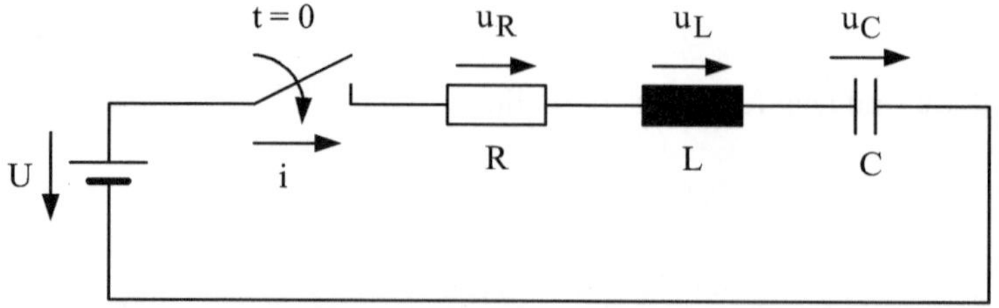

Bild 7.36: Netzwerk beim Einschalten eines Reihenschwingkreises

Über den Maschensatz entsteht zunächst:

$$u_R + u_L + u_C = U \qquad (7.114)$$

Mit

$$u_R = R\,i \quad ; \quad u_L = L\frac{di}{dt} \quad ; \quad u_C = \frac{1}{C}\int i\,dt \qquad (7.115)$$

entsteht daraus bezogen auf die Spannung u_C folgende lineare Differenzialgleichung 2. Ordnung mit konstanten Koeffizienten:

$$L\,C\,\frac{d^2 u_C}{dt^2} + RC\,\frac{d\,u_C}{dt} + u_C = U \qquad (7.116)$$

Die Bezugnahme auf u_C ist letztlich willkürlich. Man hätte dafür auch u_R oder u_L bzw. auch den Strom i auswählen können. Dabei entsteht in jedem Falle eine analoge Differenzialgleichung. Es genügt diese für eine der Größen zu lösen. Die anderen Größen sind über die Zusammenhänge G 7.115 anschließend relativ einfach bestimmbar.

Bei der Lösung der Differenzialgleichung G 7.116 ist eine zweifache Integration erforderlich. Analog zu G 7.92 werden dazu jetzt zwei Anfangsbedingungen benötigt. Da weder über der Kapazität die Spannung noch durch die Induktivität der Strom springen kann lauten diese wie folgt:

$$u_C\,(t = 0) = 0 \qquad (7.117)$$

$$i\,(t = 0) = 0 \qquad (7.118)$$

Bezogen auf die Spannung u_C entsteht mit G 7.8 aus G 7.118:

$$\frac{du_C}{dt}\,(t = 0) = 0 \qquad (7.119)$$

Die explizite Lösung dieser Differenzialgleichung übersteigt den hier abgesteckten Rahmen. Mit dem Hinweis auf die Literatur [1, S. 520 ff] kann hierfür folgende allgemeine Ergebnisdarstellung angegeben werden (s. a. [2, S. 445 ... 450]):

$$u_C = U\left(1 - \frac{\lambda_1 e^{\lambda_2 t} - \lambda_2 e^{\lambda_1 t}}{\lambda_1 - \lambda_2}\right) \qquad (7.120)$$

mit

$$\lambda_1 = -\frac{R}{2L} + \sqrt{\left(\frac{R}{2L}\right)^2 - \frac{1}{LC}} \qquad (7.121)$$

$$\lambda_2 = -\frac{R}{2L} - \sqrt{\left(\frac{R}{2L}\right)^2 - \frac{1}{LC}} \qquad (7.122)$$

Mit den Vereinbarungen

$$\delta = \frac{R}{2L} \qquad (7.123)$$

$$\delta \qquad - \quad \text{Dämpfungsfaktor}$$

$$\omega_o = \sqrt{\frac{1}{LC}} \tag{7.124}$$

ω_o -   Resonanzkreisfrequenz

$$\vartheta = \left(\frac{R}{2L}\right)^2 - \frac{1}{LC} = \delta^2 - \omega_o^2 \tag{7.125}$$

ϑ -   Diskriminante

kann unter Berücksichtigung von [1, S. 88, G 2.166 und G 2.167] dafür auch geschrieben werden:

$$u_C = U\left[1 - e^{-\delta t}\left(\cos h \sqrt{\vartheta}\, t + \frac{\delta}{\sqrt{\vartheta}}\sin h \sqrt{\vartheta}\, t\right)\right] \tag{7.126}$$

In Abhängigkeit von der Diskriminante werden folgende Fälle unterschieden:

$\vartheta > 0$ aperiodischer Fall
              (kein schwingender Verlauf)

$\vartheta = 0$ aperiodischer Grenzfall
              (gerade noch kein schwingender Verlauf)

$\vartheta < 0$ periodischer Fall
              (schwingender Verlauf)

Für den Fall $\vartheta > 0$ gilt G 7.126 in der angegebenen Form. Davon ausgehend kann bei $\vartheta = 0$ durch einen Grenzübergang folgende einfachere Darstellung gewonnen werden:

$$u_C = U\left(1 - e^{-\delta t} - \delta t\, e^{-\delta t}\right) \tag{7.127}$$

Für den Fall $\vartheta < 0$ wird zunächst folgende Umformulierung von G 7.125 vorgenommen:

$$\sqrt{\vartheta} = \sqrt{\delta^2 - \omega_o^2} = \sqrt{(-1)\left(\omega_o^2 - \delta^2\right)}$$
$$= j\sqrt{\omega_o^2 - \delta^2} = j\,\omega_1 \tag{7.128}$$

j -   imaginäre Einheit
          (dieses Symbol wird gewählt um Verwechslungen mit i für den
          Strom auszuschließen)

$$\omega_1 = \sqrt{\omega_o^2 - \delta^2} > 0 \quad \text{bei} \quad \vartheta < 0 \tag{7.129}$$

ω_1 -   Eigenkreisfrequenz

Führt man dies in G 7.126 ein, dann entsteht unter Beachtung von [1, S. 92, G 2.199 und G 2.200]:

$$u_C = U\left[1 - e^{-\delta t}\left(\cos \omega_1 t + \frac{\delta}{\omega_1}\sin \omega_1 t\right)\right] \tag{7.130}$$

Insbesondere diese Beziehung für den schwingenden Verlauf ist geeignet, den physikalischen Inhalt der oben getroffenen Vereinbarungen wie folgt gedanklich noch etwas besser einzuordnen:

δ -   Maß für die Abklinggeschwindigkeit (Dämpfung) des schwingenden Anteils

ω_1 -   Kreisfrequenz der bei $\vartheta < 0$ auftretenden Schwingung

ω_0 -   Kreisfrequenz der ungedämpften Schwingung ($R = 0$ und damit $\delta = 0$)

Für das grundsätzliche Verständnis der hier zunächst mathematisch beschriebenen Vorgänge ist die Herausarbeitung einiger prinzipieller Wirkungszusammenhänge noch sehr hilfreich. Dazu wird eine quantitative Analyse für einen konkreten Reihenschwingkreis mit folgenden Parametern der Netzelemente durchgeführt:

$$R = 100\,\Omega \;\; ; \;\; C = 10\,\mu F \;\; ; \;\; L = \begin{cases} 0 & mH & \text{Kondensatoraufladung; Kurve 1} \\ 10 & mH & \text{aperiodischer Fall; Kurve 2} \\ 25 & mH & \text{aperiodischer Grenzfall; Kurve 3} \\ 125 & mH & \text{periodischer Fall; Kurve 4} \end{cases}$$

Die entsprechenden Zeitverläufe für die auf die zugeschaltete Gleichspannung U bezogenen Spannungen u_C über dem Kondensator sind im nachfolgenden Bild mit den oben angegebenen L-Werten als Parameter dargestellt.

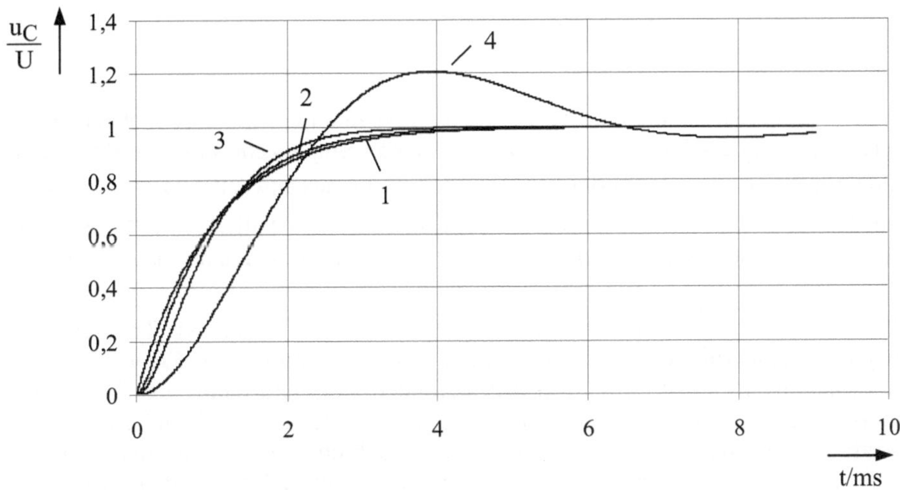

Bild 7.37:   Zeitverlauf der Kondensatorspannung in einem Reihenschwingkreis mit der Induktivität als Parameter

Hieraus ist zunächst erkennbar, dass bei $L > 0$ für den Anstieg $\dfrac{du_C}{dt}(t = 0) = 0$ gilt. Gegenüber der Situation bei der „reinen" Kondensatoraufladung mit $L = 0$ wird die Kondensatorspannung verzögert aufgebaut. Diese Verzögerung ist umso stärker ausgeprägt, je größer L wird. Durch den vergrößerten Zeitmaßstab in B 7.38 ist dies noch etwas deutlicher zu erkennen.

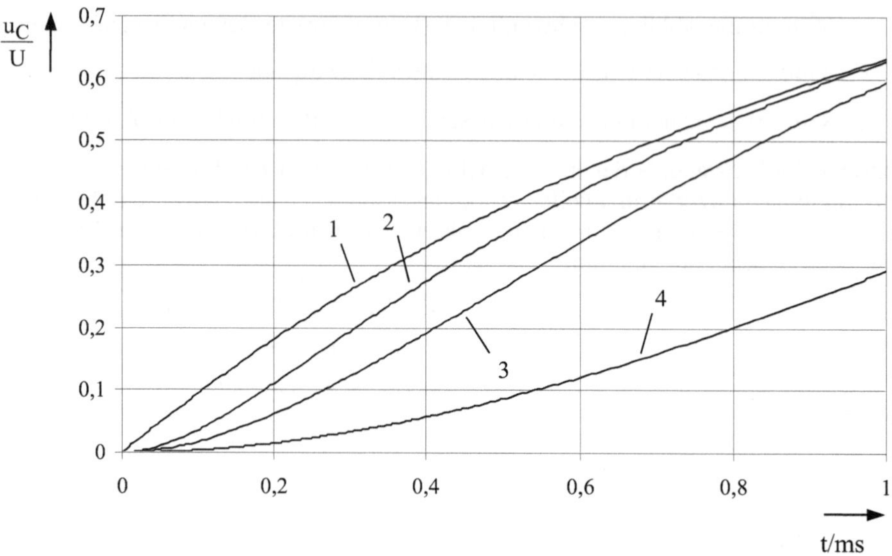

Bild 7.38:   Detaildarstellung aus B 7.37 zu Beginn des Vorganges

Das zunächst auftretende Zurückbleiben der Kondensatorspannung wird anschließend durch einen schnelleren Anstieg derselben in einem solchen Maße wettgemacht, dass die Kondensatorspannung über die bei der Kondensatoraufladung $(L = 0)$ hinaus anwächst. Dieser Effekt ist mit steigendem L immer stärker ausgeprägt, bis beim periodischen Fall (Kurve 4) sogar ein Überschwingen über den stationären Endwert auftritt. Diese Zusammenhänge kann man wie folgt erklären:

> Prinzipiell behindert die in dem Induktionsgesetz zum Ausdruck kommende Trägheitskraft auf Ladungen eine Änderung deren Geschwindigkeit in einem Stromkreis. Sie verzögert also den Ladungstransport auf die Elektroden des Kondensators und damit den Aufbau der Kondensatorspannung. Sind die Ladungen jedoch einmal in Bewegung, dann bewirkt diese Trägheitskraft andererseits, dass der Ladungstransport auch nur verzögert wieder verringert werden kann. Je nach Relation zwischen dieser Trägheitskraft und der in dem Stromkreis vorhandenen Dämpfung (ausgedrückt durch R) kommt es damit wie in einem mechanischen System (z. B. gedämpftes Pendel) zu den verschiedenen Zeitverläufen der Kondensatorspannung.

Die nachfolgend dargestellten Zeitverläufe des Stromes in dem hier betrachteten Reihenschwingkreis sind mit einer solchen Erklärung in Übereinstimmung, da man diese auch als eine Darstellung der jeweiligen Strömungsgeschwindigkeit der Ladungen in demselben auffassen kann.

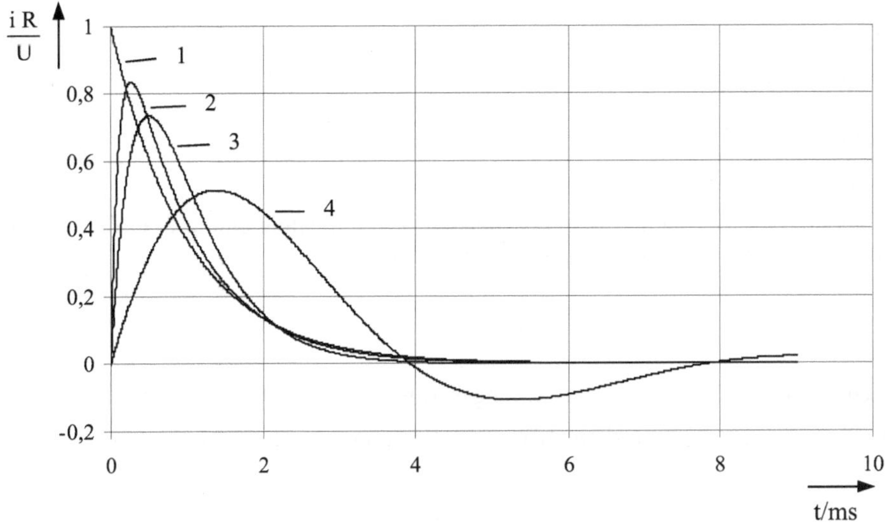

Bild 7.39: Zeitverlauf des Stromes analog zu der Darstellung in B 7.37

Schließlich sei noch angemerkt, dass hier infolge $C > 0$ und $L > 0$ selbst solche Sprünge wie in den Abschnitten 7.5.2 und 7.5.3 beschrieben nicht auftreten, so dass eine quasistationäre Betrachtung zulässig ist.

7.5.5 Ausschalten eines Parallelschwingkreises

Das hier betrachtete Netzwerk ist wie folgt aufgebaut:

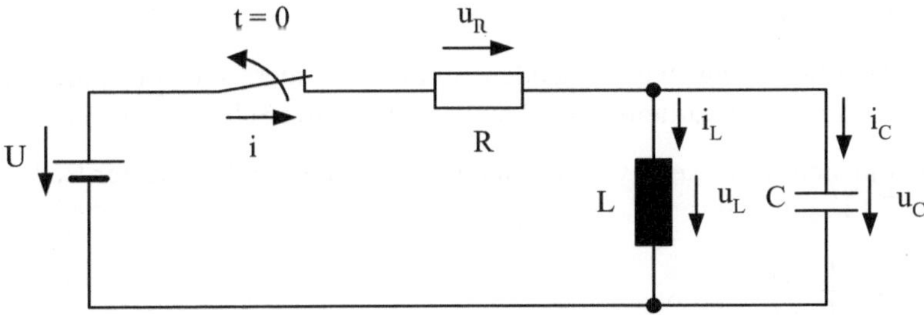

Bild 7.40: Netzwerk beim Ausschalten eines Parallelschwingkreises

Über den Knotenpunktsatz entsteht zunächst:

$$i_C + i_L = i \tag{7.131}$$

Die Auflösung dieser Gleichung soll nach dem Spulenstrom i_L erfolgen. Nach dem Öffnen des Schalters gilt:

$$i = 0 \tag{7.132}$$

Wegen der Parallelschaltung von C und L gilt ferner:

$$u_C = u_L \tag{7.133}$$

Mit G 7.115 erhält man dann:

$$i_C = C\frac{du_C}{dt} = C\,L\,\frac{d^2 i_L}{dt^2} \tag{7.134}$$

Damit entsteht aus G 7.131 schließlich folgende lineare Differenzialgleichung 2. Ordnung mit konstanten Koeffizienten (auch Schwingungsgleichung genannt):

$$L\,C\,\frac{d^2 i_L}{dt^2} + i_L = 0 \tag{7.135}$$

Die zur expliziten Lösung benötigten beiden Anfangsbedingungen werden wie folgt gefunden:

- Unter der Voraussetzung, dass vor dem Öffnen des Schalters der stationäre Zustand vorlag, gilt:

$$i_L\left(t=0\right) = \frac{U}{R} \tag{7.136}$$

- Da der Spulenstrom nicht springen kann gilt:

$$\frac{di_L}{dt}\left(t=0\right) = 0 \tag{7.137}$$

Analog der Vorgehensweise zur Lösung der Differenzialgleichung G 7.116 erhält man damit:

$$i_L = \frac{U}{R}\,\cos \omega_0 t \tag{7.138}$$

$$\omega_0 = \sqrt{\frac{1}{LC}} \tag{7.139}$$

ω_0 -   Resonanzkreisfrequenz

Da hierbei der in einer realen Schaltung stets vorhandene ohmsche Widerstand der Spule vernachlässigt wurde, stellt sich für i_L erwartungsgemäß eine ungedämpfte Schwingung ein.

Aus praktischer Sicht ist die sich über L und C einstellende Spannung von besonderer Bedeutung. Mit G 7.115 und G 7.133 gilt dafür:

$$u_L = u_C = L\,\frac{d\,i_L}{dt} = -\frac{U}{R}\,\sqrt{\frac{L}{C}}\,\sin \omega_0 t \tag{7.140}$$

Die Amplitude dieser Spannung kann abhängig von den Parametern L und C beträchtliche Werte erreichen, die die angelegte Spannung U um ein Vielfaches überschreiten können. Das ist insbesondere beim Ausschalten einer Induktivität zu beachten, wobei die konstruktionsbedingt immer vorhandenen Kapazitäten von Haus aus sehr klein sind. Um dabei Überspannungen und in deren Folge elektrische Durch- bzw. Überschläge (Funken) zu vermeiden, sollte eine Induktivität möglichst stromlos ausgeschaltet werden. Eine Nutzanwendung findet diese Problematik z. B. bei der Zündanlage mit Unterbrecher und Zündspule für Benzinmotoren.

Die hier am Beispiel des Parallelschwingkreises erzielten Ergebnisse liefern zugleich einen geeigneten Übergang zur Wechselstromtechnik im nächsten Kapitel. Schließlich sind die sich in dem abgeschalteten LC-Kreis für Strom und Spannung ergebenden sin- bzw. cos- förmigen Zeitverläufe (s. B 7.41) typisch für einen Wechselstromkreis.

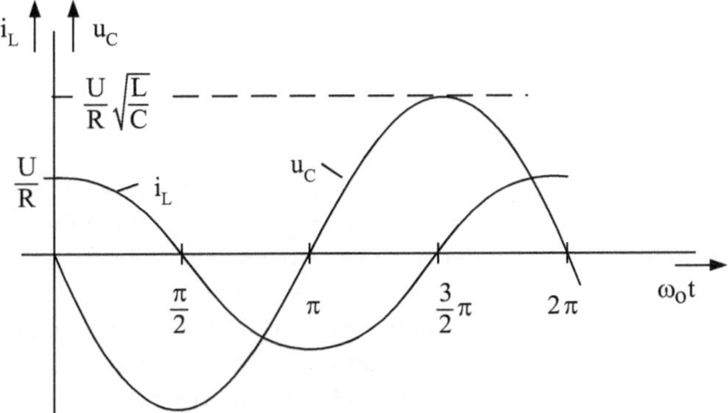

Bild 7.41: Zeitverläufe für i_L und u_C in dem Netzwerk gemäß B 7.40 nach dem Ausschalten

Bereits an dieser Stelle sollen daher diese Zeitverläufe dazu genutzt werden, um bestimmte energetische Zusammenhänge bei Wechselstrom aufzuzeigen. Dazu wird zunächst festgestellt, dass bei jedem Nulldurchgang der Kondensatorspannung der Betrag des Spulenstromes maximal ist und umgekehrt. Bezug nehmend auf G 4.93 und G 6.103 bedeutet das:

- Beim Nulldurchgang der Kondensatorspannung ist die gesamte Energie des LC-Kreises in dem magnetischen Feld der Spule gespeichert (Energie der bewegten Ladung).

- Beim Nulldurchgang des Spulenstromes ist die gesamte Energie des LC-Kreises in dem elektrischen Feld des Kondensators gespeichert (Energie der ruhenden Ladung).

In den Zeiträumen zwischen diesen Nulldurchgängen findet jeweils ein allmählicher Übergang von der einen in die andere Feldenergie statt. Die Energie wechselt quasi analog zu dem Wechsel zwischen kinetischer und potenzieller Energie bei einem schwingenden Pendel.

Dieser energetische Zusammenhang ist auch geeignet, die über G 7.140 angegebene Amplitude der Kondensatorspannung ohne den Weg über eine Differenzialgleichung zu gewinnen. Wegen des fehlenden ohmschen Widerstandes in dem LC-Kreis nach dessen Abschaltung treten hier keine Energieverluste auf. Damit muss die im Magnetfeld der Spule bei $u_C = 0$ gespeicherte Energie genauso groß sein, wie die im elektrischen Feld des Kondensators bei $i_L = 0$ gespeicherte Energie. Mit G 4.93 und G 6.103 gilt demzufolge:

$$\frac{L}{2}\hat{i}_L^2 = \frac{C}{2}\hat{u}_C^2 \qquad (7.141)$$

$\hat{i}_L$ - Amplitude des Spulenstromes

$\hat{u}_C$ - Amplitude der Kondensatorspannung

Mit dem aus B 7.41 ablesbaren Wert für $\hat{i}_L$ entsteht daraus:

$$\hat{u}_C = \frac{U}{R}\sqrt{\frac{L}{C}} \qquad (7.142)$$

8 Wechselstromtechnik

8.1 Wesen und Bedeutung

Die Wechselstromtechnik beinhaltet keine neuen Grundgesetze des elektromagnetischen Feldes. Es handelt sich dabei „lediglich" um eine Anwendung der bislang bereitgestellten Grundzusammenhänge bei einer speziellen zeitlichen Veränderung der Größen. Das betrifft neben dem Betrag dieser Größen bei Skalaren auch deren Vorzeichen bzw. bei Vektoren deren Richtung. Das Besondere dieser zeitlichen Änderung besteht darin, dass diese periodisch verläuft und dabei einer sin- bzw. cos-Funktion gehorcht. Dieser zunächst mehr theoretisch anmutende Spezialfall einer harmonischen Schwingung ist aus verschiedenen Gründen von weitreichender praktischer Bedeutung. Hierzu seien aus methodischer Sicht folgende Aspekte besonders betont:

- Zur Analyse kontinuierlicher Vorgänge genügt es oftmals nur eine Periodendauer zu betrachten.

- In einem eingeschwungenen System ist der Charakter der zeitlichen Änderung der einzelnen Größen gleich. Die jeweiligen harmonischen Schwingungen unterscheiden sich nur in der Amplitude und der Phasenlage.

- Andere periodische Verläufe (nichtharmonische Schwingungen) können durch die Überlagerung hinreichend vieler harmonischer Schwingungen mit unterschiedlicher Periodendauer beschrieben werden (s. Fourier-Reihen unter [1, S. 437 ... 441]).

Aus der Sicht technischer Anwendungen seien besonders folgende Aspekte erwähnt:

- In der elektrischen Energietechnik ist die Erzeugung von Wechselspannungen mittels Generatoren bzw. die Kopplung von Netzen mit unterschiedlichen Betriebsspannungen mittels Transformatoren technisch relativ einfach realisierbar.

- In der Nachrichtentechnik werden hochfrequente Sinusspannungen als so genannte Trägerschwingungen verwendet, die mit den Nachrichtensignalen moduliert werden (Amplituden-, Phasen- bzw. Frequenzmodulation).

8.2 Grundzusammenhänge für Wechselgrößen

Unter einer Wechselgröße wird ganz allgemein eine physikalische Größe verstanden, die einer zeitlichen Änderung in Form einer harmonischen Schwingung unterliegt. Konkret kann das eine skalare Größe (Wechselstrom, Wechselspannung, Wechselfluss u. dgl.) oder eine Komponente einer vektoriellen Größe (Feldstärke, Stromdichte u. dgl.) sein. Aus mathematischer Sicht ist es eine sin- bzw. cos-förmig schwingende Größe. Wegen der Beziehungen

$$\cos\alpha = \sin\left(\alpha + \frac{\pi}{2}\right) \quad \text{bzw.} \quad \sin\alpha = \cos\left(\alpha - \frac{\pi}{2}\right) \tag{8.1}$$

ist es für die allgemeine Beschreibung einer Wechselgröße belanglos, welche der beiden Funktionen verwendet wird. Nicht zuletzt wegen der Zusammenhänge bei der komplexen Transformation (s. Abschnitt 8.2.1) wird jedoch in der Regel die cos-Funktion bevorzugt. Damit gilt für eine beliebige Wechselgröße folgender mathematischer Ausdruck:

$$g(t) = \hat{g} \cos\left(\omega t + \varphi_g\right) \tag{8.2}$$

$g(t)$ - Augenblicks- bzw. Momentanwert der Wechselgröße

$\hat{g}$ - Scheitelwert bzw. Amplitude der Wechselgröße

Bei gegebener Amplitude bestimmt somit der Winkel $\left(\omega t + \varphi_g\right)$ den Momentanwert der Wechselgröße. Er ist damit gewissermaßen für den Zustand bzw. die Phase verantwortlich, in der sich die Wechselgröße zur Zeit t befindet. Man bezeichnet ihn daher auch als Phasenwinkel bzw. abkürzend nur als Phase. Für die Größen φ_g und ω resultieren daraus schließlich folgende inhaltliche Bedeutungen:

φ_g - Anfangsphase (Phasenwinkel bei t = 0)

ω - Änderungsgeschwindigkeit des Phasenwinkels bzw. Kreisfrequenz

Mit

T - Periodendauer der Schwingung

folgt daraus:

$$\omega T = 2\pi \tag{8.3}$$

bzw.

$$\omega = \frac{2\pi}{T} = 2\pi f \tag{8.4}$$

f - Frequenz der Schwingung

$$[f] = \frac{1}{s} = Hz \quad \text{(Hertz)}$$

Diese Zusammenhänge sind nachfolgend in B 8.1 grafisch dargestellt.

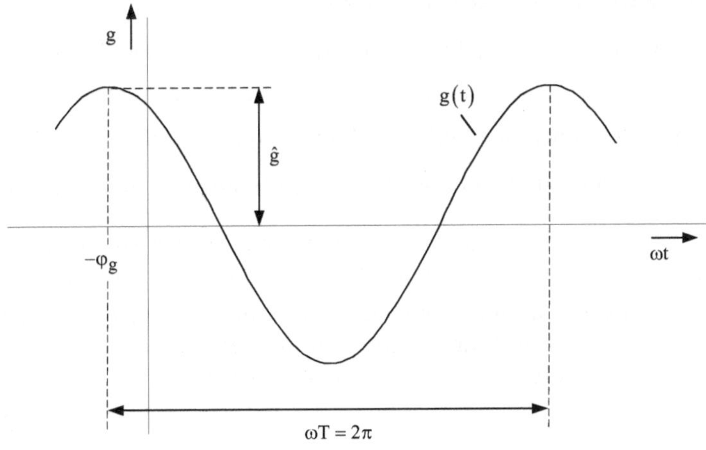

Bild 8.1:   cos-förmig schwingende Größe

Für den praktischen Umgang mit solchen Wechselgrößen bzw. auch für das prinzipielle Verständnis bestimmter Sachverhalte sind noch folgende Dinge von besonderer Bedeutung:

- spezielle zeitliche Mittelwerte

- Phasenverschiebung zwischen zwei Wechselgrößen

Insbesondere im Zusammenhang mit energetischen Betrachtungen sind oftmals der arithmetische und der quadratische Mittelwert über eine Periodendauer von Bedeutung. Hierfür gelten folgende Resultate:

- arithmetischer Mittelwert

$$\overline{g} = \frac{1}{T} \int_{t}^{t+T} g(t)\, dt = 0 \tag{8.5}$$

$\quad \overline{g} \quad$ - arithmetischer Mittelwert einer Wechselgröße

- quadratischer Mittelwert

$$G = \sqrt{\frac{1}{T} \int_{t}^{t+T} g^2(t)\, dt} = \frac{\hat{g}}{\sqrt{2}} \tag{8.6}$$

$\quad G \quad$ - quadratischer Mittelwert bzw. Effektivwert einer Wechselgröße (wird in der Regel durch große Buchstaben gekennzeichnet)

Mathematisch sind diese Ergebnisse mit den Integrationsregeln in [1, S. 1073, G 313 und G 314] relativ einfach nachvollziehbar. Für eine gedankliche Einordnung derselben sei jedoch noch Folgendes angemerkt:

- Das Ergebnis für den arithmetischen Mittelwert $\overline{g} = 0$ entsteht, da die von der cos-Funktion und der Zeitachse eingeschlossenen Flächen oberhalb (positiv) und unterhalb (negativ) der Zeitachse innerhalb einer Periode jeweils gleich sind. Für einen nicht über eine Periode gebildeten arithmetischen Mittelwert gilt im Allgemeinen $\overline{g} \neq 0$.

- Das Ergebnis für den Effektivwert $G > 0$ entsteht, da durch die Quadratbildung die von der Funktion $g^2(t)$ und der Zeitachse eingeschlossenen Flächen generell oberhalb (positiv) der Zeitachse liegen. Für einen nicht über eine Periode gebildeten quadratischen Mittelwert gilt im Allgemeinen $G \neq \frac{\hat{g}}{\sqrt{2}}$. Anders als beim arithmetischen Mittelwert geht wegen der hier generell positiven Funktionswerte dieser Einfluss der Betrachtungsdauer auf den quadratischen Mittelwert jedoch verloren, wenn diese ein Vielfaches der Periodendauer beträgt.

Die durch den jeweiligen Phasenwinkel bestimmte zeitliche Lage zweier Wechselgrößen zueinander (z.B. Strom und Spannung bei einem Widerstand) spielt für viele Betrachtungen eine besondere Rolle. Ausgehend von G 8.2 gilt für zwei Wechselgrößen zunächst:

$$g_1(t) = \hat{g}_1 \cos(\omega t + \varphi_1) \tag{8.7}$$

$$g_2(t) = \hat{g}_2 \cos(\omega t + \varphi_2) \tag{8.8}$$

$\quad$ Anmerkung: Zur Vereinfachung der Darstellung wird hier auf den Index g bei der Anfangsphase verzichtet.

Vereinbart man $g_1(t)$ als die Bezugsgröße für die Betrachtung, dann kann man wie folgt eine Phasenverschiebung zwischen diesen Wechselgrößen definieren:

$$\varphi = \varphi_1 - \varphi_2 \qquad (8.9)$$

φ -   Phasenverschiebung zwischen den Wechselgrößen $\varphi_1(t)$ und $\varphi_2(t)$

Beim praktischen Umgang mit dieser Phasenverschiebung ist auf Folgendes zu achten:

- Was ist im konkreten Fall als Bezugsgröße $\left(g_1(t)\right)$ vereinbart?

- Die Phasenverschiebung ist vorzeichenbehaftet.

Mit dieser Phasenverschiebung kann die Wechselgröße $g_2(t)$ in ihrer zeitlichen Lage bezogen auf die Wechselgröße $g_1(t)$ wie folgt angegeben werden:

$$g_2(t) = \hat{g}_2 \cos\left(\omega t + \varphi_1 - \varphi\right) \qquad (8.10)$$

Theoretisch kann die Phasenverschiebung jeden beliebigen Wert annehmen. Wegen der Periodizität der cos-Funktion sind jedoch alle denkbaren Situationen durch folgenden Wertebereich erfasst:

$$-\pi \leq \varphi \leq \pi \qquad (8.11)$$

In B 8.2 sind für diesen Bereich der Phasenverschiebung die verschienen Lagen der Wechselgröße $g_2(t)$ bezogen auf die Wechselgröße $g_1(t)$ prinzipiell dargestellt.

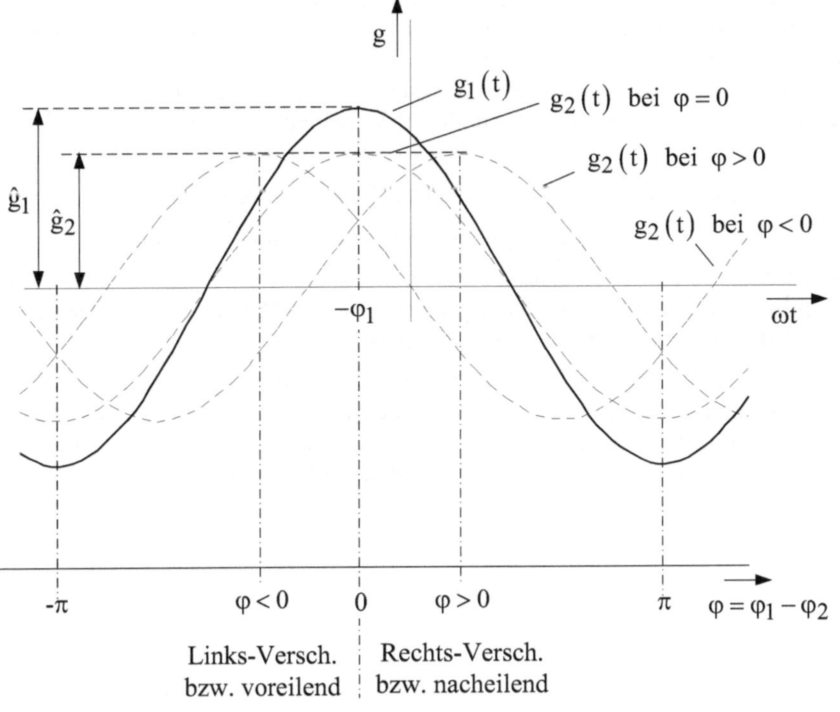

Bild 8.2:   Lage der Wechselgröße $g_2(t)$ in Bezug auf die Wechselgröße $g_1(t)$

Hieraus ist erkennbar, dass es abhängig von der Phasenverschiebung zu einer Verschiebung der cos-Funktion für die Wechselgröße $g_2(t)$ gegenüber der Lage der cos-Funktion für die Wechselgröße $g_1(t)$ entlang der ωt-Achse kommt. Abhängig von dem Vorzeichen der Phasenverschiebung gilt dabei für die Lage von $g_2(t)$:

- $\varphi = 0$ keine Verschiebung bzw. gleiche Phasenlage wie $g_1(t)$;

             $g_1(t)$ und $g_2(t)$ sind in Phase

- $\varphi > 0$ Rechts-Verschiebung bzw. nacheilend gegenüber $g_1(t)$

- $\varphi < 0$ Links-Verschiebung bzw. voreilend gegenüber $g_1(t)$

Dieser Sprachgebrauch resultiert aus dem Sachverhalt, dass bei einer Rechts-Verschiebung die entsprechenden Werte der cos-Funktion von $g_2(t)$ zeitlich nach denen von $g_1(t)$ und bei einer Links-Verschiebung zeitlich vor denen von $g_1(t)$ auftreten.

8.3 Schwingungsrechnung mit Zeigern

8.3.1 Komplexe Transformation von Schwingungen

Der Umgang mit zeitlich veränderlichen Größen in Form der durch G 8.2 beschriebenen harmonischen Schwingung wird bei der praktischen Arbeit sehr schnell kompliziert und unübersichtlich. Eine entscheidende Vereinfachung gelingt durch die Transformation der Beschreibung einer Schwingung nach G 8.2 in eine andere Betrachtungsebene. Dazu bedient man sich der bildhaften Vorstellung (Bildbereich) eines rotierenden Zeigers in der komplexen Ebene (Gaußsche Zahlenebene). Die wesentlichen Effekte dieser Vorgehensweise bestehen in folgenden Punkten:

- Erzielung bedeutender Rechenvereinfachungen in der komplexen Ebene.

- Anschauliche Darstellung komplizierter Zusammenhänge in einem Zeigerbild.

Grundsätzlich wird hierbei die mathematische Beschreibung von Schwingungsvorgängen, die sich aus der Verknüpfung anderer Schwingungsvorgänge ergeben (z.B. bei einer Netzwerkanalyse), über die in B 8.3 dargestellte Vorgehensweise gewonnen.

Die notwendigen Transformationsregeln werden ausgehend von der Vorstellung eines mit konstanter Drehzahl entgegen dem Uhrzeigersinn rotierenden Zeigers gefunden. Projiziert man diesen wie in B 8.4 dargestellt auf einen Film, dann wird das dabei aufgezeichnete Schattenbild dieses Zeigers von einem sin- bzw. cos-förmig schwingenden Verlauf eingehüllt.

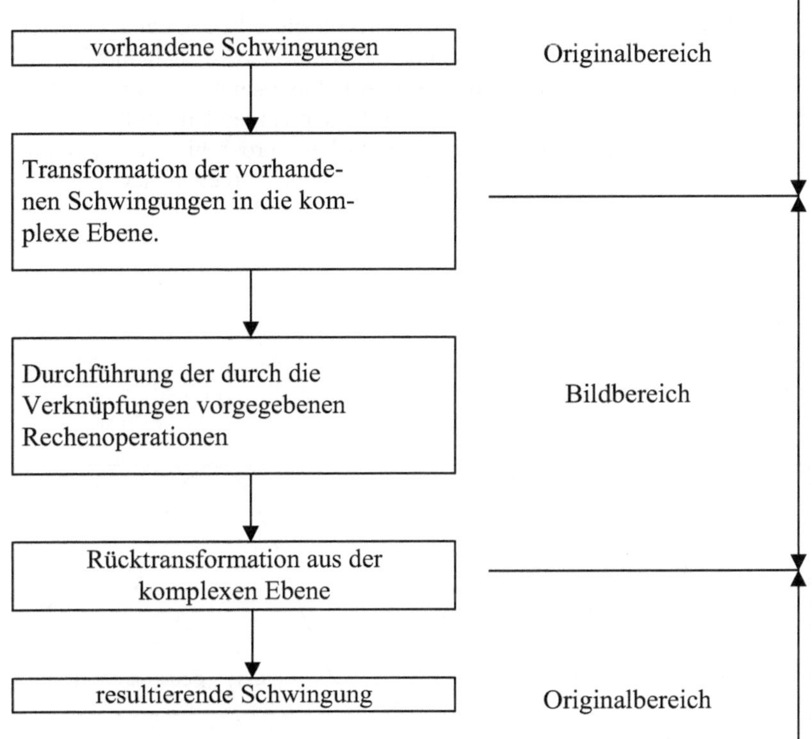

Bild 8.3: Prinzipielle Vorgehensweise bei der Schwingungsrechnung über die komplexe Ebene

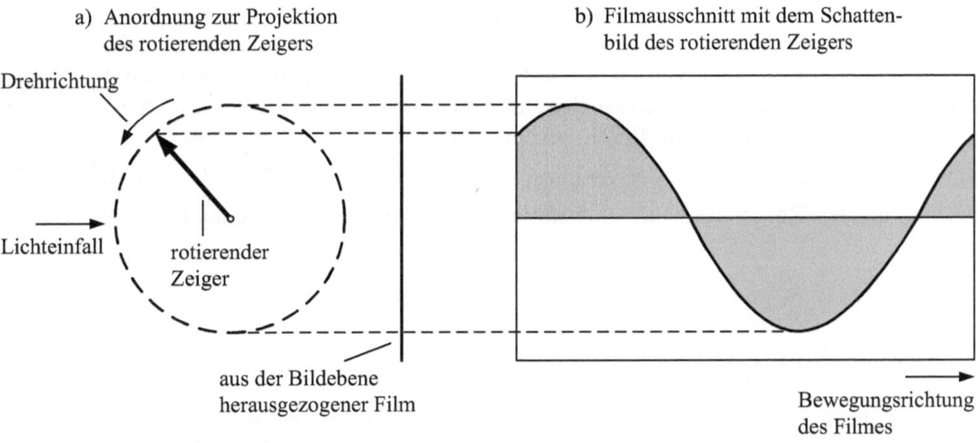

Bild 8.4: Schattenbild eines rotierenden Zeigers

Ausgehend von dieser Vorstellung kann man eine Schwingung auch durch die jeweilige Lage eines in einer Ebene rotierenden Zeigers beschreiben. Dazu wird für diese Ebene ein geeignetes Koordinatensystem benötigt. Im Sinne der oben genannten Effekte erweist sich hierfür die Gaußsche Zahlenebene als besonders vorteilhaft. Auf dieser Grundlage kann wie in B 8.5 dargestellt der Zusammenhang zwischen dem momentanen Wert der schwingenden Größe und der Lage des Zeigers in der komplexen Ebene hergestellt werden. Dabei wurden hier aus methodischen Gründen die entsprechenden Achsen für die komplexe Ebene entgegen der üblichen Praxis um jeweils 90° verdreht.

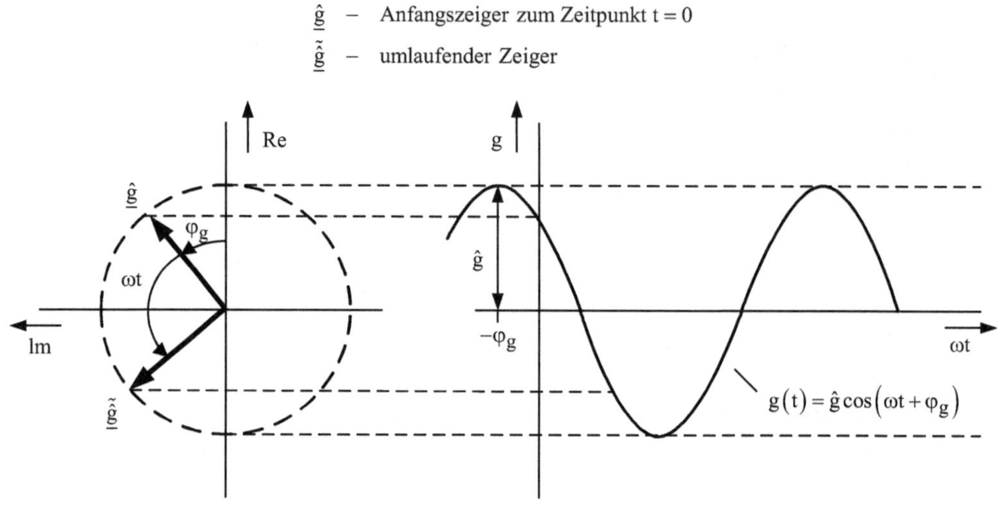

Bild 8.5:   cos-förmig schwingende Größe und deren Darstellung als Scheitelwertzeiger in der komplexen Ebene

Ein Zeiger ist damit aus mathematischer Sicht eine komplexe Größe, die durch Unterstreichen kenntlich gemacht wird. Das heißt aber nicht, dass jede komplexe Größe ein Zeiger ist. Eine komplexe Größe ist nur dann ein Zeiger, wenn diese zur Beschreibung einer schwingenden Größe verwendet wird. Zeiger werden bildhaft wie Vektoren dargestellt, dürfen mit diesen aber nicht verwechselt werden. Von einem Scheitelwertzeiger spricht man, wenn die Länge des Zeigers der Amplitude der durch diesen beschriebenen schwingenden Größe entspricht. Ausgehend von B 8.5 können unter Verwendung der imaginären Einheit $j = \sqrt{-1}$ schließlich für die entsprechenden Zeiger folgende Zusammenhänge in trigonometrischer Form angegeben werden:

$$\hat{\underline{g}} = \hat{g}\left(\cos\varphi_g + j\sin\varphi_g\right) \tag{8.12}$$

$$\tilde{\hat{\underline{g}}} = \hat{g}\left[\cos\left(\omega t + \varphi_g\right) + j\sin\left(\omega t + \varphi_g\right)\right] \tag{8.13}$$

Hieraus ist unmittelbar erkennbar, dass die Schwingung im Originalbereich gemäß G 8.2 im Bildbereich als reale Komponente des Zeigers wiedererscheint. Das ist nicht zuletzt auch der Grund für die bevorzugte Verwendung der cos-Funktion in G 8.2. Man ist intuitiv eher geneigt, eine real vorhandene Schwingung in dem Realteil einer komplexen Größe wiederzuerkennen.

Mit G 8.12 bzw. G 8.13 liegen schließlich auch die einfach zu handhabenden Regeln für die Transformation in die komplexe Ebene vor. Ausgehend von der Eulerschen Formel für komplexe Zahlen.

$$\cos \alpha + j \sin \alpha = e^{j\alpha} \tag{8.14}$$

kann man G 8.12 und G 8.13 auch wie folgt aufschreiben:

$$\underline{\hat{g}} = \hat{g}\, e^{j\varphi_g} \tag{8.15}$$

$$\underline{\tilde{\hat{g}}} = \hat{g}\, e^{j\left(\omega t + \varphi_g\right)} = \hat{g}\, e^{j\,\varphi_g} e^{j\,\omega t} = \underline{\hat{g}}\, e^{j\,\omega t} \tag{8.16}$$

Beim praktischen Umgang mit der Eulerschen Formel ist zu beachten, dass bei den Funktionsausdrücken $\cos \alpha$ und $\sin \alpha$ die Angabe des Winkels in verschiedener Weise möglich ist. So kann man z.B. alternativ

$$\sin 30^{\circ} \quad \text{bzw.} \quad \sin \frac{\pi}{6}$$

schreiben. Bei $e^{j\alpha}$ besteht diese Freiheit nicht. Hier muss für α der Zahlenwert des Winkels im Bogenmaß verwendet werden. Das bedeutet:

$$\text{richtig ist} \qquad e^{j\frac{\pi}{6}}$$

$$\text{falsch ist} \qquad e^{j\,30^{\circ}}$$

Das gilt in gleicher Weise, wenn der Zahlenwert für $\cos \alpha$ bzw. $\sin \alpha$ über eine Potenzreihe ermittelt wird.

Die auf diese Weise entstandene Exponentialform, bei der man den rotierenden Zeiger gemäß G 8.16 über das Produkt aus dem Anfangszeiger und dem Faktor $e^{j\,\omega t}$ erhält, führt zu folgenden bedeutsamen Sachverhalten:

- Die produktartige Verknüpfung der beiden Anteile ωt und φ_g als Exponenten von getrennten e-Funktionen führt gegenüber der trigonometrischen Form oftmals zu beträchtlichen Rechenvorteilen.

- Unter der nachfolgend gemachten Voraussetzung, dass für alle in einer konkreten Situation betrachteten Schwingungen ω gleich ist (eingeschwungener Zustand), ist auch der die zeitliche Veränderung beschreibende Faktor $e^{j\,\omega t}$ für alle diese Schwingungen gleich und a priori bekannt.

Unter Beachtung des zuletzt genannten Sachverhaltes unterscheiden sich die einzelnen Schwingungen nur noch in der Amplitude und der Phasenlage. Beide Informationen sind aber gemäß G 8.15 vollständig in dem Anfangszeiger enthalten, der wegen der fehlenden zeitlichen Änderung auch ein ruhender Zeiger ist. Es ist demzufolge bei der Rechnung in der komplexen Ebene ausreichend, mit den ruhenden Zeigern zu arbeiten.

Die im Ergebnis nach der Rücktransformation aus der komplexen Ebene tatsächlich vorliegende Schwingung muss natürlich die zeitliche Änderung wieder beinhalten. Dazu muss der als Ergebnis entstandene ruhende Zeiger lediglich mit $e^{j\,\omega t}$ multipliziert werden. Unter Bezugnahme auf die inhaltliche Bedeutung des Realteils bei der Hintransformation entsteht dann folgende, ebenfalls sehr einfache Regel für die Rücktransformation:

$$g_E\left(t\right)=\mathrm{Re}\left\langle\underline{\hat{g}}_E\,e^{j\,\omega t}\right\rangle=\hat{g}_E\cos\left(\omega t+\varphi_E\right)\tag{8.17}$$

E -   bedeutet Ergebnis

$\mathrm{Re}\left\langle\cdots\right\rangle$ -   bedeutet Realteil von $\cdots$

Bei der praktischen Arbeit verzichtet man oftmals auf diesen Schritt der Rücktransformation. Dass die Ergebnisgröße schwingt, das weiß man natürlich und für eine Beurteilung derselben bzw. daraus zu ziehende Schlussfolgerungen sind die Parameter $\hat{g}_E$ und φ_E entscheidend.

8.3.2 Zeigerschreibweisen

Die Zeigerschreibweisen werden hier für ruhende Zeiger dargestellt, was für die praktische Arbeit im Prinzip hinreichend ist. Für rotierende Zeiger können die entsprechenden Formen mit den Darlegungen im vorstehenden Abschnitt 8.3.1 im Bedarfsfall unschwer angegeben werden. Dabei sind zwei wesentliche Schreibweisen mit G 8.12 und G 8.15 bereits bekannt. Die trigonometrische Form gemäß G 8.12 ist dabei in der Art von Polarkoordinaten eine spezielle Variante folgender Komponentenform (Realteil plus j mal Imaginärteil):

$$\underline{\hat{g}}=\mathrm{Re}\left\langle\underline{\hat{g}}\right\rangle+j\,\mathrm{Im}\left\langle\underline{\hat{g}}\right\rangle\tag{8.18}$$

Diese Schreibweise ist immer dann von Vorteil, wenn Additionen bzw. Subtraktionen auszuführen sind (z.B. beim Knotenpunkt- bzw. Maschensatz). Hingegen ist die Exponentialform bei Multiplikationen bzw. Divisionen vorteilhaft.

Für beide oben genannten Schreibweisen ist im praktischen Gebrauch jeweils noch eine andere Variante üblich. Entsprechend G 8.18 gibt es als Komponentenform noch wie folgt die algebraische Form in der Art der kartesischen Koordinaten:

$$\underline{\hat{g}}=\hat{g}^{\perp}+j\,\hat{g}^{\perp\!\perp}\tag{8.19}$$

$\perp$ -   wird et (wegen des umgedrehten T) gesprochen und steht für den Realteil

$\perp\!\perp$ -   wird ip (wegen des umgedrehten Π) gesprochen und steht für den Imaginärteil

Ein Koeffizientenvergleich mit G 8.12 liefert:

$$\hat{g}^{\perp}=\hat{g}\cos\varphi_g\tag{8.20}$$

$$\hat{g}^{\perp\!\perp}=\hat{g}\sin\varphi_g\tag{8.21}$$

Hieraus entsteht:

$$\hat{g}=\sqrt{\left(\hat{g}^{\perp}\right)^2+\left(\hat{g}^{\perp\!\perp}\right)^2}\tag{8.22}$$

Wegen dieses Zusammenhanges wird in der Regel nicht von der Länge, sondern von dem Betrag eines Zeigers gesprochen. Ferner gilt:

$$\varphi_g=\mathrm{arc\,tan}\left(\frac{\hat{g}^{\perp\!\perp}}{\hat{g}^{\perp}}\right)\tag{8.23}$$

Mit der Symbolik

$$e^{j\,\varphi_g} = \underline{/\varphi_g} \tag{8.24}$$

$$\underline{/} \quad - \quad \text{wird cis gesprochen}$$

kann man für die Exponentialform auch folgende symbolische Schreibweise angeben:

$$\underline{\hat{g}} = \hat{g}\,\underline{/\varphi_g} \tag{8.25}$$

Durch diese Symbolik ist man wieder frei bezüglich der Dimension für den Phasenwinkel und man kann wie bei sin bzw. cos damit umgehen. In Ergänzung zu G 8.24 sei noch folgender Zusammenhang angegeben:

$$e^{j\left(\varphi_1 \pm \varphi_2\right)} = \underline{/\varphi_1 \pm \varphi_2} \tag{8.26}$$

Dividiert man einen Scheitelwertzeiger ausgehend von G 8.6 durch $\sqrt{2}$, dann erhält man einen kürzeren, aber ansonsten völlig gleichartigen Effektivwertzeiger. Dieser beschreibt prinzipiell ebenfalls die ursprüngliche schwingende Größe, jedoch mit einer kleineren Amplitude. Er ist damit letztlich eine Rechengröße, die jedoch für bestimmte Betrachtungen, insbesondere mit energetischem Hintergrund, an Stelle des Scheitelwertzeigers mit Vorteil verwendet werden kann.

Auf der Grundlage von

$$\underline{G} = \frac{\underline{\hat{g}}}{\sqrt{2}} \tag{8.27}$$

$$\underline{G} \quad - \quad \text{ruhender Effektivwertzeiger}$$

sind dann in Übereinstimmung mit den oben stehenden Ausführungen folgende Schreibweisen für den ruhenden Effektivwertzeiger möglich:

$$\underline{G} = G^{\perp} + j\,G^{\perp\perp} \tag{8.28}$$

$$= G\left(\cos\varphi_g + j\sin\varphi_g\right) \tag{8.29}$$

$$= G\,e^{j\,\varphi_g} \tag{8.30}$$

$$= G\,\underline{/\varphi_g} \tag{8.31}$$

Ebenso gilt analog zu G 8.22 und G 8.23:

$$G = \sqrt{\left(G^{\perp}\right)^2 + \left(G^{\perp\perp}\right)^2} \tag{8.32}$$

$$\varphi_g = \arctan\left(\frac{G^{\perp\perp}}{G^{\perp}}\right) \tag{8.33}$$

8.3.3 Regeln für das Rechnen mit Zeigern

Grundsätzlich gelten für das Rechnen mit Zeigern die Regeln für das Rechnen mit komplexen Zahlen. Aus inhaltlicher Sicht ist dabei jedoch zu beachten, dass ein Zeiger nicht schlechthin eine komplexe Größe ist, sondern dieser zur Beschreibung einer Schwingung in der komplexen Ebene dient. Daraus folgt, dass nicht alle mathematisch richtigen Operationen in der komplexen Ebene auch im Sinne der eigentlich durchzuführenden Schwingungsrechnung sinnvoll sind. Zur Klärung dieser Problematik werden nachfolgend die dabei auftretenden Rechenoperationen näher betrachtet.

- *Addition und Subtraktion*

Ausgehend von G 8.7 und G 8.8 entsteht hierbei im Originalbereich folgendes Ergebnis:

$$g_1(t) \pm g_2(t) = \hat{g}_1 \cos(\omega t + \varphi_1) \pm \hat{g}_2 \cos(\omega t + \varphi_2) \tag{8.34}$$

Führt man diese Rechnung im Bildbereich (Zeiger in der komplexen Ebene) durch, dann entsteht unter Beachtung der Transformationsregel G 8.13 folgendes Ergebnis:

$$\begin{aligned}
\tilde{\underline{\hat{g}}}_1 \pm \tilde{\underline{\hat{g}}}_2 &= \hat{g}_1 \cos(\omega t + \varphi_1) \pm \hat{g}_2 \cos(\omega t + \varphi_2) \\
&\quad + j\left[\hat{g}_1 \sin(\omega t + \varphi_1) \pm \hat{g}_2 \sin(\omega t + \varphi_2)\right]
\end{aligned} \tag{8.35}$$

Nach Anwendung der Rücktransformationsregel G 8.17 entsteht das gleiche Ergebnis wie im Originalbereich gemäß G 8.34. Das bedeutet, dass eine Addition bzw. Subtraktion bei einer Schwingungsrechnung über die komplexe Ebene ausgeführt werden darf.

- *Multiplikation*

Im Originalbereich entsteht hierbei folgendes Ergebnis:

$$g_1(t)\, g_2(t) = \hat{g}_1\, \hat{g}_2 \cos(\omega t + \varphi_1)\cos(\omega t + \varphi_2) \tag{8.36}$$

Bei einer Rechnung im Bildbereich entsteht hier:

$$\begin{aligned}
\tilde{\underline{\hat{g}}}_1\, \tilde{\underline{\hat{g}}}_2 &= \hat{g}_1\, e^{j(\omega t + \varphi_1)}\, \hat{g}_2\, e^{j(\omega t + \varphi_2)} \\
&= \hat{g}_1\, \hat{g}_2\, e^{j(2\,\omega t + \varphi_1 + \varphi_2)} \\
&= \hat{g}_1\, \hat{g}_2 \cos(2\,\omega t + \varphi_1 + \varphi_2) \\
&\quad + j\,\hat{g}_1\, \hat{g}_2 \sin(2\,\omega t + \varphi_1 + \varphi_2)
\end{aligned} \tag{8.37}$$

Nach Anwendung der Rücktransformationsregel G 8.17 entsteht hier ein anderes Ergebnis als im Originalbereich. Damit darf eine Multiplikation von Schwingungen (z.B. bei der Ermittlung der elektrischen Leistung) <u>nicht</u> über die komplexe Ebene ausgeführt werden. Um aber dennoch mit der Leistung in der komplexen Ebene arbeiten zu können, sind noch spezielle Vereinbarungen (s. Abschnitt 8.4.2.1) zu treffen.

- *Division*

Hier entsteht im Originalbereich folgendes Ergebnis:

$$\frac{g_1(t)}{g_2(t)} = \frac{\hat{g}_1 \cos(\omega t + \varphi_1)}{\hat{g}_2 \cos(\omega t + \varphi_2)} \tag{8.38}$$

Die Rechnung über den Bildbereich liefert hier:

$$\frac{\tilde{\hat{\underline{g}}}_1}{\tilde{\hat{\underline{g}}}_2} = \frac{\hat{g}_1\, e^{j\left(\omega t + \varphi_1\right)}}{\hat{g}_2\, e^{j\left(\omega t + \varphi_2\right)}}$$

$$= \frac{\hat{g}_1}{\hat{g}_2}\Big[\cos\left(\varphi_1 - \varphi_2\right) + j\sin\left(\varphi_1 - \varphi_2\right)\Big] \tag{8.39}$$

Auch hier entsteht bei der Rücktransformation ein anderes Ergebnis als im Originalbereich. Eine Division von Schwingungen (z.B. bei der Berechnung des Widerstandes) darf ebenfalls <u>nicht</u> über die komplexe Ebene ausgeführt werden. Es sind damit zur Einführung eines komplexen Widerstandes (s. Abschnitt 8.4.3) noch entsprechende Vereinbarungen zu treffen.

- *Differenziation*

Im Originalbereich entsteht hier folgendes Ergebnis:

$$\frac{d\, g(t)}{dt} = \hat{g}\,\frac{d}{dt}\Big(\cos\left(\omega t + \varphi_g\right)\Big)$$

$$= -\omega\,\hat{g}\sin\left(\omega t + \varphi_g\right) \tag{8.40}$$

Bei einer Rechnung im Bildbereich entsteht:

$$\frac{d\,\tilde{\hat{\underline{g}}}}{dt} = \hat{g}\,\frac{d}{dt}\left(e^{j\left(\omega t + \varphi_g\right)}\right)$$

$$= j\omega\,\hat{g}\, e^{j\left(\omega t + \varphi_g\right)} \tag{8.41}$$

$$= -\omega\,\hat{g}\Big[\sin\left(\omega t + \varphi_g\right) - j\cos\left(\omega t + \varphi_g\right)\Big]$$

Bei der Rücktransformation entsteht hier das gleiche Ergebnis wie im Originalbereich. Die Differentiation einer Schwingung (z.B. bei der Ermittlung des Stromes durch eine Kapazität) darf damit über die komplexe Ebene ausgeführt werden. Mathematisch wird diese in der komplexen Ebene wie folgt durch eine Multiplikation des betreffenden Zeigers mit $j\omega$ realisiert:

$$\frac{d\,\tilde{\hat{\underline{g}}}}{dt} = j\omega\,\tilde{\hat{\underline{g}}} \tag{8.42}$$

- *Integration*

Im Originalbereich entsteht hier folgendes Ergebnis:

$$\int g(t)\,dt = \hat{g}\,\int \cos\left(\omega t + \varphi_g\right) dt$$

$$= \frac{\hat{g}}{\omega}\sin\left(\omega t + \varphi_g\right) \tag{8.43}$$

Bei einer Rechnung im Bildbereich entsteht:

$$\int \tilde{\underline{g}} \, dt = \hat{g} \int e^{j\left(\omega t + \varphi_g\right)} dt$$

$$= \frac{\hat{g}}{j\omega} e^{j\left(\omega t + \varphi_g\right)} \tag{8.44}$$

$$= \frac{\hat{g}}{\omega} \Big[\sin\left(\omega t + \varphi_g\right) - j\cos\left(\omega t + \varphi_g\right) \Big]$$

Auch hier entsteht bei der Rücktransformation das gleiche Ergebnis wie im Originalbereich. Eine Integration einer Schwingung (z.B. bei der Ermittlung des Stromes durch eine Induktivität) darf somit über die komplexe Ebene ausgeführt werden. Mathematisch wird diese in der komplexen Eben wie folgt über eine Division des betreffenden Zeigers durch $j\omega$ realisiert:

$$\int \tilde{\underline{g}} \, dt = \frac{\tilde{\hat{\underline{g}}}}{j\omega} = -j \frac{\tilde{\hat{\underline{g}}}}{\omega} \tag{8.45}$$

8.3.4 Verdrehen von Zeigern

Multipliziert man einen ruhenden Zeiger mit dem komplexen Faktor

$$\underline{v} = e^{j\,\varphi_v} \tag{8.46}$$

dann entsteht am Beispiel eines Effektivwertzeigers ausgehend von G 8.30 folgendes Resultat:

$$\underline{G}\,\underline{v} = G\,e^{j\,\varphi_g}\,e^{j\,\varphi_v} = G\,e^{j\left(\varphi_g + \varphi_v\right)} \tag{8.47}$$

Die Darstellung in B 8.6 lässt erkennen, dass hierbei der Betrag des ursprünglichen Zeigers unverändert bleibt, aber dieser in seiner Lage in der komplexen Ebene um den Winkel φ_v des komplexen Faktors verdreht wird.

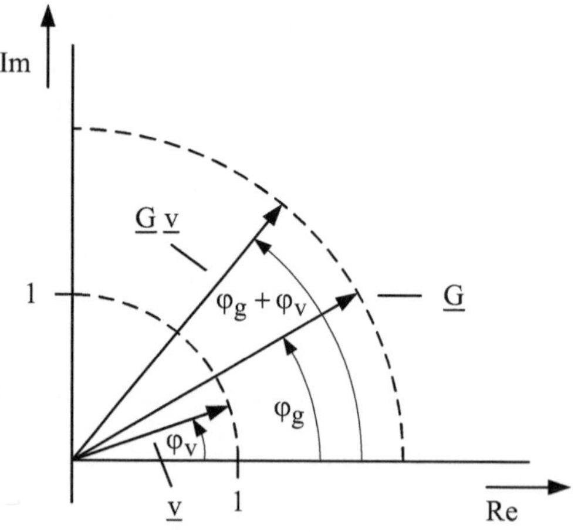

Bild 8.6:   Verdrehen eines Zeigers

Der komplexe Faktor $\underline{v}$ mit dem Betrag „1" wird wegen dieses Effektes auch Versor (Dreher) genannt. Für praktische Rechnungen sind Drehungen um folgende Winkel von besonderem Interesse:

$$\varphi_v = 90° \;\hat{=}\; \frac{\pi}{2}$$

$$= 180° \;\hat{=}\; \pi$$

$$= 270° \;\hat{=}\; \frac{3}{2}\pi$$

$$= 360° \;\hat{=}\; 2\pi$$

$$= 120° \;\hat{=}\; \frac{2}{3}\pi$$

$$= 240° \;\hat{=}\; \frac{4}{3}\pi$$

Die diesen Winkeln zugehörigen Versoren nennt man daher auch charakteristische Versoren. Deren mathematische Gestalt sowie grafische Darstellung in der komplexen Ebene ist in T 8.1 angegeben.

Ein Vergleich zwischen dem Versor $\underline{v}_{90}$ in der Komponentendarstellung und G 8.42 bzw. dem Versor $\underline{v}_{270}$ und G 8.45 führt zu folgenden bedeutsamen Feststellungen:

- Bei der Differenziation ist der Ergebniszeiger gegenüber dem zu differenzierenden Zeiger um 90° verdreht.

- Bei der Integration ist der Ergebniszeiger gegenüber dem zu integrierenden Zeiger um 270° bzw. um -90° verdreht.

Wegen der großen praktischen Bedeutung des Versors $\underline{v}_{120}$ bei Drehstromsystemen wurde folgende abkürzende Schreibweise vereinbart:

$$\underline{v}_{120} = \underline{a} \tag{8.48}$$

Daraus folgt unmittelbar:

$$\underline{v}_{240} = \underline{a} \cdot \underline{a} = \underline{a}^2 \tag{8.49}$$

$$\underline{v}_{360} = \underline{a} \cdot \underline{a} \cdot \underline{a} = \underline{a}^3 = 1 \tag{8.50}$$

Schließlich lässt sich noch folgender wichtiger Zusammenhang angeben:

$$1 + \underline{a} + \underline{a}^2 = 0 \tag{8.51}$$

Tabelle 8.1:   Charakteristische Versoren

Versor	Exponentialform	Komponenten-darstellung	Grafische Darstellung
$\underline{v}_{90}$	$e^{j\frac{\pi}{2}}$	$0 + j\,1$	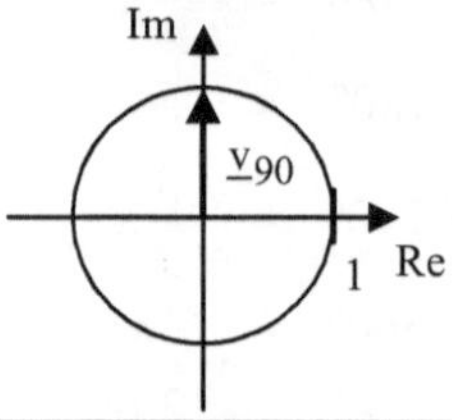
$\underline{v}_{180}$	$e^{j\pi}$	$-1 + j\,0$	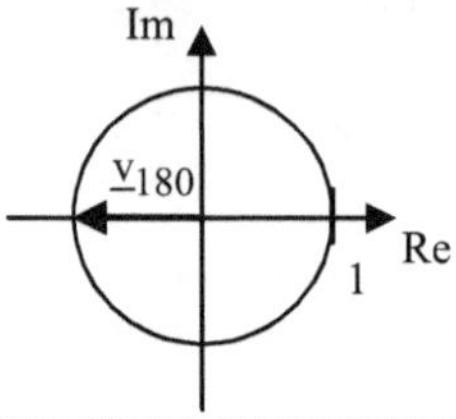
$\underline{v}_{270}$	$e^{j\frac{3}{2}\pi}$	$0 - j\,1$	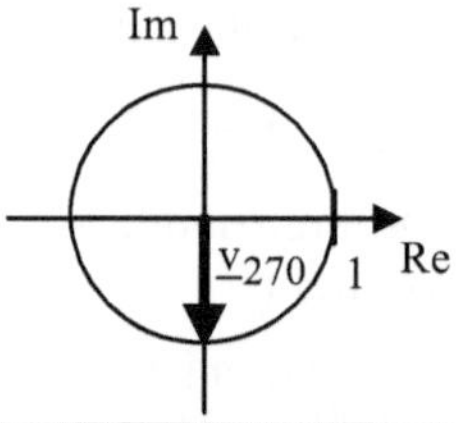
$\underline{v}_{360}$	$e^{j2\pi}$	$1 - j\,0$	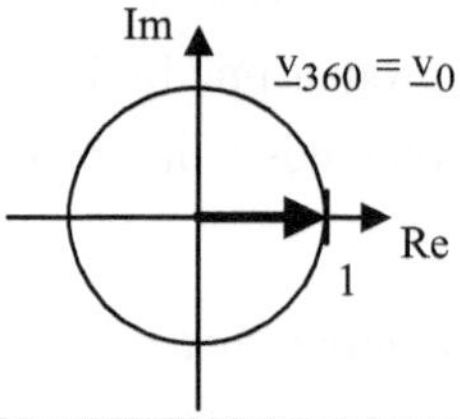
$\underline{v}_{120}$	$e^{j\frac{2}{3}\pi}$	$-\frac{1}{2} + j\frac{\sqrt{3}}{2}$	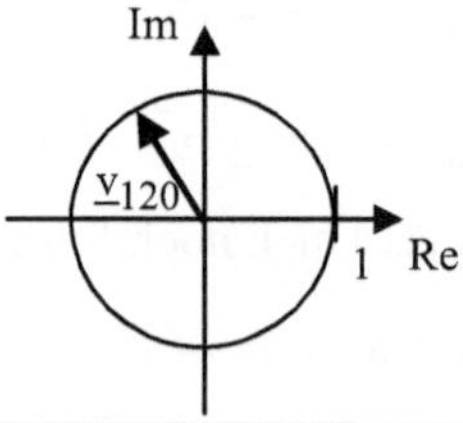
$\underline{v}_{240}$	$e^{j\frac{4}{3}\pi}$	$-\frac{1}{2} - j\frac{\sqrt{3}}{2}$	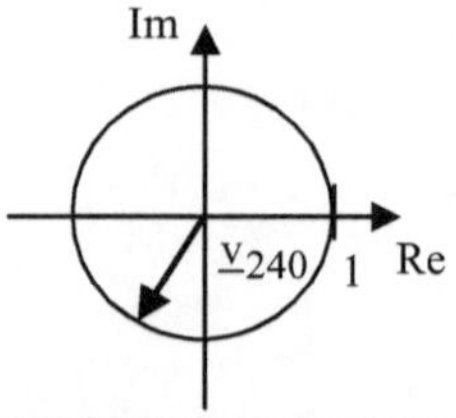

8.4 Der Wechselstromkreis in der komplexen Ebene

8.4.1 Wechselspannung, Wechselstrom

Für die nachfolgenden Betrachtungen gelten alle im Abschnitt 8.3 angestellten Überlegungen, jedoch tritt an die Stelle der zunächst allgemeinen Größe g jetzt

$\qquad$ u   - für die Spannung

und   i   - für den Strom.

In T 8.2 sind die entsprechenden Zusammenhänge für Spannung und Strom dargestellt.

Tabelle 8.2:$\qquad$ Spannung und Strom als Zeitfunktion und ruhende Zeiger

Zeitfunktion	Scheitelwertzeiger	Effektivwertzeiger
$u(t) = \hat{u}\cos(\omega t + \varphi_u)$ $\quad = \sqrt{2}\ U\cos(\omega t + \varphi_u)$	$\underline{\hat{u}} = \hat{u}^{\perp} + j\,\hat{u}^{\perp\perp}$ $\quad = \hat{u}\left(\cos\varphi_u + j\sin\varphi_u\right)$ $\quad = \hat{u}\,e^{j\varphi_u}$ $\quad = \hat{u}\underline{/\varphi_u}$	$\underline{U} = U^{\perp} + j\,U^{\perp\perp}$ $\quad = U\left(\cos\varphi_u + j\sin\varphi_u\right)$ $\quad = U\,e^{j\varphi_u}$ $\quad = U\underline{/\varphi_u}$
$i(t) = \hat{i}\cos(\omega t + \varphi_i)$ $\quad = \sqrt{2}\ I\cos(\omega t + \varphi_i)$	$\underline{\hat{i}} = \hat{i}^{\perp} + j\,\hat{i}^{\perp\perp}$ $\quad = \hat{i}\left(\cos\varphi_i + j\sin\varphi_i\right)$ $\quad = \hat{i}\,e^{j\varphi_i}$ $\quad = \hat{i}\underline{/\varphi_i}$	$\underline{I} = I^{\perp} + j\,I^{\perp\perp}$ $\quad = I\left(\cos\varphi_i + j\sin\varphi_i\right)$ $\quad = I\,e^{j\varphi_i}$ $\quad = I\underline{/\varphi_i}$

Der Zusammenhang zwischen Spannung und Strom an bestimmten Elementen bzw. Teilbereichen eines Systems ist für viele praktische Fragestellungen von Bedeutung. Dabei ist im Besonderen auch die durch die jeweilige Anfangsphasenlage bestimmte zeitliche Lage dieser beiden schwingenden Größen zueinander von Interesse. Mit Bezug auf die Betrachtungen im Abschnitt 8.2 wird dazu gemäß G 8.9 wie folgt eine Phasenverschiebung vereinbart:

$$\varphi = \varphi_u - \varphi_i \qquad\qquad (8.52)$$

Auf diese Weise dient die Spannung hier als Bezugsgröße. Die daraus folgenden Winkelzusammenhänge in der komplexen Ebene sind nachfolgend am Beispiel der Effektivwertzeiger dargestellt.

a)   b)

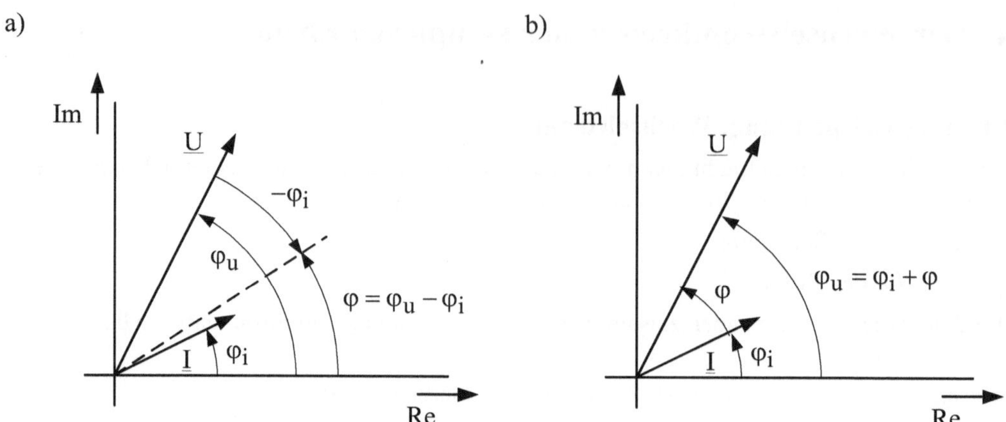

Bild 8.7:   Winkel bei Spannungs- und Stromzeiger

Hierbei ist in der Variante a) die Situation zunächst streng nach G 8.52 angegeben. In der Variante b) ist diese Darstellung insofern modifiziert, als φ jetzt der von den beiden ruhenden Zeigern eingeschlossene Winkel ist. Dieser bleibt auch bei der Rotation der Zeiger so erhalten. Man kann sich damit bei dieser Darstellung von der Situation bei $t = 0$ (Anfangszeiger) lösen und diese so für jeden beliebigen anderen Zeitpunkt angeben. Die dabei als ruhend erscheinenden Zeiger muss man sich dann als „Momentaufnahme" der rotierenden Zeiger vorstellen. Eine solche ist für unterschiedliche Vorzeichen des Winkels φ in B 8.8 angegeben. Dabei wurde Folgendes beachtet:

- Gemäß B 8.7 b) ist φ von $\underline{I}$ nach $\underline{U}$ gerichtet.

- φ ist in mathematisch positiver Richtung (entgegen dem Uhrzeiger) positiv.

a)   b)

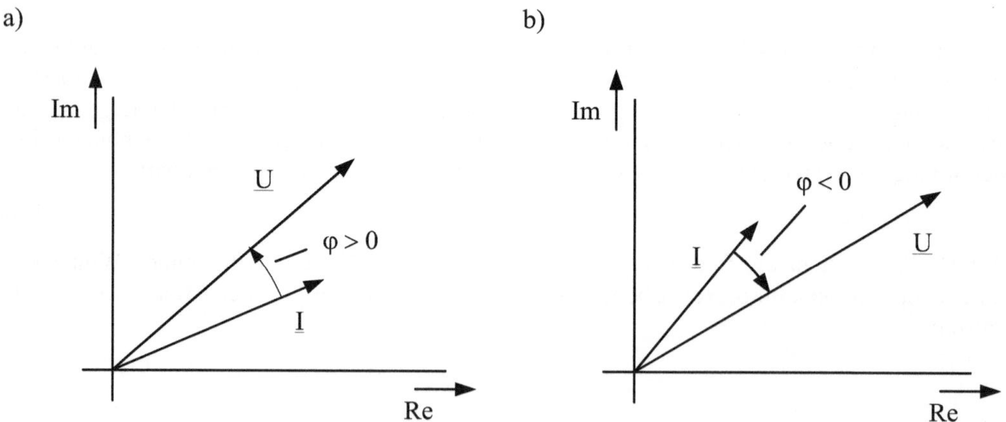

Bild 8.8:   Phasenverschiebung zwischen Spannung und Strom

In dieser Darstellung finden auch die Klassifizierungen

$\varphi > 0$ voreilend

$\varphi < 0$ nacheilend

gemäß B 8.2 eine anschauliche Erklärung. Der Bezugszeiger $\underline{U}$ läuft bei der Variante a) in B 8.8 in Umlaufrichtung (entgegen dem Uhrzeiger) dem Zeiger $\underline{I}$ voraus. Bei der Variante b) ist das umgekehrt.

8.4.2 Leistung

8.4.2.1 Grundlegende Zusammenhänge

In Übereinstimmung mit den aus dem Strömungsfeld (Gleichstromkreis) bekannten Zusammenhängen (s. Abschnitt 5.5, G 5.52) gilt unter Bezug auf das Verbraucherzählpfeilsystem für die Leistung in einem beliebigen Teilbereich (Zweipol) eines Wechselstromkreises zunächst folgender Zusammenhang:

$$p(t) = u(t)\, i(t) \tag{8.53}$$

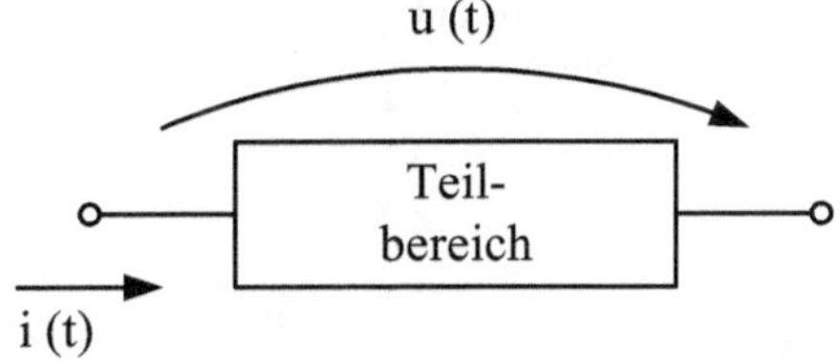

Bild 8.9:   Teilbereich eines Wechselstromkreises

Wegen der zeitlichen Veränderung von Spannung und Strom ist auch die Leistung zeitlich veränderlich (kleiner Buchstabe p). Durch die Multiplikation der beiden cos-förmig schwingenden Größen Spannung und Strom liegt hier aus mathematischer Sicht eine Operation vor, die über eine Transformation in die komplexe Ebene <u>nicht</u> durchgeführt werden darf. Um dennoch mit der Leistung auch in der komplexen Ebene arbeiten zu können, bedarf es daher einiger zusätzlicher Vereinbarungen. Diese müssen natürlich von G 8.53 ausgehen. Setzt man hier für Spannung und Strom die entsprechenden Zeitfunktionen aus T 8.2 unter Beachtung von G 8.52 ein, dann entsteht:

$$\begin{aligned} p(t) &= \hat{u}\cos\left(\omega t + \varphi_u\right)\hat{i}\cos\left(\omega t + \varphi_u - \varphi\right) \\ &= \hat{u}\cos\left(\omega t + \varphi_u\right)\left[\hat{i}\cos\varphi\cos\left(\omega t + \varphi_u\right) + \hat{i}\sin\varphi\sin\left(\omega t + \varphi_u\right)\right] \end{aligned} \tag{8.54}$$

Mit den Zusammenhängen (s. [1, S. 81, G 2.96])

$$\cos^2\left(\omega t + \varphi_u\right) = \frac{1}{2}\left[1 + \cos 2\left(\omega t + \varphi_u\right)\right] \tag{8.55}$$

$$\cos\left(\omega t + \varphi_u\right)\sin\left(\omega t + \varphi_u\right) = \frac{1}{2}\sin 2\left(\omega t + \varphi_u\right) \tag{8.56}$$

kann G 8.54 noch wie folgt umgestellt werden:

$$p(t) = \frac{\hat{u}\,\hat{i}}{2}\cos\varphi\left[1 + \cos 2\left(\omega t + \varphi_u\right)\right] + \frac{\hat{u}\,\hat{i}}{2}\sin\varphi\,\sin 2\left(\omega t + \varphi_u\right) \qquad (8.57)$$

bzw. mit G 8.6

$$p(t) = \underbrace{U\,I\cos\varphi\left[1 + \cos 2\left(\omega t + \varphi_u\right)\right]}_{\text{Vorgang 1 bzw. } p_1(t)} + \underbrace{U\,I\sin\varphi\left[\sin 2\left(\omega t + \varphi_u\right)\right]}_{\text{Vorgang 2 bzw. } p_2(t)} \qquad (8.58)$$

Der zeitliche Verlauf der Leistung im Wechselstromkreis wird somit durch die Überlagerung von zwei Vorgängen beschrieben, in denen jeweils mit der doppelten Frequenz schwingende Anteile enthalten sind (s. B 8.10).

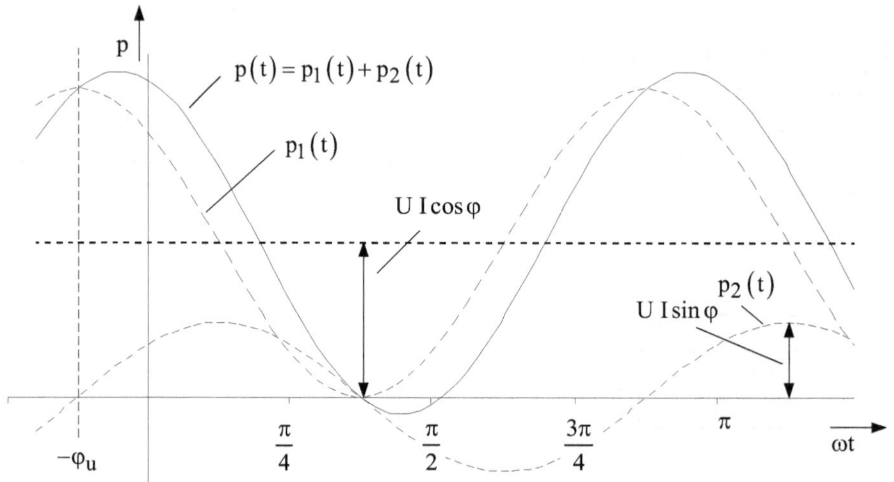

Bild 8.10:   Zeitlicher Verlauf der Leistung im Wechselstromkreis bei $\varphi_u = \dfrac{\pi}{8}$ und $\cos\varphi = 0,9$

Bei näherer Betrachtung von G 8.58 stellt man fest:

- Die von der Frequenz und dem Beginn der Betrachtung (t = 0) abhängigen Ausdrücke in den [ ]-Klammern beschreiben die Charakteristik des zeitlichen Verlaufs der Leistung. Diese qualitativen Aussagen gelten unabhängig von dem betrachteten Teilbereich für den Wechselstromkreis insgesamt.

- Die auf den betrachteten Teilbereich bezogenen quantitativen Aussagen zur Leistung sind in den Ausdrücken $U\,I\cos\varphi$ und $U\,I\sin\varphi$ enthalten.

Damit genügt es eine solche Vereinbarung zu treffen, die beim Rechnen in der komplexen Ebene diese beiden Ausdrücke bereitstellt. Dazu wird auf der Grundlage der Anfangszeiger für Spannung und Strom wie folgt die komplexe Leistung $\underline{S}$ definiert:

$$\underline{S} = \underline{U}\,\underline{I}^* \qquad (8.59)$$

$\underline{I}^*$ -   konjugiert komplexer Anfangszeiger des Stromes

Inhaltlich ist der Zeiger $\underline{I}^*$ der an der reellen Achse gespiegelte Zeiger $\underline{I}$. Die entsprechenden Zusammenhänge sind in B 8.11 dargestellt.

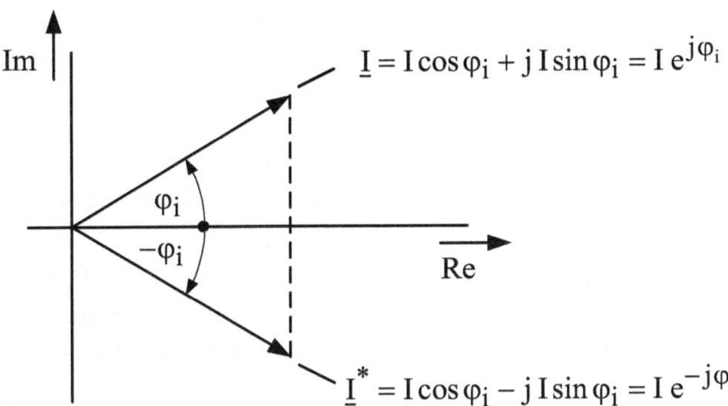

Bild 8.11: Der Zeiger $\underline{I}^*$ in der komplexen Ebene

Setzt man die Zusammenhänge für $\underline{U}$ und $\underline{I}^*$ in G 8.59 ein, dann entsteht unter Beachtung von G 8.52 folgendes Resultat:

$$\underline{S} = U\,e^{j\varphi_u}\,I\,e^{-j\varphi_i} = U\,I\,e^{j(\varphi_u - \varphi_i)} = U\,I\,e^{j\varphi}$$
$$= U\,I\cos\varphi + j\,U\,I\sin\varphi \tag{8.60}$$

Der Real- und Imaginärteil dieser komplexen Leistung liefern also unmittelbar die beiden Ausdrücke $U\,I\cos\varphi$ und $U\,I\sin\varphi$. Sie ist damit eine geeignete komplexe Rechengröße (Operator) für eine quantitative Aussage über die Leistung in einem Teilbereich eines Wechselstromkreises. Als solche kann sie natürlich auch in der komplexen Ebene dargestellt werden. Sie ist aber <u>kein</u> Zeiger im Sinne der komplexen Transformation von Schwingungen gemäß Abschnitt 8.3.1.

Vor allem in der elektrischen Energietechnik sind ausgehend von G 8.60 noch folgende Vereinbarungen von besonderer Bedeutung:

$$\underline{S} = P + j\,Q \tag{8.61}$$

$$P = U\,I\cos\varphi \tag{8.62}$$

P -   Wirkleistung

$$Q = U\,I\sin\varphi \tag{8.63}$$

Q -   Blindleistung

$$S = |\underline{S}| = \sqrt{P^2 + Q^2} = U\,I \tag{8.64}$$

S -   Scheinleistung

Hiervon ausgehend kann die Phasenverschiebung zwischen Spannung und Strom wie folgt bestimmt werden:

$$\varphi = \arctan \frac{Q}{P} = \arcsin \frac{Q}{S} = \arccos \frac{P}{S} \qquad (8.65)$$

Die hier zunächst als Rechengröße erscheinenden Ausdrücke der Wirk- und Blindleistung liefern aus energetischer Sicht jedoch inhaltlich eine spezifische Aussage, aus der auch die Namensgebung resultiert. Dieser Sachverhalt ist wegen seiner praktischen Bedeutung im nächsten Abschnitt näher dargestellt. Die Scheinleistung hingegen bleibt eine reine Rechengröße, die aber vor allem zur Ermittlung der Strombelastung von Anlagen bei bekannter Netzspannung von Bedeutung ist. Der Name leitet sich von einer „scheinbaren" Leistung ab, die formal aus dem Produkt von U und I entsteht.

Wegen des in den Leistungsgrößen S, P und Q überall enthaltenen Produkts aus U und I besitzen diese prinzipiell alle die Einheit VA. Um Verwechselungen auszuschließen, wird beim praktischen Gebrauch jedoch oftmals wie folgt mit unterschiedlichen Einheiten gearbeitet:

$$[S] = VA \qquad (8.66)$$

$$[P] = W \qquad\qquad\qquad W \text{ - Watt} \qquad (8.67)$$

$$[Q] = Var \qquad\qquad\qquad r \text{ - bedeutet reaktiv} \qquad (8.68)$$

Dabei gilt:

$$VA = W = Var \qquad (8.69)$$

Auf diese Weise kann man bereits an der Einheit erkennen, um welche Leistung es sich handelt.

8.4.2.2 Energetische Zusammenhänge

Aus energetischer Sicht ist zunächst die Frage von fundamentaler Bedeutung, wie groß die in einem in B 8.8 dargestellten Teilbereich innerhalb einer bestimmten Zeit t umgesetzte Energie ist. Physikalisch ist darunter die Menge an elektrischer Energie zu verstehen, die in diesem Teilbereich entweder in andere Energieformen umgewandelt wird (Elektroenergieverbrauch) oder aus anderen Energieformen entsteht (Elektroenergieerzeugung).

Hierfür gilt:

$$W = \int_{o}^{t} p(t)\,dt \qquad (8.70)$$

Für praktisch relevante Situationen darf man folgendes voraussetzen:

$$t = n\,T \quad \text{mit} \quad n \gg 1 \qquad (8.71)$$

$\quad$ T - Periodendauer der Funktion p(t)
$\qquad$ Gemäß B 8.10 gilt hierfür:

$$\omega T = \pi \quad \text{bzw.} \quad T = \frac{\pi}{\omega} \qquad (8.72)$$

$\quad$ n - Anzahl der Periodendauern innerhalb t

Hierbei ist es hinreichend, n wie folgt ganzzahlig zu bestimmen:

$$n = I\,N\,T\left(\frac{t}{T}\right) \tag{8.73}$$

Damit entsteht aus G 8.70:

$$W = n \int_{o}^{T} p(t)\,dt = n\,\overline{p}\,T \tag{8.74}$$

$$\overline{p} = \frac{1}{T} \int_{o}^{T} p(t)\,dt \tag{8.75}$$

$\overline{p}$ -   die während einer Periode im Mittel wirksame Leistung

Setzt man hier G 8.58 ein, dann entsteht:

$$\overline{p} = U\,I\cos\varphi \tag{8.76}$$

Dieses Ergebnis kann unter Beachtung der Tatsache, dass bei dem arithmetischen Mittelwert für die schwingenden Anteile in G 8.58 gemäß G 8.5 der Wert „0" entsteht, unmittelbar angegeben werden. Ein Vergleich mit G 8.62 liefert dann:

$$\overline{p} = P = U\,I\cos\varphi \tag{8.77}$$

Die Wirkleistung ist somit die im zeitlichen Mittel für die umgesetzte Energie „wirksame" Leistung, woraus auch deren Namensgebung resultiert.

Beim praktischen Umgang mit der Wirkleistung sind noch folgende Vorzeichenzusammenhänge von besonderer Bedeutung:

$$P > 0 \quad \text{bei} \quad \cos\varphi > 0 \quad \text{bzw.} \quad -\frac{\pi}{2} < \varphi < \frac{\pi}{2}$$

$$P < 0 \quad \text{bei} \quad \cos\varphi < 0 \quad \text{bzw.} \quad -\pi \leq \varphi < -\frac{\pi}{2} \quad \text{u.} \quad \frac{\pi}{2} < \varphi \leq \pi \tag{8.78}$$

$$P = 0 \quad \text{bei} \quad \cos\varphi = 0 \quad \text{bzw.} \quad \varphi = \begin{cases} -\dfrac{\pi}{2} \\[2mm] \dfrac{\pi}{2} \end{cases}$$

Für den betrachteten Teilbereich bedeutet das in Übereinstimmung mit dem Verbraucherzählpfeilsystem:

$P > 0$	es wird Elektroenergie verbraucht
$P < 0$	es wird Elektroenergie erzeugt
$P = 0$	es findet kein Energieumsatz statt

Mit diesem inhaltlichen Verständnis zur Wirkleistung können die beiden Vorgänge in G 8.58 noch wie folgt interpretiert werden:

• Der Vorgang 1 beschreibt in $p(t)$ die zeitliche Änderung infolge der Wirkleistung. Für dessen zeitlichen Mittelwert gilt $\overline{p_1} = \overline{p} = P$. Er verschwindet bei $P = 0$.

- Der Vorgang 2 beschreibt in p(t) die zeitliche Änderung infolge der Blindleistung. Dieser verschwindet bei Q = 0, nicht aber bei P = 0. Er liefert keinen Betrag zu $\overline{p}$ und ist insofern ein „blinder" Vorgang, woraus der Name Blindleistung resultiert.

Energetisch gesehen kann es sich damit bei dem Vorgang 2 nur um ein Problem der Energiespeicherung handeln. Bei einem Stromkreis ist das dadurch gegeben, dass in den von diesem verursachten elektrischen und magnetischen Feldern eine bestimmte Menge Energie gespeichert ist. Das Besondere bei einem Wechselstromkreis besteht nun darin, dass es infolge der zeitlichen Änderung von Spannung und Strom auch zu einer zeitlichen Änderung der Anteile dieser beiden Feldenergiearten kommt. Ähnlich wie im Abschnitt 7.5.5 beschrieben, erfolgt diese Änderung so, dass ein ständiger Übergang von der einen in die andere Feldenergie stattfindet.

Da nun die einzelnen Felder in dem Stromkreis in der Regel örtlich sehr unterschiedlich ausgeprägt sind, ist dieser Übergang auch mit einem Energietransport in dem Stromkreis verbunden. Bezogen auf einen Teilbereich gemäß B 8.9 bedeutet das:

- Der Vorgang 2 in G 8.58 beschreibt aus der Sicht der Leistung, in welchem Maße der Teilbereich an dem mit dem Übergang der Feldenergiearten verbundenen Energietransport in dem Stromkreis beteiligt ist.

Die Blindleistung als Amplitude dieses Vorganges 2 ist somit ein Maß für den mit dem Übergang der Feldenergiearten verbundenen Energietransport an der betreffenden Stelle im Stromkreis. Insofern ist sie eine Rechengröße zur Bestimmung der dabei auftretenden Energieverluste und Spannungsabfälle in dem Stromkreis.

Ausgehend von G 8.63 existiert auch hier analog zur Wirkleistung folgendes Vorzeichenproblem:

$$Q > 0 \quad \text{bei} \quad \sin\varphi > 0 \quad \text{bzw.} \quad 0 < \varphi < \pi$$
$$Q < 0 \quad \text{bei} \quad \sin\varphi < 0 \quad \text{bzw.} \quad -\pi < \varphi < 0 \tag{8.79}$$
$$Q = 0 \quad \text{bei} \quad \sin\varphi = 0 \quad \text{bzw.} \quad \varphi = \begin{cases} -\pi \\ 0 \\ \pi \end{cases}$$

Wegen der Energiespeicherung als physikalischen Hintergrund ist es bei der Blindleistung nicht sinnvoll, von Verbrauch und Erzeugung zu sprechen. Es wird daher folgender Sprachgebrauch verwendet:

$$Q > 0 \qquad \text{Blindleistungsbedarf (induktive Blindleistung)}$$
$$Q < 0 \qquad \text{Blindleistungsbereitstellung (kapazitive Blindleistung)}$$

Die Bezeichnungen induktive und kapazitive Blindleistung sin im Abschnitt 8.4.3.2 erklärt.

8.4.3 Komplexe Widerstandsgrößen

8.4.3.1 Grundelemente des Stromkreises

Die Grundelemente des Stromkreises sind:

$$R \quad - \quad \text{ohmscher Widerstand}$$
$$L \quad - \quad \text{Induktivität}$$
$$C \quad - \quad \text{Kapazität}$$

Für diese werden ausgehend von den dafür geltenden Strom-Spannungs-Zusammenhängen im Originalbereich die analogen Zusammenhänge auf der Basis der Effektivwertzeiger im Bildbereich durch eine komplexe Transformation angegeben.

- Ohmscher Widerstand

Im Originalbereich gilt hier das Ohmsche Gesetz gemäß G 5.59 wie folgt:

$$u = R\ i \qquad\qquad (8.80)$$

Der Widerstand R ist mathematisch gesehen hier ein reeller Faktor, so dass die komplexe Transformation zu folgendem Ergebnis führt:

$$\underline{U} = R\ \underline{I} \qquad\qquad (8.81)$$

Hieraus resultiert:

- Das Ohmsche Gesetz gilt in der komplexen Ebene in gleicher Weise wie im Originalbereich.

- Der Zeiger $\underline{U}$ wird durch Multiplikation des Zeigers $\underline{I}$ mit einem reellen Faktor gewonnen. Dabei kommt es zu keiner Verdrehung des Zeigers $\underline{I}$, so dass $\underline{U}$ und $\underline{I}$ die gleiche Phasenlage haben (liegen in Phase).

Diese Zusammenhänge sind nachfolgend bildlich dargestellt:

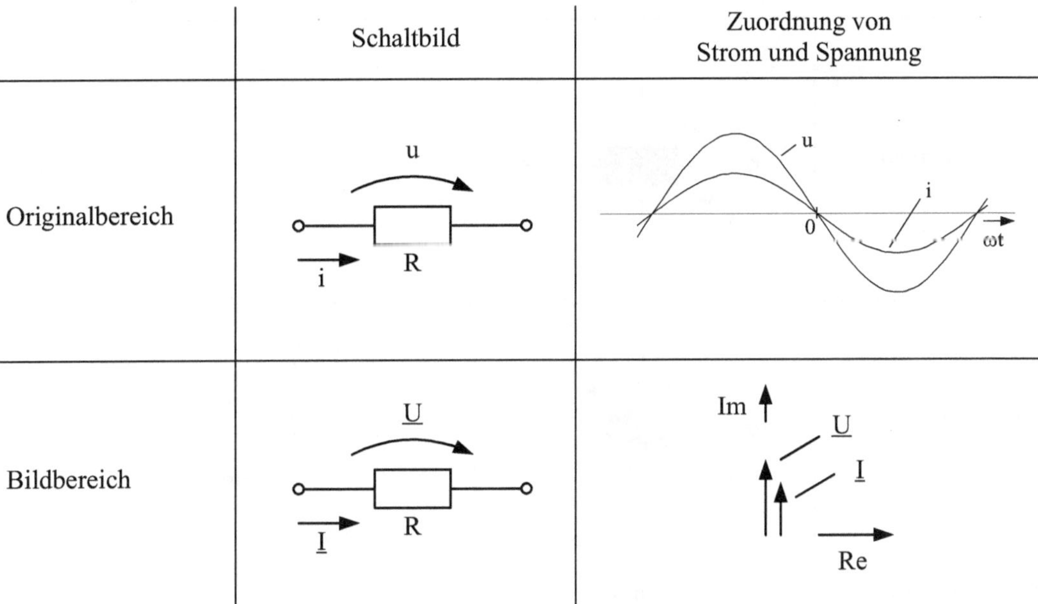

Bild 8.12: Zusammenhänge bei einem ohmschen Widerstand

Die Zeiger $\underline{U}$ und $\underline{I}$ sind hier als ruhende Zeiger im Sinne einer Momentaufnahme im Augenblick des Nulldurchgangs der Spannung (hier zugleich Nulldurchgang des Stromes) bei $\omega t = 0$ angegeben. In dieser Weise wird auch in B 8.13 und B 8.14 verfahren.

- Induktivität

Im Originalbereich gilt hier gemäß G 7.52:

$$u = L \frac{di}{dt} \tag{8.82}$$

Die Induktivität L ist hierbei ein reeller Faktor. Damit führt die komplexe Transformation unter Beachtung der für eine Differenziation geltenden Regel G 8.42 zu folgendem Ergebnis:

$$\underline{U} = j\omega L \, \underline{I} \tag{8.83}$$

Hieraus resultiert:

- Bei einer Induktivität entsteht in der komplexen Ebene ein Zusammenhang in der Art eines Ohmschen Gesetzes mit dem komplexen Widerstand $j\omega L$. Der Ausdruck ωL ist dabei wie R ein reeller Widerstandswert.

- Der Zeiger $\underline{U}$ wird durch die Multiplikation des Zeigers $\underline{I}$ mit einem positiven imaginären Faktor gewonnen. Dabei kommt es zu einer Verdrehung des Zeigers $\underline{I}$ um 90° in mathematisch positiver Richtung. Der Strom eilt damit der Spannung um diesen Winkel nach.

Bildhaft dargestellt liegen hier folgende Zusammenhänge vor:

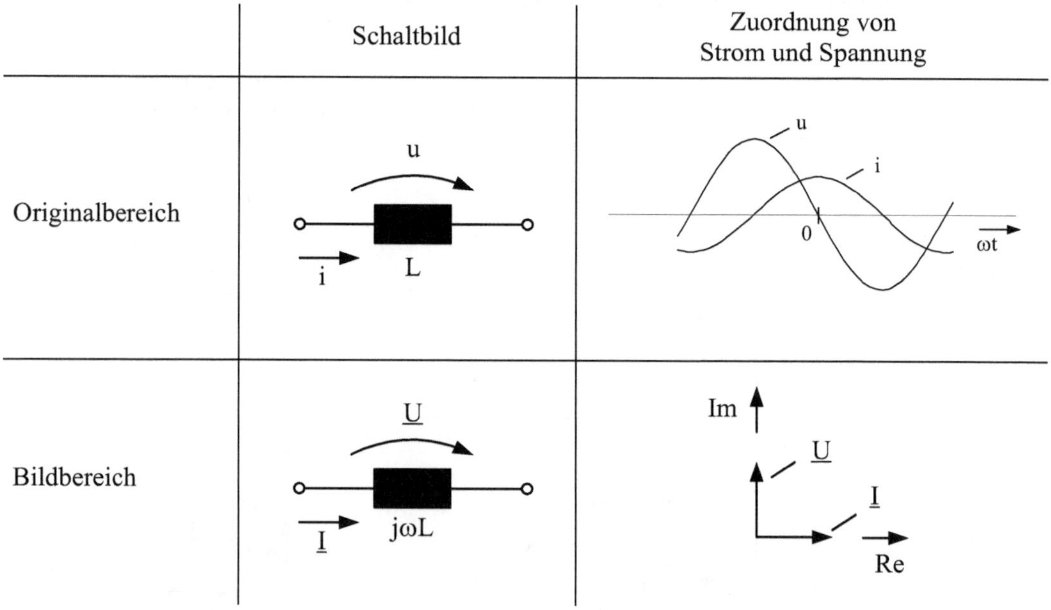

	Schaltbild	Zuordnung von Strom und Spannung
Originalbereich		
Bildbereich		

Bild 8.13: Zusammenhänge bei einer Induktivität

- Kapazität

Im Originalbereich gilt hier gemäß G 7.9:

$$u = \frac{1}{C} \int i \, dt \tag{8.84}$$

Die Kapazität ist hierbei ein reeller Faktor. Damit führt die komplexe Transformation unter Beachtung der für eine Integration geltenden Regel G 8.45 zu folgendem Ergebnis:

$$\underline{U} = \frac{\underline{I}}{j\omega C} = -j\,\frac{\underline{I}}{\omega C} \tag{8.85}$$

Hieraus resultiert:

- Auch bei einer Kapazität entsteht in der komplexen Ebene ein Zusammenhang in der Art des Ohmschen Gesetzes mit dem komplexen Widerstand $\frac{1}{j\omega C}$.

  Der Ausdruck $\frac{1}{\omega C}$ ist dabei wie R ein reeller Widerstandswert.

- Der Zeiger $\underline{U}$ wird durch die Multiplikation des Zeigers $\underline{I}$ mit einem negativen imaginären Faktor gewonnen. Dabei kommt es zu einer Verdrehung des Zeigers $\underline{I}$ um 90° in mathematisch negativer Richtung. Der Strom eilt damit der Spannung um diesen Winkel voraus.

Bildhaft dargestellt liegen hier folgende Zusammenhänge vor:

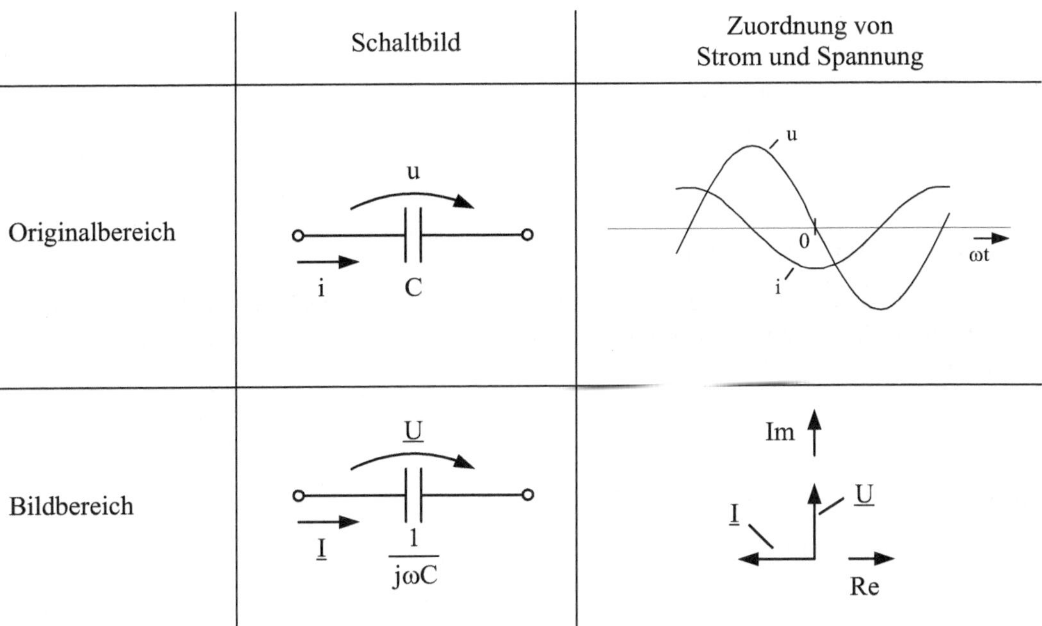

Bild 8.14: Zusammenhänge bei einer Kapazität

8.4.3.2 Komplexe Leistung bei den Grundelementen

- Ohmscher Widerstand

Ausgehend von G 8.59 und G 8.81 entsteht hier unter Beachtung von B 8.11 folgendes Resultat:

$$\underline{S} = \underline{U}\,\underline{I}^* = R\,\underline{I}\,\underline{I}^*$$

$$= R\,I\,e^{j\varphi_i}\,I\,e^{-j\varphi_i} = R\,I^2 \tag{8.86}$$

Ein Koeffizientenvergleich auf der Grundlage von G 8.61 liefert dann:

$$\underline{S} = P + j\,Q = R\,I^2 \tag{8.87}$$

bzw.

$$P = R\,I^2 \qquad Q = 0 \tag{8.88}$$

Bei einem ohmschen Widerstand tritt also eine reine Wirkleistung auf, weshalb dieser auch als Wirkwiderstand bezeichnet wird.

- Induktivität

Analog zu G 8.86 entsteht hier mit G 8.83:

$$\underline{S} = \underline{U}\,\underline{I}^* = j\omega L\underline{I}\,\underline{I}^*$$

$$= j\omega L\,I^2 \tag{8.89}$$

Der Koeffizientenvergleich analog zu G 8.87 liefert dann:

$$\underline{S} = P + j\,Q = j\omega L\,I^2 \tag{8.90}$$

bzw.

$$P = 0 \qquad Q = Q_L = \omega L\,I^2 \tag{8.91}$$

Bei einer Induktivität tritt also eine reine Blindleistung auf, die auch als induktive Blindleistung Q_L bezeichnet wird. Analog dazu nennt man den Widerstandswert ωL auch induktiven Blindwiderstand.

- Kapazität

Analog zu G 8.86 entsteht hier mit G 8.85:

$$\underline{S} = \underline{U}\,\underline{I}^* = -j\,\frac{\underline{I}\,\underline{I}^*}{\omega C}$$

$$= -j\,\frac{I^2}{\omega C} \tag{8.92}$$

Der Koeffizientenvergleich analog zu G 8.87 liefert dann:

$$\underline{S} = P + j\,Q = -j\,\frac{I^2}{\omega C} \tag{8.93}$$

bzw.

$$P = 0 \qquad Q = Q_C = -\frac{I^2}{\omega C} \tag{8.94}$$

Auch bei einer Kapazität tritt eine reine Blindleistung auf, die als kapazitive Blindleistung Q_C bezeichnet wird. Im Gegensatz zur induktiven Blindleistung ist diese negativ (s. a. Ende von Abschnitt 8.4.2.2). Analog zu ωL nennt man den Widerstandswert $\dfrac{1}{\omega C}$ auch kapazitiven Blindwiderstand.

8.4.3.3 Komplexer Wechselstromwiderstand

Mit G 8.81, G 8.83 und G 8.85 liegen für die drei Grundelemente eines Wechselstromkreises in der komplexen Ebene Zusammenhänge in der Art eines Ohmschen Gesetzes vor. Ersetzt man darin die verschiedenen Widerstandsgrößen ganz allgemein durch einen komplexen Wechselstromwiderstand, dann kann für einen passiven Zweipol wie folgt das Ohmsche Gesetz des Wechselstromkreises angegeben werden:

$$\underline{U} = \underline{Z}\,\underline{I} = (R + jX)\,\underline{I} \tag{8.95}$$

$\underline{Z}$ - komplexer Wechselstromwiderstand (Impedanz)

R - Resistanz

X - Reaktanz

Das entsprechende Stromkreiselement im Bildbereich mit den Zählpfeilen für $\underline{U}$ und $\underline{I}$ wird wie folgt angegeben:

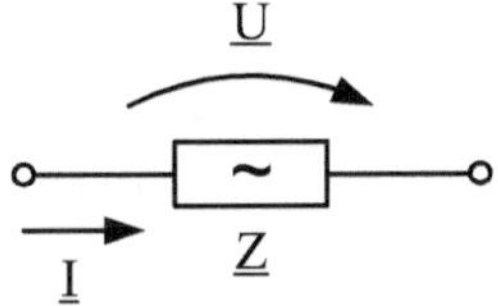

Bild 8.15: Impedanz als Stromkreiselement im Bildbereich

Für die drei Grundelemente gilt mit dieser Vereinbarung:

$$\underline{Z}_R = R \tag{8.96}$$

$$\underline{Z}_L = j\omega L \tag{8.97}$$

$$\underline{Z}_C = \frac{1}{j\omega C} = -\frac{j}{\omega C} \tag{8.98}$$

Die Impedanz hat damit bei einem ohmschen Widerstand nur einen Realteil (Resistanz), bei einer Induktivität bzw. Kapazität hingegen nur einen Imaginärteil (Reaktanz). Erst wenn in einem Zweipol die Grundelemente R mit L und/oder C kombiniert auftreten, hat dessen Impedanz in der Regel sowohl einen Real- als auch einen Imaginärteil. Das ist in B 8.16 am Beispiel einer Reihenschaltung der Grundelemente aufgezeigt.

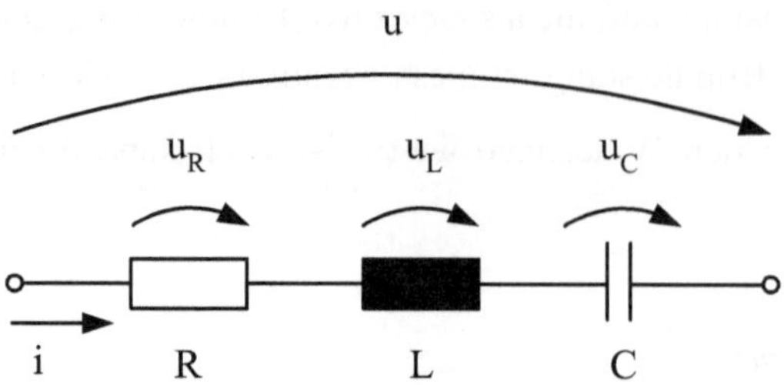

Bild 8.16: Reihenschaltung der Grundelemente im Originalbereich

Hier gilt zunächst:

$$u = u_R + u_L + u_C \tag{8.99}$$

Eine Addition von schwingenden Größen darf über die komplexe Ebene ausgeführt werden. Damit gilt auf der Basis der Effektivwertzeiger:

$$\underline{U} = \underline{U}_R + \underline{U}_L + \underline{U}_C \tag{8.100}$$

Mit G 8.81, G 8.83 und G 8.85 entsteht daraus:

$$\underline{U} = \left[R + j\left(\omega L - \frac{1}{\omega C} \right) \right] \underline{I} \tag{8.101}$$

Der Koeffizientenvergleich mit G 8.95 liefert dann:

$$\underline{Z} = R + jX = R + j\left(\omega L - \frac{1}{\omega C} \right) \tag{8.102}$$

Mit G 8.96 ... G 8.98 kann man dafür auch schreiben:

$$\underline{Z} = \underline{Z}_R + \underline{Z}_L + \underline{Z}_C \tag{8.103}$$

Auf dieser Grundlage kann man im Bildbereich hierfür alternativ folgende Schaltungen angeben:

a)   b)

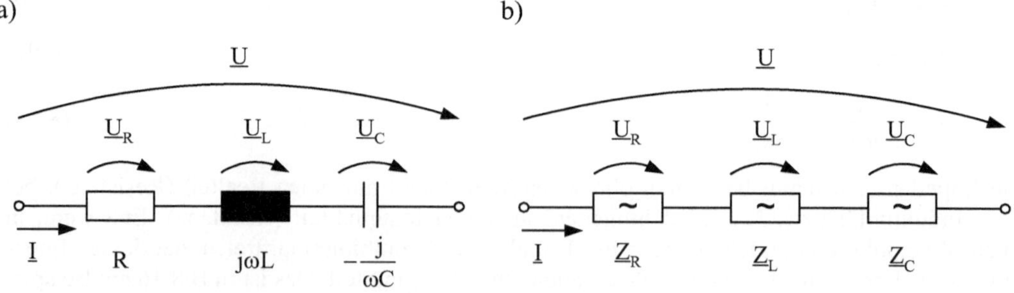

Bild 8.17: Reihenschaltung der Grundelemente im Bildbereich

Analog zu G 8.64 und G 8.65 bei der komplexen Leistung kann man hier folgende Zusammenhänge angeben:

$$Z = |\underline{Z}| = \sqrt{R^2 + X^2} = \frac{U}{I} \tag{8.106}$$

Z - Betrag der Impedanz bzw. Scheinwiderstand

(ist der „scheinbare" Widerstand, der sich aus $\dfrac{U}{I}$ ergibt)

$$\varphi_Z = \arctan \frac{X}{R} = \arcsin \frac{X}{Z} = \arccos \frac{R}{Z} \tag{8.107}$$

φ_Z - Impedanzwinkel

In der komplexen Ebene kann man die komplexe Rechengröße Impedanz wie folgt darstellen (nicht mit einem Zeiger verwechseln):

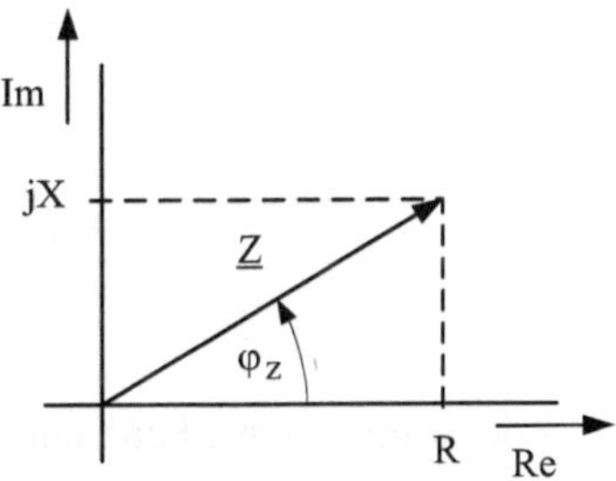

Bild 8.18: Die Impedanz in der komplexen Ebene

Eine Umstellung von G 8.95 führt zu folgendem Ergebnis:

$$\underline{I} = \frac{U}{\underline{Z}} = \underline{Y}\,\underline{U} \tag{8.108}$$

$$\underline{Y} = \frac{1}{\underline{Z}} = G + j\,B \tag{8.109}$$

$\underline{Y}$ - komplexer Wechselstromleitwert
(Admittanz)

G - Konduktanz
(Realteil von $\underline{Y}$; repräsentiert einen Wirkleitwert)

B - Suszeptanz
(Imaginärteil von $\underline{Y}$; repräsentiert einen Blindleitwert)

Mit G 8.105 kann man aus G 8.109 noch folgende Zusammenhänge entwickeln:

$$\underline{Y} = \frac{1}{\underline{Z}} = \frac{\underline{Z}^*}{\underline{Z}\,\underline{Z}^*} = \frac{\underline{Z}^*}{Z^2}$$

$$= \frac{R - jX}{R^2 + X^2} = G + jB$$

(8.110)

bzw.

$$G = \frac{R}{R^2 + X^2}$$

(8.111)

$$B = -\frac{X}{R^2 + X^2}$$

(8.112)

Analog zu G 8.106 und G 8.107 gilt hier ferner:

$$Y = |\underline{Y}| = \sqrt{G^2 + B^2} = \frac{I}{U}$$

(8.113)

Y -   Betrag der Admittanz bzw. des Scheinleitwertes

$$\varphi_Y = \arctan\frac{B}{G} = \arcsin\frac{B}{Y} = \arccos\frac{G}{Y}$$

(8.114)

φ_Y -   Admittanzwinkel

Ebenso kann eine zu B 8.18 analoge Darstellung der Admittanz in der komplexen Ebene angegeben werden.

8.4.4 Netzwerke

8.4.4.1 Grundlegende Zusammenhänge

Bei linearen Netzwerken ohne Gegeninduktivitäten gelten außer der Leistung prinzipiell alle Zusammenhänge, die im Abschnitt 5.6 für Gleichstromnetzwerke dargelegt sind. Dabei sind folgende Analogien zu beachten:

$$U \mathrel{\hat{=}} \underline{U}\,; \quad I \mathrel{\hat{=}} \underline{I}\,; \quad R \mathrel{\hat{=}} \underline{Z}\,; \quad G \mathrel{\hat{=}} \underline{Y}$$

Für die Leistung gelten die Zusammenhänge gemäß Abschnitt 8.4.2.1. In den Netzzweigen über Gegeninduktivitäten eingekoppelten Spannungen sind dort unter Beachtung der Vorzeichen gemäß G 7.69 und G 7.70 analog zu der für eine Selbstinduktivität geltenden Beziehung G 8.83 zu berücksichtigen. Für ein symmetrisches Dreiphasensystems ist dies mit B 8.42 und G 8.209 exemplarisch dargestellt.

In diesem Sinne ist mit G 5.72 und G 8.104 für die Reihenschaltung von Widerständen bzw. Impedanzen eine solche Analogie bereits explizit formuliert. Als weiteres Beispiel für diese Analogie sei der Grundstromkreis ausgewählt. Dieser hat analog zu B 5.31 im Bildbereich folgendes Aussehen:

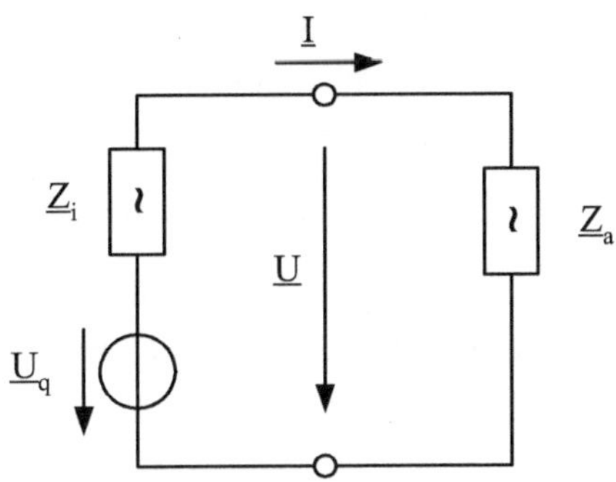

Bild 8.19:   Grundstromkreis im Bildbereich

Für $\underline{U}$ und $\underline{I}$ gelten hierbei folgende Beziehungen:

$$\underline{U} = \underline{U}_q - \underline{I}\,\underline{Z}_i = \underline{I}\,\underline{Z}_a \qquad (8.115)$$

$$\underline{I} = \frac{\underline{U}_q}{\underline{Z}_i + \underline{Z}_a} \qquad (8.116)$$

Aus Sicht der Problemlösung ist bei den hier jeweils entstehenden Gleichungen zu beachten, dass es wegen des Real- und Imaginärteils jeweils doppelt so viele Unbekannte gibt wie unbekannte komplexe Größen vorliegen. Die zu deren Bestimmung erforderliche Anzahl der Gleichungen wird über den Koeffizientenvergleich für Real- und Imaginärteil gewonnen. Dabei ist es wegen der in der Regel auftretenden Additionen bzw. Subtraktionen vorteilhaft, mit der algebraischen Komponentenform analog G 8.28 zu arbeiten. Diese Vorgehensweise sei nachfolgend am Beispiel von G 8.115 aufgezeigt.

In der Komponentenform lautet

$$\underline{U} = \underline{U}_q - \underline{I}\,\underline{Z}_i$$

zunächst:

$$U^{\perp} + jU^{\perp\perp} = U_q^{\perp} + jU_q^{\perp\perp} - \left(I^{\perp} + jI^{\perp\perp}\right)\left(R_i + jX_i\right) \qquad (8.117)$$

Daraus entsteht:

$$U^{\perp} + jU^{\perp\perp} = U_q^{\perp} - I^{\perp}R_i + I^{\perp\perp}X_i + j\left(U_q^{\perp\perp} - I^{\perp}X_i - I^{\perp\perp}R_i\right) \qquad (8.118)$$

Der Koeffizientenvergleich liefert dann folgende Gleichungen für die Unbekannten $U^{\perp}$ und $U^{\perp\perp}$:

$$U^{\perp} = U_q^{\perp} - I^{\perp}R_i + I^{\perp\perp}X_i \qquad (8.119)$$

$$U^{\perp\perp} = U_q^{\perp\perp} - I^{\perp}X_i - I^{\perp\perp}R_i \qquad (8.120)$$

8.4.4.2   Analyse der Reihen- bzw. Parallelschaltung der Grundelemente

Eine Reihen- bzw. Parallelschaltung der Grundelemente eines Wechselstromkreises sind zunächst einfache passive Netzwerke. Man kann diese in zusammengefasster Form aber auch als Grundbausteine (passive Zweipole) eines Wechselstromnetzwerkes auffassen, in denen je nach Situation die Zahlenwerte für die Elemente R, L und C einen bestimmten Wert ≥ 0 annehmen. Abhängig von diesen Werten treten sowohl bezüglich des Klemmenverhaltens als auch der Spannungen bzw. Ströme für die einzelnen Elemente dieser Grundbausteine einige Besonderheiten auf. Von entscheidender Bedeutung ist dabei das unterschiedliche Vorzeichen bei den Impedanzen für die Elemente L und C gemäß G 8.97 und G 8.98.

- Reihenschaltung der Grundelemente

Die grundlegenden Zusammenhänge hierfür sind bereits im Abschnitt 8.4.3.3 dargelegt. Mit Bezug auf B 8.16 und B 8.17 wird hier unter dem Klemmenverhalten dieses Grundbausteins der Einfluss der Grundelemente auf die Effektivwerte von u und i (Beträge der Zeiger $\underline{U}$ und $\underline{I}$) sowie auf die Phasenverschiebung zwischen u und i (Winkel zwischen den Zeigern $\underline{U}$ und $\underline{I}$) verstanden. Hinsichtlich der Effektivwerte von u und i gilt zunächst G 8.106 in folgender Form:

$$U = Z\,I \tag{8.121}$$

Für den Betrag der Impedanz gilt hierbei ausgehend von G 8.102:

$$Z = \sqrt{R^2 + \left(\omega L - \frac{1}{\omega C}\right)^2} \tag{8.122}$$

Mit

$$X = X_L - X_C \tag{8.123}$$

$$X_L = \omega L \tag{8.124}$$

X_L -   induktiver Blindwiderstand

$$X_C = \frac{1}{\omega C} \tag{8.125}$$

X_C -   kapazitiver Blindwiderstand

ist dafür in Anlehnung an G 8.106 auch folgende Darstellung üblich:

$$Z = \sqrt{R^2 + \left(X_L - X_C\right)^2} \tag{8.126}$$

Aus G 8.122 bzw. G 8.126 geht hervor, dass die Impedanz mit

$$Z = R \tag{8.127}$$

unter folgenden Bedingungen einen kleinsten Wert annimmt:

$$\omega L = \frac{1}{\omega C} \quad \text{bzw.} \quad X_L = X_C \tag{8.128}$$

Dieser Zustand wird Resonanz genannt. Dieser tritt bei konkreten Werten für L und C auf, wenn ω gleich der Resonanzkreisfrequenz ω_0 (s.a. G 7.124) ist:

$$\omega_0 = \sqrt{\frac{1}{LC}} \tag{8.129}$$

Wegen der Reihenschaltung der Elemente spricht man hier im engeren Sinne auch von Reihenresonanz, die durch ein Minimum der Impedanz gekennzeichnet ist. Schließlich kann man die prinzipielle Abhängigkeit der Impedanz von den einzelnen Parametern auf der Grundlage von G 8.122 bzw. G 8.126 wie folgt darstellen:

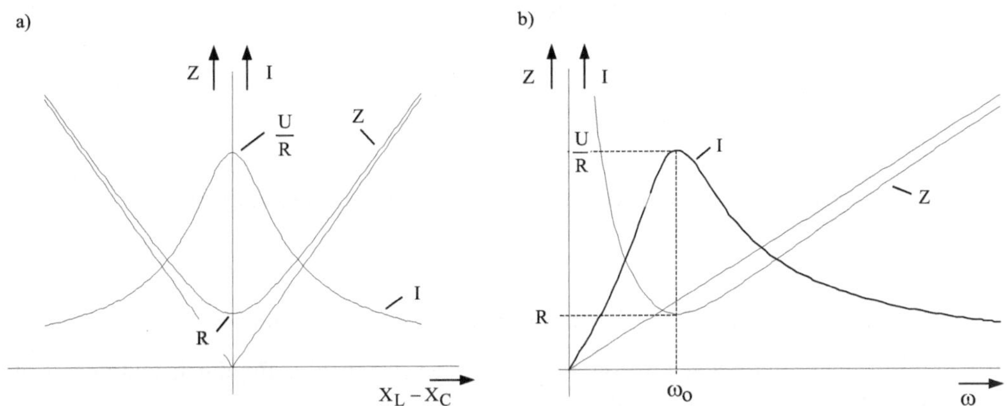

Bild 8.20:   Abhängigkeit der Impedanz und des Stromes von den verschiedenen Parametern bei einer
             Reihenschaltung

Für den praktischen Gebrauch ist oftmals die Abhängigkeit des Stromes bei einer vorgegebenen Spannung von Interesse. In B 8.20 sind daher die entsprechenden Verläufe ausgehend von G 8.121 ebenfalls eingetragen. Bei der Darstellung in B 8.20 b) (Funktion von ω) wird auch von Resonanzkurven gesprochen.

Zur Ermittlung der Phasenverschiebung zwischen u und i wird zunächst G 8.95 wie folgt umgestellt:

$$\underline{Z} = \frac{\underline{U}}{\underline{I}} = \frac{U\,e^{j\varphi_u}}{I\,e^{j\varphi_i}} = \frac{U}{I}\,e^{j(\varphi_u - \varphi_i)} = Z\,e^{j\varphi} \tag{8.130}$$

Hieraus resultiert, dass der Impedanzwinkel identisch mit der Phasenverschiebung zwischen u und i ist. Ausgehend von G 8.107 sowie G 8.123 ... G 8.125 können damit folgende Zusammenhänge angegeben werden:

$$\varphi = \arctan \frac{X_L - X_C}{R} \tag{8.131}$$

$$\varphi = \arctan \frac{\omega L - \dfrac{1}{\omega C}}{R} \tag{8.132}$$

Auf dieser Grundlage kann auch die prinzipielle Abhängigkeit der Phasenverschiebung von den einzelnen Parametern analog zu B 8.20 wie folgt dargestellt werden:

a)   b)

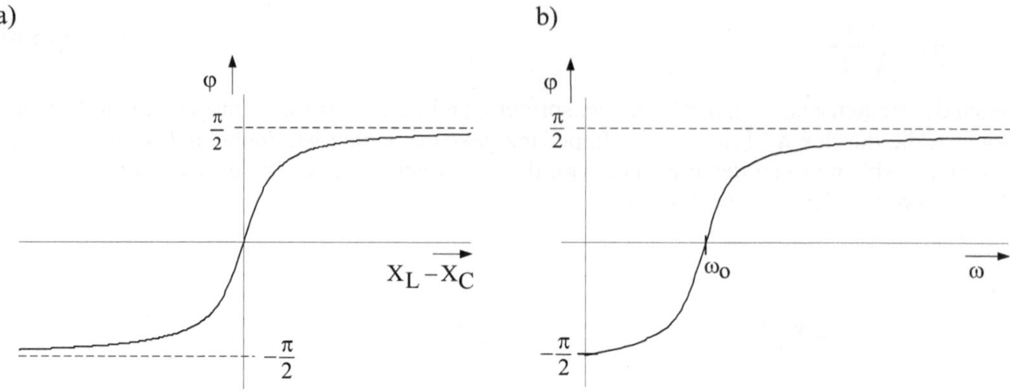

Bild 8.21: Abhängigkeit der Phasenverschiebung von den verschiedenen Parametern einer
            Reihenschaltung

Hieraus ist erkennbar, dass im Falle der Resonanz u und i in Phase sind ($\varphi = 0$).

Über die Spannungsteilerregel (analog zu G 5.81) entstehen hier für die Effektivwerte der Spannungen folgende Zusammenhänge:

$$\frac{U_R}{U} = \frac{R}{\sqrt{R^2 + (X_L - X_C)^2}} \tag{8.133}$$

$$\frac{U_L}{U} = \frac{X_L}{\sqrt{R^2 + (X_L - X_C)^2}} \tag{8.134}$$

$$\frac{U_C}{U} = \frac{X_C}{\sqrt{R^2 + (X_L - X_C)^2}} \tag{8.135}$$

Hieraus resultieren folgende quantitativen Ergebnisse:

$$\frac{U_R}{U} \leq 1 \qquad \text{für beliebige } X_L \text{ und } X_C \tag{8.136}$$

$$\frac{U_L}{U}\begin{cases} \leq 1 & \text{bei} & X_L \leq \dfrac{R^2 + X_C^2}{2\,X_C} \\[3mm] > 1 & \text{bei} & X_L > \dfrac{R^2 + X_C^2}{2\,X_C} \end{cases} \tag{8.137}$$

$$\frac{U_C}{U}\begin{cases} \leq 1 & \text{bei} & X_C \leq \dfrac{R^2 + X_L^2}{2\,X_L} \\[3mm] > 1 & \text{bei} & X_C > \dfrac{R^2 + X_L^2}{2\,X_L} \end{cases} \tag{8.138}$$

Von besonderer praktischer Bedeutung sind die Situationen:

$$\frac{U_L}{U} > 1 \quad \text{bzw.} \quad \frac{U_C}{U} > 1$$

Hierbei sind die Spannungen über den Elementen L und/oder C größer als die insgesamt über der Reihenschaltung anliegende Spannung. Die in einem konkreten Fall auszuwählenden Elemente müssen den daraus resultierenden Beanspruchungen gewachsen sein.

Mit G 8.124 und G 8.125 kann man schließlich noch folgende frequenzorientierte Kriterien angeben:

$$\frac{U_L}{U} > 1 \quad \text{bei} \quad \omega > \frac{1}{\sqrt{2\,LC - (C\,R)^2}} \tag{8.139}$$

$$\frac{U_C}{U} > 1 \quad \text{bei} \quad \omega < \frac{1}{\sqrt{\dfrac{2}{LC} - \left(\dfrac{R}{L}\right)^2}} \tag{8.140}$$

Hierbei ist zu beachten, dass ω nur als eine positive reelle Größe sinnvoll ist. Wenn unter der Wurzel ein negativer Ausdruck entsteht, dann kann der Fall $\dfrac{U_L}{U} > 1$ bzw. $\dfrac{U_C}{U} > 1$ nicht auftreten.

- Parallelschaltung der Grundelemente

Schaltungstechnisch liegt hier folgende Situation vor:

a) Originalbereich   b) Bildbereich

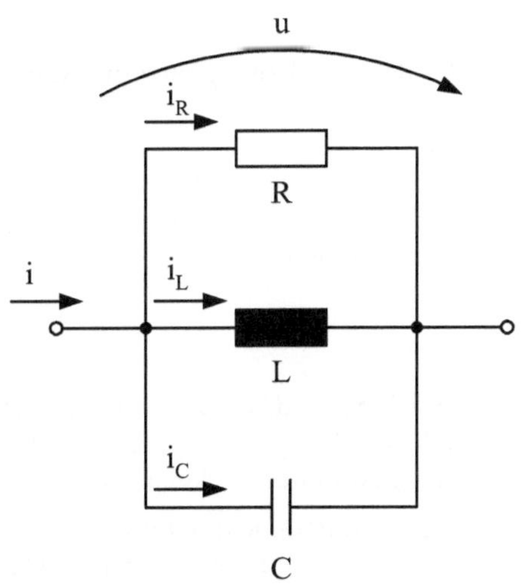

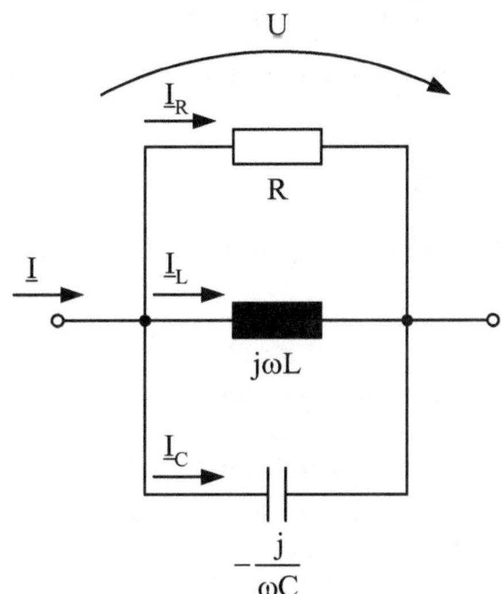

Bild 8.22: Parallelschaltung der Grundelemente

Der Knotenpunktsatz liefert hier im Originalbereich folgenden Zusammenhang:

$$i = i_R + i_L + i_C \tag{8.141}$$

Die Addition dieser schwingenden Größen darf über den Bildbereich ausgeführt werden. Auf der Basis der Effektivwertzeiger gilt damit:

$$\underline{I} = \underline{I}_R + \underline{I}_L + \underline{I}_C \tag{8.142}$$

Mit G 8.81, G 8.83 und G 8.85 entsteht daraus:

$$\underline{I} = \left[\frac{1}{R} - j \left(\frac{1}{\omega L} - \omega C \right) \right] \underline{U} \tag{8.143}$$

Dafür kann man mit G 8.124 und G 8.125 auch schreiben:

$$\underline{I} = \left[\frac{1}{R} - j \left(\frac{1}{X_L} - \frac{1}{X_C} \right) \right] \underline{U} \tag{8.144}$$

Zur Darstellung des Klemmenverhaltens dieses Grundbausteins wird G 8.113 in folgender Form verwendet:

$$I = Y\, U \tag{8.145}$$

Auf der Basis von G 8.143 bzw. G 8.144 gelten dabei für den Betrag der Admittanz folgende Beziehungen:

$$Y = \sqrt{ \left(\frac{1}{R} \right)^2 + \left(\frac{1}{\omega L} - \omega C \right)^2 } \tag{8.146}$$

bzw.

$$Y = \sqrt{ \left(\frac{1}{R} \right)^2 + \left(\frac{1}{X_L} - \frac{1}{X_C} \right)^2 } \tag{8.147}$$

Hieraus geht hervor, dass im Gegensatz zur Impedanz bei der Reihenschaltung jetzt die Admittanz mit

$$Y = \frac{1}{R} \tag{8.148}$$

unter folgenden Bedingungen (Resonanz) einen kleinsten Wert annimmt.

$$\frac{1}{\omega L} = \omega C \quad \text{bzw.} \quad \frac{1}{X_L} = \frac{1}{X_C} \tag{8.149}$$

Diese Zusammenhänge sind mathematisch identisch mit G 8.128, so dass für die Resonanzkreisfrequenz hier ebenfalls G 8.129 gilt. Wegen der Parallelschaltung der Elemente spricht man hier auch von Parallelresonanz, die durch ein Minimum der Admittanz gekennzeichnet ist.

Für die prinzipielle Abhängigkeit der Admittanz von den einzelnen Parametern auf der Grundlage von G 8.146 und G 8.147 kann man analog zu B 8.20 folgende Diagramme angeben. Darin ist zugleich die Abhängigkeit der Spannung bei einem vorgegebenen Strom gemäß G 8.145 eingetragen.

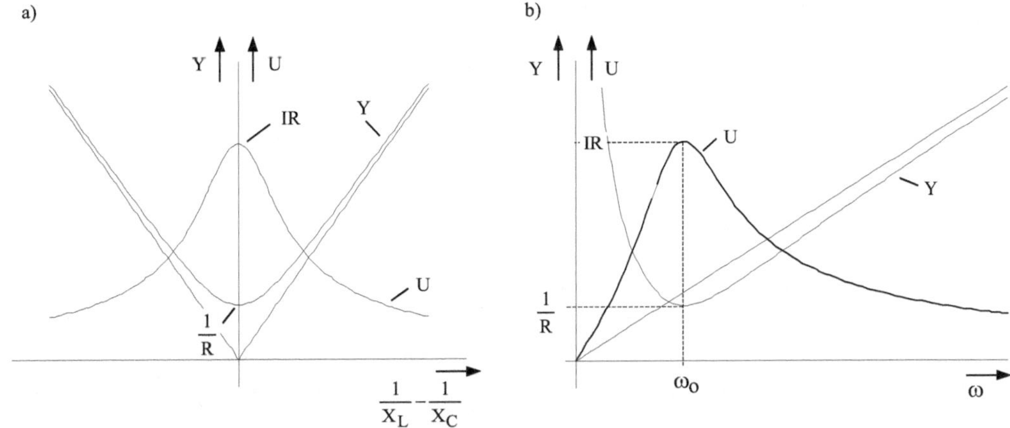

Bild 8.23:   Abhängigkeit der Admittanz und der Spannung von den verschiedenen Parametern bei einer
             Parallelschaltung

Die Phasenverschiebung zwischen u und i ist auch hier gemäß G 8.130 identisch mit dem Impedanzwinkel. Mit G 8.109 entsteht zunächst:

$$Z\,e^{j\varphi_z} = \frac{1}{Y\,e^{j\varphi_y}} = \frac{1}{Y}\,e^{-j\varphi_y} \tag{8.150}$$

bzw.

$$\varphi = \varphi_z = -\varphi_y \tag{8.151}$$

Ausgehend von G 8.143 und G 8.144 erhält man gemäß G 8.114 für den Admittanzwinkel folgende Ergebnisse:

$$\varphi_y = \arctan\left[-R\left(\frac{1}{X_L} - \frac{1}{X_C}\right)\right] \tag{8.152}$$

bzw.

$$\varphi_y = \arctan\left[-R\left(\frac{1}{\omega L} - \omega C\right)\right] \tag{8.153}$$

Daraus entsteht dann für die Phasenverschiebung zwischen u und i:

$$\varphi = \arctan\left[R\left(\frac{1}{X_L} - \frac{1}{X_C}\right)\right] \tag{8.154}$$

bzw.

$$\varphi = \arctan\left[R\left(\frac{1}{\omega L} - \omega C\right)\right] \tag{8.155}$$

Analog zu B 8.21 kann man damit folgende Abhängigkeiten angeben:

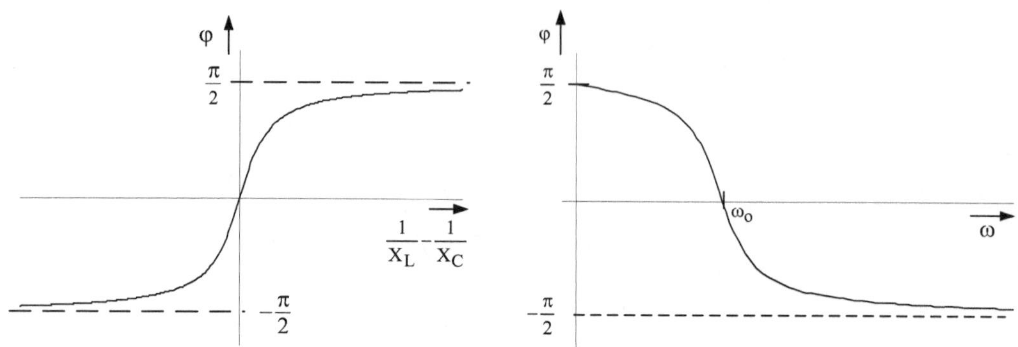

Bild 8.24:   Abhängigkeit der Phasenverschiebung von den verschiedenen Parametern einer Parallelschaltung

Auch hier gilt im Falle der Resonanz für die Phasenverschiebung $\varphi = 0$.

Über die Stromteilerregel (analog zu G 5.84) entstehen hier für die Effektivwerte der Ströme
folgende Zusammenhänge:

$$\frac{I_R}{I} = \frac{\dfrac{1}{R}}{\sqrt{\left(\dfrac{1}{R}\right)^2 + \left(\dfrac{1}{X_L} - \dfrac{1}{X_C}\right)^2}} \qquad\qquad (8.156)$$

$$\frac{I_L}{I} = \frac{\dfrac{1}{X_L}}{\sqrt{\left(\dfrac{1}{R}\right)^2 + \left(\dfrac{1}{X_L} - \dfrac{1}{X_C}\right)^2}} \qquad\qquad (8.157)$$

$$\frac{I_C}{I} = \frac{\dfrac{1}{X_C}}{\sqrt{\left(\dfrac{1}{R}\right)^2 + \left(\dfrac{1}{X_L} - \dfrac{1}{X_C}\right)^2}} \qquad\qquad (8.158)$$

Hieraus resultieren folgende quantitative Ergebnisse:

$$\frac{I_R}{I} \le 1 \quad \text{für beliebige } X_L \text{ und } X_C \tag{8.159}$$

$$\frac{I_L}{I} \begin{cases} \le 1 & \text{bei} \quad X_L \ge \dfrac{2\,R^2 X_C}{R^2 + X_C^2} \\[3ex] > 1 & \text{bei} \quad X_L < \dfrac{2\,R^2 X_C}{R^2 + X_C^2} \end{cases} \tag{8.160}$$

$$\frac{I_C}{I} \begin{cases} \le 1 & \text{bei} \quad X_C \ge \dfrac{2\,R^2 X_L}{R^2 + X_L^2} \\[3ex] > 1 & \text{bei} \quad X_C < \dfrac{2\,R^2 X_L}{R^2 + X_L^2} \end{cases} \tag{8.161}$$

Auch hier sind die Situationen

$$\frac{I_L}{I} > 1 \quad \text{und} \quad \frac{I_C}{I} > 1$$

von besonderer praktischer Bedeutung. Hierbei sind die Ströme durch L und/oder C größer als der insgesamt durch die Parallelschaltung hindurchfließende Strom. Dieser Beanspruchung müssen die in einem konkreten Fall auszuwählenden Elemente gewachsen sein. Mit G 8.124 und G 8.125 gelten hier folgende frequenzorientierte Kriterien:

$$\frac{I_L}{I} > 1 \quad \text{bei} \quad \omega < \sqrt{\frac{2}{LC} - \left(\frac{1}{CR}\right)^2} \tag{8.162}$$

$$\frac{I_C}{I} > 1 \quad \text{bei} \quad \omega > \frac{1}{\sqrt{2LC - \left(\dfrac{L}{R}\right)^2}} \tag{8.163}$$

Auch hier ist für ω nur eine positive reelle Größe sinnvoll. Bei einem negativen Ausdruck unter der Wurzel können die Fälle $\dfrac{I_L}{I} > 1$ bzw. $\dfrac{I_C}{I} > 1$ in der vorliegenden Schaltung nicht auftreten.

8.4.4.3   Praktische Anwendungen von Zuständen bei bzw. in der Nähe der Resonanz

Resonanzzustände bzw. Zustände in der Nähe der Resonanz werden zur Erzielung bestimmter Effekte mitunter bewusst herbeigeführt (Nutzanwendung). Sie können aber auch ungewollt zu unerwünschten Ereignissen (z.B. Überbeanspruchungen) führen. Für eine Nutzanwendung sind nachfolgend einige Beispiele aus dem Bereich der Elektroenergietechnik dargestellt.

- $\cos\varphi$ -*Verbesserung*

Ein Abnehmer in einem Elektroenergiesystem (EES) kann schaltungstechnisch in der Regel durch eine Parallelschaltung aus R und L beschrieben werden.

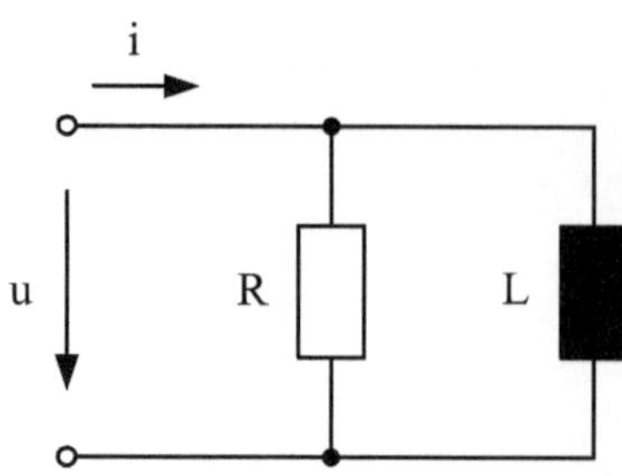

u - Spannung an der Anschlussstelle des
      Abnehmers im EES

i   - Strom, der aus dem EES zu dem
       Abnehmer fließt

R - repräsentiert die Wirkleistung des
       Abnehmers

L - repräsentiert die induktive Blindleistung
       des Abnehmers

Bild 8.25:   Ersatzschaltung für einen Abnehmer im EES

Für eine Parallelschaltung aus R, L und C erhält man bei einer vorgegebenen Spannung über
G 8.145 und G 8.146 für den Effektivwert des in diese hineinfließenden Stromes folgenden
Zusammenhang:

$$I = U \sqrt{\left(\frac{1}{R}\right)^2 + \left(\frac{1}{\omega L} - \omega C\right)^2} \qquad (8.164)$$

Mit C = 0 erhält man hieraus den Strom zu dem Abnehmer gemäß B 8.25. Zugleich ist daraus
erkennbar, dass dieser Strom reduziert werden kann, wenn man parallel zu dem Abnehmer
einen Kondensator hinzufügt. Im Falle der Resonanz erreicht dieser mit

$$I = \frac{U}{R} \qquad (8.165)$$

sein nur noch durch den die Wirkleistung des Abnehmers repräsentierenden Wirkwiderstand
bestimmtes Minimum. Für die Phasenverschiebung zwischen u und i gilt in diesem Falle gemäß G 8.155:

$$\varphi = 0 \quad \text{bzw.} \quad \cos\varphi = 1 \qquad (8.166)$$

Der Zahlenwert des gemäß G 8.62 auch für die Wirkleistung maßgebenden Faktors $\cos\varphi$
(Leistungsfaktor) ist somit ein geeignetes Kriterium dafür, wieweit man sich diesem Minimum
genähert hat. $\cos\varphi$ -Verbesserung heißt also, diesen Zahlenwert mit Hilfe eines Kondensators
parallel zu einem Abnehmer zu erhöhen, um dadurch den aus dem EES zu dem Abnehmer
fließenden Strom zu verringern. Dabei ist es aus wirtschaftlichen Gründen in der Regel
zweckmäßig, einen Wert im Bereich $0{,}9 \le \cos\varphi < 1$ zu wählen.

- Ferranti-Effekt

Am Ende einer langen, nicht bzw. schwach belasteten Hochspannungsfreileitung kommt es zu
einer höheren Spannung als am Anfang derselben. Diesen als Ferranti-Effekt bezeichneten
Sachverhalt kann man auf der Grundlage folgender Ersatzschaltung erklären:

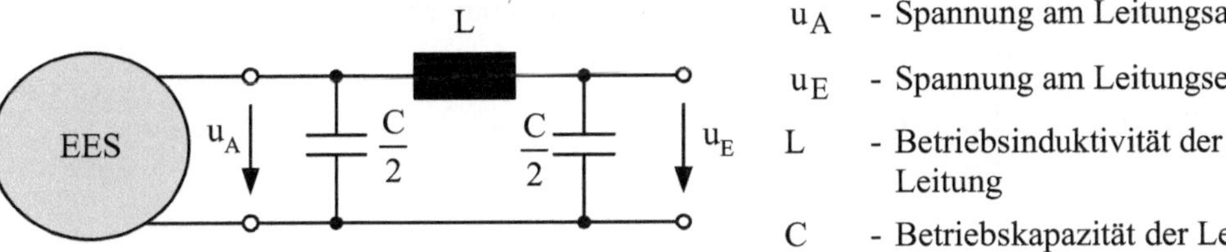

Bild 8.26: Ersatzschaltung für eine leer laufende HS-Freileitung

Die Spannung u_A liegt hierbei über der Reihenschaltung von L und $\dfrac{C}{2}$ am Leitungsende.
Wenn man beachtet, dass für das Verhältnis der Effektivwerte gemäß G 8.135 nur positive Werte sinnvoll sind, dann entsteht daraus mit $R = 0$ folgender Zusammenhang:

$$\frac{U_E}{U_A} = \left| \frac{1}{\frac{1}{2}\,\omega^2\,LC - 1} \right| > 1 \quad \text{wenn} \quad \omega^2\,LC < 4 \tag{8.167}$$

Um eine Vorstellung über die Größenordnung dieser Spannungserhöhung am Leitungsende zu erhalten, sei als Beispiel eine 400 km lange und mit 50 Hz betriebene 380-kV-Freileitung mit folgenden Parametern betrachtet:

$$\omega L = 108\,\Omega\,; \quad \omega C = 1{,}76\,\text{mS}$$

Daraus resultiert:

$$\frac{U_E}{U_A} = \left| \frac{1}{\frac{1}{2} \cdot 108\,\Omega \cdot 1{,}76 \cdot 10^{-3}\,\text{S} - 1} \right| \approx 1{,}1$$

Dadurch kann es am Ende der Leitung zu einer Überbeanspruchung der Isolierung kommen. Verhindern bzw. begrenzen kann man diese Spannungserhöhung mit Hilfe einer Induktivität L_p parallel zu $\dfrac{C}{2}$ am Leitungsende. Die Wirkung derselben kann ausgehend von B 8.26 mit folgender Ersatzschaltung im Bildbereich deutlich gemacht werden:

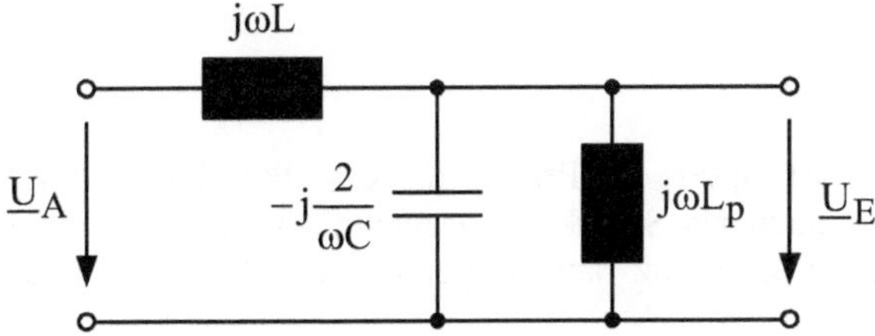

Bild 8.27: Ersatzschaltung im Bildbereich

Über die Spannungsteilerregel entsteht hier folgender Zusammenhang:

$$\frac{U_E}{U_A} = \frac{1}{1 + \dfrac{L}{L_p} - \dfrac{1}{2}\,\omega^2\,LC} \tag{8.168}$$

Daraus folgt:

$$\frac{U_E}{U_A} \leq 1 \quad \text{wenn} \quad \omega\,L_p \leq \frac{2}{\omega C} \tag{8.169}$$

Im Falle der Parallelresonanz am Leitungsende gilt:

$$\frac{U_E}{U_A} = 1 \quad \text{wegen} \quad \omega\,L_p = \frac{2}{\omega C} \tag{8.170}$$

- Informationsübertragung über HS-Freileitungen

In Form der Trägerfrequenztelefonie über HS-Freileitungen (TFH) können diese neben der Elektroenergieübertragung zugleich als Wege zur Informationsübertragung genutzt werden. Dabei wird ein hochfrequenter Strom (50 ... 400 kHz) in die Leiter der Freileitung eingekoppelt, der die mit diesem modulierte (Amplituden- bzw. Frequenzmodulation) Information trägt. Nicht alle für die Energieübertragung vorhandenen Wege sind auch für die Informationsübertragung sinnvoll. Es müssen daher einige dieser Wege für diesen hochfrequenten Strom gesperrt werden. Dazu verwendet man so genannte HF-Sperren, die den niederfrequenten (50 Hz) Strom zur Energieübertragung praktisch ungehindert durchlassen, aber den hochfrequenten Strom extrem behindern. Diese HF-Sperren werden prinzipiell wie folgt in die jeweilige HS-Freileitung eingefügt:

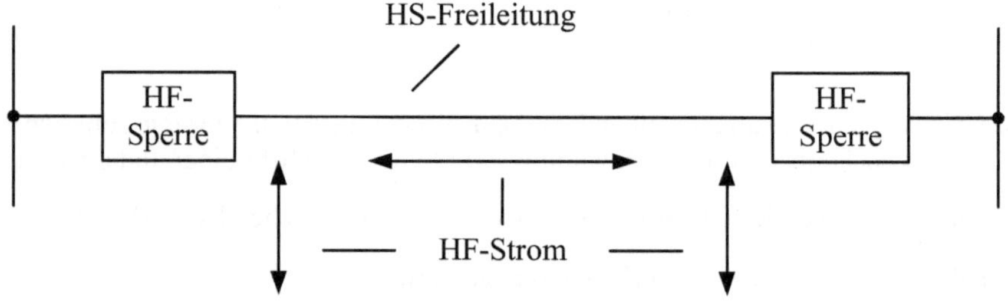

Bild 8.28:   Prinzip der TFH über eine HS-Freileitung

Elektrisch gesehen handelt es sich bei einer HF-Sperre im Prinzip um eine Parallelschaltung aus L und C, die im Bereich der Resonanz auch als Sperrkreis bezeichnet wird. Man nutzt hierbei gezielt die Frequenzabhängigkeit der Admittanz bzw. Impedanz derselben wie folgt aus:

- hohe Admittanz bzw. geringe Impedanz bei 50 Hz
- geringe Admittanz bzw. hohe Impedanz bei Trägerfrequenz

Für den praktischen Betrieb genügt es für die Impedanz der HF-Sperre bei Trägerfrequenz einen hinreichend großen Wert zu realisieren. Dazu muss nicht der Resonanzzustand erreicht werden. Unter Berücksichtigung des Übertragungsverhaltens der HS-Freileitung ist im Prinzip Folgendes ausreichend:

$$Z_{HF-Sperre} > 2\,Z_W \tag{8.171}$$

$Z_{HF-Sperre}$ - Impedanz der HF-Sperre bei Trägerfrequenz

Z_W - Wellenwiderstand der HS-Freileitung (300 ... 600 Ω)

- Absaugen von Oberschwingungen

Seit geraumer Zeit werden in den Netzen zur Elektroenergieversorgung zunehmend leistungselektronische Betriebsmittel (Gleichrichter, Thyristoren u. dgl.) eingesetzt. Diese verursachen so genannte Oberschwingungen (eine Form der Netzrückwirkungen). Das sind mit einem ganzzahligen Vielfachen der Grundfrequenz (50 Hz) schwingende Anteile in Strom und/oder Spannung. Ausgehend von G 8.2 kann somit z.B. für den Strom prinzipiell folgender Zusammenhang angegeben werden:

$$i = \sum_{h=1}^{n} \hat{i}_h \cos\left(h\,\omega_1 t + \varphi_{ih}\right) \tag{8.172}$$

h - Vielfaches der Grundfrequenz bzw. Ordnungszahl der jeweiligen Oberschwingung (Harmonische)

ω_1 - Kreisfrequenz der Grundschwingung mit h = 1

Für die jeweilige Oberschwingung haben die Blindwiderstände ωL und $\dfrac{1}{\omega C}$ in dem betreffenden Netz einen anderen Wert. Das kann dort in vielfältiger Weise zu Resonanzzuständen, Überbeanspruchungen bzw. anderen unerwünschten Ereignissen führen. Eine praktisch bedeutsame Möglichkeit zur Bekämpfung dieser Form der Netzrückwirkung ist das „Absaugen" der Oberschwingungen mit so genannten Saug- bzw. Filterkreisen. Elektrisch gesehen sind das für die jeweilige Oberschwingung auf Resonanz abgestimmte Reihenschaltungen aus L und C. Reduziert auf die wesentlichen Zusammenhänge ist das Wirkprinzip in B 8.29 dargestellt.

Der Oberschwingungserzeuger SR ist in der Ersatzschaltung durch eine Stromquelle für die jeweilige Oberschwingung dargestellt. In der Netzspannung ist keine Oberschwingung enthalten, woraus die Kurzschlussverbindung in der Ersatzschaltung resultiert. Der Saugkreis stellt elektrisch für die h-te Oberschwingung einen Kurzschluss dar. Auf diese Weise wird gewissermaßen der Strom $\underline{I}_h$ aus dem Netz „abgesaugt". Diese Oberschwingung ist dann in den übrigen Strömen nicht mehr enthalten. Sollen mehrere Oberschwingungen abgesaugt werden, dann muss für jede Oberschwingung ein solcher Saugkreis vorgesehen werden (Parallelschaltung der Saugkreise).

a) Vorliegende Netzsituation

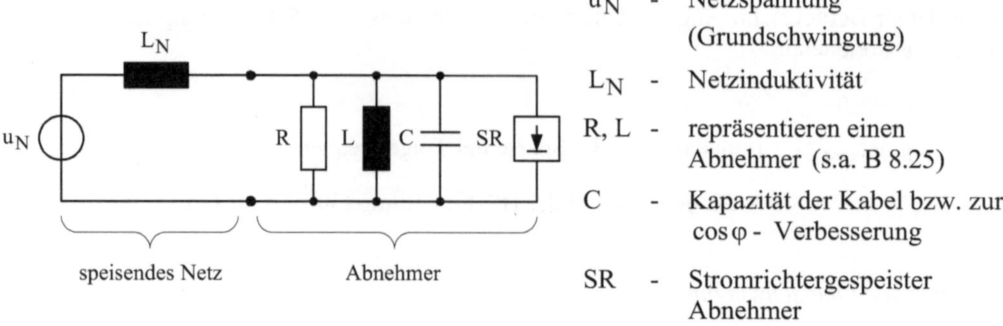

u_N - Netzspannung (Grundschwingung)

L_N - Netzinduktivität

R, L - repräsentieren einen Abnehmer (s.a. B 8.25)

C - Kapazität der Kabel bzw. zur $\cos\varphi$ - Verbesserung

SR - Stromrichtergespeister Abnehmer

b) Ersatzschaltung für die h-te Oberschwingung im Bildbereich

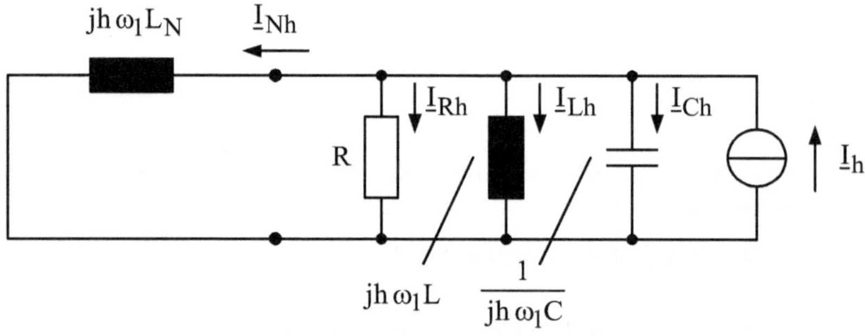

c) Situation für die h-te Oberschwingung mit Saugkreis

$$I_{\mu h} = 0 \quad \text{bei} \quad h\,\omega_1 L_s = \frac{1}{h\,\omega_1 C_s}$$

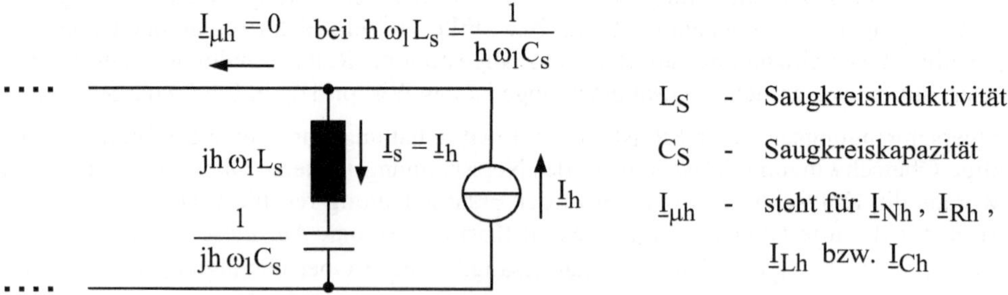

L_S - Saugkreisinduktivität

C_S - Saugkreiskapazität

$I_{\mu h}$ - steht für I_{Nh}, I_{Rh}, I_{Lh} bzw. I_{Ch}

Bild 8.29: Wirkungsprinzip eines Saugkreises für die h-te Oberschwingung

8.4.4.4 Anwendung von Zeigerbildern

Grundsätzlich ist ein Zeigerbild die Darstellung von ruhenden Zeigern in der komplexen Ebene für die schwingenden Größen in einem zu betrachtenden System. Man darf sich dieses als eine

„Momentaufnahme" der tatsächlich umlaufenden Zeiger zu einem frei wählbaren Zeitpunkt vorstellen. In einem solchen Zeigerbild werden somit durch eine geeignete Maßstabswahl die Beträge und die Winkellagen der Zeiger zueinander visuell erfassbar dargestellt. Eine solche reine Ergebnis-Darstellung ist aber erstens nur bei Kenntnis aller Zeiger angebbar und macht zweitens die zwischen den einzelnen Größen eines Systems bestehenden Wirkzusammenhänge nicht explizit deutlich. Von weitaus größerer praktischer Bedeutung ist hingegen der Entwurf bzw. die Entwicklung solcher Zeigerbilder im Sinne einer Ergebnis-Findung.

Den Entwurf eines Zeigerbildes kann man sich z.B. als die grafische Lösung einer Netzwerkanalyse vorstellen. Dabei werden ausgehend von einzelnen bekannten bzw. als bekannt angenommenen Zeigern durch systematische Anwendung der für eine Netzwerkanalyse geltenden Zusammenhänge Schritt für Schritt die anderen Zeiger ermittelt. Auf grafischem Wege werden dabei insbesondere die aus dem Knotenpunkt- und dem Maschensatz resultierenden Additionen und Subtraktionen durchgeführt (s. B 8.30).

a) Netzknotenpunkt   b) Zeigerbild

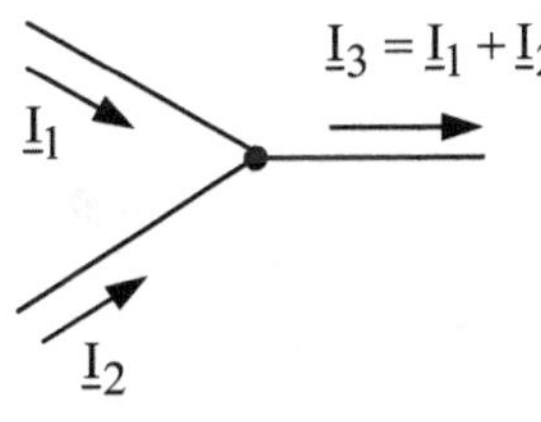

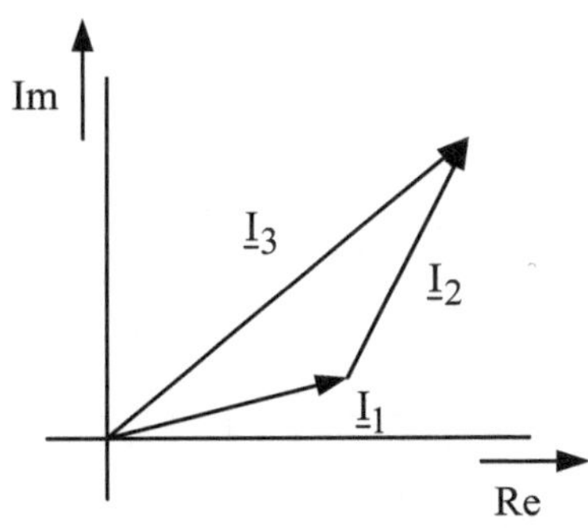

Bild 8.30:   Zeigerbild für einen Knotenpunkt

Aus Sicht der heute praktisch überall verfügbaren Rechentechnik ist eine solche quantitative Auswertung auf grafischem Wege über ein quantitatives Zeigerbild jedoch weniger bedeutsam. Unberührt davon bleibt aber die Bedeutung eines qualitativen Zeigerbildes. Darunter versteht man ein Zeigerbild für ein nur qualitativ durch seine Schaltung bestimmtes Netzwerk. Für die Quantitäten (Beträge bzw. Länge der Zeiger) werden dabei aus der Erfahrung heraus sinnvolle Annahmen getroffen. Die für eine Netzwerkanalyse geltenden Zusammenhänge können schließlich wie folgt als „Konstruktionsregeln" (KR) für den Entwurf von Zeigerbildern formuliert werden:

KR 1:   Bei R liegen $\underline{U}$ und $\underline{I}$ in Phase.

KR 2:   Bei L eilt $\underline{I}$ um 90° $\underline{U}$ nach.

KR 3:   Bei C eilt $\underline{I}$ um 90° $\underline{U}$ voraus.

KR 4:   An einem Knotenpunkt gilt $\Sigma\,\underline{I} = 0$.

KR 5:   Für einen Maschenumlauf gilt $\Sigma\,\underline{U} = 0$.

Damit entsteht folgender prinzipieller Handlungsablauf für den Entwurf eines qualitativen Zeigerbildes:

- Darstellung der vorliegenden Schaltung im Bildbereich mit allen Strömen und Spannungen.

- Auswahl einer für das schrittweise Vorgehen geeigneten Ausgangsgröße (hierfür gibt es keine sichere Regel; notfalls hilft Probieren).

- Auftragen des Zeigers für die ausgewählte Größe im Sinne der „Momentaufnahme" in beliebiger Lage. Die Angabe der Koordinatenachsen Re und Im kann dabei entfallen.

- Gewinnen des dem Ausgangszeiger entsprechenden Strom- bzw. Spannungszeigers über die Konstruktionsregel für das betreffende Netzelement.

- Systematische Fortsetzung durch Anwendung der Konstruktionsregeln bis alle Zeiger gefunden sind.

Nachfolgend ist diese Vorgehensweise an einem Beispiel demonstriert:

a) Schaltung   b) Zeigerbild

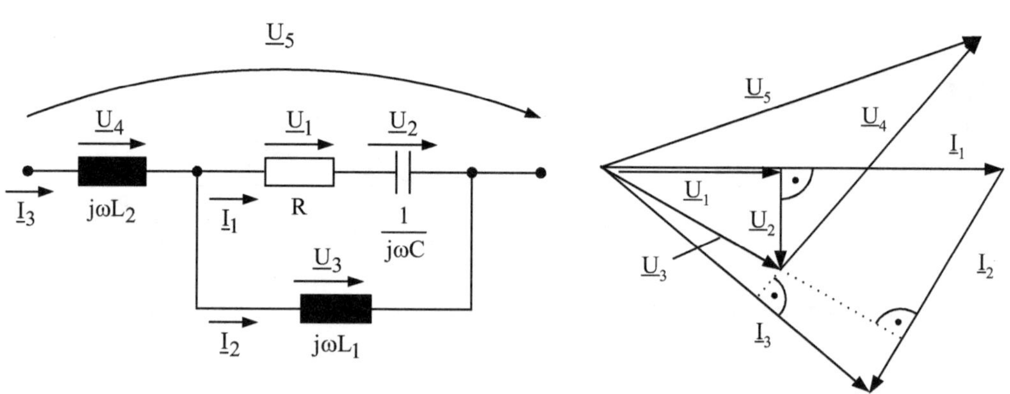

Bild 8.31: Entwurf eines qualitativen Zeigerbildes

Hierbei wurde $\underline{I}_1$ für den Ausgangszeiger ausgewählt, der willkürlich horizontal aufgetragen wurde. Anschließend können die Zeiger $\underline{U}_1$ über KR 1 und $\underline{U}_2$ über KR 3 angegeben werden. Den Zeiger $\underline{U}_3$ erhält man dann über KR 5 aus $\underline{U}_1$ und $\underline{U}_2$. Mit $\underline{U}_3$ ist man über KR 2 in der Lage, den Zeiger $\underline{I}_2$ anzugeben. Über KR 4 erhält man dann aus $\underline{I}_1$ und $\underline{I}_2$ den Zeiger $\underline{I}_3$. Mit Hilfe von $\underline{I}_3$ kann über KR 2 der Zeiger $\underline{U}_4$ angegeben werden . Über KR 5 entsteht schließlich aus $\underline{U}_3$ und $\underline{U}_4$ der Zeiger $\underline{U}_5$.

Ergänzend zu dieser Darstellung der Vorgehensweise sei noch an Hand der Beispiele $\cos\varphi$-Verbesserung und Ferranti-Effekt im vorangegangenen Abschnitt 8.4.4.3 der das Verstehen bzw. Erkennen bestimmter Zusammenhänge fördernde Aspekt solcher oftmals auch nur skizzenhaft entworfener qualitativer Zeigerbilder verdeutlicht.

- $\cos\varphi$-*Verbesserung*

a) vorliegende Schaltung

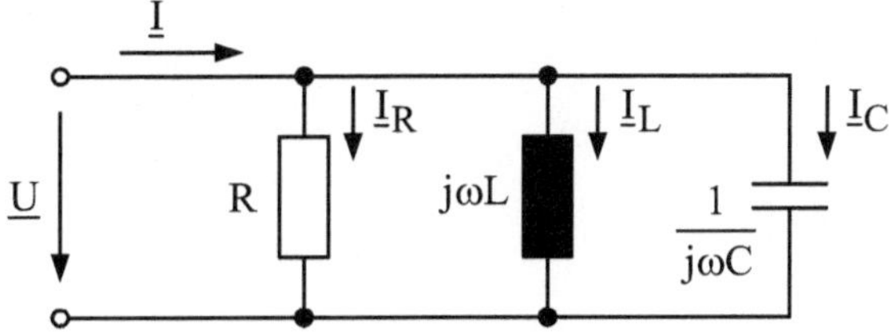

$$I = \begin{cases} \underline{I}_o = \underline{I}_R + \underline{I}_L & \text{ohne Kond.} \\ \underline{I}_m = \underline{I}_o + \underline{I}_C & \text{mit Kond.} \end{cases}$$

b) Zeigerbild

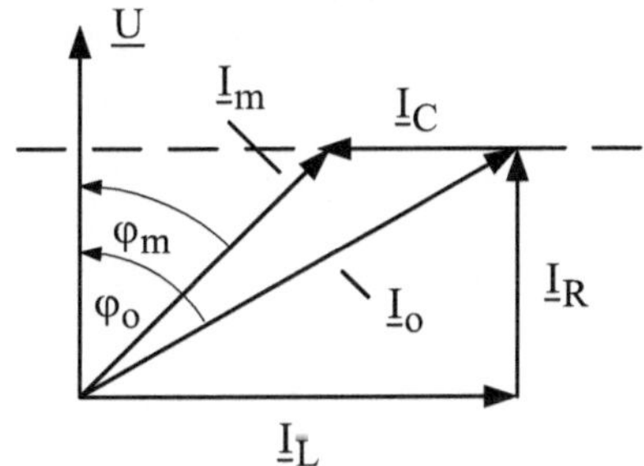

Bild 8.32: $\cos\varphi$-Verbesserung

Für das Zeigerbild wurde hier $\underline{U}$ als Ausgangszeiger willkürlich in senkrechter Lage angeordnet. Die entsprechenden Stromzeiger werden mit KR 1 ... 4 gefunden. Aus diesem Zeigerdiagramm sind folgende Effekte der $\cos\varphi$-Verbesserung visuell unmittelbar erkennbar:

- $I_m < I_o$

- $\varphi_m < \varphi_o$ bzw. $\cos\varphi_m > \cos\varphi_o$

- Ab einem hinreichend kleinen Winkel φ_m tritt keine nennenswerte Reduzierung von I mehr auf.

- Ferranti-Effekt

a) vorliegende Schaltung

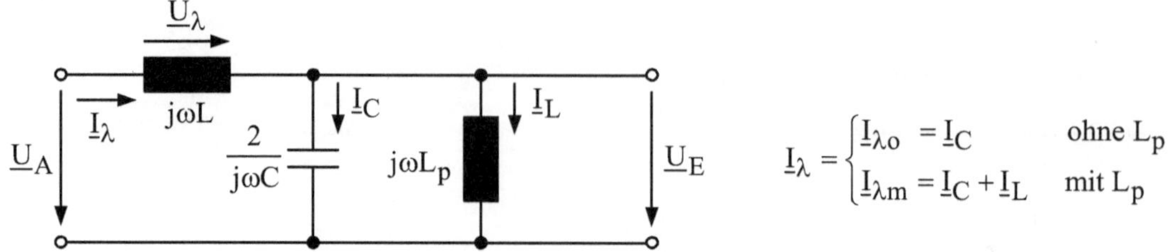

b) Zeigerbild

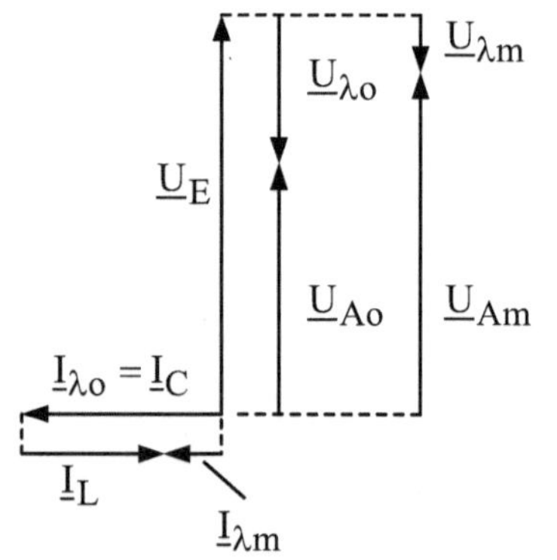

Hinweis:

Zum besseren Erkennen wurden die hier eigentlich ineinander liegenden Zeiger nebeneinander dargestellt.

Bild 8.33: Ferranti-Effekt

Für das Zeigerbild wurde hier $\underline{U}_E$ als Ausgangszeiger ebenfalls willkürlich in senkrechter Lage angeordnet. Die anderen Zeiger werden mit KR 2 ... 5 gefunden. Auch hier sind die entsprechenden Effekte visuell aus dem Zeigerbild unmittelbar erkennbar:

- $U_E > U_A$

- $U_{\lambda m} < U_{\lambda o}$

Schließlich sei noch darauf hingewiesen, dass solche Zeigerbilder nicht nur für Strom und Spannung, sondern für jede schwingende Größe angegeben werden können. Insbesondere im Zusammenhang mit elektrischen Maschinen spielt der magnetische Fluss eine besondere Rolle. Diesbezüglich sind folgende Konstruktionsregeln zu beachten:

KR 6:   Ausgehend von G 7.50 sind bei einer Spule $\underline{I}$ und $\underline{\Phi}$ in Phase.

KR 7:   Ausgehend von G 7.22 eilt bei einer Spule $\underline{U}$ um 90° $\underline{\Phi}$ voraus.

8.5 Das Dreiphasensystem in der komplexen Ebene

8.5.1 Grundlegende Zusammenhänge

Liegen in einem System mehrere Wechselstromkreise mit gleicher Frequenz vor, dann spricht man ganz allgemein von einem Mehrphasensystem. Diese Bezeichnung deutet darauf hin, dass hierbei die entsprechenden Größen in den einzelnen Stromkreisen eine unterschiedliche Phasenlage aufweisen. Je nach Art der schaltungsmäßigen Verknüpfung der einzelnen Stromkreise untereinander unterscheidet man hier wie folgt:

- Nichtverkettetes Mehrphasensystem, wenn die einzelnen Stromkreise nicht untereinander verschaltet sind.

- Verkettetes Mehrphasensystem, wenn die einzelnen Stromkreise untereinander verschaltet sind.

Unter dem Gesichtspunkt der praktischen Anwendung insbesondere im Bereich der Elektroenergietechnik hat das Dreiphasensystem eine herausragende Bedeutung. Das ist letztlich durch technisch-wirtschaftliche Effekte bei der Elektroenergieübertragung und –anwendung begründet. Generell unterscheidet man folgende zwei Arten von Dreiphasensystemen (gilt sinngemäß auch für Mehrphasensysteme allgemein):

- Symmetrisches Dreiphasensystem

  - Die Amplituden der drei Größen sind gleich und

  - die Phasenverschiebung zwischen den drei Größen ist jeweils 120°.

- Unsymmetrisches Dreiphasensystem

  - Die Amplituden der drei Größen sind nicht gleich und/oder

  - die Phasenverschiebung zwischen den drei Größen ist nicht jeweils 120°.

In der Elektroenergietechnik kann in der Regel davon ausgegangen werden, dass, bedingt durch die Konstruktion der Kraftwerksgeneratoren, ein symmetrisches Spannungssystem an den Einspeisepunkten aufgebaut wird. Durch eine entsprechende Gestaltung der Übertragungswege sowie eine gleichmäßige Aufteilung der Belastungen liegt im Normalbetriebszustand auch ein symmetrisches Stromsystem und somit auch an allen Punkten des Elektroenergiesystems (EES) ein symmetrisches Spannungssystem vor. Ursachen für unsymmetrische Strom- und Spannungssysteme im EES sind neben unsymmetrischen Übertragungswegen und Belastungen vorwiegend unsymmetrische Fehler (z.B. Erdfehler).

Bei der Darstellung werden die drei Teilsysteme eines Dreiphasensystems zur Unterscheidung durch die Indizes a, b und c gekennzeichnet. Bei einer Bezugnahme auf das Teilsystem a können dann ausgehend von G 8.2 für eine bestimmte Größe in einem symmetrischen Dreiphasensystem folgende Zusammenhänge angegeben werden:

$$g_a(t) = \hat{g}_a \cos\left(\omega t + \varphi_{g_a}\right) \tag{8.173}$$

$$g_b(t) = \hat{g}_a \cos\left(\omega t + \varphi_{g_a} + 240°\right) \tag{8.174}$$

$$g_c(t) = \hat{g}_a \cos\left(\omega t + \varphi_{g_a} + 120°\right) \tag{8.175}$$

Für den Fall $\varphi_{g_a} = 0$ sind diese Zusammenhänge nachfolgend sowohl im Originalbereich wie auch als Scheitelwertzeiger bei $t = 0$ im Bildbereich dargestellt:

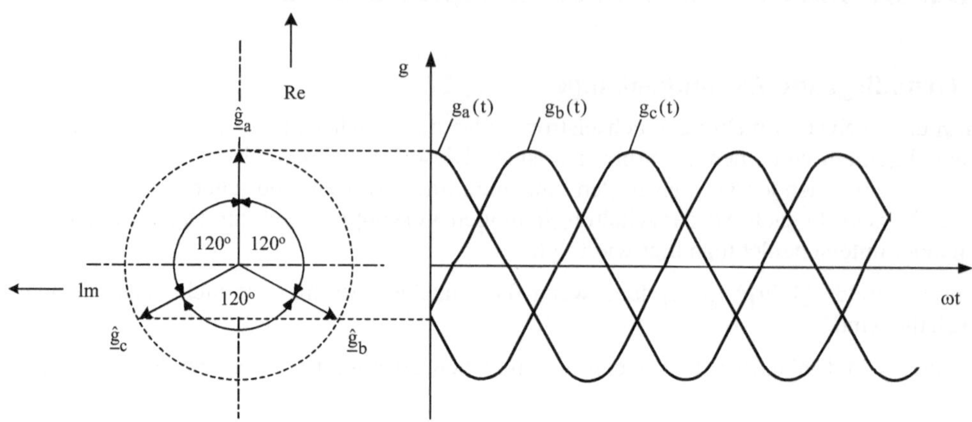

Bild 8.34:   Das symmetrische Dreiphasensystem

Unter Verwendung von G 8.31, G 8.48 und G 8.49 können hieraus unmittelbar folgende Zusammenhänge für die betreffenden Effektivwertzeiger entwickelt werden:

$$\underline{G}_a = G_a \; \underline{/\varphi_{g_a}} \tag{8.176}$$

$$\underline{G}_b = G_a \; \underline{/\varphi_{g_a} + 240^o} = \underline{a}^2 \; \underline{G}_a \tag{8.177}$$

$$\underline{G}_c = G_a \; \underline{/\varphi_{g_a} + 120^o} = \underline{a} \; \underline{G}_a \tag{8.178}$$

Hieraus abgeleitet ist Folgendes festzuhalten:

- In einem symmetrischen Dreiphasensystem genügt es die betreffende Größe für ein Teilsystem zu bestimmen. Für die beiden anderen Teilsysteme erhält man diese in einfacher Weise durch eine Winkeländerung um 120° bzw. 240°.

- Mit der Winkeländerung gemäß G 8.174 bzw. G 8.175 ist festgelegt, dass die Größe in dem Teilsystem a der in dem Teilsystem b um 120° vor- und der in dem Teilsystem c um 120° nacheilt. Damit kommt man im Urzeigersinn von dem Zeiger a über den Zeiger b zum Zeiger c.

8.5.2 Schaltungen des Dreiphasensystems

Zunächst ist nachfolgend die prinzipielle schaltungstechnische Realisierung des nichtverketteten Dreiphasensystems dargestellt:

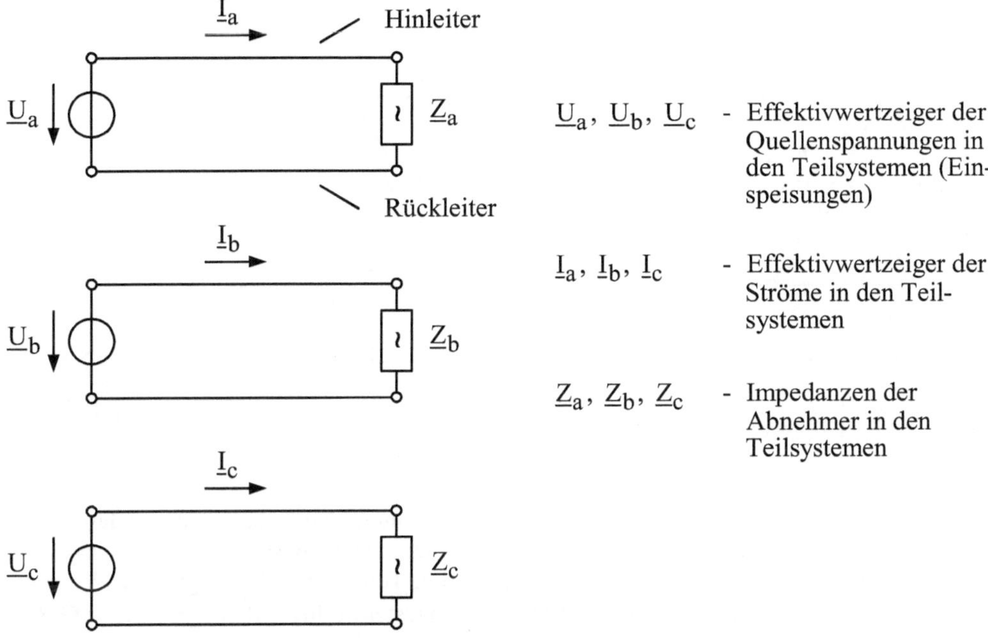

Bild 8.35:   Nichtverkettetes Dreiphasensystem im Bildbereich

Eine solche Lösung mit drei getrennten Stromkreisen ist in der Regel unwirtschaftlich, da zwischen Einspeisung und Abnehmer in jedem Teilsystem ein Hin- und ein Rückleiter erforderlich ist. Eine Reduzierung der Leiteranzahl ist dadurch möglich, indem man bestimmte Leiter gleichzeitig für mehrere Teilsysteme nutzt. Dazu werden die speisenden Spannungsquellen sowie die Abnehmerimpedanzen, die im Sinne einer allgemeinen Kategorie auch als Stränge bezeichnet werden, in geeigneter Weise miteinander verschaltet. Auf diese Weise entsteht dann ein verkettetes Dreiphasensystem, bei dem die drei Teilsysteme elektrisch nicht mehr voneinander getrennt sind. Für die Zusammenschaltung der jeweiligen Stränge gibt es prinzipiell die beiden nachfolgend dargestellten Möglichkeiten:

a) Sternschaltung

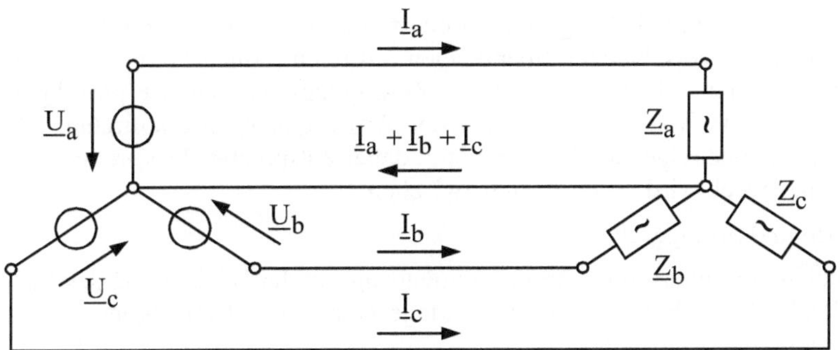

b) Dreieckschaltung

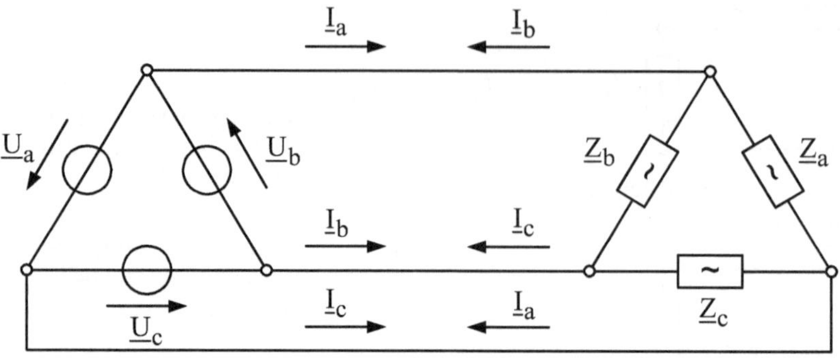

Bild 8.36:   Verkettete Dreiphasensysteme im Bildbereich

Die Namen für diese Schaltungen sind durch ihr Erscheinungsbild quasi selbsterklärend. Im Falle der Sternschaltung sind die Rückleiteranschlüsse der einzelnen Stränge zusammengefasst, so dass nur noch ein gemeinsamer Rückleiter für die drei Teilsysteme benötigt wird. Wenn die Ströme $\underline{I}_a$, $\underline{I}_b$ und $\underline{I}_c$ ein symmetrisches Dreiphasensystem bilden, dann gilt mit   G 8.51 sowie G 8.176 ... G 8.178:

$$\underline{I}_a + \underline{I}_b + \underline{I}_c = \underline{I}_a \left(1 + \underline{a}^2 + \underline{a}\right) = 0 \tag{8.179}$$

Man kann dann auch den gemeinsamen Rückleiter noch weglassen. Aus Sicht der praktischen Anwendung im EES unterscheidet man daher wie folgt:

- Dreileiternetze   (typisch in der Hochspannung)

- Vierleiternetze   (wegen der Vielzahl einsträngiger Abnehmer typisch in der Niederspannung)

Im Falle der Dreieckschaltung ist jeweils ein Hinleiteranschluss eines Stranges mit dem Rückleiteranschluss eines anderen Stranges zusammengeschlossen, so dass von vornherein nur drei Leiter erforderlich sind. Diese sind dann jeweils Hinleiter für das eine und zugleich Rückleiter für das andere Teilsystem.

8.5.3 Spannungen und Ströme im Dreiphasensystem

Aus B 8.36 geht hervor, dass je nach Schaltung in den Leitern unterschiedliche Ströme fließen bzw. zwischen den Leitern auch verschiedene Spannungen auftreten. Hinzu kommt, dass in einem realen EES in der Regel nicht nur eine Art der Zusammenschaltung der jeweiligen Stränge vorkommt, sondern beide Arten in verschiedenster Weise gleichzeitig auftreten. Für eine allgemeine, schaltungsunabhängige Beschreibung sind daher entsprechende Vereinbarungen erforderlich. Zu diesem Zweck wird grundsätzlich zwischen

Leitergrößen und Stranggrößen

unterschieden. Dabei spielen die Leitergrößen im Zusammenhang mit der Betrachtung des EES insgesamt die entscheidende Rolle. Für die einzelne Stränge betreffende Betrachtungen sind hingegen die Stranggrößen maßgebend.

Für einen bestimmten, aus einem Dreiphasensystem herausgegriffenen Leitungsabschnitt sind die Leitergrößen (Spannungen und Ströme) nachfolgend prinzipiell angegeben:

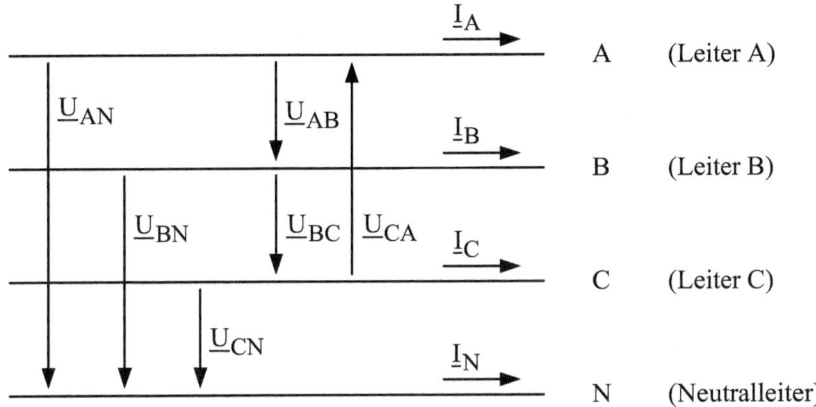

Bild 8.37: Leitergrößen als Effektivwertzeiger mit Zählpfeilen

Zur praktischen Handhabung der mit B 8.37 getroffenen Vereinbarungen seien noch folgende Anmerkungen gemacht:

- Im Unterschied zu den Teilsystemen (s. B 8.35) werden die Leiter mit großen Buchstaben gekennzeichnet. Aus Darstellungsgründen (Doppelindex bei $\underline{U}$) werden hier nicht die in der Praxis festgelegten Symbole L1, L2 und L3 verwendet.

- Der Doppelindex bei $\underline{U}$ legt wie folgt den Zählpfeil fest:

    vom 1. Index zum 2. Index orientiert

- Die Spannungen zwischen den Leitern A, B und C (Hauptleiter) werden als Leiter-Leiter-Spannungen bezeichnet. Ohne Bezug auf konkrete Hauptleiter wird dafür auch $\underline{U}_{LL}$ geschrieben.

- Die Spannungen zwischen den Hauptleitern und dem Neutralleiter werden als Leiter-Spannungen bezeichnet. Dadurch wird begrifflich der für alle diese Spannungen gemeinsame Neutralleiter weggelassen. Analog dazu wird für diese daher abkürzend auch geschrieben $\underline{U}_A$, $\underline{U}_B$ und $\underline{U}_C$. Ohne Bezug auf einen konkreten Hauptleiter wird dafür auch $\underline{U}_L$ geschrieben.

- In dem jeweiligen Leiter fließt der Leiter-Strom $\underline{I}_A$, $\underline{I}_B$, $\underline{I}_C$ bzw. $\underline{I}_N$. Dieser ist hier als ein Strom (Gesamtstrom) zu verstehen, auch wenn er sich wie in B 8.36 aus mehreren Teilströmen zusammensetzt.

Ausgehend von B 8.37 können hier über entsprechende Umläufe durch das elektrische Feld zwischen den Leitern über den Maschensatz folgende Zusammenhänge angegeben werden:

$$\underline{U}_{AB} = \underline{U}_A - \underline{U}_B \qquad\qquad (8.180)$$

$$\underline{U}_{BC} = \underline{U}_B - \underline{U}_C \qquad\qquad (8.181)$$

$$\underline{U}_{CA} = \underline{U}_C - \underline{U}_A \qquad\qquad (8.182)$$

Im Normalbetrieb kann man in einem EES davon ausgehen, dass in einem Vierleiternetz sowohl die Leiter-Spannungen als auch die Leiter-Leiter-Spannungen jeweils ein symmetrisches Dreiphasensystem bilden. Man kann damit unter Beachtung obiger Gleichungen folgendes Zeigerbild angeben (im Sinne der Momentaufnahme ist dabei der Zeiger $\underline{U}_A$ waagerecht angeordnet):

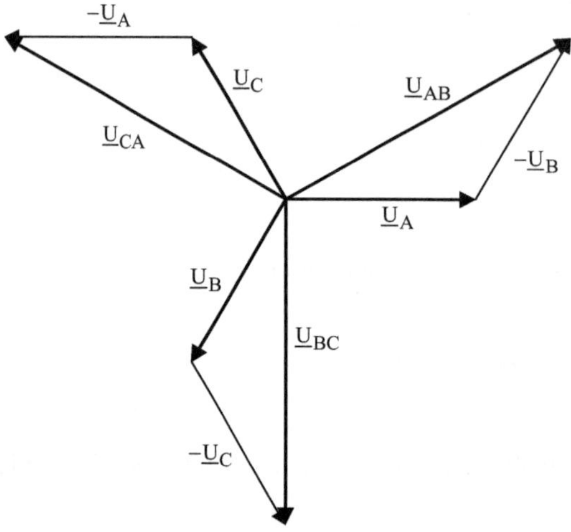

Bild 8.38: Spannungszeigerbild für ein symmetrisches Dreiphasensystem

Man kann die im B 8.37 enthaltenen Zählpfeilvereinbarungen auch wie folgt in das Zeigerbild einbeziehen:

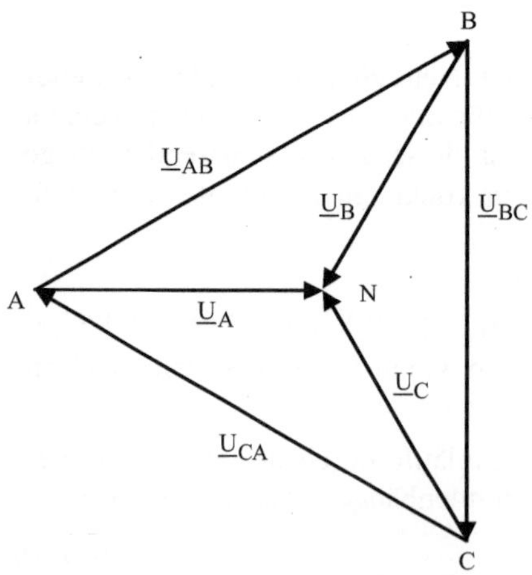

Bild 8.39: Einbeziehung der Zählpfeile in das Spannungszeigerbild

Mit den Leiterbezeichnungen an den Punkten, in denen die einzelnen Spannungszeiger zusammentreffen, stellen diese Zeiger zugleich die betreffenden Zählpfeile dar.

Ausgehend von der geometrischen Situation in diesen Zeigerbildern kann man unter Beachtung des Winkels $120°$ zwischen den einzelnen Leiter-Spannungen bei einem symmetrischen Dreiphasensystem folgenden betragsmäßigen Zusammenhang zwischen den Leiter-Leiter- und den Leiter-Spannungen angeben:

$$U_{LL} = \sqrt{3}\, U_L \tag{8.183}$$

$\sqrt{3}$ - Verkettungsfaktor

Abgeleitet aus der Tatsache, dass es eine Leiter-Leiter-Spannung nur in einem verketteten Dreiphasensystem geben kann, wird diese in der Praxis oftmals auch als verkettete Spannung bezeichnet.

In einem Dreileiternetz ist der Neutralleiter nicht vorhanden. Er entfällt somit in B 8.37 und damit natürlich auch alle auf diesen bezogenen Größen. Unbeschadet davon kann man aber ausgehend von den vorhandenen Leiter-Leiter-Spannungen bezogen auf einen fiktiven Sternpunkt dann ebenfalls fiktive Leiter-Spannungen definieren. Mit der dafür vereinbarten Bedingung

$$\underline{U}_A + \underline{U}_B + \underline{U}_C = 0 \tag{8.184}$$

erhält man diese über G 8.180 ... G 8.182 wie folgt:

$$\underline{U}_A = \frac{1}{3}\left(\underline{U}_{AB} - \underline{U}_{CA}\right) \tag{8.185}$$

$$\underline{U}_B = \frac{1}{3}\left(\underline{U}_{BC} - \underline{U}_{AB}\right) \tag{8.186}$$

$$\underline{U}_C = \frac{1}{3}\left(\underline{U}_{CA} - \underline{U}_{BC}\right) \tag{8.187}$$

Mit den so vereinbarten Leiter Spannungen auch für ein Dreileiternetz liegt insbesondere für die Analyse von Dreiphasensystemen eine einheitliche methodische Basis für beide Netzarten von enormer praktischer Bedeutung vor. Aber auch für die Betriebsführung solcher Dreiphasensysteme werden diese Leiter-Spannungen gelegentlich als Messgrößen benötigt. Dazu wird der fiktive Sternpunkt an dem jeweiligen Messort in Form eines künstlichen Sternpunktes wie folgt bereitgestellt:

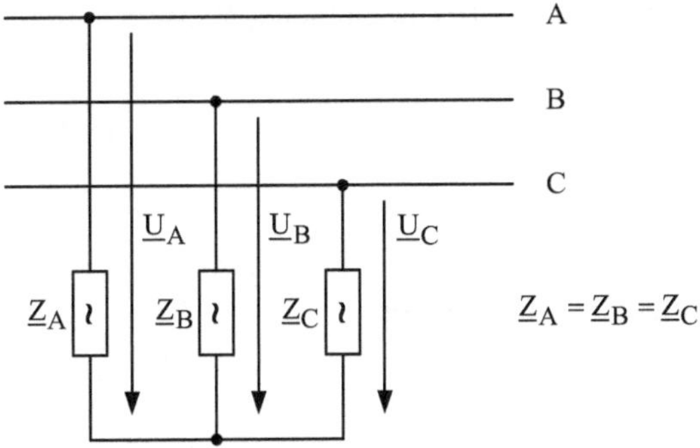

Bild 8.40: Künstlicher Sternpunkt in einem Dreileiternetz

Ausgehend von B 8.35 und B 8.36 sind die Stränge der Teilsysteme in dem verketteten Dreiphasensystem unverändert enthalten. Die Größen in den Teilsystemen sind damit zugleich die
entsprechenden Stranggrößen. Zur Kennzeichnung der Stränge werden daher auch die Indizes
a, b und c verwendet. Für eine dem EES angepasste Bemessung der einzelnen Spannungsquellen bzw. Abnehmer auf der Grundlage der Leitergrößen müssen nun deren Stranggrößen schal-
tungsbezogen bestimmt werden. Unter Bezugnahme auf B 8.36 können für eine symmetrisches
Dreiphasensystem dafür folgende betragsmäßigen Zusammenhänge angegeben werden:

- Sternschaltung

$$U_{Str} = U_L = \frac{U_{LL}}{\sqrt{3}} \qquad (8.188)$$

　　Str　-　bedeutet Strang und steht stellvertretend für a, b oder c

$$I_{Str} = I_L \qquad (8.189)$$

- Dreieckschaltung

$$U_{Str} = \sqrt{3}\, U_L = U_{LL} \qquad (8.190)$$

$$I_{Str} = \frac{I_L}{\sqrt{3}} \qquad (8.191)$$

8.5.4　Leistung im Dreiphasensystem

Die komplexe Scheinleistung gemäß G 8.59 für einen Abnehmer in einem Dreiphasensystem
erhält man wie folgt aus der Summe der Leistungen in den einzelnen Strängen desselben:

$$\underline{S} = \underline{U}_a\, \underline{I}_a^* + \underline{U}_b\, \underline{I}_b^* + \underline{U}_c\, \underline{I}_c^* \qquad (8.192)$$

Für den praktischen Gebrauch ist es zweckmäßig, diese Leistung nicht über die Stranggrößen,
sondern über die schaltungsunabhängigen Leitergrößen zu ermitteln. Dazu ist zunächst eine
schaltungsbezogene Überführung von G 8.192 in Leitergrößen erforderlich.

- Sternschaltung

Analog zu G 8.188 und G 8.189 ist die Überführung von G 8.192 in einfacher Weise wie folgt
möglich:

$$\underline{S} = \underline{U}_A\, \underline{I}_A^* + \underline{U}_B\, \underline{I}_B^* + \underline{U}_C\, \underline{I}_C^* \qquad (8.193)$$

- Dreieckschaltung

Ausgehend von B 8.36 b) und B 8.37 liegt hier folgende Situation vor:

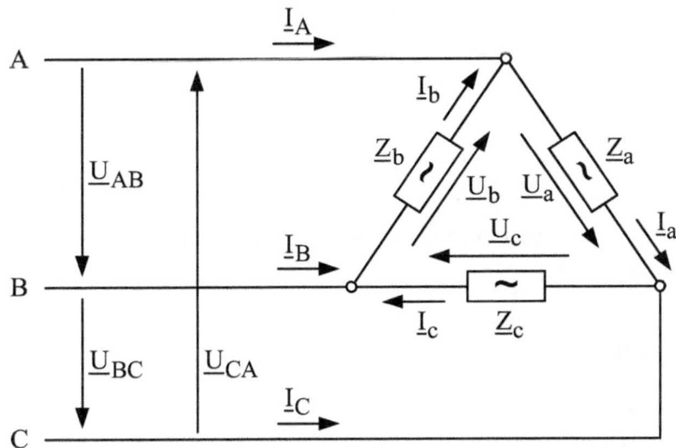

Bild 8.41:   Strang- und Leitergrößen bei einer Dreieckschaltung des Abnehmers

Hieraus entstehen unter Beachtung von G 8.180 ... G 8.182 zunächst folgende Zusammenhänge:

$$\underline{U}_a = -\underline{U}_{CA} = \underline{U}_A - \underline{U}_C \tag{8.194}$$

$$\underline{U}_b = -\underline{U}_{AB} = \underline{U}_B - \underline{U}_A \tag{8.195}$$

$$\underline{U}_c = -\underline{U}_{BC} = \underline{U}_C - \underline{U}_B \tag{8.196}$$

Setzt man dies in G 8.192 ein, dann erhält man nach einigen einfachen Umformungen:

$$\underline{S} = \underline{U}_A \left(\underline{I}_a - \underline{I}_b\right)^* + \underline{U}_B \left(\underline{I}_b - \underline{I}_c\right)^* + \underline{U}_C \left(\underline{I}_c - \underline{I}_a\right)^* \tag{8.197}$$

Aus B 8.41 gewinnt man über den Knotenpunktsatz noch:

$$\underline{I}_A = \underline{I}_a - \underline{I}_b \tag{8.198}$$

$$\underline{I}_B = \underline{I}_b - \underline{I}_c \tag{8.199}$$

$$\underline{I}_C = \underline{I}_c - \underline{I}_a \tag{8.200}$$

Das führt schließlich auch für die Dreieckschaltung mit den hierbei fiktiven Leiter-Spannungen zu dem gleichen Ergebnis wie bei einer Sternschaltung. Die Beziehung G 8.193 erweist sich somit als eine schaltungsunabhängige, allgemeingültige Bestimmungsgleichung auf der Basis der Leitergröße für die Leistung in einem Dreiphasensystem.

Für den Sonderfall eines symmetrischen Dreiphasensystems müssen selbstverständlich die Anteile der drei Leiter in dieser Beziehung gleich sein, so dass man schreiben kann:

$$\underline{S} = 3\,\underline{U}_L\,\underline{I}_L^* = P + j\,Q \tag{8.201}$$

Für die Beträge der einzelnen Leistungsarten gilt dann:

$$S = 3\,U_L\,I_L = \sqrt{3}\,U_{LL}\,I_L \tag{8.202}$$

$$P = S\cos\varphi \tag{8.203}$$

$$Q = S\sin\varphi \tag{8.204}$$

In der Praxis trifft man hierfür häufig folgende Beziehungen an:

$$S = \sqrt{3}\ U\ I \qquad\qquad (8.205)$$

$$P = \sqrt{3}\ U\ I \cos\varphi \qquad\qquad (8.206)$$

$$Q = \sqrt{3}\ U\ I \sin\varphi \qquad\qquad (8.207)$$

Dabei wird vorausgesetzt, dass der Anwender ein Fachmann ist, und für U die Leiter-Leiter-Spannung und für I den Leiter-Strom verwendet.

8.5.5 Analyse von Dreiphasensystemen

8.5.5.1 Symmetrisches Dreiphasensystem

Analog zu den Schlussfolgerungen aus G 8.176 ... G 8.178 genügt es hierbei, die jeweiligen Größen für einen Leiter zu bestimmen (einpolige Rechnung). Die entsprechenden Zeigergrößen für die anderen Leiter erhält man dann in einfacher Weise durch eine Multiplikation mit den Versoren $\underline{a}$ und $\underline{a}^2$. Für die Netzwerkanalyse selbst gelten hier prinzipiell die im Abschnitt 8.4.4.1 für Wechselstromnetzwerke dargestellten Zusammenhänge. Ergänzend dazu spielen jedoch hier noch folgende Sachverhalte eine besondere Rolle:

- Schaltung eines Dreiphasenabnehmers

- Induktive Kopplung zwischen den Leitern

Die für die einpolige Rechnung benötigte Impedanz eines Dreiphasenabnehmers erhält man wie folgt:

- Bei einer Sternschaltung ist die Abnehmerimpedanz gleich der Strangimpedanz.

- Bei einer Dreieckschaltung erhält man die Abnehmerimpedanz über eine Dreieck-Sternumformung analog G 5.80.

Unter Berücksichtigung der induktiven Kopplung zwischen den Leitern eines Dreiphasensystems liegt hier bei vollständiger Symmetrie prinzipiell folgende Situation vor:

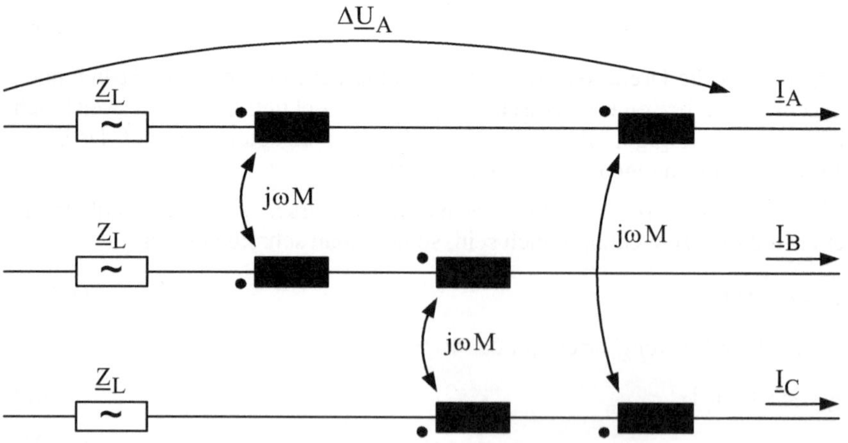

Bild 8.42: Ersatzschaltbild für einen Leitungsabschnitt im Bildbereich

Vollständige Symmetrie heißt hier, dass die Selbstimpedanzen $\underline{Z}_L$ der drei Leiter sowie die Koppelinduktivitäten M zwischen den Leitern jeweils gleich groß sind. Mit

$$\underline{I}_A + \underline{I}_B + \underline{I}_C = 0 \tag{8.208}$$

entsteht hier für den Spannungsabfall über dem betrachteten Leitungsabschnitt im Leiter A (gilt analog für die Leiter B und C):

$$\Delta\underline{U}_A = \underline{Z}_L \, \underline{I}_A + j\omega M \left(\underline{I}_B + \underline{I}_C\right)$$
$$= \left(\underline{Z}_L - j\omega M\right) \underline{I}_A = \underline{Z}_{Lb} \, \underline{I}_A \tag{8.209}$$

$\underline{Z}_{Lb}$ - Betriebsimpedanz des Leitungsabschnittes

Die einpolige Rechnung für ein symmetrisches Dreiphasensystem erfordert also bei den Leitungen die Einbeziehung der induktiven Kopplung zwischen den Leitern in Form der Betriebsimpedanz.

8.5.5.2 Unsymmetrisches Dreiphasensystem

Hierbei ist die einfache einpolige Rechnung nicht möglich. Auf der Grundlage der hier in gleicher Weise geltenden Grundzusammenhänge müssen jetzt für das vorliegende Netzwerk in seiner Gesamtheit (dreipolig) alle notwendigen Gleichungen formuliert und anschließend gelöst werden. Der damit verbundene deutlich größere Aufwand soll exemplarisch an folgendem Beispiel demonstriert werden:

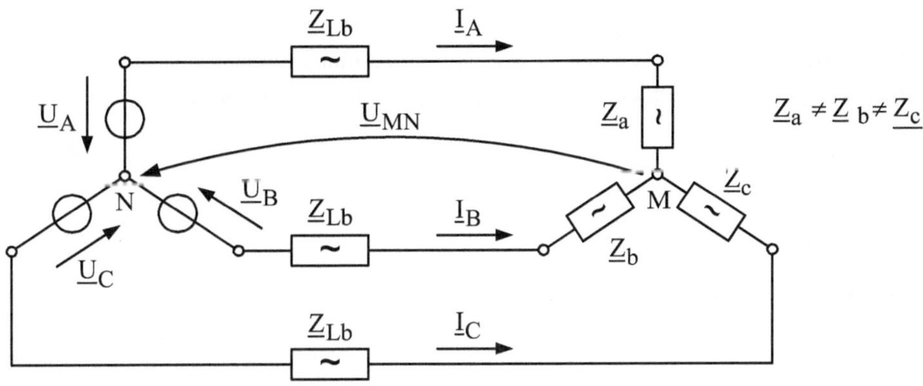

Bild 8.43: Von einem symmetrischen Netz gespeister unsymmetrischer Abnehmer

Über den Maschensatz entstehen hier folgende Gleichungen:

$$\underline{U}_A = \left(\underline{Z}_{Lb} + \underline{Z}_a\right) \underline{I}_A + \underline{U}_{MN} = \underline{Z}_A \, \underline{I}_A + \underline{U}_{MN} \tag{8.210}$$

$$\underline{U}_B = \left(\underline{Z}_{Lb} + \underline{Z}_b\right) \underline{I}_B + \underline{U}_{MN} = \underline{Z}_B \, \underline{I}_B + \underline{U}_{MN} \tag{8.211}$$

$$\underline{U}_C = \left(\underline{Z}_{Lb} + \underline{Z}_c\right) \underline{I}_C + \underline{U}_{MN} = \underline{Z}_C \, \underline{I}_C + \underline{U}_{MN} \tag{8.212}$$

Der Knotenpunktsatz für den Sternpunkt M liefert:

$$\underline{I}_A + \underline{I}_B + \underline{I}_C = 0 \tag{8.213}$$

Ferner gilt wegen des symmetrischen speisenden Netzes:

$$\underline{U}_A + \underline{U}_B + \underline{U}_C = 0 \tag{8.214}$$

Hieraus erhält man nach etwas aufwändigeren Umformungen folgende Ergebnisse:

$$\underline{I}_A = -\frac{\underline{U}_B\left(2\,\underline{Z}_C + \underline{Z}_B\right) + \underline{U}_C\left(2\,\underline{Z}_B + \underline{Z}_C\right)}{\underline{Z}_A\,\underline{Z}_B + \underline{Z}_A\,\underline{Z}_C + \underline{Z}_B\,\underline{Z}_C} \tag{8.215}$$

$$\underline{I}_B = -\frac{\underline{U}_A\left(2\,\underline{Z}_C + \underline{Z}_A\right) + \underline{U}_C\left(2\,\underline{Z}_A + \underline{Z}_C\right)}{\underline{Z}_A\,\underline{Z}_B + \underline{Z}_A\,\underline{Z}_C + \underline{Z}_B\,\underline{Z}_C} \tag{8.216}$$

$$\underline{I}_C = -\frac{\underline{U}_A\left(2\,\underline{Z}_B + \underline{Z}_A\right) + \underline{U}_B\left(2\,\underline{Z}_A + \underline{Z}_B\right)}{\underline{Z}_A\,\underline{Z}_B + \underline{Z}_A\,\underline{Z}_C + \underline{Z}_B\,\underline{Z}_C} \tag{8.217}$$

$$\underline{U}_{MN} = \frac{\underline{U}_A\,\underline{Z}_B\,\underline{Z}_A + \underline{U}_B\,\underline{Z}_A\,\underline{Z}_C + \underline{U}_C\,\underline{Z}_A\,\underline{Z}_B}{\underline{Z}_A\,\underline{Z}_B + \underline{Z}_A\,\underline{Z}_C + \underline{Z}_B\,\underline{Z}_C} \tag{8.218}$$

Erwartungsgemäß entsteht hier:

$$\underline{I}_A \neq \underline{I}_B \neq \underline{I}_C \tag{8.219}$$

Darüber hinaus stellt sich mit

$$\underline{U}_{MN} \neq 0 \tag{8.220}$$

zwischen den Sternpunkten eine so genannte Verlagerungsspannung ein.

Für den Fall einer symmetrischen Belastung können aus G 8.214 ... G 8.218 mit

$$\underline{Z}_a = \underline{Z}_b = \underline{Z}_c \tag{8.221}$$

bzw.

$$\underline{Z}_A = \underline{Z}_B = \underline{Z}_C \tag{8.222}$$

leicht folgende Ergebnisse entwickelt werden:

$$\underline{I}_A = \frac{\underline{U}_A}{\underline{Z}_A} \tag{8.223}$$

$$\underline{I}_B = \frac{\underline{U}_B}{\underline{Z}_A} = \underline{a}^2\,\underline{I}_A \tag{8.224}$$

$$\underline{I}_C = \frac{\underline{U}_C}{\underline{Z}_A} = \underline{a}\,\underline{I}_A \tag{8.225}$$

$$\underline{U}_{MN} = 0 \tag{8.226}$$

Mit der heute verfügbaren Rechentechnik ist die Auswertung solch umfangreicher Gleichungs-
zusammenhänge, wie sie bei unsymmetrischen Dreiphasensystemen entstehen unproblema-
tisch. Man ist dabei jedoch sehr stark auf das berechnete Resultat als ein Faktum angewiesen.
Eine gedankliche Einordnung desselben und insbesondere auch das Erkennen bestimmter Zusammenhänge ist dadurch zumindest erschwert. Es wird daher in der Praxis häufig mit der

Methode der symmetrischen Komponenten gearbeitet. Diese Methode geht von der Überlegung aus, dass es prinzipiell möglich ist, jedes beliebige unsymmetrische Dreiphasensystem im Bildbereich durch die Überlagerung von drei speziellen symmetrischen Zeigersystemen darzustellen. In den einzelnen symmetrischen Dreiphasensystemen kann dann wieder einpolig gerechnet werden.

Der grundsätzliche Aufbau dieser drei symmetrischen Komponentensysteme ist nachfolgend an Hand der Effektivwertzeiger für die Leiter-Spannungen angegeben:

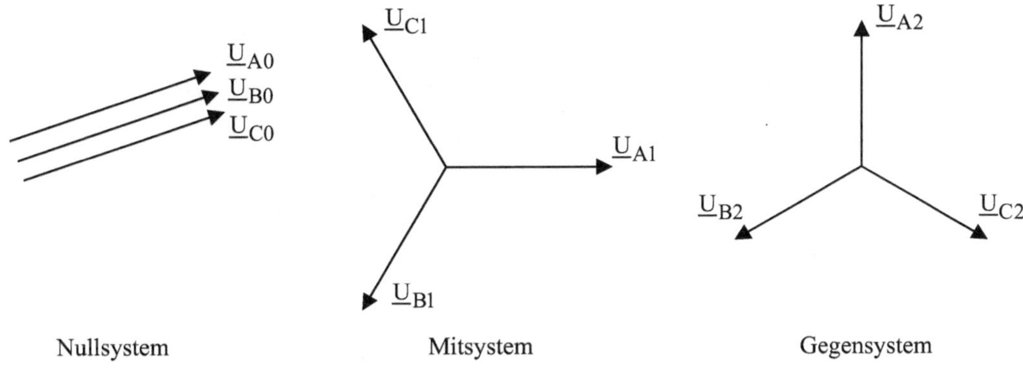

Bild 8.44:   Symmetrische Komponentensysteme für die Leiter-Spannungen

Dabei gibt es zwischen den drei Systemen keinerlei Zwangsbedingungen, lediglich für das jeweilige System gelten folgende Bedingungen:

$$\text{Mitsystem:} \qquad \underline{U}_{B1} = \underline{a}^2 \, \underline{U}_{A1} \tag{8.227}$$

$$\underline{U}_{C1} = \underline{a} \; \underline{U}_{A1}$$

$$\text{Gegensystem:} \qquad \underline{U}_{B2} = \underline{a} \; \underline{U}_{A2} \tag{8.228}$$

$$\underline{U}_{C2} = \underline{a}^2 \, \underline{U}_{A2}$$

$$\text{Nullsystem:} \qquad \underline{U}_{A0} = \underline{U}_{B0} = \underline{U}_{C0} \tag{8.229}$$

Die unsymmetrischen Zeiger erhält man daraus durch Überlagerung wie folgt:

$$\underline{U}_A = \underline{U}_{A0} + \underline{U}_{A1} + \underline{U}_{A2} \tag{8.230}$$

$$\underline{U}_B = \underline{U}_{B0} + \underline{U}_{B1} + \underline{U}_{B2} \tag{8.231}$$

$$\underline{U}_C = \underline{U}_{C0} + \underline{U}_{C1} + \underline{U}_{C2} \tag{8.232}$$

Eine weiterführende Darstellung dieser Methode übersteigt vor allem hinsichtlich der praktischen Anwendung bei weitem den hier abgesteckten Rahmen. Es handelt sich dabei um eine anspruchsvolle Problematik für den Spezialisten, auf die hier lediglich aufmerksam gemacht werden kann.

8.5.6 Das Drehfeld

Im engerem Sinne wird hier unter einem Drehfeld ein im Inneren eines Zylinders umlaufendes Magnetfeld verstanden. Ein solches entsteht, wenn man drei Spulen (Stränge) jeweils um 120° räumlich versetzt entlang des Zylinderumfangs anordnet, die von Strömen durchflossen werden, die wie folgt ein symmetrisches Dreiphasensystem bilden:

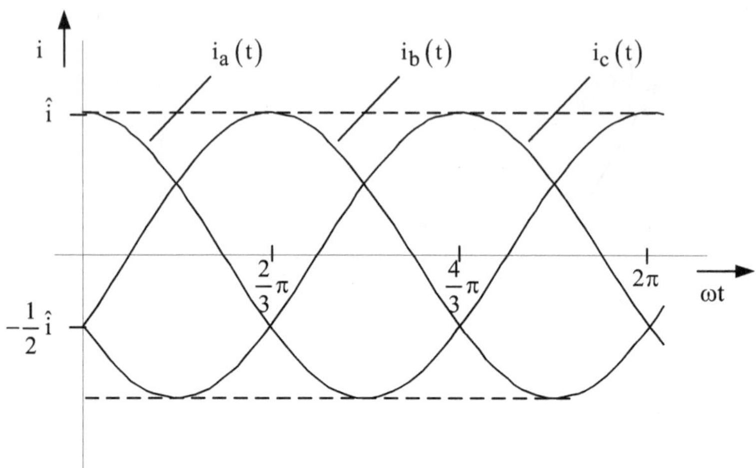

Bild 8.45:   Zeitlicher Verlauf der Strang- bzw. Spulenströme

Für den Zeitpunkt t = 0 ist unter Beachtung der Vorzeichen der Ströme die Situation hinsichtlich der Induktion im Inneren des entsprechenden Zylinders in B 8.46 dargestellt. Den Betrag der bei t = 0 in dem Zylinder insgesamt aufgebauten Induktion erhält man damit wie folgt:

$$B = \left|\vec{B}\right| = \left|\vec{B}_a + \vec{B}_b + \vec{B}_c\right| \qquad (8.233)$$

Unter Beachtung der entsprechenden Winkel entsteht mit

$$\left|\vec{B}_a\right| = \hat{B}_a \quad \text{und} \quad \left|\vec{B}_b\right| = \left|\vec{B}_c\right| = \frac{1}{2}\,\vec{B}_a \qquad (8.234)$$

daraus:

$$B = \frac{3}{2}\,\hat{B}_a \qquad (8.235)$$

Für andere ausgewählte Zeitpunkte entstehen für die Induktionsvektoren die in B 8.47 dargestellten Situationen.

a) Schnitt durch den Zylinder

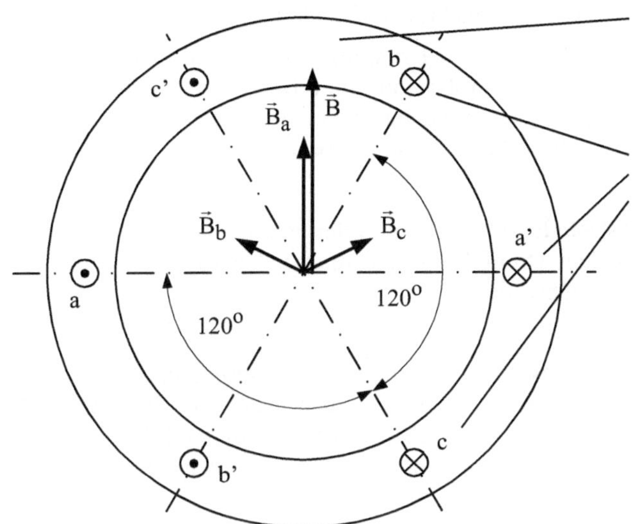

b) Draufsicht auf die Spulen

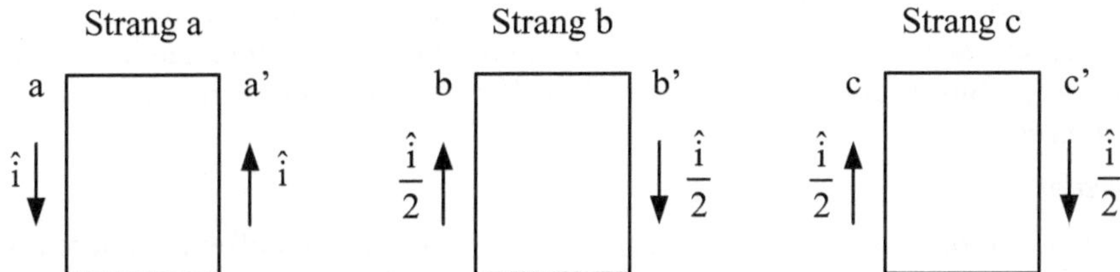

Bild 8.46: Situation in dem Zylinder bei t = 0

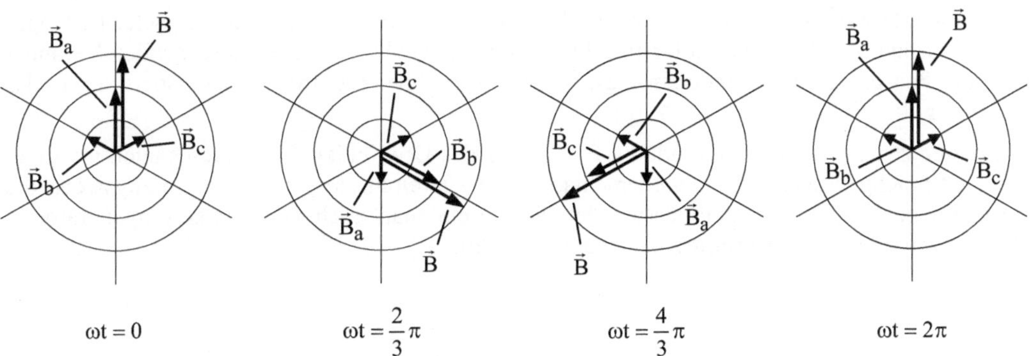

Bild 8.47: Induktion in dem Zylinder für mehrere Zeitpunkte

Hieraus ist Folgendes erkennbar:

- Der Vektor der Gesamtinduktion rotiert in dem Zylinder im Uhrzeigersinn.

- Der Betrag des Vektors der Gesamtinduktion gemäß G 8.235 ist konstant.

Ein solches magnetisches Kreisdrehfeld, abkürzend nur Drehfeld genannt, hat im Zusammenhang mit rotierenden elektrischen Maschinen eine große praktische Bedeutung. Man kann auf dieser Basis durch die Anordnung eines geeigneten drehbaren Systems (Läufer) in dem Zylinder (Ständer) in relativ einfacher Weise wie folgt Motoren realisieren:

- *Synchronmotor*

Ausführung des Läufers in Form einer stromdurchflossenen Spule um einen Eisenkörper (vorstellbar wie ein Stabmagnet), der von dem Drehfeld "mitgenommen" wird und so mit der Drehzahl desselben (synchron) in dem Ständer rotiert.

- *Asynchronmotor*

Ausführung des Läufers in Form einer metallischen Trommel (Kurzschlussläufer), in der über das Drehfeld durch Bewegungsinduktion Ströme verursacht werden, wenn die Trommeldrehzahl geringer ist als die des Drehfeldes (asynchron). Die Rotation des Läufers wird dann durch die Kraftwirkung auf die jetzt stromdurchflossene Trommel in dem magnetischen Drehfeld verursacht.

In prinzipiell gleicher Weise kann man wie folgt auch Dreiphasengeneratoren realisieren:

- *Synchrongenerator*

Dieser ist in gleicher Weise aufgebaut wie ein Synchronmotor. Im Unterschied zu diesem wird jetzt der Läufer von außen angetrieben (z.B. mit einer Turbine), so dass mit diesem ein magnetisches Feld in dem Ständer umläuft (Drehfeld). Dadurch werden dann in den räumlich um 120° versetzten Ständerspulen drei zeitlich um 120° phasenverschobene Spannungen induziert. Diese können dann einen Strom antreiben und auf diese Weise in ein angeschlossenes EES Elektroenergie einspeisen.

- *Asynchrongenerator*

Ein solcher liegt vor, wenn der Läufer eines Asynchronmotors von außen auf eine höhere als die synchrone Drehzahl angetrieben wird. Im Unterschied zum Synchrongenerator, bei dem der rotierende Läufer auch ohne den Anschluss der Ständerspulen an das EES ein Drehfeld realisiert, muss dieses beim Asynchrongenerator zunächst über die stromdurchflossenen Ständerspulen aufgebaut werden. Dadurch werden dann in dem Läufer ebenfalls durch Bewegungsinduktion Ströme verursacht, die jedoch im Vergleich zum Motorbetrieb wegen der jetzt übersynchronen Drehzahl eine deutlich andere Phasenlage aufweisen. Über die magnetische Kopplung zwischen Ständer- und Läuferstromkreis führt das auch zu einer entsprechenden Veränderung der Phasenlage des Ständerstromes, so dass es zu einer Elektroenergieeinspeisung in das EES kommt.

Nicht zuletzt wegen dieser besonderen Bedeutung des Drehfeldes findet dieses auch im allgemeinen Sprachgebrauch seinen Niederschlag. Für das Dreiphasensystem wird vorzugsweise die Bezeichnung Drehstromsystem verwendet. So spricht man auch von Drehstromgeneratoren, Drehstrommotoren, Drehstromtransformatoren u. dgl.

Literatur

[1]   Bronstein, I.N.; Semendjajew, K.A.; Musiol, G.; Mühlig, H.: Taschenbuch der Mathematik. Verlag Harri Deutsch GmbH, Frankfurt a.M. 2005, 6. vollständig überarbeitete und ergänzte Auflage, ISBN 3-8171-2006-0

[2]   Küpfmüller, K.; Kohn, G.: Theoretische Elektrotechnik und Elektronik. Eine Einführung. Springer-Verlag, Berlin Heidelberg New York 2000, 15. korrigierte Auflage, bearbeitet von W. Mathis u. A. Reibiger, ISBN 3-540-67794-1

Sachwortverzeichnis